지도, 데이터, 해설로 보는

세계의 국가들

편저자 : 황재기 박사 (서울대 명예교수)

(주)교학사

introduction

21세기는 세계화의 세기입니다. 그러나 세계화가 말로만 되는 것은 아닙니다. 우선 우리의 능력과 가능성을 바로 알아야 합니다. 다음으로 세계 속의 수많은 국가들에 대한 올바른 이해와 판단을 할 수 있어야 하며, 끝으로 이러한 평가와 판단 아래 어떻게 해야 우리 대한민국이 선진국 대열로 나아가 생존 발전해 나아갈 수 있을 것인가를 생각하고 행동해야 합니다.

여기에 새롭게 기획된 책 "지도, 데이터, 해설로 보는 세계의 국가들"은 앞에서 지적한 문제들을 해결하는 데 도움을 주고자 시도된 책입니다. 이 책에서는 세계 국가들의 지도와 국가별 면적, 인구, 소득, 인종, 종교, 언어, 토지 이용, 산업, 기후 등에 걸쳐 많은 기본 데이터를 제시하고 이를 기초로 그 나라의 자연, 역사, 경제, 관광 등에 대하여 간단한 논평을 하였습니다.

따라서 이 책은 세계화에 앞장서 나아가야 할 학생, 교사, 직장인, 일반 지식인들이 우리 민족의 능력과 가능성을 생각하면서 세계 속의 여러 국가들을 종합적으로 비교 · 이해 · 평가하는 데 도움이 될 수 있을 것으로 믿습니다.

한편, 세계의 모든 국가들을 작은 한 권의 책으로 묶다 보니 내용 구성이 지나치게 단편적일 수밖에 없었던 점을 아쉽게 생각합니다. 또한 여러 국가들의 데이터는 가능한 한 객관성 있는 최신의 자료를 이용하도록 노력하였으나, 발표기관과 분야에 따라 또는 국가에 따라 연도와 수치의 차이가 많았던 것을 시인하지 않을 수 없습니다. 그러나 이 책은 가능한 한 많은 데이터를 수록하여 여러 국가들의 전반적인 특성을 이해하고 판단하는데 도움이 될 수 있도록 하였습니다.

끝으로 이 책의 출간을 위해 애써주신 편집실과 지도실 여러분의 노고에 다시 한번 감사의 뜻을 전합니다.

2005. 5. 저자 드림

contents

Ⅰ 세계

세계의 지도

Ⅱ 아시아

아시아의 지도

국가별 데이터와 해설

III 아프리카

아프리카의 지도

국가별 데이터와 해설

IV 유 럽

유럽의 지도

국가별 데이터와 해설

V 북아메리카

북아메리카의 지도

국가별 데이터와 해설

세계의 여러 나라

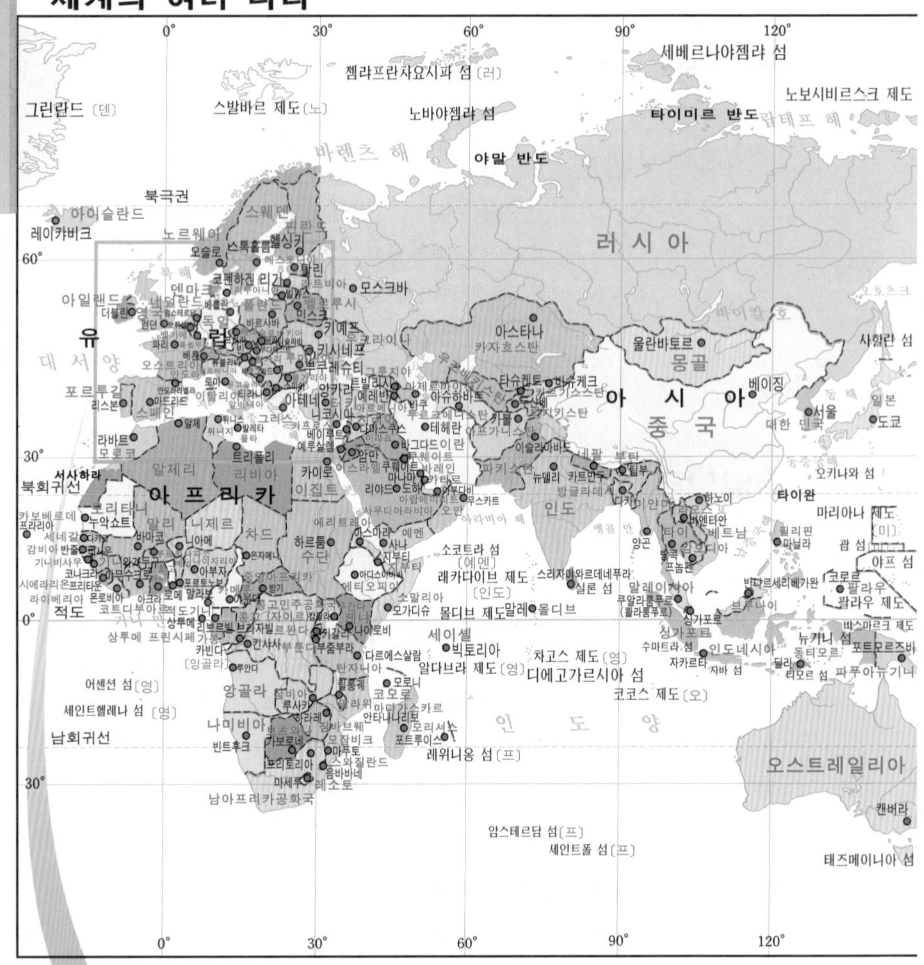

유럽 주요부

1:160,000,000 0 4000km

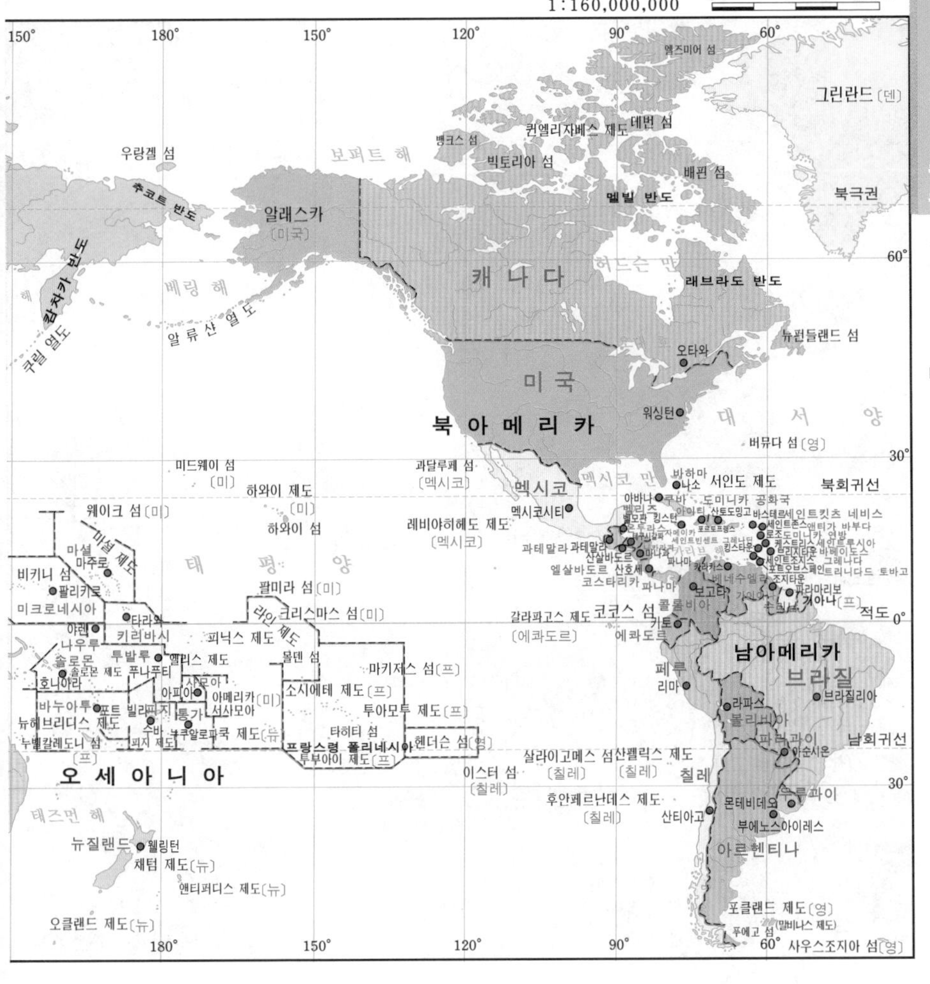

세계의 시간대

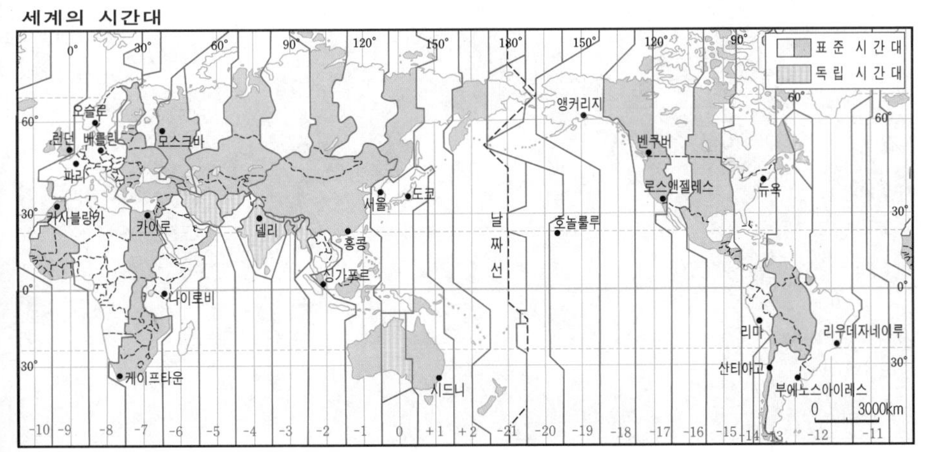

세계의 지형

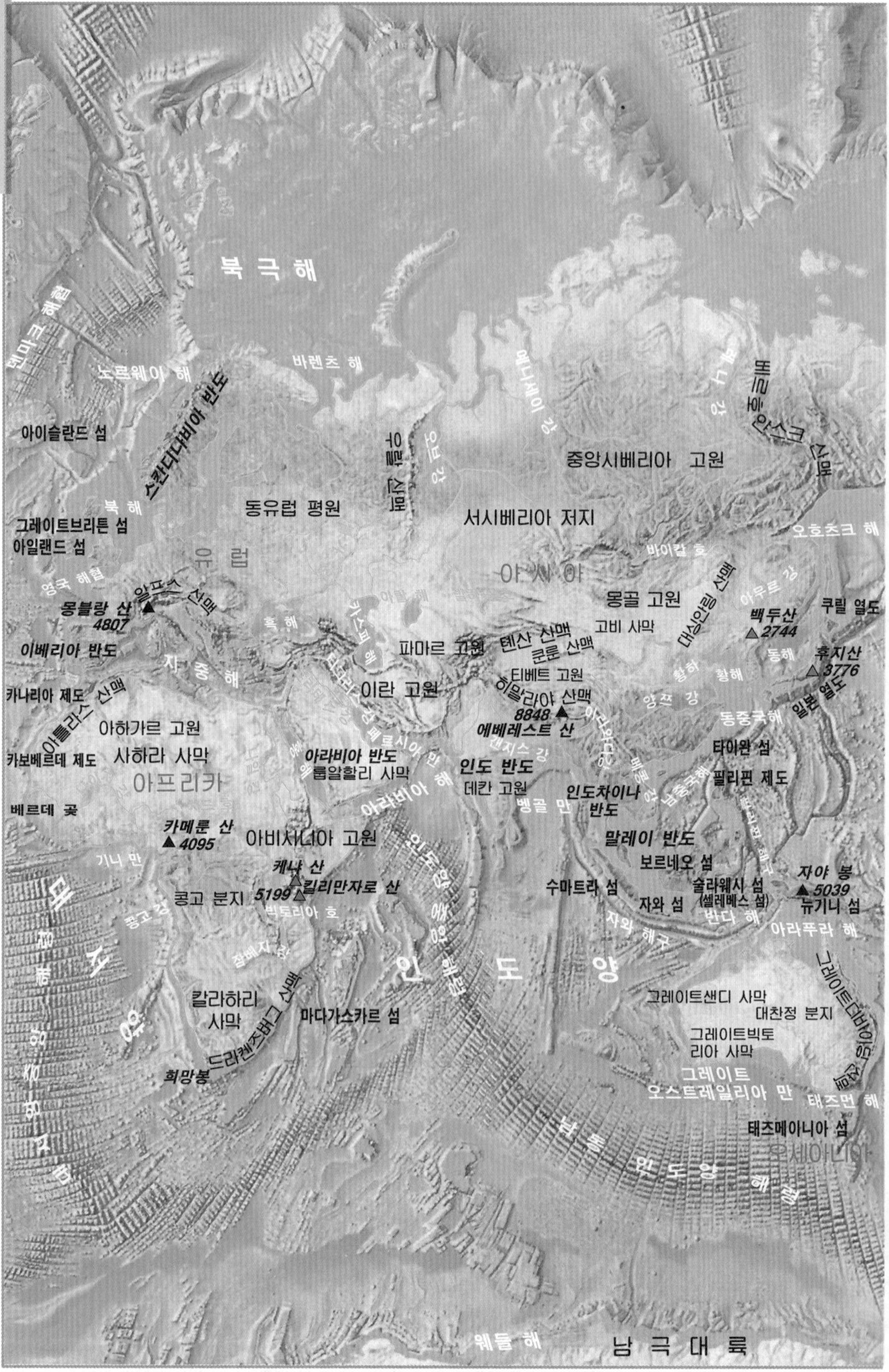

북 극 해
노르웨이 해
바렌츠 해
아이슬란드 섬
스칸디나비아 반도
북 해
그레이트브리튼 섬
아일랜드 섬
영국 해협
유 럽
동유럽 평원
우랄 산맥
오브 강
예니세이 강
레나 강
베르호얀스크 산맥
중앙시베리아 고원
서시베리아 저지
오호츠크 해
바이칼 호
아 시 아
몽골 고원
대싱안링 산맥
아무르 강
쿠릴 열도
백두산
△2744
고비 사막
톈산 산맥
쿤룬 산맥
파마르 고원
알프스 산맥
몽블랑 산
4807
흑 해
카스피 해
이베리아 반도
지 중 해
이란 고원
티베트 고원
히말라야 산맥
8848▲
에베레스트 산
황허
황해
동해
후지산
△3776
일본 열도
양쯔 강
동중국해
타이완 섬
필리핀 제도
카나리아 제도
아틀라스 산맥
아하가르 고원
사하라 사막
카보베르데 제도
아프리카
나일 강
아라비아 반도
룹알할리 사막
페르시아 만
인도 반도
데칸 고원
갠지스 강
인도차이나 반도
벵골 만
아라비아 해
베르데 곶
카메룬 산
▲4095
아비시니아 고원
말레이 반도
보르네오 섬
케냐 산
5199△
킬리만자로 산
기니 만
콩고 분지
빅토리아 호
수마트라 섬
자와 섬
술라웨시 섬
(셀레베스 섬)
반다 해
자야 봉
▲5039
뉴기니 섬
아라푸라 해
자와 해구
콩고 강
잠베지 강
대 서 양
인 도 양
칼라하리
사막
드라켄즈버그 산맥
마다가스카르 섬
희망봉
그레이트샌디 사막
대찬정 분지
그레이트빅토
리아 사막
그레이트디바이딩 산맥
그레이트
오스트레일리아 만
태즈먼 해
태즈메이니아 섬
오세아니아
남 동 인 도 양 해 령
웨들 해
남 극 대 륙

1:150,000,000

0 5000km

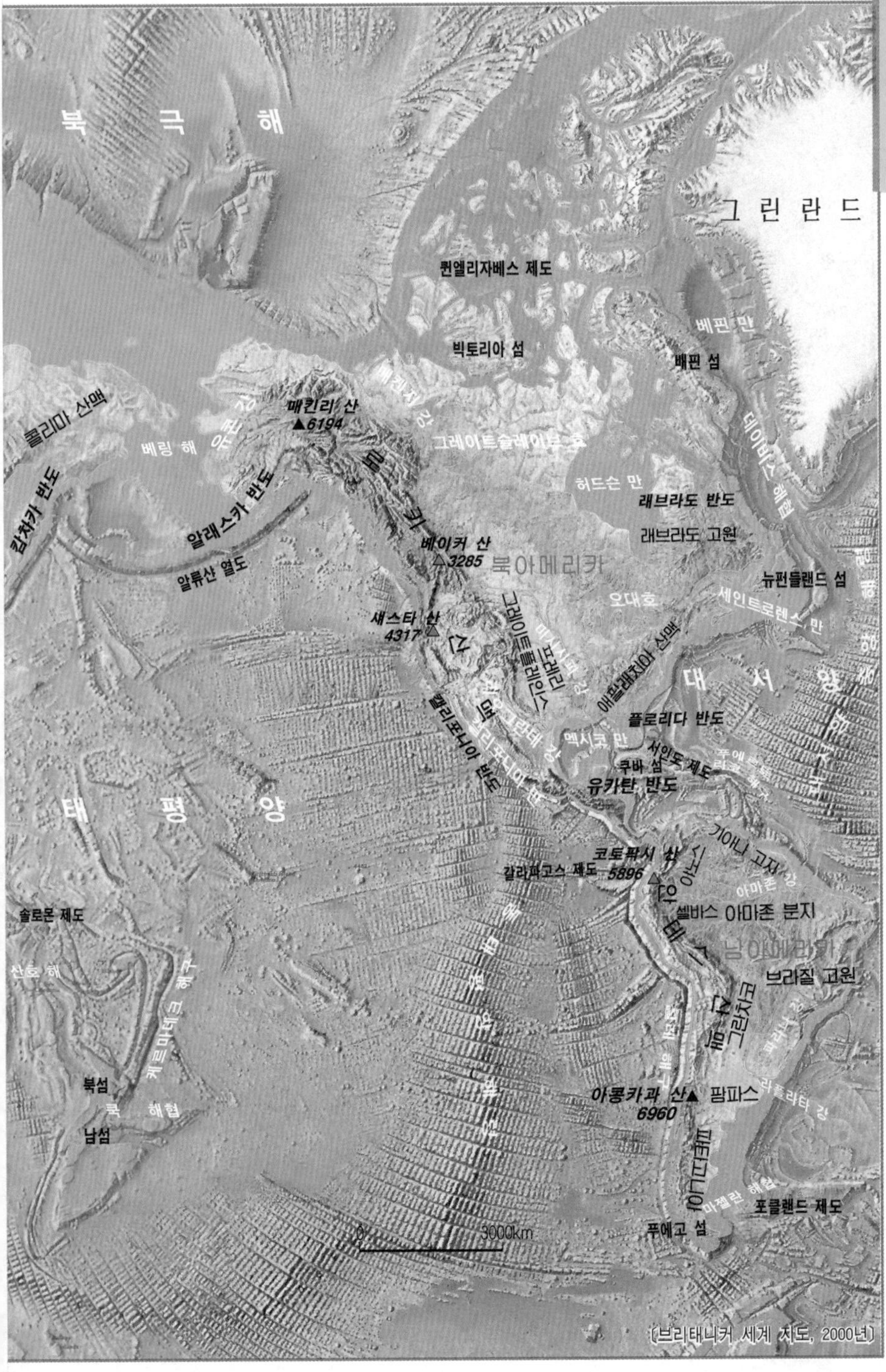

북극해
그린란드
퀸엘리자베스 제도
빅토리아 섬
베핀 만
배핀 섬
매킨리 산 ▲6194
콜리마 산맥
베링 해
그레이트슬레이브 호
허드슨 만
래브라도 반도
래브라도 고원
캄차카 반도
알래스카 반도
알류산 열도
베이커 산 △3285
북아메리카
뉴펀들랜드 섬
오대호
세인트로렌스 만
섀스타 산 4317
그레이트플레인스
애팔래치아 산맥
대서양
플로리다 반도
멕시코 만
캘리포니아 반도
쿠바 섬
서인도 제도
유카탄 반도
태평양
코토팍시 산 5896
갈라파고스 제도
기아나 고지
아마존 강
셀바스 아마존 분지
솔로몬 제도
남아메리카
브라질 고원
산호 해
그란차코
북섬
쿡 해협
남섬
아콩카과 산▲ 6960
팜파스
라플라타 강
파타고니아
마젤란 해협
포클랜드 제도
푸에고 섬

0 3000km

(브리태니커 세계 지도, 2000년)

세계의 기후

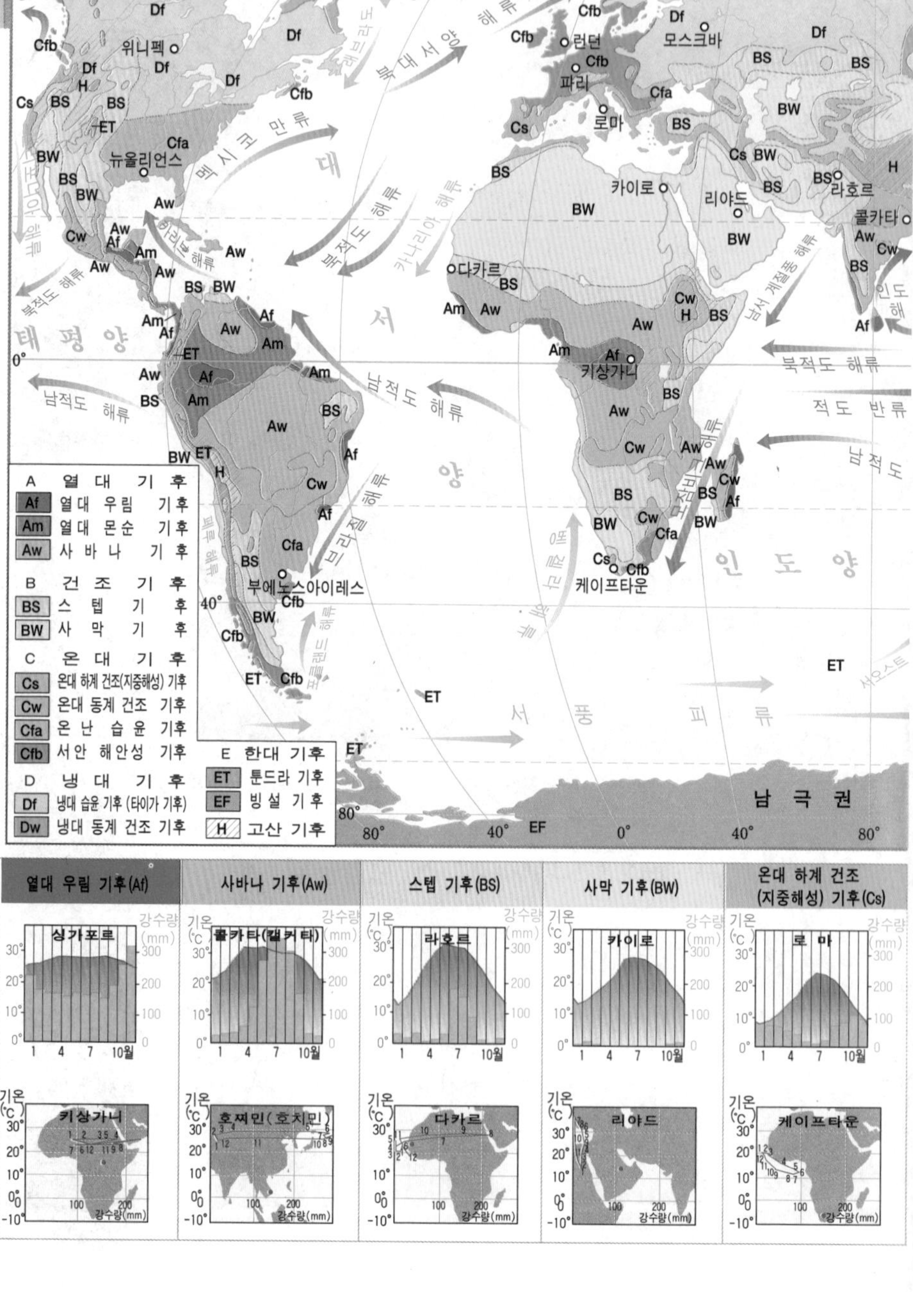
북극권
남극권
배로
위니펙
뉴올리언스
런던
파리
로마
모스크바
딕손
카이로
리야드
라호르
콜카타
다카르
키상가니
부에노스아이레스
케이프타운
북대서양 해류
멕시코 만류
카나리아 해류
북적도 해류
남적도 해류
적도 반류
카리브 해류
브라질 해류
포클랜드 해류
벵겔라 해류
서풍 피류
남서 계절풍 해류
대서양
태평양
인도양
A 열대 기후
Af 열대 우림 기후
Am 열대 몬순 기후
Aw 사바나 기후
B 건조 기후
BS 스텝 기후
BW 사막 기후
C 온대 기후
Cs 온대 하계 건조(지중해성) 기후
Cw 온대 동계 건조 기후
Cfa 온난 습윤 기후
Cfb 서안 해안성 기후
D 냉대 기후
Df 냉대 습윤 기후 (타이가 기후)
Dw 냉대 동계 건조 기후
E 한대 기후
ET 툰드라 기후
EF 빙설 기후
H 고산 기후
열대 우림 기후(Af)
사바나 기후(Aw)
스텝 기후(BS)
사막 기후(BW)
온대 하계 건조 (지중해성) 기후(Cs)
싱가포르
콜카타(캘커타)
라호르
카이로
로마
키상가니
호찌민(호치민)
다카르
리야드
케이프타운
기온 (℃)
강수량 (mm)
10월
강수량(mm)

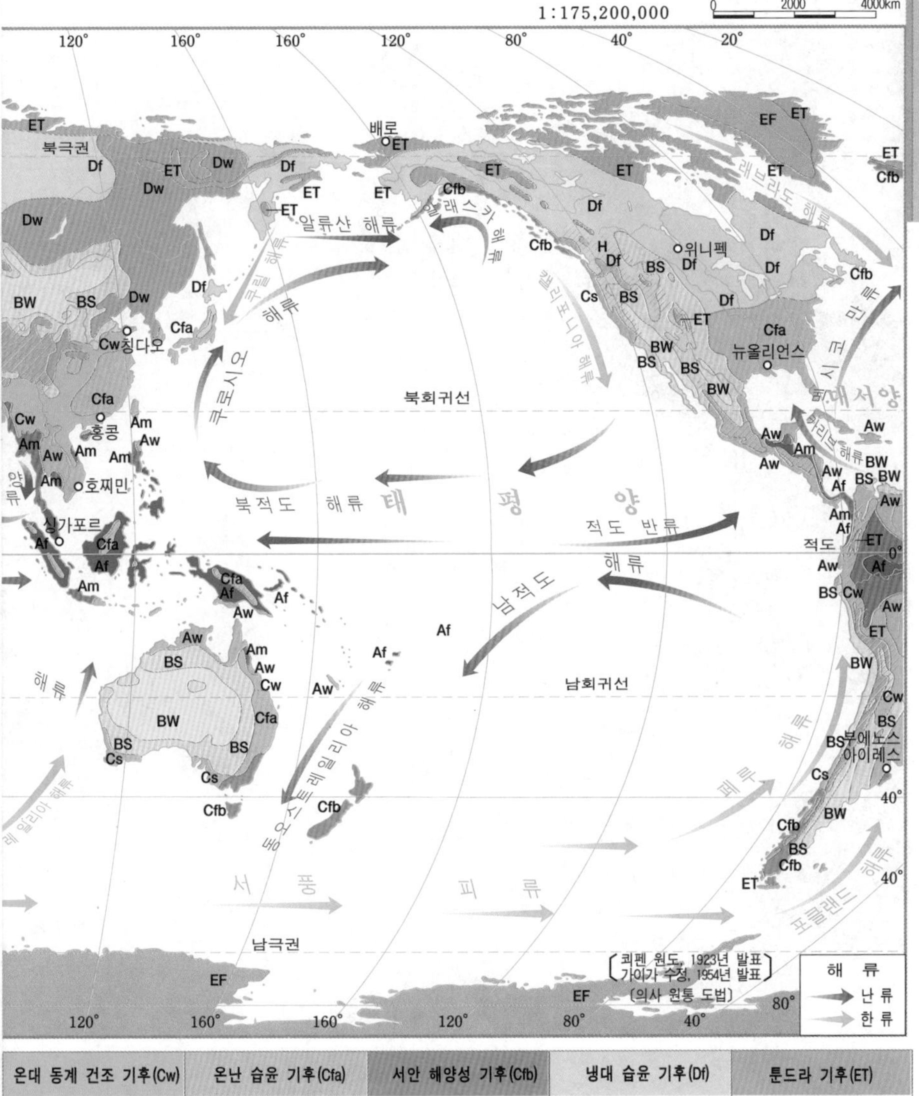
1:175,200,000
0 2000 4000km
북극권
알류산 해류
알래스카 해류
쿠릴 해류
쿠로시오 해류
캘리포니아 해류
래브라도 해류
멕시코 만류
카리브 해류
배로
위니펙
칭다오
뉴올리언스
홍콩
호찌민
싱가포르
북회귀선
대서양
북적도 해류
태 평 양
적도 반류
적도
남적도 해류
동오스트레일리아 해류
서오스트레일리아 해류
남회귀선
부에노스아이레스
페루 해류
포클랜드 해류
서 풍 피 류
남극권
쾨펜 원도, 1923년 발표
가이거 수정, 1954년 발표
(의사 원통 도법)
해 류
난 류
한 류

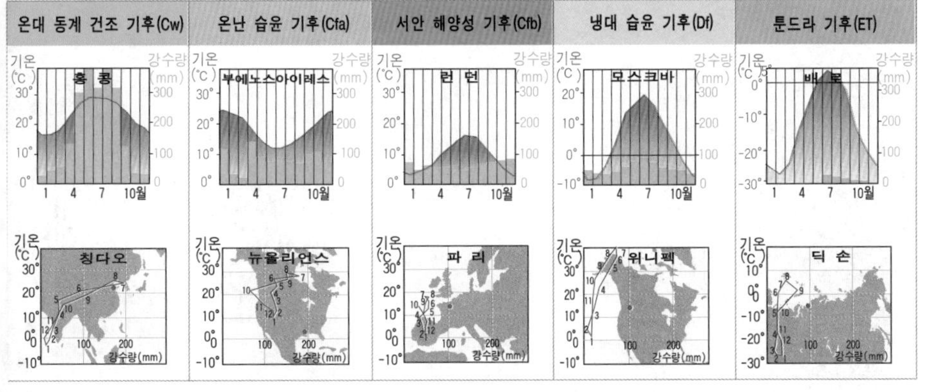
온대 동계 건조 기후(Cw)
온난 습윤 기후(Cfa)
서안 해양성 기후(Cfb)
냉대 습윤 기후(Df)
툰드라 기후(ET)
기온(℃)
강수량(mm)
홍 콩
부에노스아이레스
런 던
모스크바
배 로
1 4 7 10월
칭다오
뉴올리언스
파 리
위니펙
딕 슨
강수량(mm)

북극 지방

1:37,000,000 0 1000km

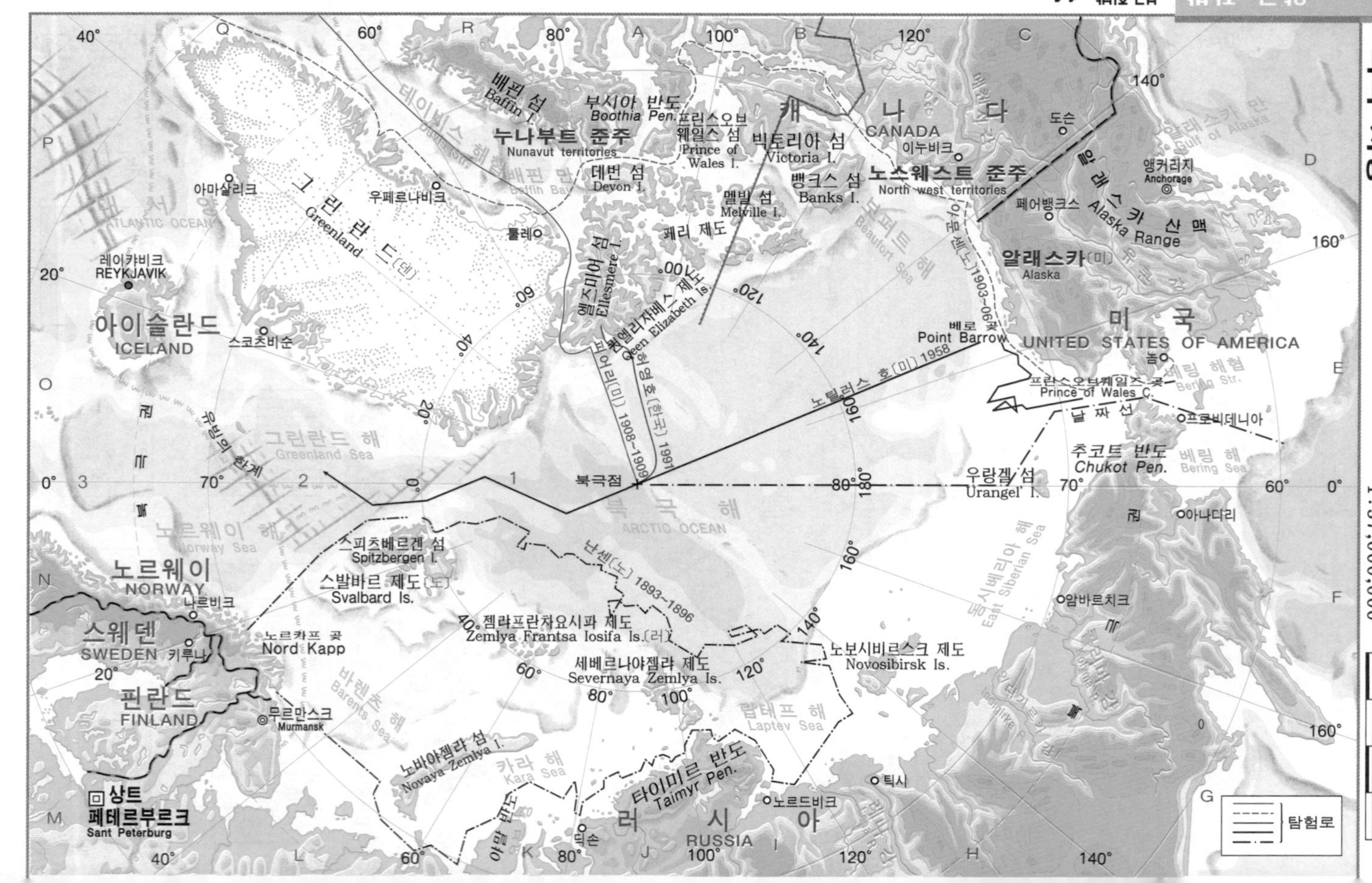
탐험로
북극해
ARCTIC OCEAN
북극점
캐나다
CANADA
미국
UNITED STATES OF AMERICA
러시아
RUSSIA
그린란드(덴)
Greenland
아이슬란드
ICELAND
노르웨이
NORWAY
스웨덴
SWEDEN
핀란드
FINLAND
레이캬비크
REYKJAVIK
스코츠비순
아마살리크
우페르나비크
툴레
나르비크
키루나
앵커리지
Anchorage
도슨
이누비크
페어뱅크스
놈
프로비데니아
아나디리
암바르치크
틱시
노르드비크
딕손
알래스카(미)
Alaska
알래스카 산맥
Alaska Range
노스웨스트 준주
North west territories
누나부트 준주
Nunavut territories
보퍼트 해
Beaufort Sea
동시베리아 해
East Siberian Sea
베링 해
Bering Sea
베링 해협
Bering Str.
랍테프 해
Laptev Sea
카라 해
Kara Sea
바렌츠 해
Barents Sea
그린란드 해
Greenland Sea
노르웨이 해
Norway Sea
추코트 반도
Chukot Pen.
우랑겔 섬
Urangel' I.
노보시비르스크 제도
Novosibirsk Is.
세베르나야젬랴 제도
Severnaya Zemlya Is.
타이미르 반도
Taimyr Pen.
젬랴프란차요시파 제도
Zemlya Frantsa Iosifa Is.(러)
노바야젬랴 섬
Novaya Zemlya I.
스발바르 제도(노)
Svalbard Is.
스피츠베르겐 섬
Spitzbergen I.
노르카프 곶
Nord Kapp
무르만스크
Murmansk
상트 페테르부르크
Sant Peterburg
베로 곶
Point Barrow
프린스오브웨일스 곶
Prince of Wales C.
뱅크스 섬
Banks I.
빅토리아 섬
Victoria I.
멜빌 섬
Melville I.
프린스오브웨일스 섬
Prince of Wales I.
패리 제도
데번 섬
Devon I.
배핀 섬
Baffin I.
배핀 만
Baffin Bay
부시아 반도
Boothia Pen.
엘즈미어 섬
Ellesmere I.
퀸엘리자베스 제도
Qeen Elizabeth Is.
노틸러스 호(미) 1958
피어리(미) 1908~1909
허영호(한국) 1991
난센(노) 1893~1896
아문센(노) 1903~06
유빙의 한계
날짜 변경선

남극 지방

1:37,000,000

0 1000km

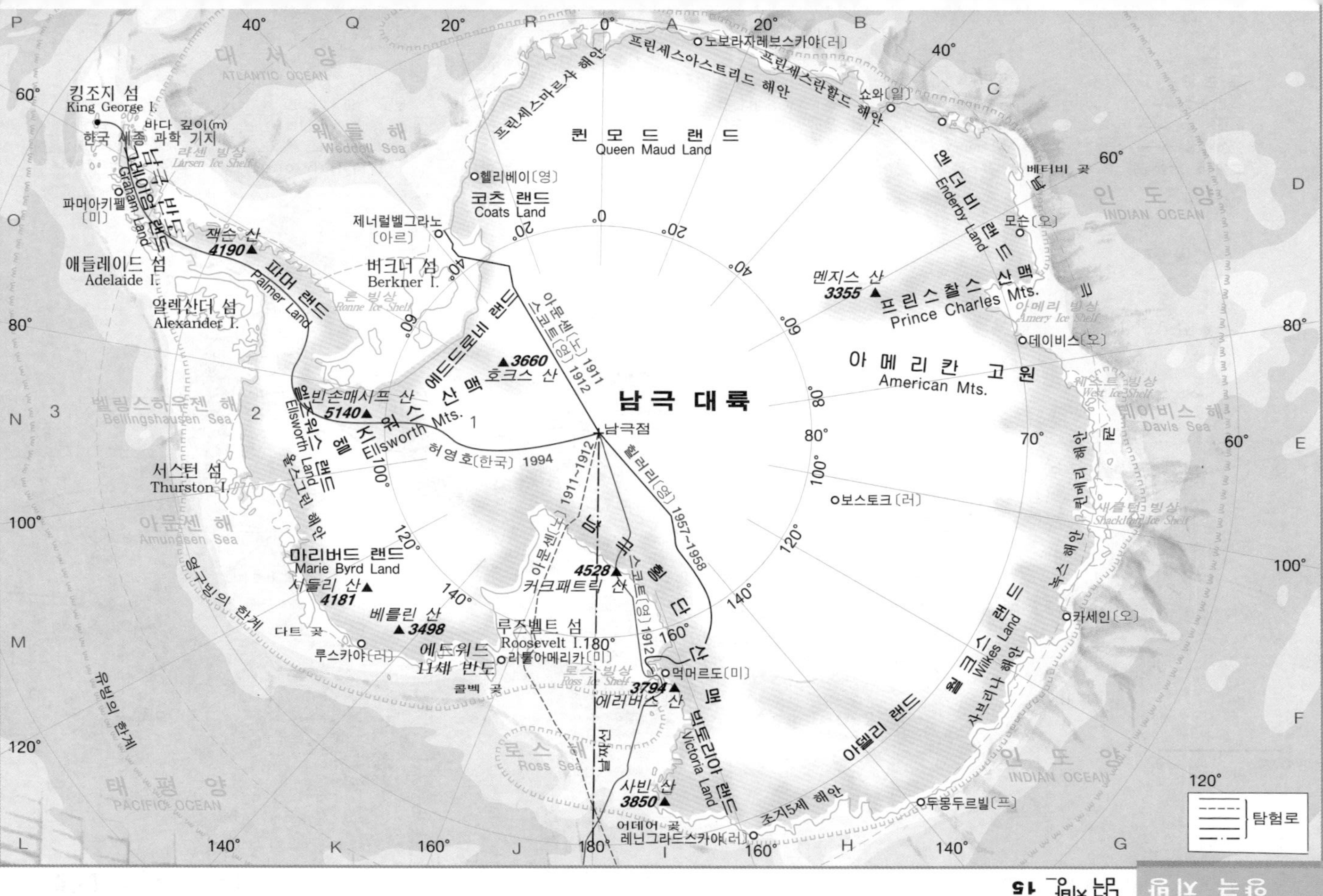

세계의 인종과 민족

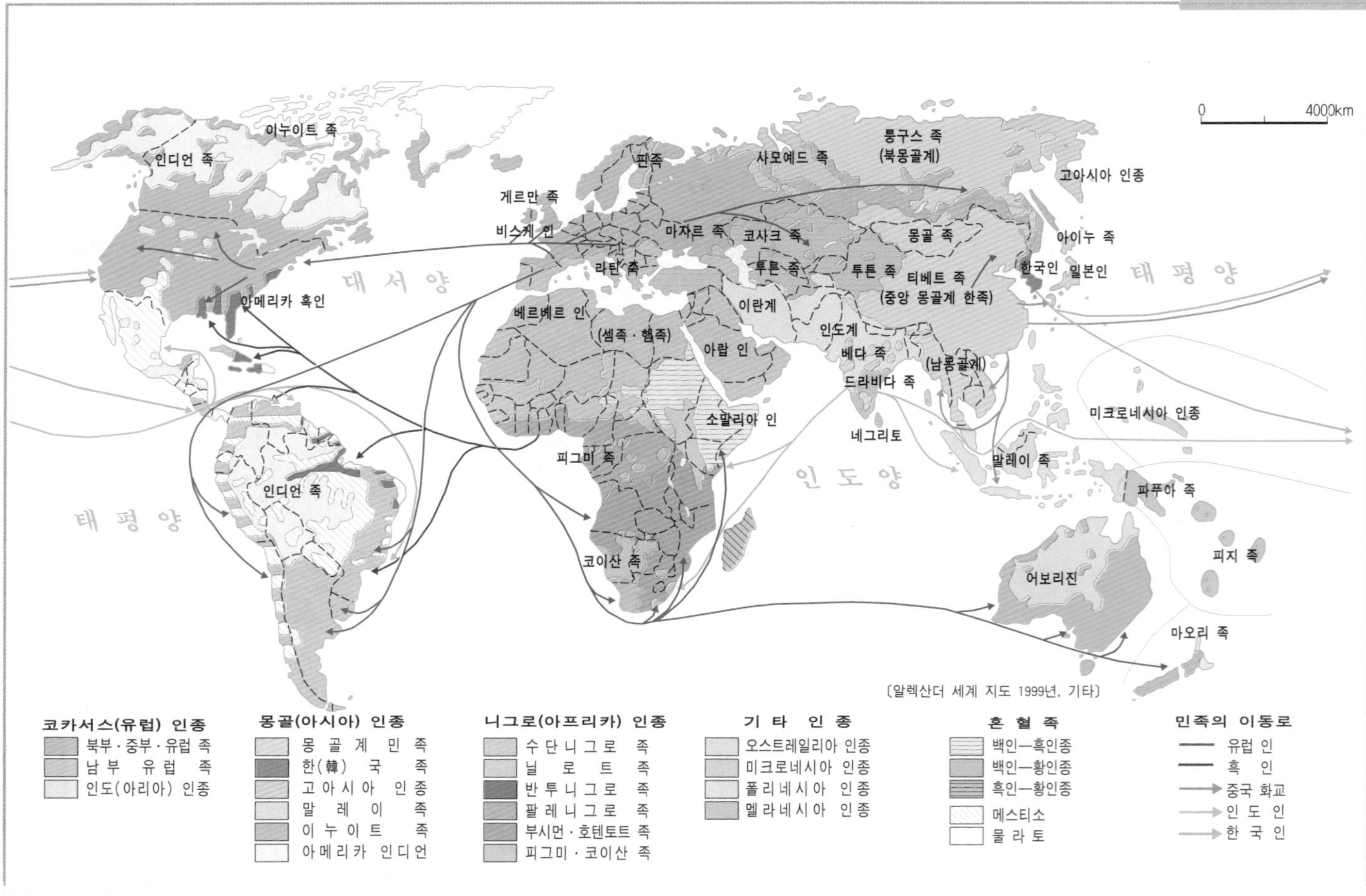
0
4000km
이누이트 족
인디언 족
게르만 족
비스케 인
핀족
사모예드 족
퉁구스 족
(북몽골계)
고아시아 인종
마자르 족
코사크 족
몽골 족
아이누 족
라틴 족
투르 족
투르 족
티베트 족
(중앙 몽골계 한족)
한국인
일본인
태 평 양
대 서 양
아메리카 흑인
베르베르 인
(셈족 · 햄족)
이란계
아랍 인
인도계
베다 족
(남몽골계)
드라비다 족
소말리아 인
네그리토
미크로네시아 인종
피그미 족
말레이 족
인 도 양
파푸아 족
인디언 족
태 평 양
피지 족
코이산 족
어보리진
마오리 족
코카서스(유럽) 인종
북부 · 중부 · 유럽 족
남부 유럽 족
인도(아리아) 인종
몽골(아시아) 인종
몽골계 민족
한(韓) 국 족
고아시아 인종
말레이 족
이누이트 족
아메리카 인디언
니그로(아프리카) 인종
수단니그로 족
닐로트 족
반투니그로 족
팔레니그로 족
부시먼 · 호텐토트 족
피그미 · 코이산 족
기타 인종
오스트레일리아 인종
미크로네시아 인종
폴리네시아 인종
멜라네시아 인종
혼혈족
백인—흑인종
백인—황인종
흑인—황인종
메스티소
물라토
민족의 이동로
유럽 인
흑 인
중국 화교
인 도 인
한 국 인

〔알렉산더 세계 지도 1999년, 기타〕

세계의 종교

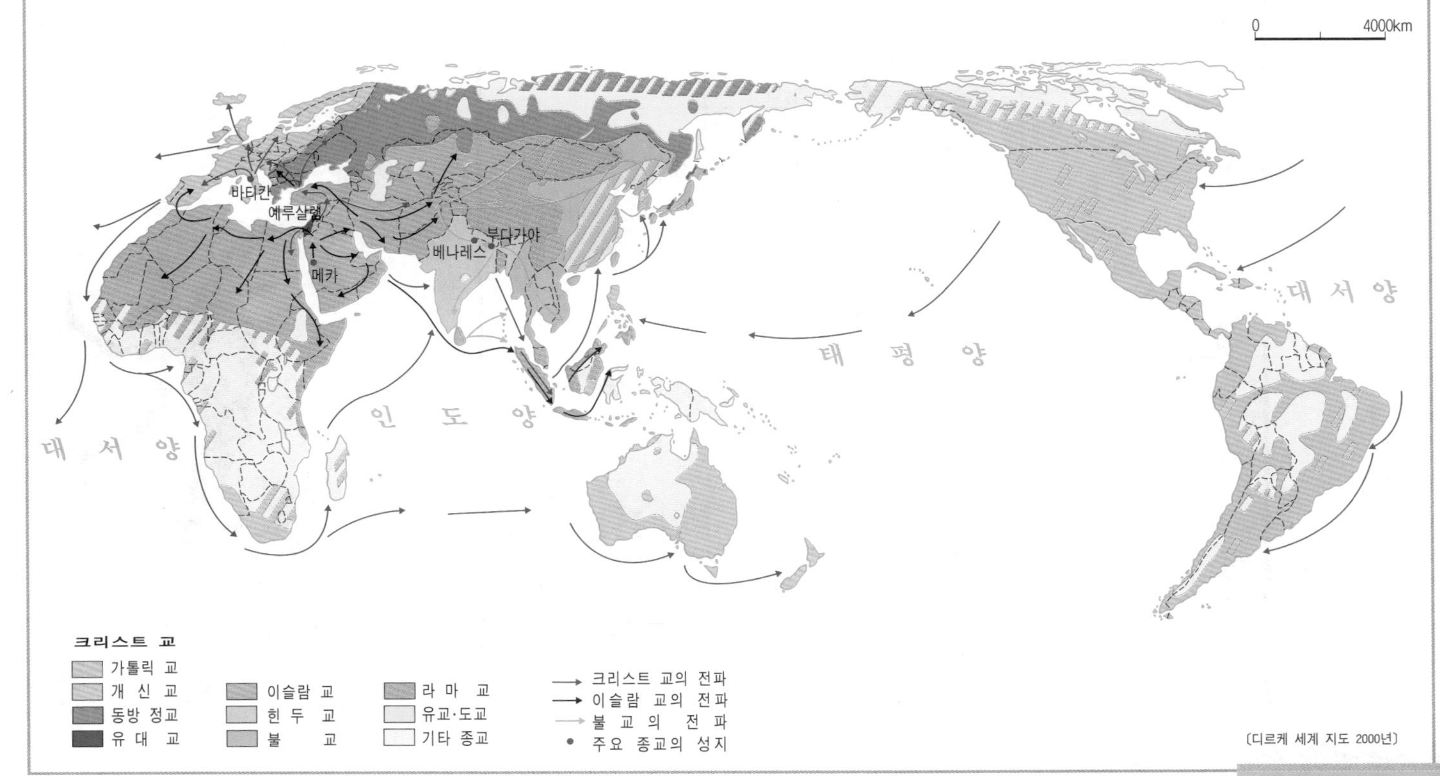

(디르케 세계 지도 2000년)

[지구와 세계에 관한 데이터]

1. 지구의 역사

지질 시대			연대 (백만년)	빙기	동 · 식물	지하 자원
선캄브리아기	시생대		4500	빙기		
	원생대		2500	빙기	껍질 없는 무척추 동물, 균이끼	
고생대	고기	캄브리아기	540		삼엽충	
		오르도비스기	500			
		실루리아기	440		필석	
	신기	데본기	410		육상 식물, 양치 식물	
		석탄기	360		곤충	평안계 탄전(한국), 석탄
		페름기	290	빙기	파충류	석유
중생대	트라이아스기		245		공룡	대동계 탄전(한국), 석탄
	쥐라기		210		시조새, 나자 식물	석유
	백악기		146		암모나이트	
신생대	제3기	고 제3기	65		조개류	석탄
		신 제3기	23			석유
	제4기	홍적세(갱신세)	1.8	빙기	포유 동물	
		충적세(완신세)	0.01		인류	

2. 지구에 관한 데이터

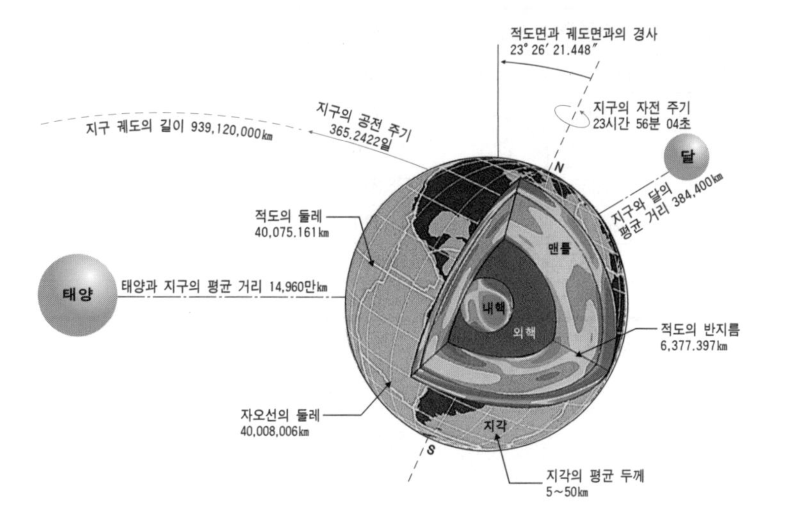

지구의 표면적 5.09949×10^8km
지구의 평균 반지름 6,371.03km
극 반경 6,356.752km
적도 반경 6,378.137km

육지와 바다의 면적 비율 1 : 2.42
육지 면적 1.5억 ㎢
바다 면적 3.6억 ㎢

3. 지구의 극치

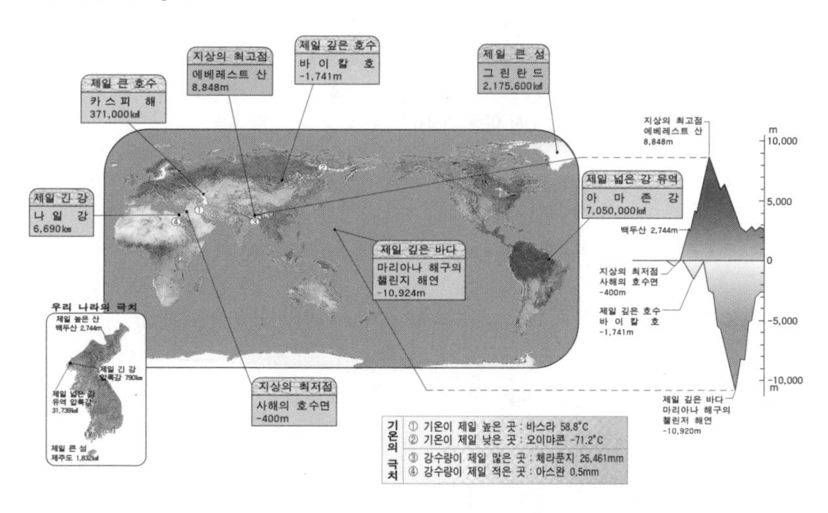

4. 대륙별 면적과 인구

구분	면적(천 ㎢)		인구(천 명)		인구 밀도(명/㎢)
세계	136,104	100(%)	6,395,967	100(%)	47
아시아	31,912	23.5	3,874,723	60.6	121
아프리카	30,259	22.5	884,926	13.8	29
유럽	23,050	16.9	728,396	11.4	32
북아메리카	24,481	18.0	510,120	8.0	21
남아메리카	17,837	13.1	364,996	5.7	21
오세아니아	8,565	6.3	32,805	0.5	4

5. 주요 국제 기구

UN(United Nations : 국제 연합)
창립 : 1945년
본부 : 뉴욕
가맹국 : 191개국
목적 : 국제 평화와 안전 유지, 경제 · 사회 · 문화 · 인권 · 자유의 존중과 국제 협력 강화

안전 보장 이사회(UN Security Council)
창립 : 1945년
본부 : 뉴욕
구성 : 5개 상임이사국(미국, 러시아, 영국, 프랑스, 중국 : 거부권 소유)과 10개 비상임이사국
목적 : 국제 평화와 안전을 위해 UN 가맹국을 구속하는 결정을 내릴 권한 갖음

UNICEF(UN Children's Fund : UN 아동 기금)
창립 : 1946년
본부 : 뉴욕
가맹국 : 191개국
목적 : 아동들의 기본 권리와 특권의 실현과 보호, 개발도상국 아동들의 생활, 위생, 교육의 향상

UNHCR(Office of UN High Commissioner for Refugees : UN 난민 고등판무관실)
창립 : 1951년
본부 : 제네바
구성 : 53개국 대표가 집행부 구성
목적 : 난민의 국제적 보호와 구제, 난민 문제의 항구적 해결

FAO(UN Food and Agriculture Organization : **UN 식량 농업 기구**)
창립 : 1945년
본부 : 로마
가맹국 : 183개국
목적 : 식량, 농산물의 증산과 유통의 개선, 영양 수준과 생활 수준 향상

UNESCO(UN Educational, Scientific and Cultural Org. : **UN 교육 과학 문화 기구**)
창립 : 1946년
본부 : 파리
가맹국 : 188개국
목적 : 교육 · 과학 · 문화에 대한 연구와 협력, 세계 문화 유산의 보호

ILO(International Labour Org. : **국제 노동 기구**
창립 : 1919년 창설, 1946년 UN 전문 기구화
본부 : 제네바
가맹국 : 175개국
목적 : 사회 정의와 평화에 공헌, 노동 조건과 생활 개선의 국제적 기준과 노동 조약 기준의 권고

WHO(World Health Org. : **세계 보건 기구**)
창립 : 1948년
본부 : 제네바
가맹국 : 191개국
목적 : 세계 수준의 보건 위생 시스템의 확보, 인구 · 전염병 · 재해 문제의 연구와 보급

IAEA(International Atomic Energy Agency : **국제 원자력 기구**)
창립 : 1957년
본부 : 빈
가맹국 : 132개국
목적 : 원자력의 평화적 이용 촉진 및 군사적 이용 방지

WTO(World Trade Org. : **세계 무역 기구**)
창립 : 1995년(1948년 창설한 GATT의 변신)
본부 : 제네바
가맹국 : 144개국
목적 : 자유 무역을 위해 수입 제한 철폐, 물자의 유통 외에 금융, 서비스, 지적 소유권도 무역에 포함

IMF(International Monetary Fund : **국제 통화 기금**)
창립 : 1945년
본부 : 워싱턴
가맹국 : 183개국
목적 : 국제 통화 문제의 안정과 협력, 국제 무역의 확대

IBRD(International Bank of Reconstruction and Development : **세계 은행**)
창립 : 1945년
본부 : 워싱턴
가맹국 : 183개국
목적 : 개발도상국의 빈곤 완화, 성장과 생활 수준 향상을 위한 프로젝트

NATO(North Atlantic Treaty Org. : **북대서양 조약 기구**)
창립 : 1949년
본부 : 브뤼셀
가맹국 : 19개국
목적 : 소련과 동구 공산권에 대응하는 서구의 집단 방위, 소련의 해체와 공산권의 몰락으로 지역 분쟁 대응으로 변신

EU(European Union : **유럽 연합**)
창립 : 1993년
본부 : 브뤼셀
가맹국 : 25개국(창설 6개국 : 프랑스, 독일, 이탈리아, 네덜란드, 벨기에, 룩셈부르크)
추가 가맹 6개국 : 아일랜드, 영국, 덴마크, 그리스, 스페인, 포르투갈, 오스트리아, 핀란드, 스웨덴
2004년 추가 가맹 10개국 : 체코, 에스토니아, 헝가리, 라트비아, 리투아니아, 폴란드, 슬로바키아, 키프로스, 몰타
현재 가맹 신청국 : 터키, 루마니아, 크로아티아, 불가리아
목적 : 가맹국 간의 사람, 물자, 자본, 서비스의 자유로운 이동, 단일 시장, 통화의 통일, 공동 외교와 공동 안전 보장 정책의 실현

ASEAN(Association of South-East Asian Nations : **동남 아시아 국가 연합**)
창립 : 1967년
본부 : 자카르타
가맹국 : 10개국(인도네시아, 타이, 브루나이, 말레이시아, 싱가포르, 필리핀, 베트남, 캄보디아, 라오스, 미얀마)
목적 : 동남 아시아의 경제 · 사회 · 문화의 발전, 천연 자원의 개발, 정치 안정, 안전 보장의 상호 협력

아랍 연맹(Arab League)
창립 : 1945년
본부 : 카이로
가맹국 : 아랍 21개국
목적 : 아랍 제국의 정치 안정과 평화, 통합과 정책 조정, 경제 · 사회 · 문화 · 보건 · 교통 · 통신의 협력

APEC(Asia Pacific Economic Cooperation Conference : **아시아 태평양 경제 협력 회의**)
창립 : 1989년
본부 : 싱가포르
가맹국 : 19개국+2(한국, 러시아, 중국, 일본, 홍콩, 타이완, 타이, 인도네시아, 필리핀, 말레이시아, 싱가

포르, 브루나이, 베트남, 파푸아뉴기니, 미국, 캐나다, 멕시코, 칠레, 페루, 오스트레일리아, 뉴질랜드)
목적 : 이 지역의 지속적인 경제 발전과 지역 협력, 환태평양 지역 자유 무역의 유지 강화

OECD(Org. for Economic Cooperation and Development : **경제 협력 개발 기구**)
창립 : 1961년
본부 : 파리
가맹국 : 30개국(주로 선진국 집단)
목적 : 높은 경제 성장과 생활 수준의 향상, 개발 도상 국가에 대한 개발 원조와 국제 자유 무역의 확대

OPEC(Org. of the Petroleum Exporting Countries : **석유 수출국 기구**)
창립 : 1960년
본부 : 빈
가맹국 : 11개국(사우디아라비아, 쿠웨이트, 이란, 이라크, 카타르, 아랍에미리트, 알제리, 리비아, 인도네시아, 베네수엘라, 나이지리아)
목적 : 석유 수출국의 이익을 위해 생산의 조정, 가격의 안정 도모

IOC(International Olympic Committee : **국제 올림픽 위원회**)
창립 : 1863년
본부 : 로잔
가맹국 : 176개국
목적 : 올림픽 경기를 통하여 전 세계에 스포츠맨 쉽을 촉진한다.
모든 참가자는 정치 · 종교 · 인종에 의한 차별을 받지 않는다.

* 아시아편

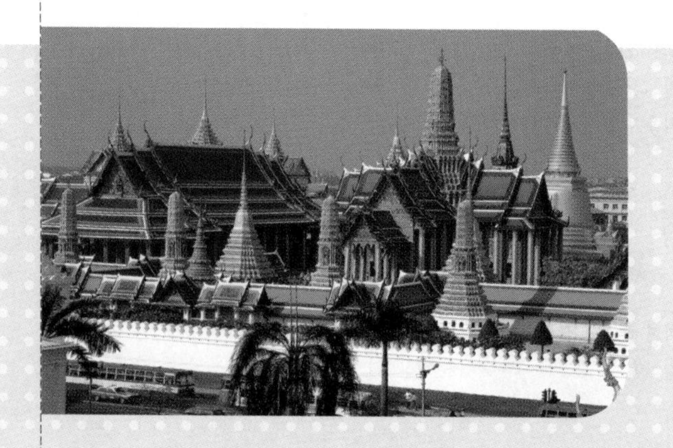

국가별 데이터와 해설 »

1. 대한민국 2. 북한 3. 일본 4. 중국 5. 홍콩 특별구
6. 마카오 특별구 7. 타이완 8. 몽골 9. 베트남
10. 라오스 11. 캄보디아 12. 미얀마 13. 타이
14. 말레이시아 15. 싱가포르 16. 브루나이 17. 필리핀
18. 인도네시아 19. 동티모르 20. 인도 21. 방글라데시
22. 파키스탄 23. 스리랑카 24. 몰디브 25. 네팔
26. 부탄 27. 아프가니스탄 28. 이란 29. 예멘
30. 오만 31. 아랍에미리트 32. 카타르 33. 바레인
34. 사우디아라비아 35. 쿠웨이트 36. 이라크 37. 요르단
38. 이스라엘 39. 팔레스타인 40. 레바논 41. 시리아
42. 터키 43. 그루지야 44. 아르메니아 45. 아제르바이잔
46. 카자흐스탄 47. 투르크메니스탄 48. 우즈베키스탄
49. 타지키스탄 50. 키르기스스탄

아시아의 여러 나라

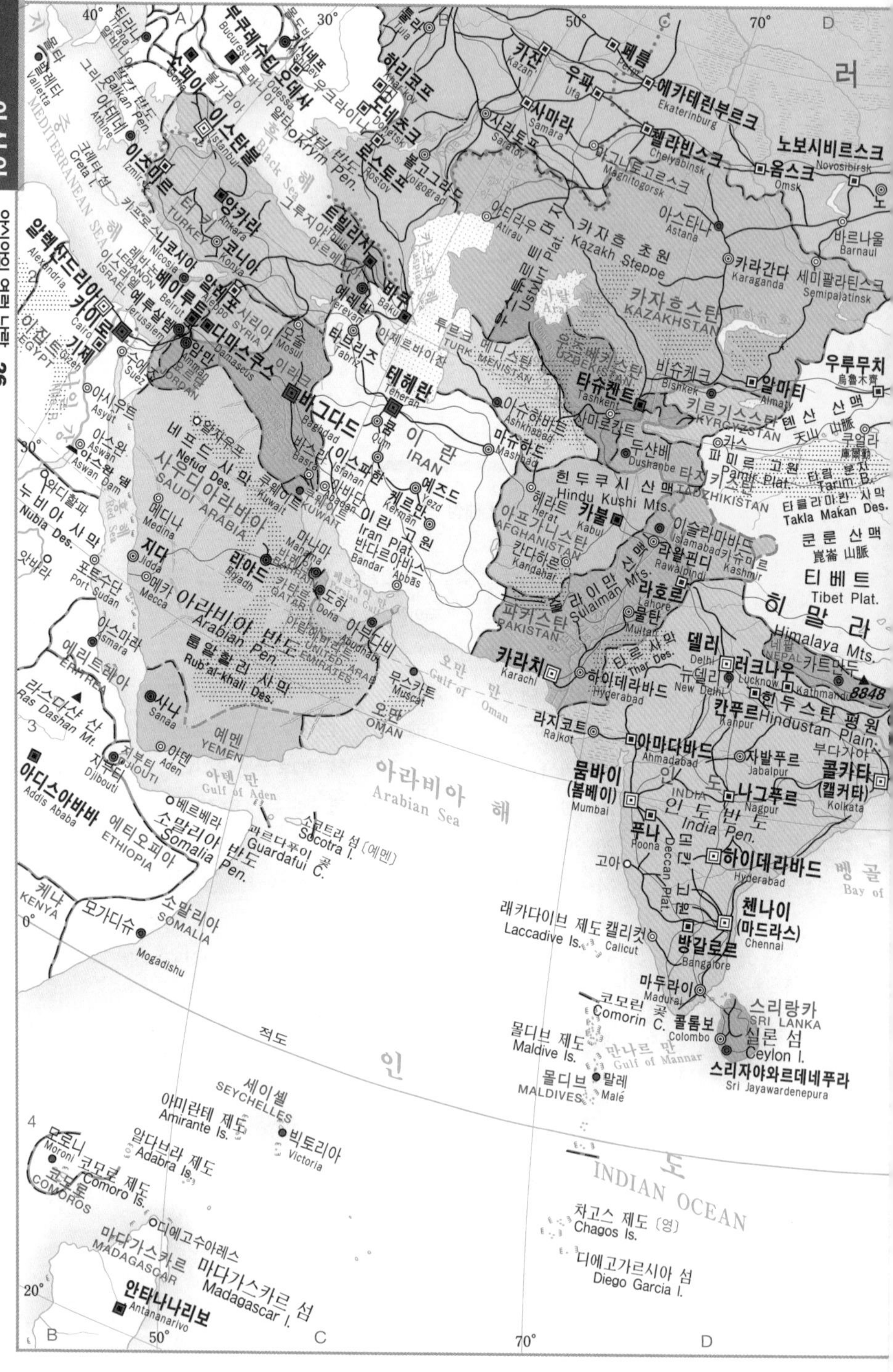
이스탄불
Istanbul
앙카라
Ankara
터키
TURKEY
니코시아
Nicosia
베이루트
Beirut
다마스쿠스
Damascus
예루살렘
Jerusalem
암만
Amman
카이로
Cairo
기제
Giza
알렉산드리아
Alexandria
바그다드
Baghdad
테헤란
Teheran
이란
IRAN
바쿠
Baku
트빌리시
Tbilisi
예레반
Yerevan
카잔
Kazan
우파
Ufa
페름
Perm
에카테린부르크
Ekaterinburg
사마라
Samara
첼랴빈스크
Chelyabinsk
옴스크
Omsk
노보시비르스크
Novosibirsk
아스타나
Astana
카라간다
Karaganda
카자흐스탄
KAZAKHSTAN
카자흐 초원
Kazakh Steppe
타슈켄트
Tashkent
알마티
Almaty
우루무치
비슈케크
Bishkek
두샨베
Dushanbe
카불
Kabul
이슬라마바드
Islamabad
라호르
Lahore
델리
Delhi
뉴델리
New Delhi
카라치
Karachi
러크나우
Lucknow
카트만두
Kathmandu
8848
히말라야 산맥
Himalaya Mts.
티베트 고원
Tibet Plat.
쿤룬 산맥
타클라마칸 사막
Takla Makan Des.
파미르 고원
Pamir Plat.
힌두쿠시 산맥
Hindu Kushi Mts.
아프가니스탄
AFGHANISTAN
파키스탄
PAKISTAN
아마다바드
Ahmadabad
뭄바이
(봄베이)
Mumbai
푸나
Poona
나그푸르
Nagpur
콜카타
(캘커타)
Kolkata
하이데라바드
Hyderabad
첸나이
(마드라스)
Chennai
방갈로르
Bangalore
인도 반도
India Pen.
인도
INDIA
스리랑카
SRI LANKA
콜롬보
Colombo
실론 섬
Ceylon I.
스리자야와르데네푸라
Sri Jayawardenepura
몰디브
MALDIVES
말레
Malé
아라비아 해
Arabian Sea
아라비아 반도
Arabian Pen.
사우디아라비아
SAUDI ARABIA
리야드
Riyadh
메카
Mecca
지다
Jidda
메디나
Medina
쿠웨이트
Kuwait
도하
Doha
아부다비
Abudhabi
무스카트
Muscat
오만
OMAN
사나
Sanaa
아덴
Aden
예멘
YEMEN
아덴 만
Gulf of Aden
지부티
Djibouti
아디스아바바
Addis Ababa
에티오피아
ETHIOPIA
소말리아
SOMALIA
모가디슈
Mogadishu
케냐
KENYA
소코트라 섬 (예멘)
Socotra I.
세이셸
SEYCHELLES
빅토리아
Victoria
모로니
Moroni
코모로
COMOROS
마다가스카르
MADAGASCAR
안타나나리보
Antananarivo
마다가스카르 섬
Madagascar I.
차고스 제도 (영)
Chagos Is.
디에고가르시아 섬
Diego Garcia I.
적도
인도양
INDIAN OCEAN

1:45,000,000
0 1500km

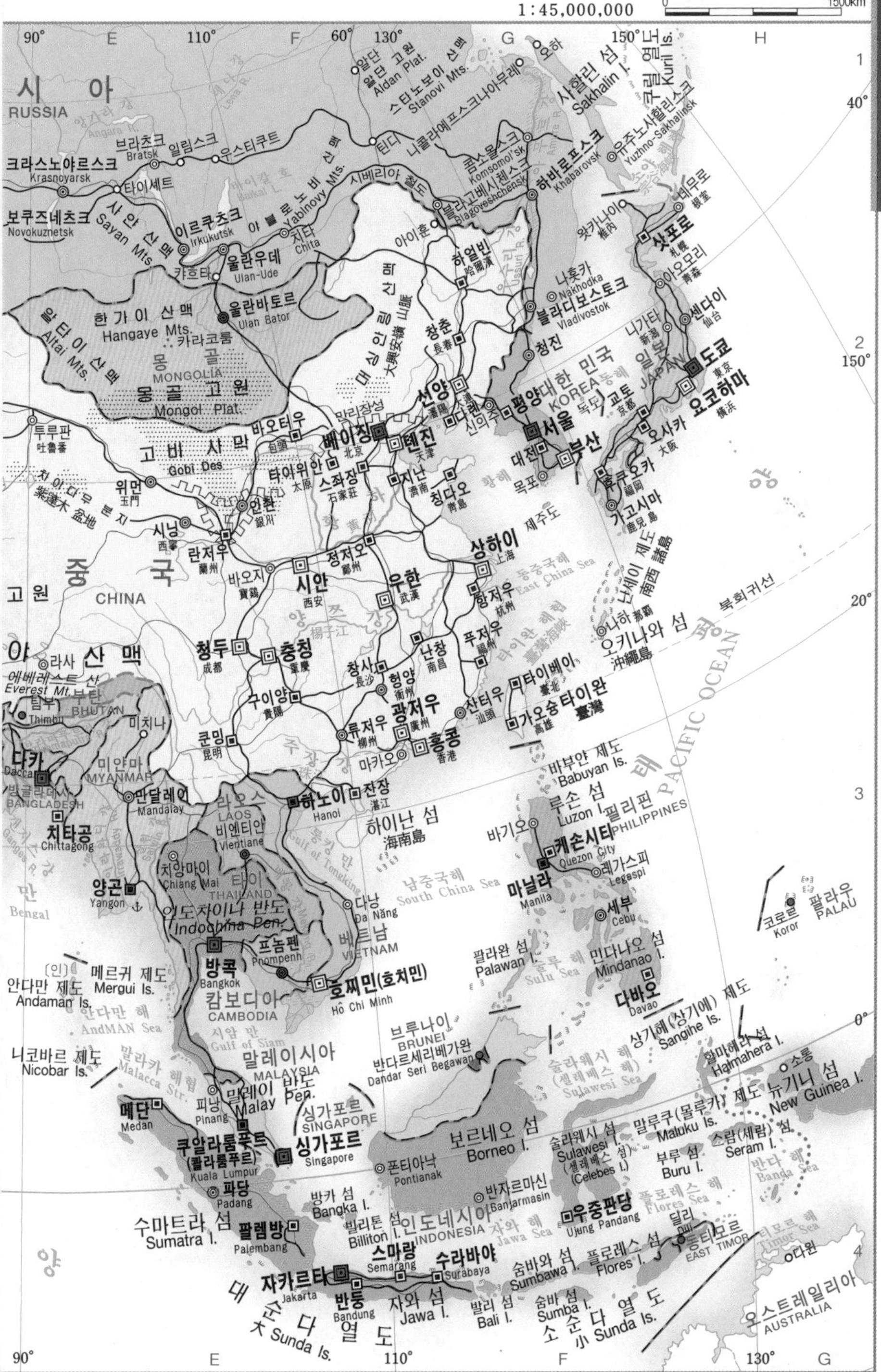

90° E 110° F 60° 130° G 150° H
RUSSIA
크라스노야르스크
Krasnoyarsk
브라츠크
Bratsk
일림스크
우스티쿠트
타이셰트
보쿠즈네츠크
Novokuznetsk
사얀 산맥
Sayan Mts.
이르쿠츠크
Irkutsk
바이칼 호
Baikal L.
울란우데
Ulan-Ude
캬흐타
치타
Chita
야블로노비 산맥
Yablonovy Mts.
알단 고원
Aldan Plat.
스타노보이 산맥
Stanovi Mts.
틴디
니콜라예프스크나아무레
오하
사할린 섬
Sakhalin I.
쿠릴 열도
Kuril Is.
유주노사할린스크
Yuzhno-Sakhalinsk
콤소몰스크
Komsomol'sk
하바로프스크
Khabarovsk
시베리아 철도
블라고베시첸스크
Blagoveshchensk
아이훈
하얼빈
哈爾濱
왓카나이
稚内
네무로
根室
삿포로
札幌
아오모리
青森
나홋카
Nakhodka
블라디보스토크
Vladivostok
센다이
仙台
니가타
新潟
도쿄
東京
요코하마
横浜
일본
JAPAN
교토
京都
오사카
大阪
후쿠오카
福岡
가고시마
鹿児島
대한 민국
KOREA
동해
독도
청진
평양
서울
대전
부산
목포
신의주
제주도
창춘
長春
선양
瀋陽
다롄
大連
대싱안링 산맥
大興安嶺 山脈
알타이 산맥
Altai Mts.
항가이 산맥
Hangaye Mts.
카라코룸
울란바토르
Ulan Bator
몽골
MONGOLIA
몽골 고원
Mongol Plat.
투루판
吐魯番
고비 사막
Gobi Des.
바오터우
包頭
만리장성
베이징
北京
톈진
天津
타이위안
太原
스좌장
石家莊
지난
濟南
칭다오
青島
위먼
玉門
차이다무 분지
柴達木 盆地
인촨
銀川
시닝
西寧
란저우
蘭州
정저우
鄭州
상하이
上海
동중국해
East China Sea
중국
CHINA
고원
바오지
寶鷄
시안
西安
우한
武漢
항저우
杭州
양쯔강
揚子江
난세이 제도
南西 諸島
북회귀선
나하
那覇
오키나와 섬
沖縄島
태평양
PACIFIC OCEAN
청두
成都
충칭
重慶
난창
南昌
푸저우
福州
타이완 해협
臺灣海峽
창사
長沙
헝양
衡州
히말라야 산맥
라사
에베레스트 산
Everest Mt.
부탄
BHUTAN
팀부
Thimbu
구이양
貴陽
산터우
汕頭
타이베이
臺北
가오슝
高雄
타이완
臺灣
미치나
쿤밍
昆明
류저우
柳州
광저우
廣州
홍콩
香港
마카오
주장강
다카
Dacca
방글라데시
BANGLADESH
미얀마
MYANMAR
만달레이
Mandalay
하노이
Hanoi
잔장
湛江
바부얀 제도
Babuyan Is.
루손 섬
Luzon I.
필리핀
PHILIPPINES
라오스
LAOS
비엔티안
Vientiane
하이난 섬
海南島
통킹 만
Gulf of Tonking
바기오
케손시티
Quezon City
치타공
Chittagong
치앙마이
Chiang Mai
타이
THAILAND
마닐라
Manila
레가스피
Legaspi
양곤
Yangon
인도차이나 반도
Indochina Pen.
다낭
Da Nang
남중국해
South China Sea
세부
Cebu
코로르
Koror
팔라우
PALAU
벵골 만
Bengal
방콕
Bangkok
프놈펜
Phnompenh
베트남
VIETNAM
팔라완 섬
Palawan I.
술루 해
Sulu Sea
민다나오 섬
Mindanao I.
메르귀 제도
Mergui Is.
안다만 제도
Andaman Is.
호찌민(호치민)
Ho Chi Minh
캄보디아
CAMBODIA
다바오
Davao
안다만 해
AndMAN Sea
시암 만
Gulf of Siam
브루나이
BRUNEI
반다르세리베가완
Dandar Seri Begawan
상기헤(상기에) 제도
Sangihe Is.
할마헤라 섬
Halmahera I.
니코바르 제도
Nicobar Is.
말라카 해협
Malacca Str.
말레이시아
MALAYSIA
말레이 반도
Malay Pen.
술라웨시 해
(셀레베스 해)
Sulawesi Sea
소롱
뉴기니 섬
New Guinea I.
메단
Medan
피낭
Pinang
싱가포르
SINGAPORE
쿠알라룸푸르
(콸라룸푸르)
Kuala Lumpur
싱가포르
Singapore
보르네오 섬
Borneo I.
술라웨시 섬
Sulawesi I.
(셀레베스 섬)
(Celebes I.)
말루쿠(몰루카) 제도
Maluku Is.
스람(세람) 섬
Seram I.
부루 섬
Buru I.
반다 해
Banda Sea
폰티아낙
Pontianak
파당
Padang
방카 섬
Bangka I.
반자르마신
Banjarmasin
우중판당
Ujung Pandang
플로레스 해
Flores Sea
빌리톤 섬
Billiton I.
인도네시아
INDONESIA
자와 해
Jawa Sea
딜리
동티모르
EAST TIMOR
티모르 해
Timor Sea
다윈
수마트라 섬
Sumatra I.
팔렘방
Palembang
스마랑
Semarang
수라바야
Surabaya
숨바와 섬
Sumbawa I.
플로레스 섬
Flores I.
양
자카르타
Jakarta
반둥
Bandung
자와 섬
Jawa I.
발리 섬
Bali I.
숨바 섬
Sumba I.
오스트레일리아
AUSTRALIA
대 순 다 열 도
大 Sunda Is.
소 순 다 열 도
小 Sunda Is.
90° E 110° F 130° G
1 2 3 4
40° 150° 20° 0°

아시아 (동북 아시아)

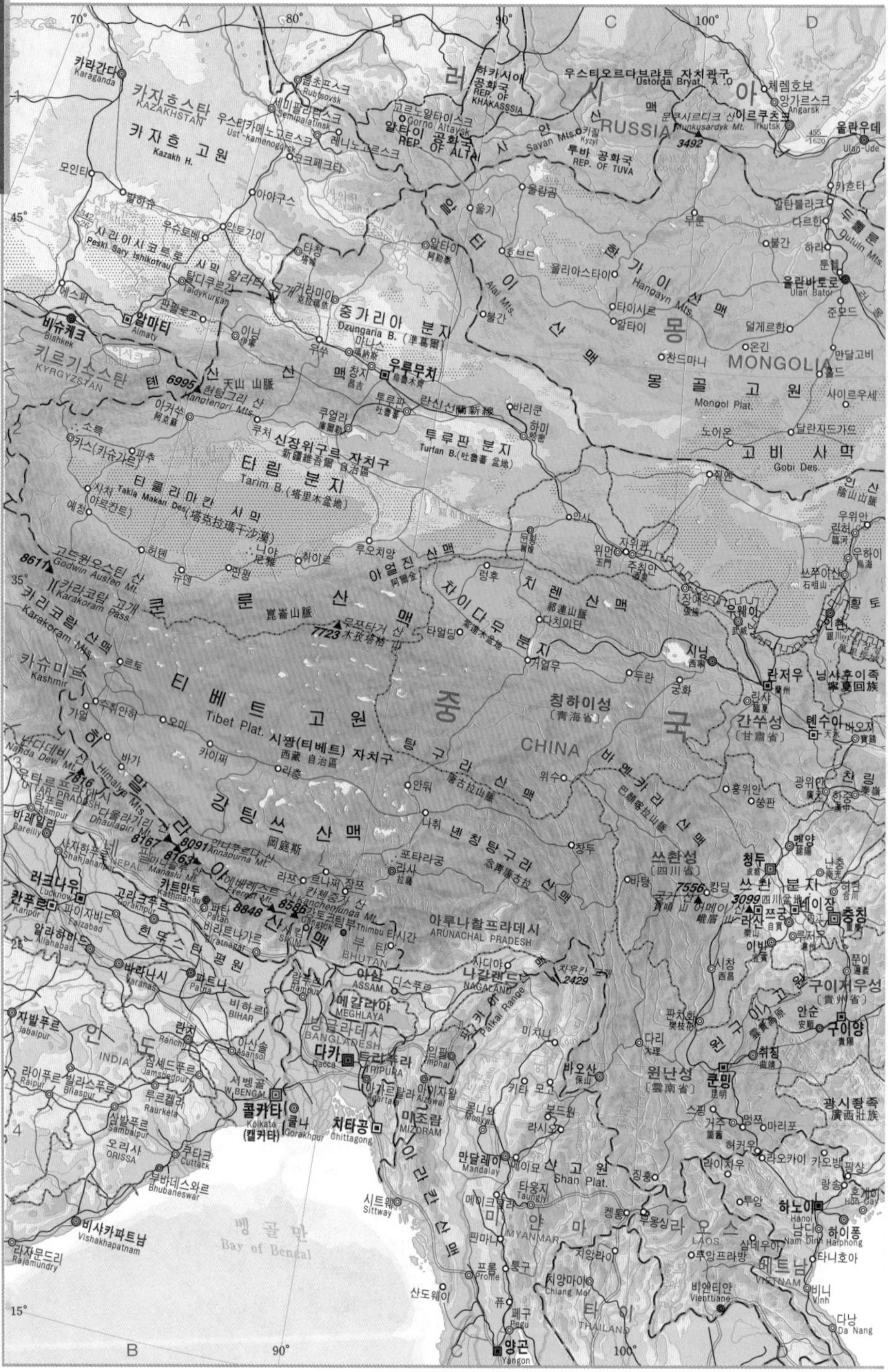
카라간다
Karaganda
카자흐스탄
KAZAKHSTAN
카자흐 고원
Kazakh H.
세미팔라틴스크
Semipalatinsk
루브초프스크
Rubtsovsk
하카시아 공화국
REP. OF KHAKASSIA
우스티오르다브랴트 자치관구
러시아
RUSSIA
이르쿠츠크
Irkutsk
앙가르스크
Angarsk
울란우데
Ulan-Ude
알타이 공화국
REP. OF ALTAI
투바 공화국
REP. OF TUVA
Sayan Mts.
Munkusardyk Mt.
3492
알타이 산맥
Altai Mts.
항가이 산맥
Hangayn Mts.
울란바토르
Ulan Bator
몽골
MONGOLIA
몽골 고원
Mongol Plat.
고비 사막
Gobi Des.
비슈케크
Bishkek
알마티
Almaty
키르기스스탄
KYRGYZSTAN
톈산 산맥
天山 山脈
한텡그리 산
Hantengri Mt.
6995
중가리아 분지
Dzungaria B.
우루무치
투루판 분지
Turfan B.
신장위구르 자치구
新疆維吾爾 自治區
타림 분지
Tarim B.
타클라마칸 사막
Takla Makan Des.
고드윈오스틴 산
Godwin Austen Mt.
8611
카라코람 고개
Karakoram Pass
카라코람 산맥
Karakoram Mts.
쿤룬 산맥
崑崙山脈
7723
치롄 산맥
祁連山脈
차이다무 분지
柴達木盆地
시닝
西寧
란저우
蘭州
닝샤후이족
寧夏回族
카슈미르
Kashmir
티베트 고원
Tibet Plat.
시짱(티베트) 자치구
西藏 自治區
중국
CHINA
칭하이성
〔青海省〕
간쑤성
〔甘肅省〕
탕구라 산맥
唐古拉山脈
바옌카라 산맥
巴顔喀拉山脈
강팅쓰 산맥
岡底斯
녠칭탕구라 산맥
念青唐古拉山
히말라야 산맥
Himalaya Mts.
난다데비 산
Nanda Devi Mt.
7816
다울라기리 산
Dhaulagiri Mt.
8167
8091
안나푸르나 산
Annapurna Mt.
8163
마나슬루 산
Manaslu Mt.
네팔
NEPAL
카트만두
Kathmandu
에베레스트 산
Everest Mt.
8848
칸첸중가 산
Kanchenjunga Mt.
8586
라싸
拉薩
쓰촨성
〔四川省〕
쓰촨 분지
四川盆地
7556
3099
충칭
청두
아루나찰프라데시
ARUNACHAL PRADESH
부탄
BHUTAN
팀부
Thimbu
시킴
SIKKIM
우타르프라데시
UTTAR PRADESH
러크나우
Lucknow
칸푸르
Kanpur
힌두스탄 평원
바라나시
Varanasi
파트나
Patna
비하르
BIHAR
아삼
ASSAM
메갈라야
MEGHLAYA
나갈랜드
NAGALAND
2429
파트카이 산맥
Patkai Range
인도
INDIA
방글라데시
BANGLADESH
다카
Dacca
트리푸라
TRIPURA
서벵골
W. BENGAL
콜카타
Kolkata
(캘커타)
치타공
Chittagong
미조람
MIZORAM
오리사
ORISSA
자발푸르
Jabalpur
비샤카파트남
Vishakhapatnam
라자문드리
Rajamundry
벵골 만
Bay of Bengal
시트웨
Sittway
아라칸 산맥
만달레이
Mandalay
산 고원
Shan Plat.
미얀마
MYANMAR
양곤
Yangon
윈난성
〔雲南省〕
쿤밍
昆明
구이저우성
〔貴州省〕
구이양
貴陽
광시좡족
廣西壯族
라오스
LAOS
비엔티안
Vientiane
하노이
Hanoi
하이퐁
Haiphong
베트남
VIETNAM
다낭
Da Nang
타이
THAILAND
치앙마이
Chiang Mai

1:23,500,000

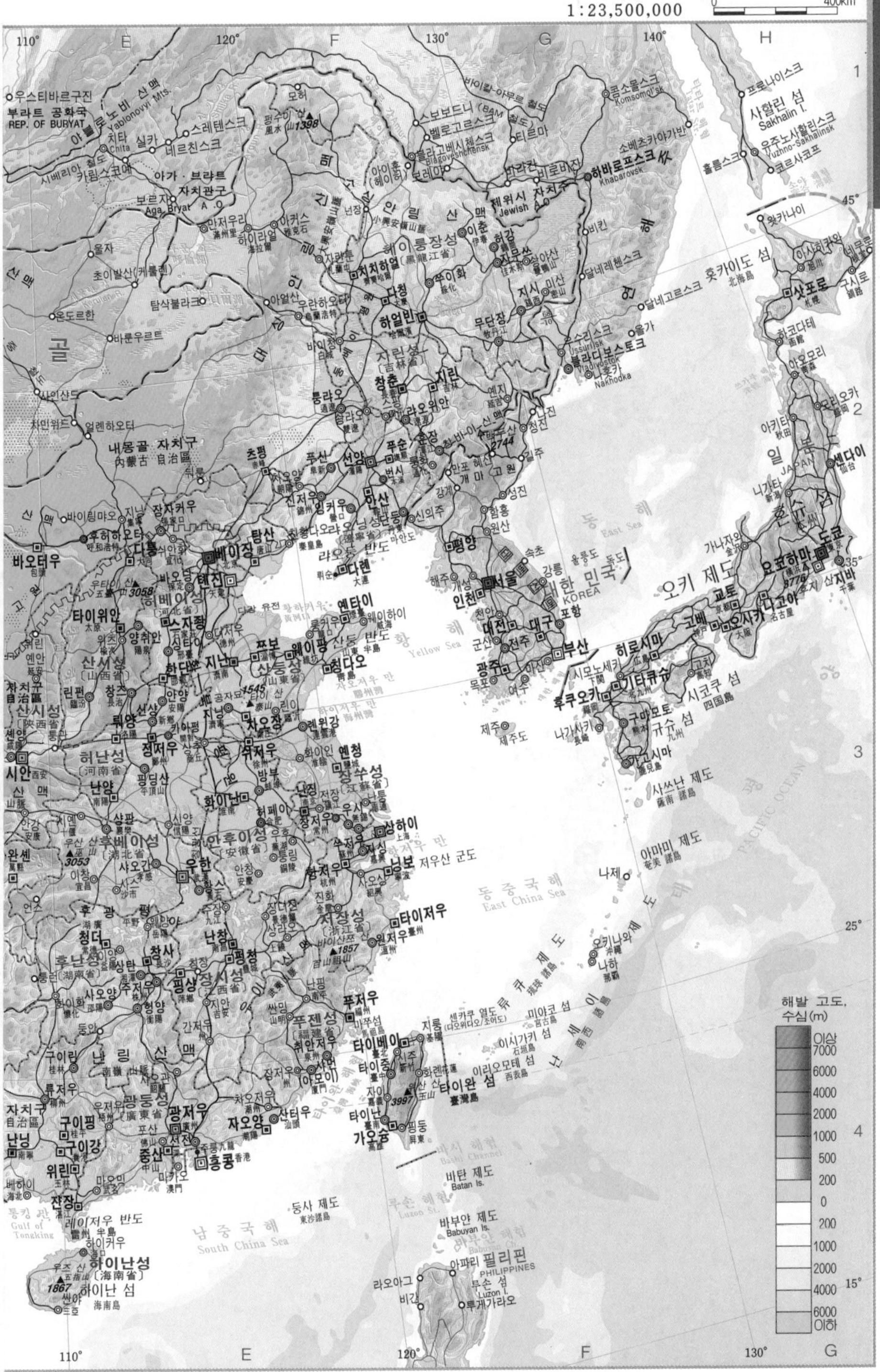
0
400km
110°
120°
130°
140°
E
F
G
H
1
2
3
4
45°
35°
25°
15°
우스티바르구진
부라트 공화국
REP. OF BURYAT
야블로노비 산맥
Yablonovyi Mts.
치타
Chita
실카
스레텐스크
네르친스크
시베리아 철도
카림스코예
아가 · 브랴트 자치관구
Aga. Bryat A.O.
보르자
만저우리
하이라얼
아커스
모허
헤이룽장성
黑龍江省
치치하얼
다칭
하얼빈
지린성
吉林省
창춘
지린
선양
푸순
단둥
신의주
다롄
라오둥 반도
베이징
톈진
탕산
허베이성
스자좡
타이위안
산시성
산둥성
지난
웨이팡
옌타이
칭다오
황해
Yellow Sea
장쑤성
상하이
난징
우한
후베이성
안후이성
허난성
정저우
시안
창사
난창
항저우
닝보
저장성
타이저우
원저우
푸저우
푸젠성
샤먼
타이베이
타이완 섬
臺灣島
타이중
가오슝
광저우
광둥성
홍콩
마카오
선전
중산
산터우
난닝
구이린
하이난성
하이난 섬
하이커우
레이저우 반도
통킹 만
Gulf of Tongking
남중국해
South China Sea
동중국해
East China Sea
둥사 제도
바시 해협
Bashi Channel
루손 해협
Luzon St.
바탄 제도
Batan Is.
바부얀 제도
Babuyan Is.
필리핀
PHILIPPINES
루손 섬
Luzon I.
아파리
라오아그
비간
투게가라오
내몽골 자치구
內蒙古 自治區
후허하오터
바오터우
츠펑
평양
서울
인천
대전
대구
부산
광주
목포
여수
제주
제주도
강릉
울릉도
독도
대한 민국
KOREA
청진
나진
함흥
원산
혜산
백두산
2744
블라디보스토크
Vladivostok
나홋카
Nakhodka
우수리스크
하바로프스크
Khabarovsk
콤소몰스크
Komsomol'sk
소베츠카야가반
유대인 자치주
Jewish A.O.
블라고베셴스크
Blagoveshchensk
스보보드니
바이칼-아무르 철도
동해
East Sea
사할린 섬
Sakhalin I.
유주노사할린스크
Yuzhno-Sakhalinsk
코르사코프
홀름스크
프로나이스크
홋카이도 섬
北海島
삿포로
아사히카와
구시로
하코다테
아오모리
모리오카
아키타
센다이
니가타
일본
JAPAN
혼슈 섬
도쿄
요코하마
후지 산
3776
나고야
오사카
교토
고베
가나자와
오키 제도
히로시마
시모노세키
기타큐슈
후쿠오카
나가사키
구마모토
규슈 섬
가고시마
시코쿠 섬
고치
사쓰난 제도
아마미 제도
오키나와
나하
류큐 제도
난세이 제도
센카쿠 열도
미야코 섬
이시가키 섬
이리오모테 섬
태평양
PACIFIC OCEAN
해발 고도, 수심(m)
7000 이상
6000
4000
2000
1000
500
200
0
200
1000
2000
4000
6000 이하

아시아 (대한 민국)

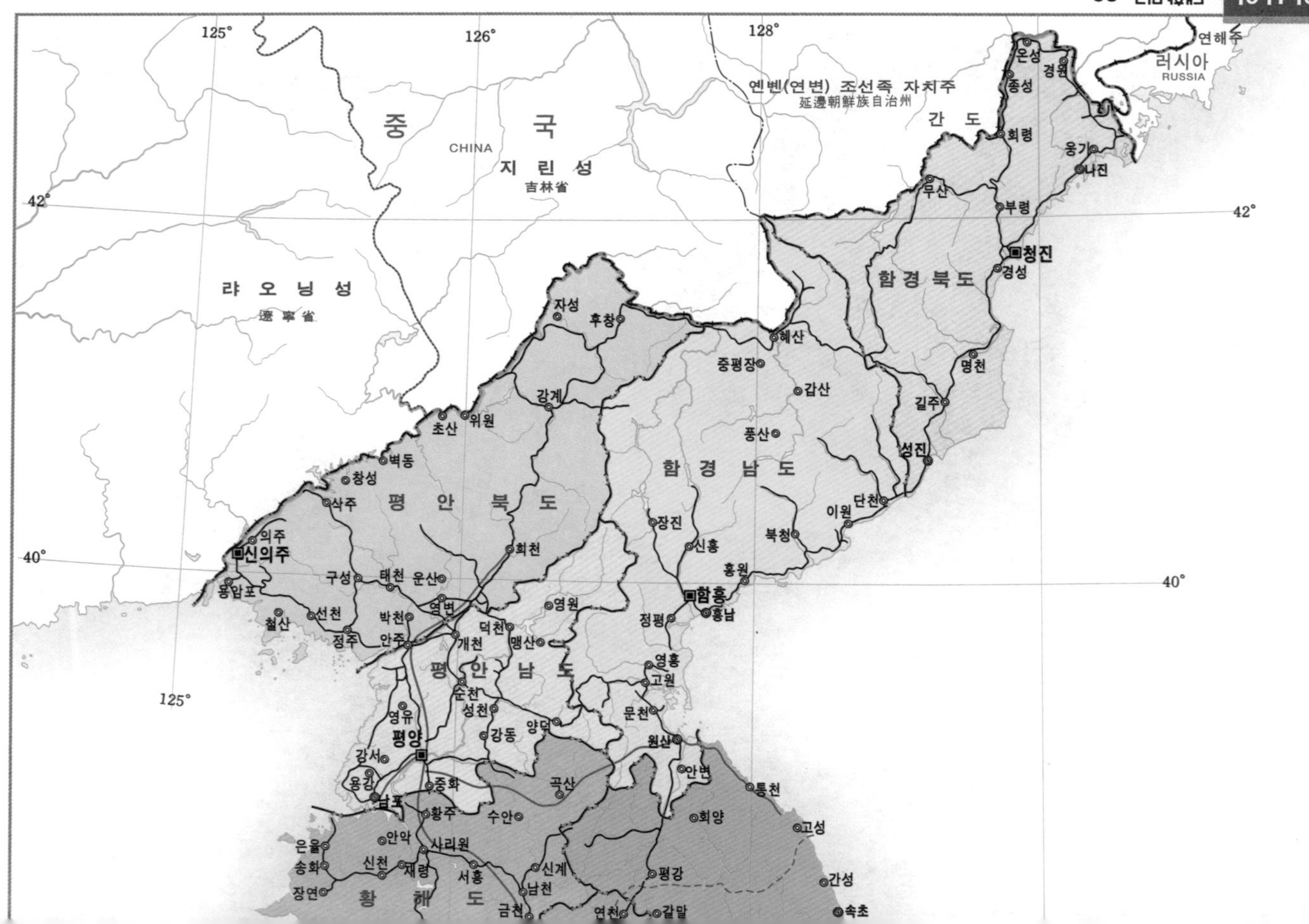
중국
CHINA
지린성
吉林省
랴오닝성
遼寧省
옌볜(연변) 조선족 자치주
延邊朝鮮族自治州
간도
러시아
RUSSIA
연해주
함경북도
함경남도
평안북도
평안남도
황해도
온성
경원
종성
회령
웅기
나진
무산
부령
청진
경성
명천
길주
성진
단천
이원
북청
홍원
함흥
흥남
신흥
장진
혜산
중평장
갑산
풍산
자성
후창
강계
위원
초산
벽동
창성
삭주
의주
신의주
용암포
구성
태천
운산
희천
영변
박천
선천
철산
정주
안주
개천
덕천
맹산
영원
정평
영흥
고원
문천
원산
안변
통천
고성
간성
속초
회양
평강
갈말
연천
금천
남천
신계
곡산
수안
순천
성천
강동
양덕
영유
평양
강서
용강
남포
중화
황주
안악
사리원
은율
송화
신천
재령
서흥
장연
42°
40°
125°
126°
128°

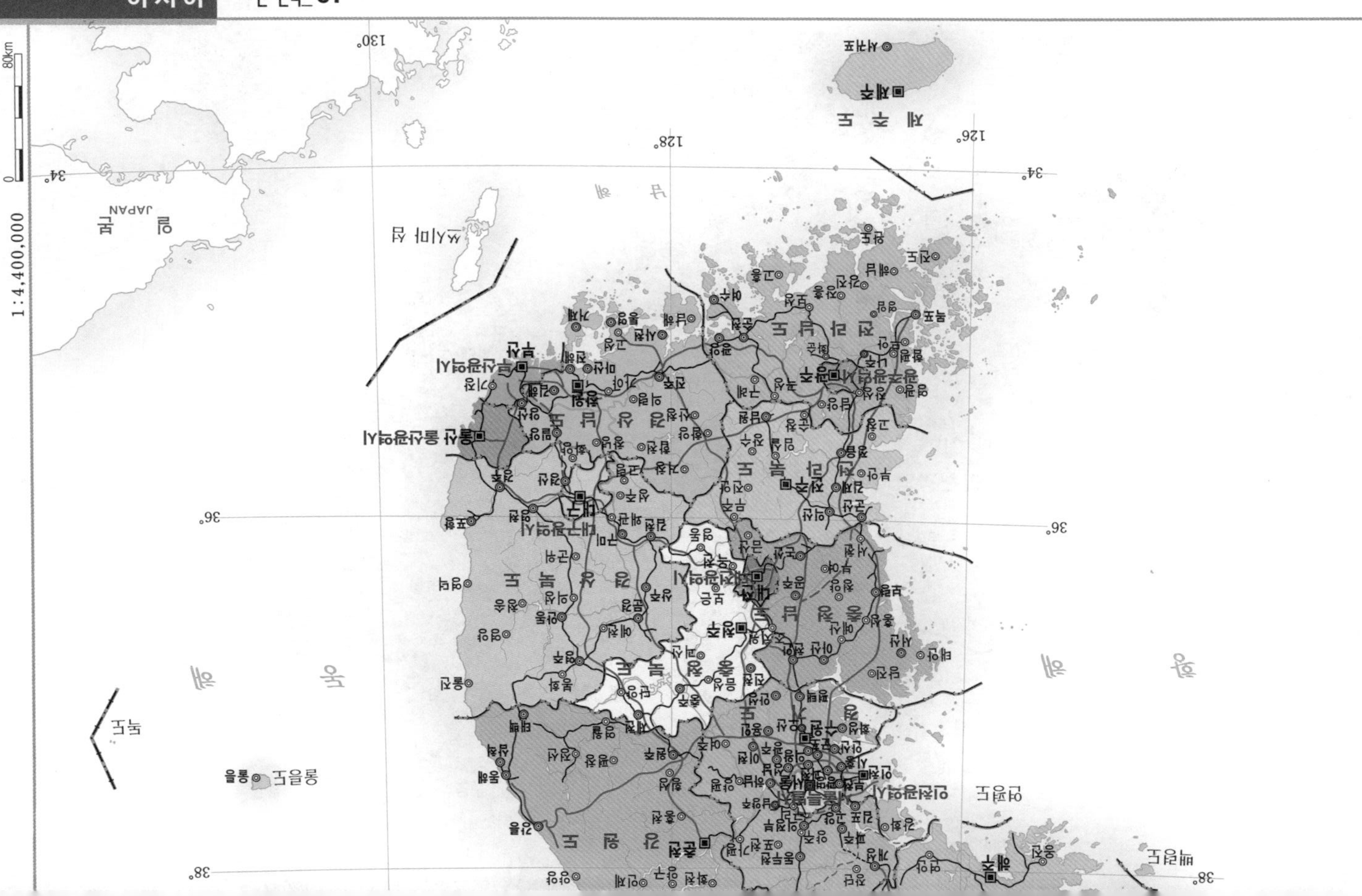
1:4,400,000
0
80km
독도
울릉도
울릉
동 해
황 해
남 해
쓰시마 섬
일 본
JAPAN
제 주 도
제주
서귀포
백령도
연평도
강 원 도
경 상 북 도
경 상 남 도
전 라 북 도
전 라 남 도
충 청 남 도
충 청 북 도
경 기 도
인천광역시
대전광역시
대구광역시
울산광역시
부산광역시
광주광역시
춘천
청주
전주
창원
부산
울산
대구
수원
포항
경주
강릉
원주
충주
목포
여수
순천
진주
안동
구미
김천
상주
영주
38°
36°
34°
126°
128°
130°

아시아(대한 민국의 중·남부)

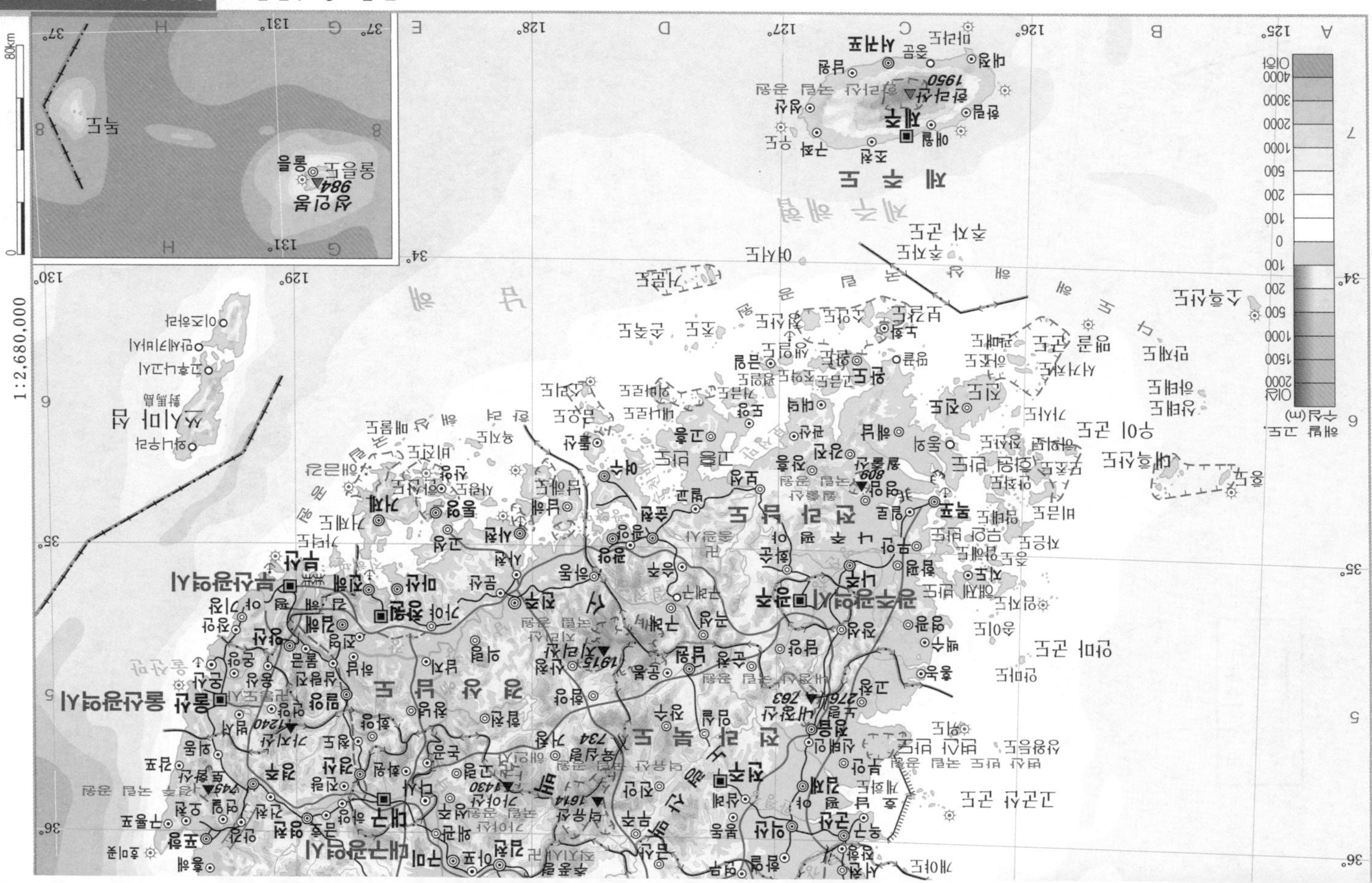
1:2,680,000
0 80km
울산광역시
부산광역시
대구광역시
광주광역시
전라 북도
전라 남도
경상 남도
제주도
제주 해협
남해
쓰시마 섬
對馬島
울릉도
성인봉 984
독도
한라산 1950
지리산 1915
해발 고도, 수심(m)

아시아 (일본)

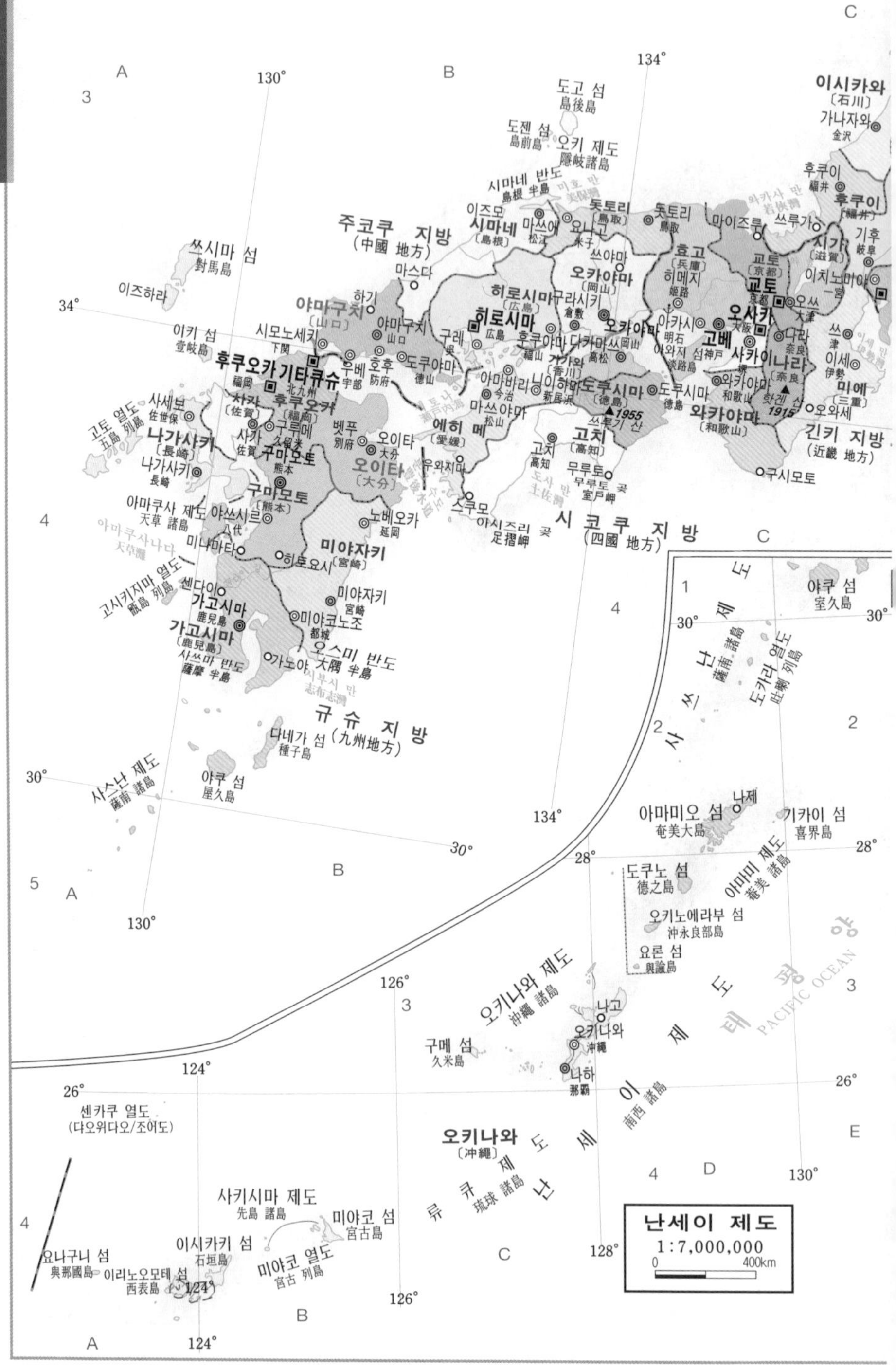
주코쿠 지방 (中國 地方)
시코쿠 지방 (四國 地方)
규슈 지방 (九州地方)
긴키 지방 (近畿 地方)
쓰시마 섬 對馬島
이즈하라
이키 섬 壹岐島
고토 열도 五島 列島
후쿠오카 福岡
기타큐슈 北九州
사가 佐賀
나가사키 長崎
구마모토 熊本
오이타 大分
미야자키 宮崎
가고시마 鹿兒島
야마구치 山口
시마네 島根
돗토리 鳥取
오카야마 岡山
히로시마 広島
효고 兵庫
교토 京都
오사카 大阪
고베 神戸
나라 奈良
와카야마 和歌山
도쿠시마 德島
가가와 香川
에히메 愛媛
고치 高知
미에 三重
시가 滋賀
후쿠이 福井
이시카와 石川
가나자와 金沢
기후 岐阜
도고 섬 島後島
도젠 섬 島前島
오키 제도 隱岐諸島
시마네 반도 島根 半島
다네가 섬 種子島
야쿠 섬 屋久島
사쓰난 제도 薩南 諸島
오스미 반도 大隅 半島
사쓰마 반도 薩摩 半島
고시키지마 열도 甑島 列島
아마쿠사 제도 天草 諸島
아시즈리 곶 足摺岬
무로토 곶 室戸岬
난세이 제도
1:7,000,000
0 400km
도카라 열도 吐喝喇 列島
아마미오 섬 奄美大島
기카이 섬 喜界島
아마미 제도 奄美 諸島
도쿠노 섬 德之島
오키노에라부 섬 沖永良部島
요론 섬 與論島
오키나와 제도 沖繩 諸島
오키나와 沖繩
나하 那覇
구메 섬 久米島
류큐 제도 琉球 諸島
난세이 제도 南西 諸島
센카쿠 열도 (다오위다오/조어도)
사키시마 제도 先島 諸島
미야코 섬 宮古島
미야코 열도 宮古 列島
이시카키 섬 石垣島
요나구니 섬 與那國島
이리노오모테 섬 西表島
태평양 PACIFIC OCEAN

1:7,000,000

0 1500km

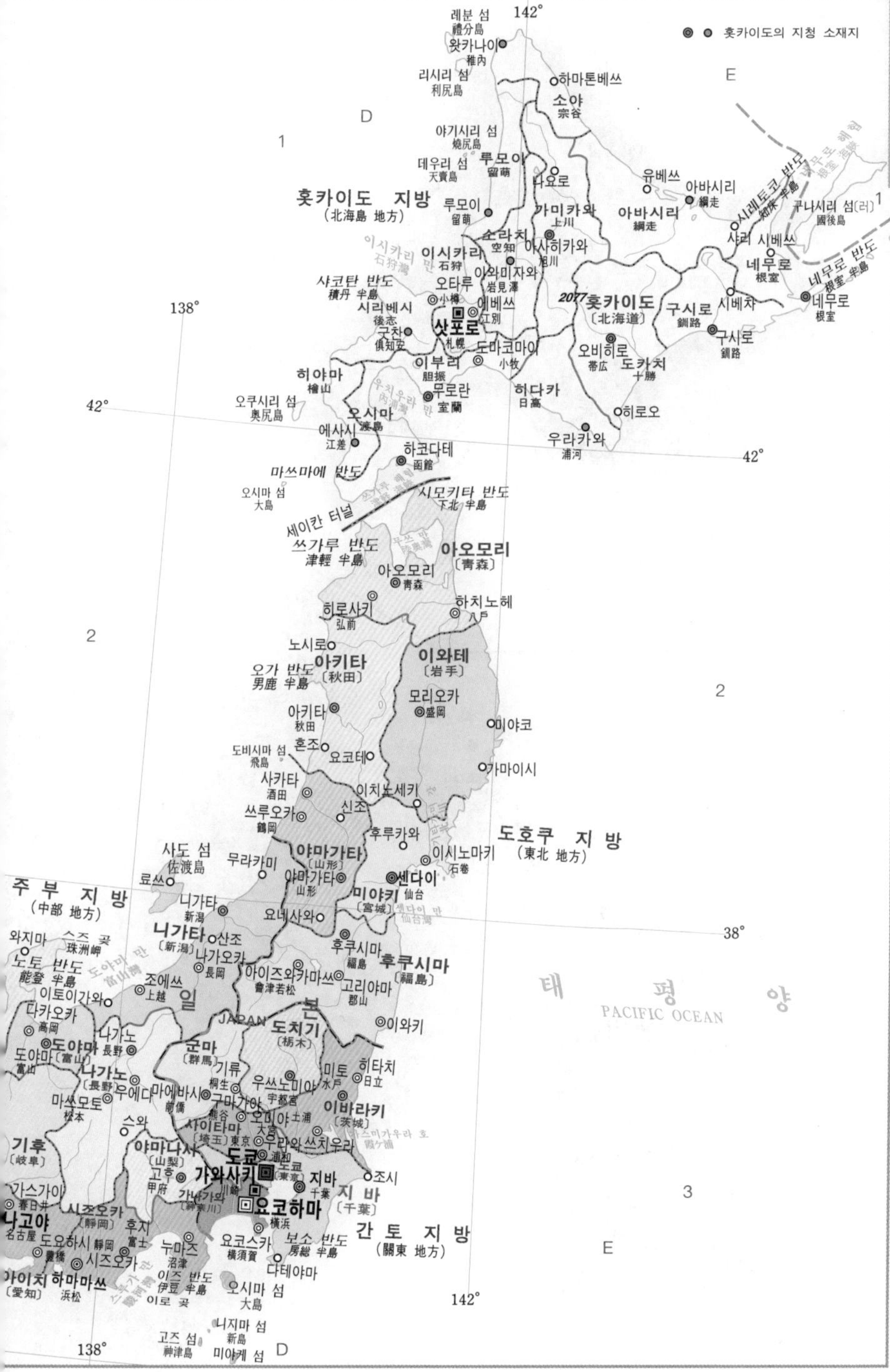

아시아(일본 주요부)

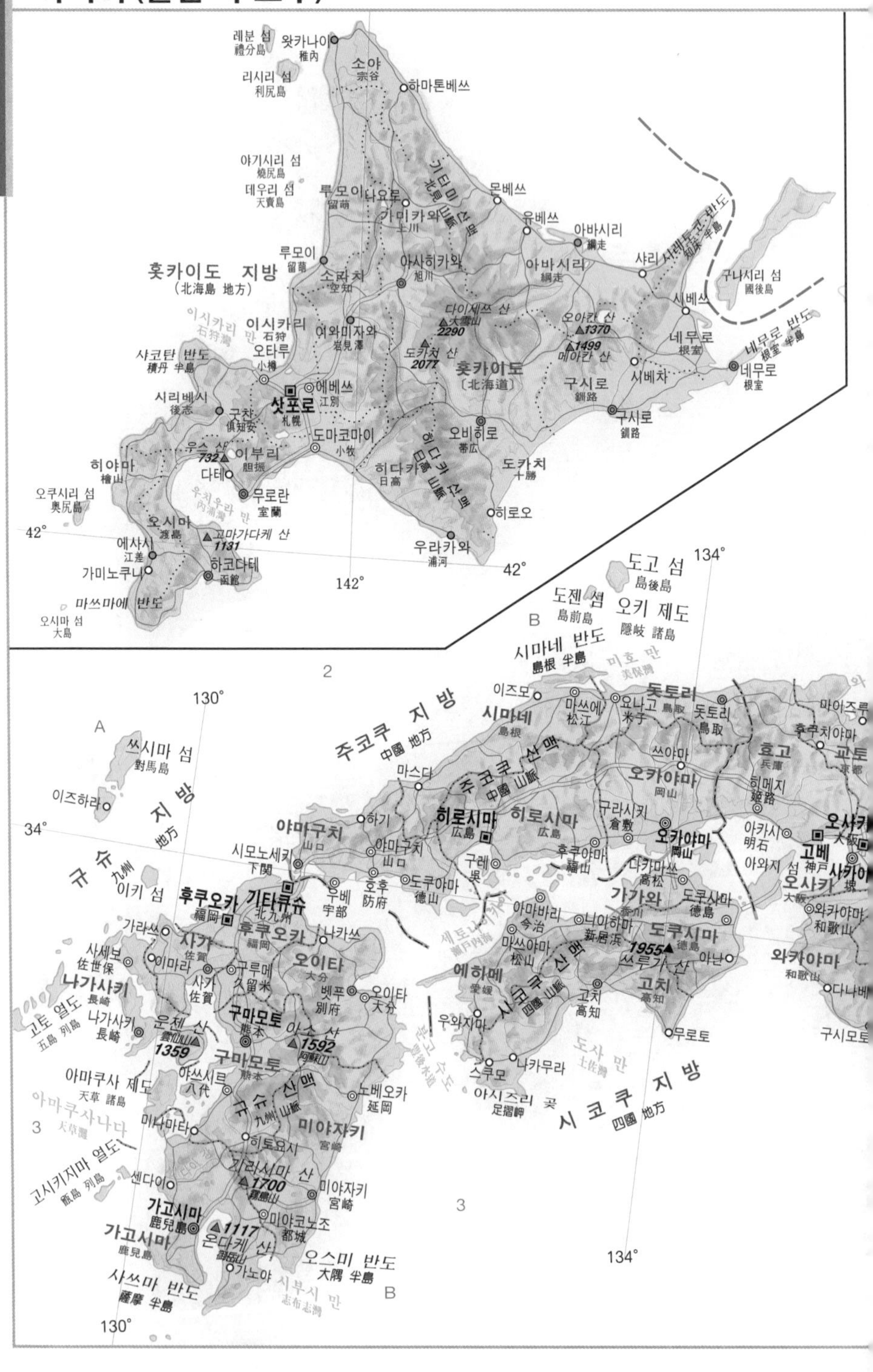

홋카이도 지방
(北海島 地方)
삿포로
札幌
왓카나이
稚內
레분 섬
禮分島
리시리 섬
利尻島
소야
宗谷
하마톤베쓰
아기시리 섬
燒尻島
데우리 섬
天賣島
루모이
留萌
나요로
가미카와
上川
몬베쓰
유베쓰
아바시리
綱走
아사히카와
旭川
소라치
空知
이시카리 만
石狩灣
이시카리
石狩
오타루
小樽
샤코탄 반도
積丹 半島
시리베시
後志
구찬
俱知安
에베쓰
江別
도마코마이
小牧
이와미자와
岩見澤
다이세쓰 산
大雪山
2290
도카치 산
2077
홋카이도
(北海道)
오아칸 산
1370
1499
메아칸 산
구시로
釧路
시베차
네무로
根室
네무로 반도
根室 半島
시베쓰
샤리
시레토코 반도
知床 半島
구나시리 섬
國後島
오비히로
帶広
도카치
十勝
히다카
日高
히다카 산맥
日高 山脈
기타미 산맥
北見 山脈
히로오
우라카와
浦河
우스 산
732
이부리
胆振
다테
무로란
室蘭
우치우라 만
內浦灣
히야마
檜山
오쿠시리 섬
奧尻島
오시마
渡島
고마가다케 산
1131
에사시
江差
가미노쿠니
하코다테
函館
마쓰마에 반도
오시마 섬
大島
42°
142°
134°
도고 섬
島後島
도젠 섬
島前島
오키 제도
隱岐 諸島
시마네 반도
島根 半島
미호 만
美保灣
주코쿠 지방
中國 地方
이즈모
마쓰에
松江
요나고
米子
돗토리
鳥取
시마네
島根
주코쿠 산맥
中國 山脈
마스다
쓰야마
오카야마
岡山
효고
兵庫
후쿠치야마
교토
京都
마이즈루
히메지
姬路
아카시
明石
고베
神戶
오사카
大阪
사카이
堺
아와지 섬
와카야마
和歌山
다나베
구시모토
히로시마
廣島
구라시키
倉敷
후쿠야마
福山
구레
吳
야마구치
山口
하기
시모노세키
下關
우베
宇部
호후
防府
도쿠야마
德山
다카마쓰
高松
가가와
香川
도쿠시마
德島
아난
1955
쓰루기 산
세토나이카이
瀨戶內海
아마바리
今治
니이하마
新居浜
마쓰야마
松山
에히메
愛媛
시코쿠 산맥
四國 山脈
고치
高知
무로토
도사 만
土佐灣
우와지마
스쿠모
나카무라
아시즈리 곶
足摺岬
시코쿠 지방
四國 地方
분고 수도
豊後水道
130°
34°
쓰시마 섬
對馬島
이즈하라
규슈 지방
九州 地方
이키 섬
후쿠오카
福岡
기타큐슈
北九州
가라쓰
사세보
佐世保
이마리
사가
佐賀
구루메
久留米
나카쓰
오이타
大分
벳푸
別府
나가사키
長崎
고토 열도
五島 列島
운젠 산
雲仙山
1359
구마모토
熊本
아소 산
阿蘇山
1592
야쓰시로
八代
규슈 산맥
九州 山脈
노베오카
延岡
아마쿠사 제도
天草 諸島
아마쿠사나다
天草灘
미나마타
미야자키
宮崎
히토요시
고시키지마 열도
甑島 列島
센다이
기리시마 산
霧島山
1700
가고시마
鹿兒島
1117
미야코노조
都城
온다케 산
御岳山
오스미 반도
大隅 半島
가노야
시부시 만
志布志灣
사쓰마 반도
薩摩 半島
A
B
2
3

1:5,300,000 0 400km

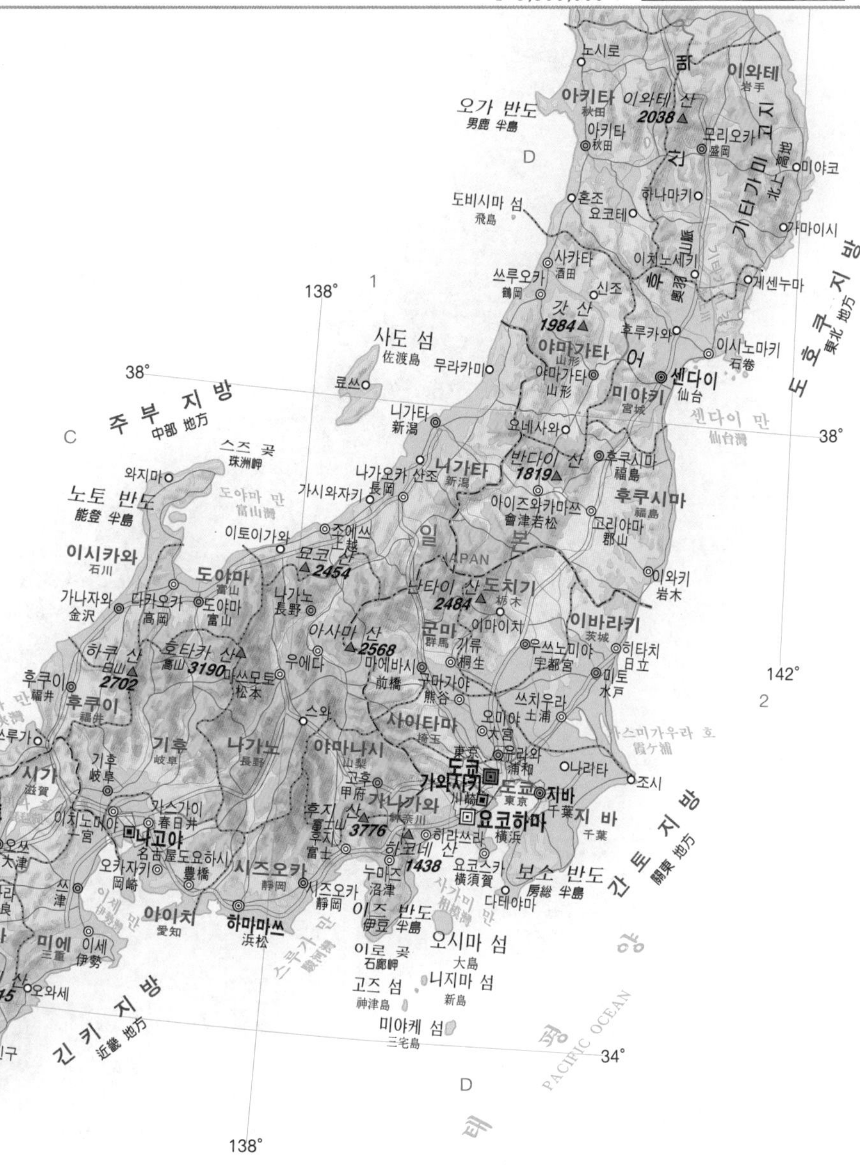

아시아(중국 · 몽골)

A 75° B 85° C 95° D 105°

러시아 RUSSIA
하카시아 공화국 REP. OF KHAKASSIA
알타이 공화국 REP. OF ALTAI
투바 공화국 REP. OF TUVA
사얀 산맥 Sayan Mts.
세미팔라틴스크 Semipalatinsk
우스티카메노고르스크 Ust'-kamenogorsk
고르노알타이스크 Gorno Altaysk
키질 Kyzyl
뭉쿠사르디크 산 Munkusardyk Mt. 3492
이르쿠츠크 Irkutsk
앙가르스크 Angarsk
카자흐스탄 KAZAKHSTAN
자이산 호 Zaysan L.
사리이시코트라우 사막 Peski Sary Ishikotrau
탈디쿠르간 TaldyKurgan
알라타우 산맥
비슈케크 Bishkek
알마티 Almaty
키르기스스탄 KYRGYZSTAN
텐산 산맥 天山 山脈
한텡그리 산 Hangtengri Mt. 6995
몽골 MONGOLIA
몽골 고원 Mongol Plat.
알타이 산맥 Altai Mts.
항가이 산맥 Hangayn Mts.
고비 사막 Gobi Des.
울란곰 울기 홉드 울리아스타이 타이시르 알타이 불간 무룬 다르한 불간 델게르한 온긴 찬드마니 홀드 바리쿤 하미 노이온 달란자드가드
셀렝가 강 Selenga R.
타청 알타이 커라마이 이닝 우쑤 마나쓰 창지 우루무치
중가리아 분지 Dzungaria B.(準葛爾)
투루판 투루판 분지 Turfan B.(吐魯番 盆地)
란신선 蘭新線
아커쑤 쿠처 쿠얼러 소륵 카스(카슈가르) 파추 사처(야르칸트) 예청 허톈 뉴톈 민펑 니야 체모 뤄창 루오치앙
신장웨이우얼 자치구 新疆維吾爾 自治區
타림 분지 Tarim B.(塔里木盆地)
타클라마칸 사막 Takla Makan Des.(塔克拉瑪干沙漠)
고드윈오스틴 산 Godwin Austen Mt. 8611
카라코람 고개 Karakoram Pass.
카라코람 산맥 Karakoram Mts.
카슈미르 Kashmir
쿤룬 산맥 崑崙山脈
무즈타거 산 木孜塔格 山 7723
아얼진 산맥 阿爾金
치롄 산맥 祁連山脈
차이다무 분지 柴達木盆地
둔황 위먼 자위관 주취안 장예 우웨이 란저우 린샤 시닝 거얼무 두란 궁허 다치이단 타얼딩 망야
칭하이성 (青海省)
중국 CHINA
간쑤성 (甘肅省)
톈수이
티베트 고원 Tibet Plat.
시짱(티베트) 자치구 西藏 自治區
탕구라 산맥 唐古拉山脈
바옌카라 산맥 巴顔喀拉山脈
녠칭탕구라 산맥 念青唐古拉山脈
강딩쓰 산맥 岡底斯
르토 가얼 우취안허 오마 카이쩌 라충 바가 안둬 나취 위수 창두 라싸 포타라궁 르나쩌 장쯔 얌드록 호
히말라야 산맥 Himalaya Mts.
난다데비 산 Nanda Devi Mt. 7816
다울라기리 산 Dhaulagiri Mt. 8167
안나푸르나 산 Annapurna Mt. 8091
마나슬루 산 Manaslu Mt. 8163
에베레스트 산 Everest Mt. 8848
칸첸중가 산 Kanchenjunga Mt. 8586
네팔 NEPAL
카트만두 Kathmandu
시킴 SIKKIM 강토크 Gangtok
부탄 BHUTAN 팀부 Thimbu
아루나찰프라데시 ARUNACHAL PRADESH
차우칸 고개 2429
쓰촨성 (四川省)
청두 成都 멘양 네이장 쯔궁 러산 이빈 루저우 바탕 캉딩 시창 판즈화 궁가 산 7556 어메이 산 3099
우타르프라데시 UTTAR PRADESH
람푸르 Rampur
바레일리 Bareilly
샤자한푸르 Shahjahanpur
러크나우 Lucknow
칸푸르 Kanpur
파이자바드 Faizabad
고라크푸르 Gorakhpur
알라하바드 Allahabad
바라나시 Varanasi
파트나 Patna
파탄 Patan
비라트나가르 Biratnagar
힌두스탄 평원
인도 INDIA
자발푸르 Jabalpur
란치 Ranchi
비하르 BIHAR
아산솔 Asansol
잠셰드푸르 Jamshedpur
라이푸르 Raipur
빌라스푸르 Bilaspur
루르켈라 Raurkela
삼발푸르 Sambalpur
오리사 ORISSA
쿠타크 Cuttack
부바네스와르 Bhubaneswar
비샤카파트남 Vishakhapatnam
라자문드리 Rajamundry
서벵골 W.BENGAL
콜카타(캘커타) Kolkata
쿨나 Khulna
방글라데시 BANGLADESH
다카 Dacca
치타공 Chittagong
아삼 ASSAM
메갈라야 MEGHLAYA
트리푸라 TRIPURA
아가르탈라 Agartala
아이자왈 Aizawal
나갈랜드 NAGALAND
임팔 Imphal
미얀마 MYANMAR
몽니와 Monywa
만달레이 Mandalay
메이묘
타웅지 Taunggyi
시트웨 Sittway
프롬 Prome
바오산 다리
윈난성 (雲南省)
쿤밍 취징 안순 스핑 거주 멍쯔 마리포 허커우 징훙
윈구이 고원
라오스 LAOS
타이 THAILAND
치앙마이 Chiang Mai
비엔티안 Vientiane
베트남 VIETNAM
하노이 Hanoi
송코이 강 Songkoi R.
메콩 강 Mekong R.
살윈 강 Salween R.
친드윈 강 Chindwin R.
이라와디 강 Irrawaddy R.

1:21,300,000
0 400km

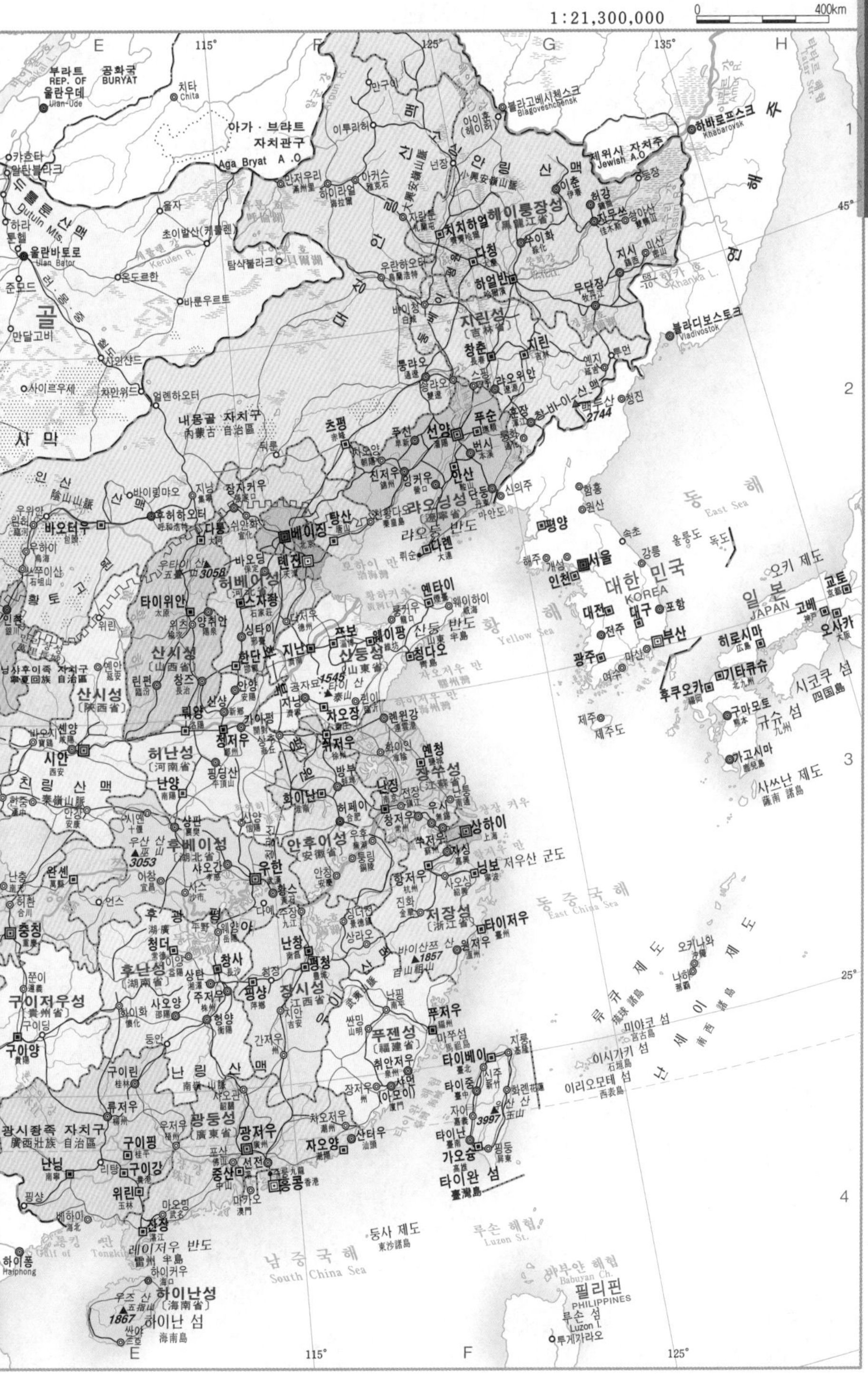

아시아 (중국의 동북부 · 타이완)

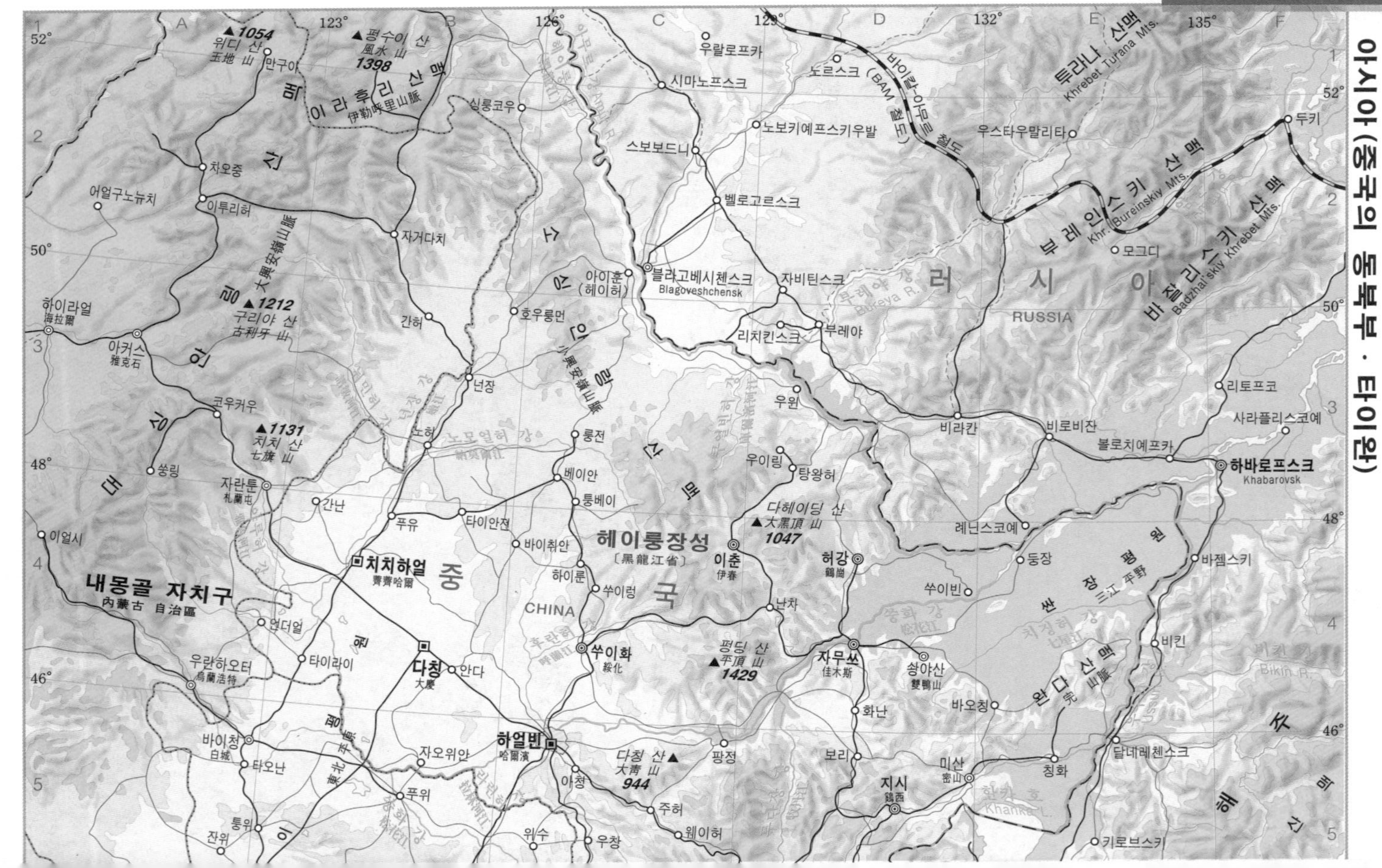

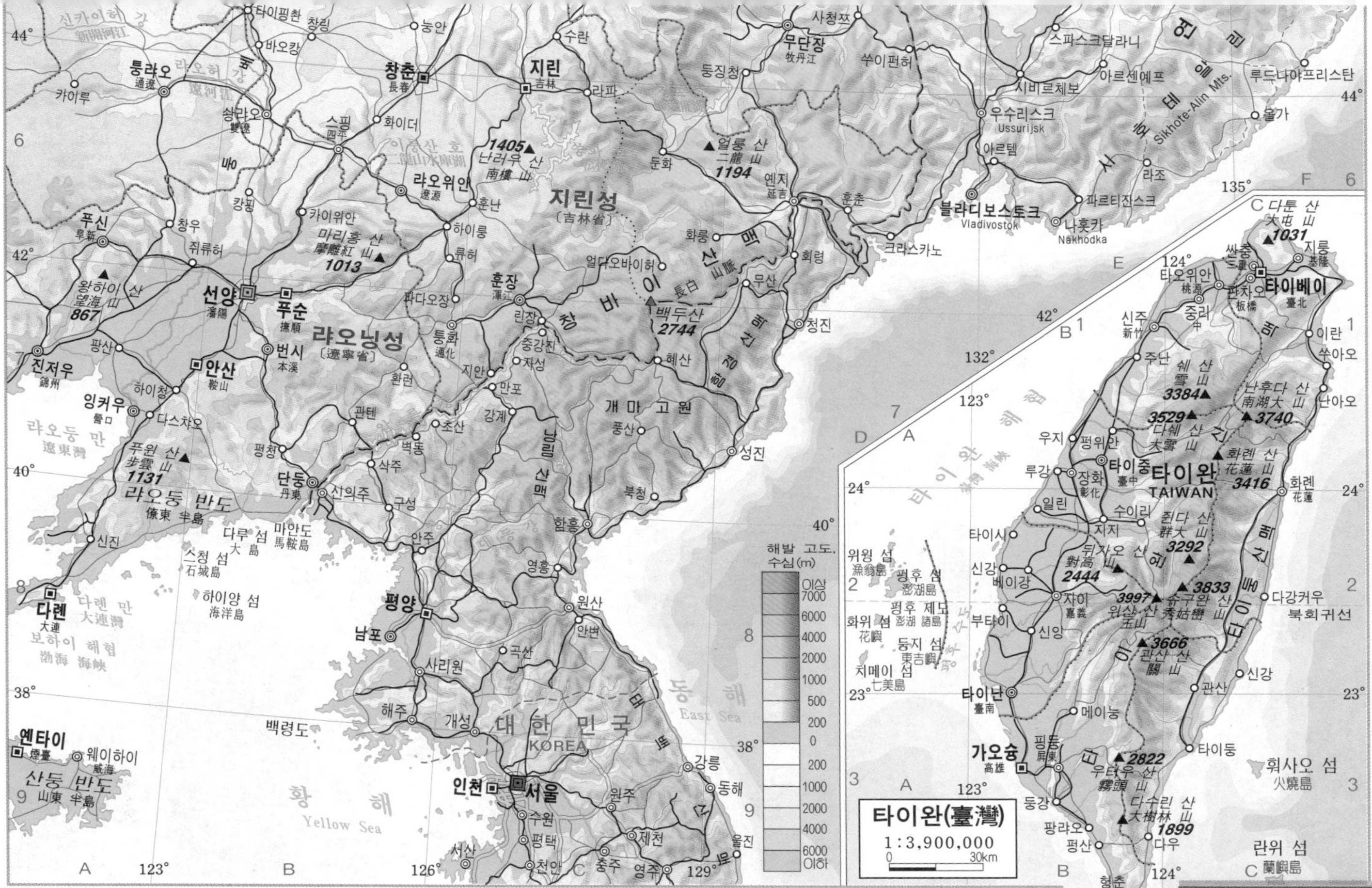

1:7,100,000

0 200km

타이완(臺灣)

1:3,900,000

0 30km

해발 고도, 수심(m)

7000 이상
6000
4000
2000
1000
500
200
0
200
1000
2000
4000
6000 이하

지린성 (吉林省)

라오닝성 (遼寧省)

대한민국 KOREA

타이완 TAIWAN

창바이 산맥 長白山脈

개마 고원

낭림 산맥

함경 산맥

태백 산맥

시호테알린 산맥 Sikhote-Alin Mts.

동해 East Sea

황해 Yellow Sea

보하이 해협 渤海 海峽

라오둥 만 遼東灣

다롄 만 大連灣

라오둥 반도 遼東 半島

산둥 반도 山東 半島

타이완 해협 臺灣 海峽

백두산 2744

얼룽 산 二龍 山 1194

난라우 산 南樓 山 1405

마리훙 산 摩離紅 山 1013

왕하이 산 望海 山 867

푸윈 산 步雲 山 1131

창춘 長春

지린 吉林

선양 瀋陽

푸순 撫順

안산 鞍山

번시 本溪

단둥 丹東

다롄 大連

옌타이 煙臺

웨이하이 威海

잉커우 營口

진저우 錦州

푸신 阜新

퉁랴오 通遼

무단장 牧丹江

옌지 延吉

훈장 渾江

퉁화 通化

라오위안 遼源

쓰핑 四平

솽랴오 雙遼

블라디보스토크 Vladivostok

우수리스크 Ussurijsk

나홋카 Nakhodka

평양

서울

인천

남포

신의주

함흥

원산

청진

타이베이 臺北

타이중 臺中

타이난 臺南

가오슝 高雄

화롄 花蓮

신주 新竹

자이 嘉義

장화 彰化

펑후 제도 澎湖 諸島

위웡 섬 漁翁島

화위 섬 花嶼

둥지 섬 東吉嶼

치메이 섬 七美島

훠사오 섬 火燒島

란위 섬 蘭嶼島

다툰 산 大屯 山 1031

쉐 산 雪 山 3884

난후다 산 南湖大 山 3740

다쉐 산 大雪 山 3529

화롄 산 花蓮 山 3416

췬다 산 群大 山 3292

뒤가오 산 對高 山 2444

슈구롼 산 秀姑巒 山 3833

위 산 玉 山 3997

관산 산 關 山 3666

우터우 산 霧頭 山 2822

다수린 산 大樹林 山 1899

다롱 섬 大島

마안도 馬鞍島

스청 섬 石城島

하이양 섬 海洋島

백령도

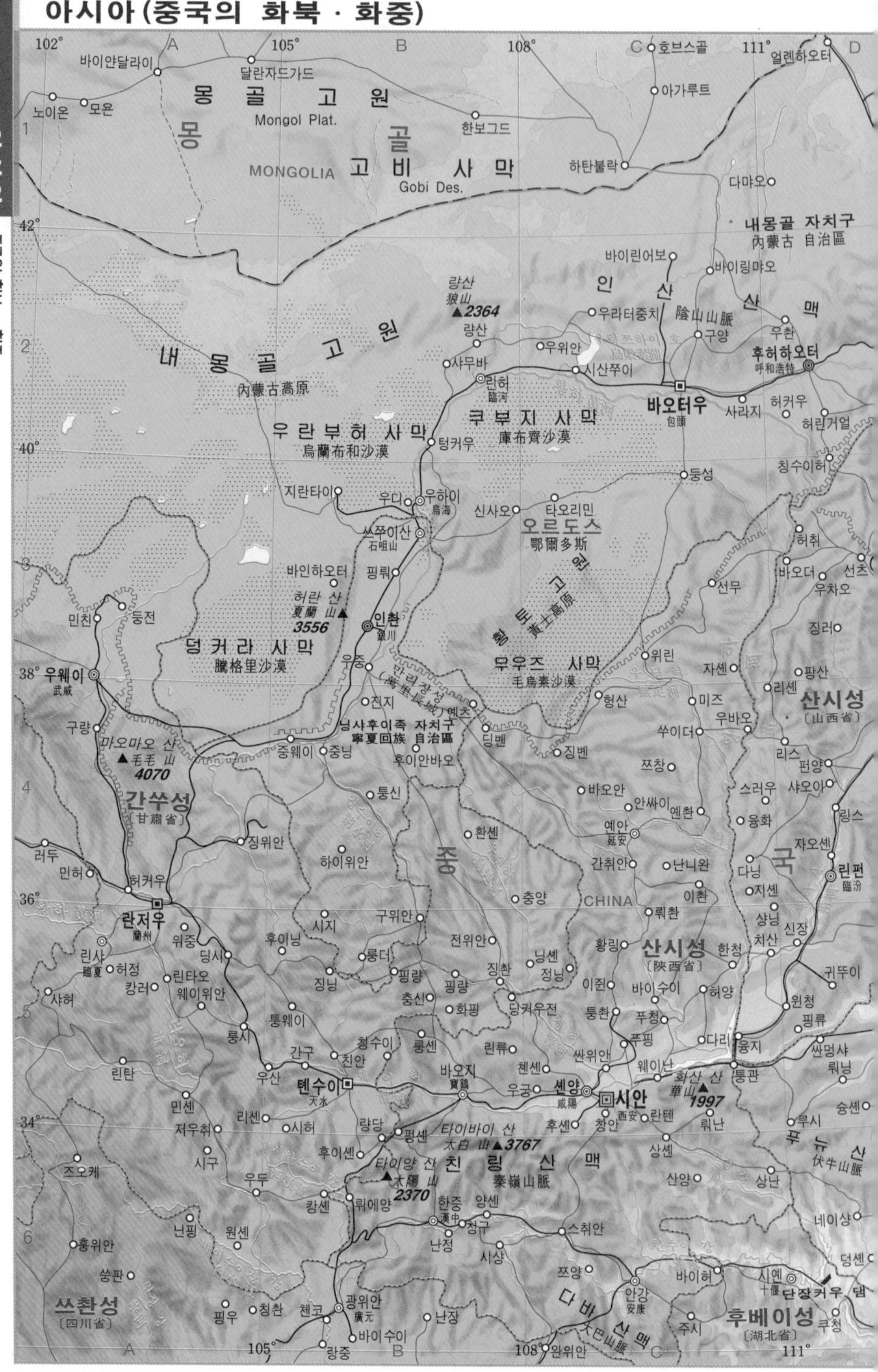
몽골 고원
Mongol Plat.
몽골
MONGOLIA
고비 사막
Gobi Des.
내몽골 자치구
內蒙古 自治區
인산 산맥
陰山山脈
내몽골 고원
內蒙古高原
우란부허 사막
烏蘭布和沙漠
쿠부지 사막
庫布齊沙漠
오르도스
鄂爾多斯
황토 고원
黃土高原
덩커라 사막
騰格里沙漠
무우즈 사막
毛烏素沙漠
닝샤후이족 자치구
寧夏回族 自治區
간쑤성
〔甘肅省〕
중국
CHINA
산시성
〔山西省〕
산시성
〔陝西省〕
친링 산맥
秦嶺山脈
푸뉴 산
伏牛山脈
다바 산맥
大巴山脈
쓰촨성
〔四川省〕
후베이성
〔湖北省〕
만리장성
(萬里長城)
랑산
狼山
▲2364
허란 산
賀蘭山
3556
마오마오 산
▲毛毛 山
4070
화산 산
華山
1997
타이바이 산
太白 山▲3767
타이양 산
▲太陽 山
2370
바오터우
包頭
후허하오터
呼和浩特
인촨
銀川
우웨이
武威
란저우
蘭州
시안
西安
셴양
咸陽
톈수이
天水
바오지
寶鷄
한중
漢中
안강
安康
광위안
廣元
린펀
臨汾
옌안
延安
린허
臨河
우하이
烏海
쓰쭈이산
石咀山
린샤
臨夏
단장커우 댐

1:7,100,000 0 200km

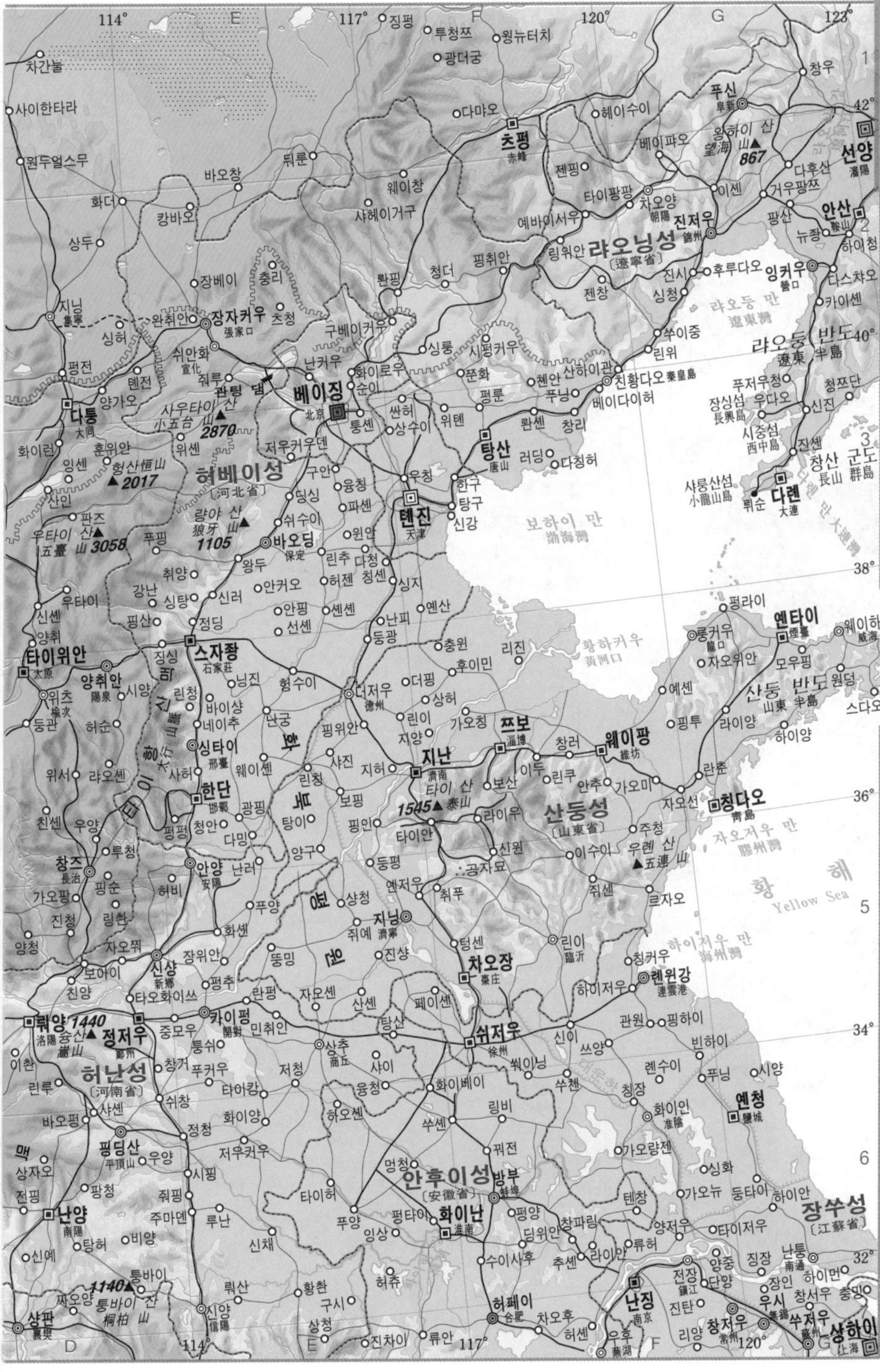

114° E 117° F 120° G 123°

징펑 투청쯔 웡뉴터치 광더궁 차간눌 사이한타라 원두얼스무 다먀오 츠펑 赤峰 헤이수이 푸신 阜新 창우 42° 왕하이 산 望海 山 867 선양 瀋陽 베이퍄오 바오창 뒤룬 화더 웨이창 캉바오 젠핑 타이팡팡 차오양 朝陽 이셴 다후산 거우팡쯔 안산 鞍山 샤헤이거구 예바이서우 진저우 錦州 상두 링위안 랴오닝성 (遼寧省) 팡산 뉴좡 하이청 핑취안 청더 롼핑 진시 후루다오 잉커우 營口 다스차오 장베이 충리 젠창 싱청 카이셴 랴오둥 만 遼東灣 지닝 集寧 완취안 장자커우 張家口 츠청 구베이커우 쑤이중 랴오둥 반도 遼東 半島 40° 싱허 쉬안화 宣化 싱룽 시펑커우 린위 펑전 난커우 화이로우 쭌화 첸안 산하이관 친황다오 秦皇島 푸저우청 청쯔단 톈전 줘루 관팅 댐 순이 핑구 펑룬 푸닝 베이다이허 장싱섬 長興島 우다오 다퉁 大同 양가오 사우타이 산 小五台 山 2870 베이징 北京 싼허 퉁셴 위톈 롼셴 창리 신진 화이런 위셴 상수이 탕산 唐山 러딩 다칭허 시중섬 西中島 진셴 3 훈위안 저우커우뎬 잉셴 헝산恒山 2017 허베이성 (河北省) 구안 융칭 우칭 한구 창산 군도 長山 群島 산인 딩싱 파셴 톈진 天津 탕구 사룽산섬 小龍山島 뤼순 다롄 大連 다롄 만 大連灣 판즈 랑야 산 狼牙 山 1105 쉬수이 신강 보하이 만 渤海灣 우타이 산 五臺 山 3058 푸핑 바오딩 保定 원안 린추 다청 왕두 취양 허젠 칭셴 38° 안커우 싱지 강난 싱탕 신러 우타이 안핑 셴셴 신셴 핑산 정딩 선셴 난피 옌산 펑라이 양취 징싱 스자좡 石家莊 충원 리진 황하커우 黃河口 룽커우 龍口 옌타이 煙臺 웨이하이 威海 타이위안 太原 양취안 陽泉 닝진 헝수이 후이민 자오위안 모우핑 4 위츠 楡次 린청 시양 더저우 德州 더핑 예셴 산둥 반도 山東 半島 원덩 바이샹 상허 스다오 둥관 허순 네이추 난궁 린이 가오칭 쯔보 淄博 핑두 라이양 싱타이 邢臺 핑위안 지양 창러 웨이팡 濰坊 하이양 타이항 산맥 太行 山脈 웨이셴 사진 지허 지난 濟南 위서 랴오셴 사허 린칭 이두 린쥐 안추 가오미 란춘 한단 邯鄲 보산 화 북 평 야 광핑 타이 산 泰山 1545 보핑 자오셴 칭다오 靑島 36° 친셴 우양 탕이 핑인 라이우 산둥성 (山東省) 자오저우 만 膠州灣 펑펑 청안 다밍 타이안 주청 신원 이수이 우롄 산 五連 山 창즈 長治 투청 양구 안양 安陽 난러 둥핑 공자묘 옌저우 취푸 쥐셴 황해 Yellow Sea 가오핑 핑순 허비 푸양 상청 르자오 5 진청 링촨 화셴 지닝 濟寧 취예 텅셴 린이 臨沂 양청 자오쭤 장위안 뚱밍 진샹 하이저우 만 海州灣 신샹 新鄕 차오좡 棗庄 칭커우 보아이 평추 롄윈강 連雲港 친양 타오화이쓰 란펑 자오셴 산셴 페이셴 하이저우 뤄양 洛陽 1440 쑹산 嵩山 정저우 鄭州 카이펑 開封 민취안 탕산 관원 핑하이 중모우 쉬저우 徐州 신이 쓰양 34° 퉁쉬 상추 商丘 이촨 창거 푸커우 저청 샤이 쒀이닝 빈하이 허난성 (河南省) 타이캉 화이베이 룽청 쑤첸 롄수이 푸닝 시양 린루 웨이허 쉬창 하오셴 링비 칭장 화이인 淮陰 옌청 鹽城 바오펑 샤셴 화이양 쑤셴 정청 핑딩산 平頂山 우양 저우커우 쿼전 가오량젠 6 상자오 시핑 멍청 안후이성 (安徽省) 방부 蚌埠 싱화 전핑 팡청 쥐핑 타이허 가오뉴 둥타이 하이안 장쑤성 (江蘇省) 난양 南陽 주마뎬 루난 푸양 펑타이 화이난 淮南 펑양 창파링 톈창 양저우 타이저우 탕허 비양 신차이 잉상 딩위안 류허 신예 퉁바이 수이사후 추셴 라이안 난징 南京 전장 鎭江 양중 징장 난퉁 南通 32° 1140 뤄산 황촨 허추 단양 장인 하이먼 싸오양 퉁바이 산 桐柏 山 신양 信陽 구시 허페이 合肥 차오후 진탄 우시 無錫 창서우 충밍 샹판 襄樊 상청 허셴 리양 창저우 常州 쑤저우 蘇州 상하이 上海 D 114° E 진차이 류안 117° 우후 蕪湖 F 120° G

1 2 3 4 5 6

아시아 (중국의 화남)

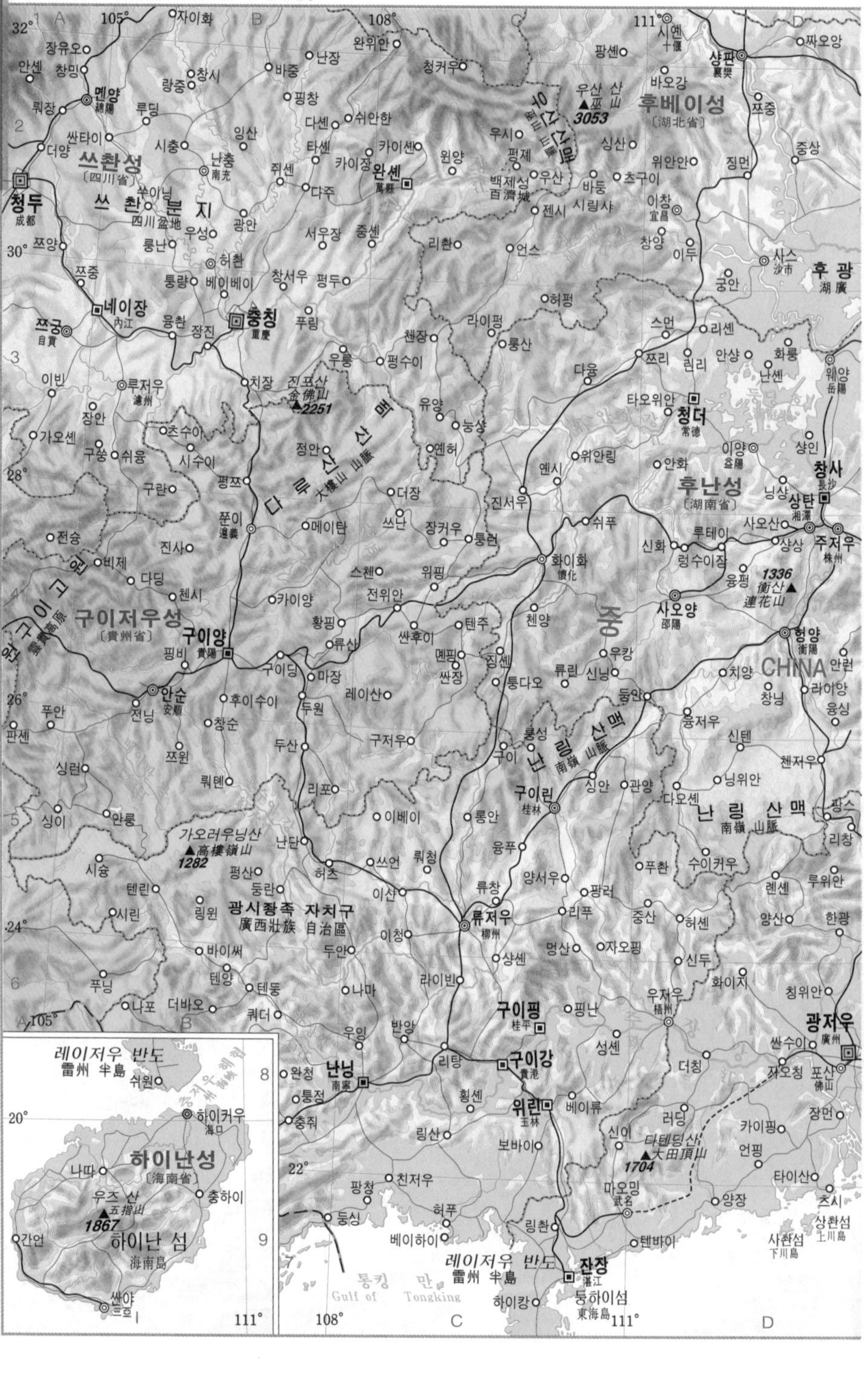

32° A 105° B 108° C 111° D

자이화 장유오 안센 창밍 몐양 綿陽 바중 난장 완위안 청커우 팡셴 시옌 十堰 샹판 襄樊 짜오양
창시 랑중 핑창 바오강 뤄장 루딩 쉬안한 다셴 우산 산 巫山 3053 후베이성 〔湖北省〕 쭈중
싼타이 잉산 다셴 우시 더양 시충 난충 南充 타셴 카이셴 완셴 萬縣 윈양 펑제 싱산 중샹 위안안 징먼
쓰촨성 〔四川省〕 카이장 쉬셴 우산 산맥 巫山山脈
청두 成都 쑤이닝 다주 백제성 百濟城 우산 바둥 츠구이
쓰 촨 분 지 四川盆地 광안 젠시 시링샤 이창 宜昌
쯔양 우성 서우장 중셴 리촨 언스 창양 이두
30° 룽난 허촨 창서우 펑두 사스 沙市 후 광 湖廣
쯔중 퉁량 베이베이 허펑 궁안
네이장 內江 중칭 重慶 라이펑 스먼 리셴
쯔궁 自貢 융촨 장진 푸링 첸장 룽산 쯔리 안샹 화룽 웨양 岳陽
3 우룽 펑수이 다융 린리 난셴
이빈 치장 진포산 金佛山 2251 타오위안 청더 常德 둥팅 호
루저우 瀘州 유양 눙상
장안 우 링 산 맥 武陵山脈 옌허 이양 益陽 샹인
가오셴 츠수이 정안 위안링 안화
구쑹 쉬융 시수이 다 러 우 산 맥 大婁山脈 옌시 후난성 〔湖南省〕 창사 長沙
28° 펑쯔 더장 닝샹 샹탄 湘潭
구란 쭌이 遵義 메이탄 쓰난 진서우 쉬푸 사오산 주저우 株州
전숭 장커우 퉁런 루테이 상상
비제 진사 신화 렁수이장
윈 구 이 고 원 雲貴高原 다딩 스첸 위핑 화이화 懷化 1336 衡山 連花山 융펑
카이양 전위안 사오양 邵陽
구이저우성 〔貴州省〕 첸시 황핑 톈주 첸양 중 헝양 衡陽 안런
구이양 貴陽 룽비 류산 싼후이 우캉
안순 安順 구이딩 멘핑 징셴 류린 신닝 치양 CHINA 라이양
26° 푸안 마장 싼장 퉁다오 둥안 창닝 융싱
판셴 전닝 후이수이 레이산 융저우
창순 두원 룽성 구저우 신톈
싱런 쯔윈 두산 구이 난 링 산 맥 南嶺山脈 첸저우
뤄뎬 리포 싱안 관양 닝위안
구이린 桂林 다오셴 난 링 산 맥 南嶺山脈 광수
5 싱이 안룽 이베이 룽안 리창
가오러우닝산 高樓嶺山 1282 난단 융푸
시숭 쓰언 뤄청 푸촨 수이커우
허츠 양서우 루위안
톈린 펑산 둥란 이산 류창 광러 렌셴
시린 링원 광시좡족 자치구 廣西壯族 自治區 리푸 중산 양산 한광
24° 류저우 柳州 허셴
바이써 두안 이청 멍산 자오핑
상셴 신두
6 푸닝 톈양 라이빈 화이지
텐둥 나마 우저우 梧州 청위안
나포 더바오 구이핑 桂平 핑난 광저우 廣州
A 105° B 쿼더 우밍 반양
레이저우 반도 雷州 半島 쉬원 충저우 해협 瓊州海峽 8 완청 난닝 南寧 리탕 구이강 貴港 성셴 싼수이 자오칭 포산 佛山
퉁정 헝셴 더칭
20° 하이커우 海口 충줘 위린 玉林 베이류 러딩 장먼
하이난성 〔海南省〕 신이 다톈딩산 大田頂山 1704 카이핑
나따 링산 보바이 언핑
우즈 산 五指山 1867 22° 친저우 마오밍 茂名 타이산
충하이 팡청 허푸 양장 츠시
간언 하이난 섬 海南島 9 둥싱 베이하이 링찬 상찬섬 上川島
톈바이 사찬섬 下川島
레이저우 반도 雷州 半島 잔장 湛江
싼야 三亞 111° 통킹 만 Gulf of Tongking 하이캉 둥하이섬 東海島
108° C 111° D

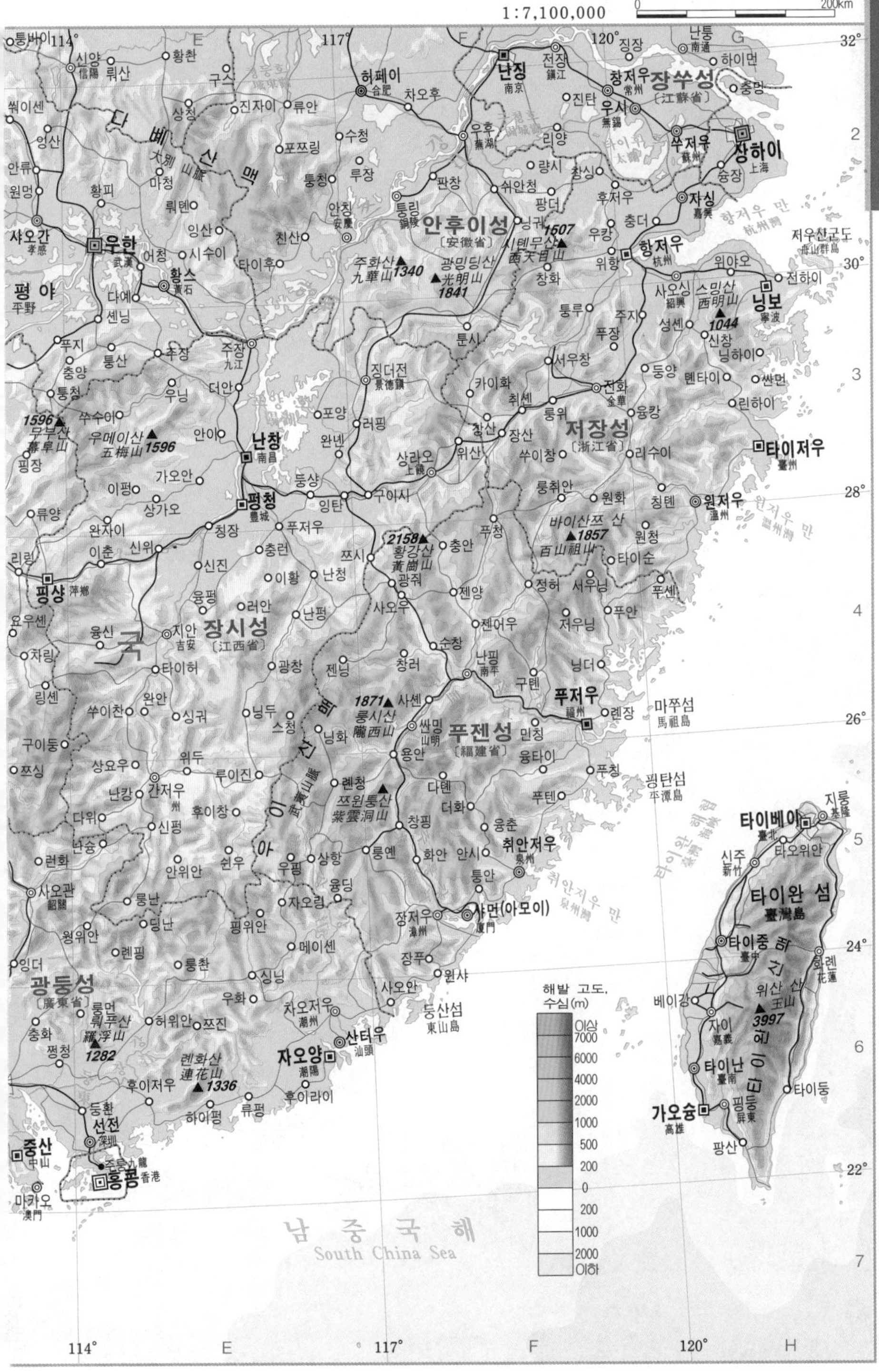
1:7,100,000
0
200km
장쑤성
〔江蘇省〕
안후이성
〔安徽省〕
저장성
〔浙江省〕
장시성
〔江西省〕
푸젠성
〔福建省〕
광둥성
〔廣東省〕
다베산맥
大別山脈
우이산맥
武夷山脈
난징
南京
상하이
上海
허페이
合肥
우한
武漢
항저우
杭州
난창
南昌
푸저우
福州
타이베이
臺北
홍콩
香港
선전
深圳
마카오
澳門
중산
中山
닝보
寧波
원저우
溫州
샤먼(아모이)
廈門
취안저우
泉州
산터우
汕頭
자오양
潮陽
차오저우
潮州
가오슝
高雄
타이중
臺中
타이난
臺南
타이완 섬
臺灣島
타이완 해협
타이완 산맥
위산
玉山
3997
황산
黃山
2158
주화산
九華山
1340
광밍딩산
光明山
1841
시톈무산
西天目山
1507
우메이산
五梅山
1596
바이산쭈산
百山祖山
1857
룽시산
瀧西山
1871
쯔윈둥산
紫雲洞山
롄화산
蓮花山
1336
뤄푸산
羅浮山
1282
스밍산
西明山
1044
항저우 만
杭州灣
원저우 만
溫州灣
취안저우 만
泉州灣
저우산군도
舟山群島
마쭈섬
馬祖島
핑탄섬
平潭島
둥산섬
東山島
남중국해
South China Sea
해발 고도.
수심(m)
이상
7000
6000
4000
2000
1000
500
200
0
200
1000
2000
이하
114°
117°
120°
32°
30°
28°
26°
24°
22°
E
F
G
H

아시아 (동남 아시아)

메갈라야 MEGHALAYA
실롱 Shillong
코히마 Kohima
미치나
쿤밍 昆明
난닝 南寧
중산 中山
마카오 Macao
홍콩 Hong Kong
제라푼지
임팔 Imphal
미얀마 MYANMAR
방글라데시 BANGLADESH
트리푸라 TRIPURA
마니푸르 MANIPUR
아이자울 Aizawl
카타
바모
스핑
거주 箇舊
멍쯔
라오카이
랑선 (랑손)
베이하이 北海
잔장 湛江
레이저우 반도 雷州半島
다카 Dacca
아가르탈라 Agartala
미조람 MIZORAM
모고크
라시오
샨 고원 Shan Plat.
혼가이 (혼게이)
하이커우 海口
치타공 Chittagong
몽니와 Monywa
아라칸 산맥 Arakan Mts.
만달레이 Mandalay
켕퉁
무옹싱
하노이 Hanoi
하이퐁 Hai Phong
남딘 Nam Dinh
둥팡 東方
통킹 만 Gulf of Tongking
파간
타웅지 Taung-gyi
갠지스 강 Ganges R.
차우크
루앙프라방
타인호아 (타니호아)
빈 Vinh
싼야 三亞
하이난 섬 海南島
시트웨 Sittway
핀마나
치앙라이
라오스 LAOS
베트남 VIETNAM
20°
퉁구
비엔티안 Vientiane
프롬 Prome
람빵
농카이
타케크
꽝찌
후에 Hue
시사 군도 西沙群島
산도웨이
치앙마이 Chiang Mai
우따라딧
인도차이나 반도 Indo China Pen.
다낭 Da Nang
벵골 만 Bay of Bengal
헨자다 Henzada
페구 Pegu
수코타이
콘캔 (콘캔) Khon Kaen
안남 산맥 Annam Mts.
바세인 Bassein
양곤 Yangon
딱
타이 THAILAND
파세
모울메인 Moulmein
나콘사완 Nakhon Sawan
우본랏차타니 Ubon Ratchattani
꾸이년 (퀴논) Quy Nhon
네그라이스 곶 Negrais C.
마르타반 만 Gulf of Martaban
나콘랏차시마 Nakhon Ratchasima
이라와디 강 Irrawaddy
예
상클라부리
아유타야
나짱 (나트랑) Nha Trang
톤부리
방콕 Bangkok
톤레사프 호 Tonle Sap L.
깜라인 (캄란)
타보이
파타야
바탐방
크라티에
달랏 Da Lat
깜라인 (캄란) 만 Gulf of Cam Ranh
캄보디아 CAMBODIA
판랑
북안다만 섬
안다만 해 Andaman Sea
펫부리
메르귀
짠타부리 (찬타부리)
프놈펜 Pnompenh
안다만 제도 (인도) Andaman Is.
중앙 안다만 섬
호찌민 (호치민) Ho Chi Minh
메르귀 제도 Mergui Is.
타이 만 Gulf of Thailand
남안다만 섬
시아누크빌
캄포트
미토 My Tho
껀터 Can Tho
소안다만 섬
콘손 섬 Con Son I.
끄라 지협 Isthmus of Kra
십도 해협 Ten Degree Str.
보르네오 해 Borneo Sea
10°
수라타니
바이붕 곶 Bai Bung C.
나콘시탐마랏 Nakhon Si Thammarat
니코바르 제도 (인도) Nicobar Is.
말레이시아 MALAYSIA
푸껫 (푸케트) 섬 Puket I.
송클라 Songkhla
뜨랑
대니코바르 섬 G. Nicobar I.
핫야이
코타바하루 Kota Bahru
말레이 반도 Malay Pen.
조지타운 George Town
쿠알라트렝가누 (콸라트렝가) Kuala Terengganu
나투나 제도 Natuna Is.
피낭 섬 Penang I.
쿠안탄 (콴탄) Kuantan
반다아체
말라카 해협 Str. of Melaka
타이핑 Taiping
이포 Ipoh
아체 Aceh
랑사
쿠알라룸푸르 (콸라룸푸르) Kuala Lumpur
아남바스 제도 Anambas Is.
쿠칭 Kuching
3145
루세르 산 Leuser Mt.
메단 Medan
케마스
클랑
조호르바루 Johor Baru
삼바스
물라카 (말라카)
싱가포르 Singapore
싱가포르 SINGAPORE
시멜루에 섬 Simeulue I.
란타우프라팟
폰티아낙 (폰티아나크) Pontianak
시볼가
프칸바루 (파칸바루) Pakanbaru
바탐 섬 Batam I.
수마트라 섬 Sumatra I.
링가 섬 Lingga I.
수카다나
해발 고도, 수심(m)
이상
6000
4000
2000
1000
500
200
0
200
1000
2000
4000
6000
8000
이하
니아스 섬 Nias I.
부키팅기
므라피 산 Merapi Mt.
렝앗
싱켑 (싱케프) 섬 Singkep I.
크타팡
카리마타 해협 Karimata Str.
타나마사 섬 Tanamasa I.
타나발라 섬 Tanahbala I.
2891
파당 Padang
잠비 Jambi
팡칼피낭
0°
시베룻 섬 Siberut I.
크린치 산 Kerinci Mt.
3805
방카 섬 Bangka I.
팔렘방 Palembang
시푸라 섬 Sipura I.
북파가이 섬 N. Pagai I.
바리산 산맥 Barisan Mts.
빌리톤 섬 Billiton I.
트방팅기
남파가이 섬 S. Pagai I.
3159
뎀포 산 Dempo Mt.
틀룩브퉁 (텔룩베퉁) Teloekbetoeng
자와 (자바) 해 Java Sea
자카르타 Jakarta
치르본 Cirebon
스마랑 (세마랑) Semarang
엥가노 섬 Enggano I.
순다 열도 Sunda Is.
순다 해협 Sunda Str.
보고르 Bogor
반둥 Bandung
욕야카르타 Yogyakarta
인도양 INDIAN OCEAN
4
90° A 100° B 110°

1:20,000,000 0 600km

아시아 (말레이시아 · 싱가포르 · 인도네시아)

호찌민(호치민)
Ho Chi Minh
껀터
Can Tho
미토
My Tho
바이붕 곶
Bai Bung C.
콘손 섬
Con Son I.
수라트타니
나콘시탐마라트
Nakhonsi Thammarat
송클라
Songkla
조지타운
George Town
타이핑
Taiping
이포
Ipoh
말레이 반도
Malay Pen.
말레이시아
MALAYSIA
코타바하루
Kota Baharu
쿠알라트렝가누
(콸라트렝가)
Kuala Trengganu
쿠안탄
(콴탄)
Kuantan
쿠알라룸푸르
(콸라룸푸르)
Kuala Lumpur
말라카 해협
Str. of Malacca
말라카
(말라카)
조호르바루
Johore Baru
싱가포르
Singapore
싱가포르
SINGAPORE
나투나 제도
Natuna Is.
제마자 섬
Jemaaja I.
아남바스 제도
Anambas Is.
보르네오 해
Borneo Sea
수마트라 섬
Sumatra I.
프칸바루
(파칸바루)
Pakanbaru
바탐 섬
Batam I.
탐벨란 제도
Tambelan Is.
링가 섬
Lingga I.
싱켑(싱케프) 섬
Singkep I.
므라피 산
Merapi Mt.
2891
크린치 산
Kerinci Mt.
3805
잠비
Jambi
팔렘방
Palembang
방카 섬
Bangka I.
빌리톤 섬
Billiton I.
카리마타 해협
Karimata Str.
바리산 산맥
Barisan Mts.
3159
뎀포 산
Dempo Mt.
웅가노 섬
Enggano I.
틀룩브퉁
(텔룩베퉁)
Telukbetung
순다 해협
Sunda Str.
자와(자바) 해
Java Sea
인도네시아
INDONESIA
카푸아스 산맥
Kapuas Mts.
보르네오
Borneo
쿠칭
Kucing
시부
Sibu
라야 산
Raya Mt.
2278
폰티아낙
(폰티아나크)
Pontianak
카푸아스 강
Kapuas R.
자카르타
Jakarta
보고르
Bogor
반둥
Bandung
치르본
Cirebon
슬라맛 산
Slamet Mt.
3428
스마랑
(세마랑)
Semarang
욕야카르타
Yogyakarta
솔로
Solo
말랑
Malang
수라바야
Surabaya
스메루 산
Semeru Mt.
3676
자와(자바) 섬
Java I.
마두라 섬
Madura I.
발리 섬
Bali I.
대순다열도
Sunda Is.
해발 고도, 수심(m)
이상
6000
4000
2000
1000
500
200
0
200
1000
2000
4000
6000
8000
이하

1:12,500,000

0
500km
B
C
120°
0°
10°
1
2
3
팔라완 섬
Palawan I.
타이타이
푸에르토프린세사
Puerto Princesa
말라분간
난사 군도
南沙 群島
술루 해
Sulu Sea
발라바크 해협
Balabac Str.
네그로스 섬
Negros I.
보홀 섬
Bohol I.
수리가오
부투안
Butuan
필리핀
PHILIPPINES
디플로그
카가얀데오로
Cagayan de oro
비슬리그
일리간
Iligan
다바오
Davao
카바살란
아포 산
Apo Mt.
2954
민다나오 섬
Mindanao I.
삼보앙가
Zamboanga
모로 만
Moro G.
레바크
헤네랄산토스
General Santos
바실란 섬
Basilan I.
쿠닷
키나발루 산
Kinabalu Mt.
4094
산다칸
Sandakan
술루 제도
Sulu Is.
홀로 섬
Jolo I.
브루나이
BRUNEI
코타키나발루
메사포
반다르세리베가완
Bandar Seri Begawan
라하드
타위타위 섬
Tawitawi I.
사바
Sabah
믈랄랍
세리아
라와스(멜라내프)
타와우
Tawau
룸비스
미리
롱아카
타라칸
탈라웃(탈라우드)
Talaud Is.
상기헤(상기에) 제도
Sangihe Is.
술라웨시(셀레베스) 해
Celebes Sea
사라왁
(사라와크)
Sarawak
이란 산맥
Iran Mts.
므나도
(메나도)
Menado
몰루쿠(몰루카) 해협
Molucca Str.
마우랄라산
산 맥
다타제노양
파투푸티
코타모바구
고론탈로
섬
메라
켈롤로칸
토미니
마리사
바찬 섬
Bacan I.
산탄
토미니 만
Gulf of Tomini
말리크
롱기람
토리불루
칼리만탄
Kalimantan
사마린다
Samarinda
토볼리
암파나
비아크
술라 제도
Sula Is.
오비 제도
Obi Is.
팔루
토칼라 산
Tokala Mt.
2630
펠렝 섬
Peleng I.
토델리
무아라테웨
발릭파판
Balikpapan
포소
스람(세람) 해
Seram Sea
마카사르 해협
Makasar Str.
분톡
술라웨시 섬(셀레베스 섬)
Sulawesi I.
(Celebes I.)
남레아
팔랑카라야
탄중
삼파가
라보타
티후
마무주
팔로포
말릴리
메콩가 산
Mekonga Mt.
부루 섬
Buru I.
3455
코타바루
Kota Baru
반자르마신
Banjarmasin
란테콤볼라 산
Rantekombola Mt.
켄다리
라웃(라우트) 섬
Laut I.
보네 만
Gulf of Bone
콜라카
반다 해
Banda Sea
부퉁 섬
Butung I.
무나 섬
Muna I.
우중판당
Ujung Pandang
슬라야르 섬
Salayar I.
캉기안 제도
Kangean Is.
솔로르 제도
Solor Is.
웨타르 섬
Wetar I.
웨시리
로망 섬
Romang I.
플로레스 해
Flores Sea
알로르 섬
Alor I.
투투알라
라란투카
딜리
Dili
동티모르
EAST TIMOR
아궁 산
Agung Mt.
3142
롬복(롬보크) 섬
Lombok I.
탐보라 산
Tambora Mt.
2851
플로레스 섬
Flores I.
레오
3726
비마
엔데
라멜리우
린자니 산
Rinjani Mt.
탈리왕
숨바와 섬
Sumbawa I.
티모르 섬
Timor I.
케파마나우
코디
와잉아푸
사우 해
Sawu Sea
쿠팡
숨바 섬
Sumba I.
로티 섬
Roti I.
티모르 해
Timor Sea
소 순 다 열 도
小 Sunda Is.

아시아 (남부 아시아)

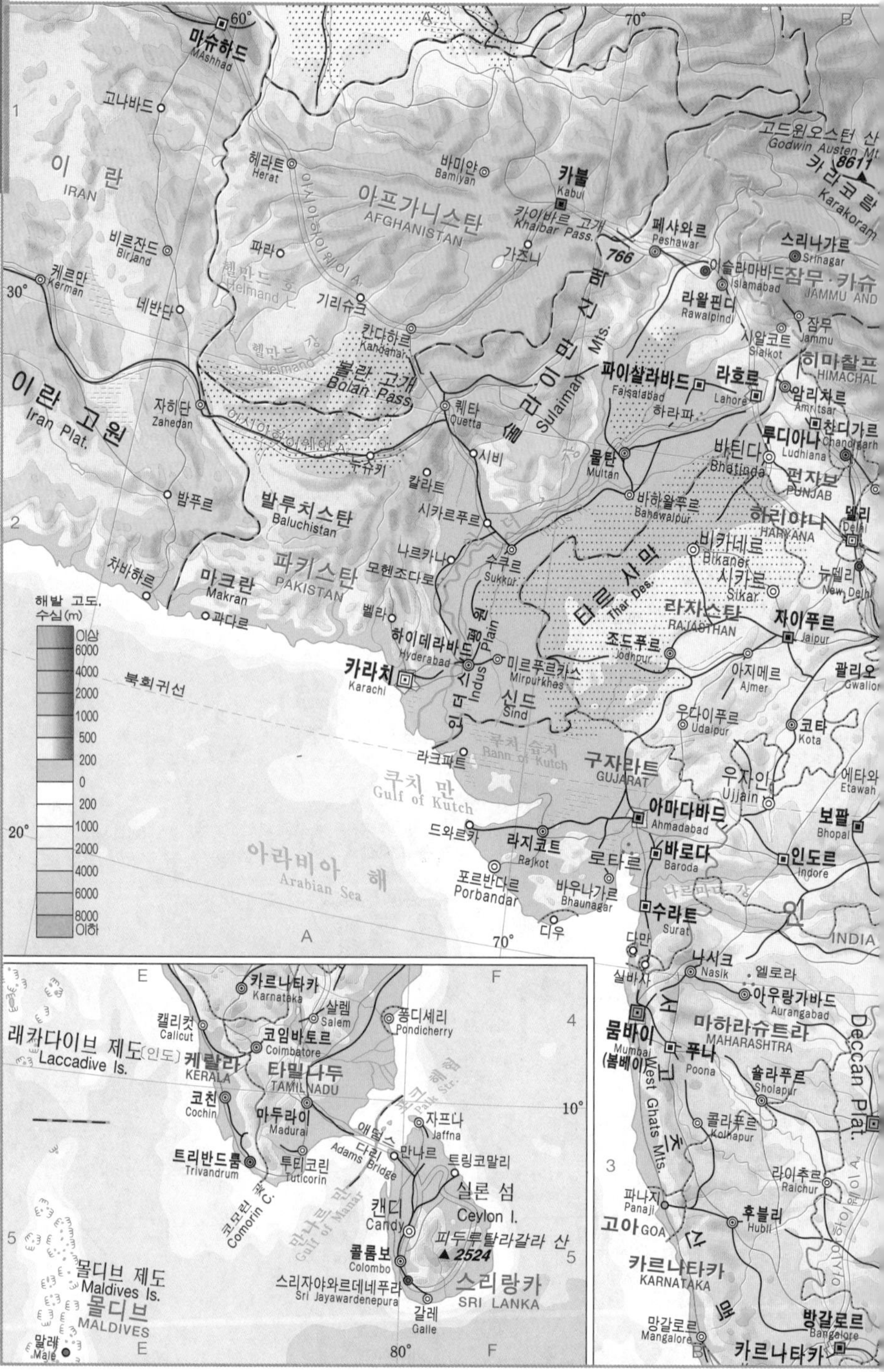

마슈하드 Mashhad
고나바드
이란 IRAN
헤라트 Herat
바미안 Bamiyan
카불 Kabul
아프가니스탄 AFGHANISTAN
카이바르 고개 Khaibar Pass.
가즈니
페샤와르 Peshawar
고드윈오스틴 산 Godwin Austen Mt. 8611
카라코람 Karakoram
스리나가르 Srinagar
이슬라마바드 Islamabad
잠무·카슈 JAMMU AND
라왈핀디 Rawalpindi
잠무 Jammu
시알코트 Sialkot
히마찰프 HIMACHAL
비르잔드 Birjand
파라
헬만드 호 Helmand L.
케르만 Kerman
네반단
기리슈크
칸다하르 Kandahar
헬만드 강 Helmand R.
볼란 고개 Bolan Pass.
술라이만 산맥 Sulaiman Mts.
파이살라바드 Faisalabad
라호르 Lahore
암리차르 Amritsar
찬디가르 Chandigarh
이란 고원 Iran Plat.
자히단 Zahedan
퀘타 Quetta
누슈키
시비
하라파
물탄 Multan
루디아나 Ludhiana
바틴다 Bhatinda
펀자브 PUNJAB
칼라트
밤푸르
발루치스탄 Baluchistan
시카르푸르
바하왈푸르 Bahawalpur
하리아나 HARYANA
델리 Delhi
나르카나
수쿠르 Sukkur
비카네르 Bikaner
뉴델리 New Delhi
차바하르
마크란 Makran
파키스탄 PAKISTAN
모헨조다로
타르 사막 Thar Des.
시카르 Sikar
과다르
벨라
라자스탄 RAJASTHAN
자이푸르 Jaipur
해발 고도, 수심(m)
이상 6000 4000 2000 1000 500 200 0 200 1000 2000 4000 6000 8000 이하
하이데라바드 Hyderabad
인더스 평원 Indus Plain
조드푸르 Jodhpur
카라치 Karachi
미르푸르카스 Mirpurkhas
아지메르 Ajmer
괄리오 Gwalior
북회귀선
인더스 강 Indus
신드 Sind
우다이푸르 Udaipur
코타 Kota
라크파트
쿠치 습지 Rann of Kutch
구자라트 GUJARAT
우자인 Ujjain
에타와 Etawah
쿠치 만 Gulf of Kutch
아마다바드 Ahmadabad
보팔 Bhopal
드와르카
라지코트 Rajkot
바로다 Baroda
인도르 Indore
아라비아 해 Arabian Sea
포르반다르 Porbandar
바우나가르 Bhaunagar
나르마다 강
수라트 Surat
인도 INDIA
디우
다만
나시크 Nasik
엘로라
실바사
아우랑가바드 Aurangabad
뭄바이 (봄베이) Mumbai
마하라슈트라 MAHARASHTRA
데칸 고원 Deccan Plat.
푸나 Poona
서고츠 산맥 West Ghats Mts.
숄라푸르 Sholapur
콜라푸르 Kolhapur
라이추르 Raichur
파나지 Panaji
고아 GOA
후블리 Hubli
카르나타카 KARNATAKA
망갈로르 Mangalore
방갈로르 Bangalore
카르나타카

카르나타카 Karnataka
살렘 Salem
퐁디셰리 Pondicherry
캘리컷 Calicut
래카다이브 제도(인도) Laccadive Is.
코임바토르 Coimbatore
케랄라 KERALA
타밀나두 TAMILNADU
팔크 해협 Palk Str.
코친 Cochin
마두라이 Madurai
자프나 Jaffna
애덤스 다리 Adams Bridge
트리반드룸 Trivandrum
투티코린 Tuticorin
만나르
트링코말리
코모린 곶 Comorin C.
만나르 만 Gulf of Manar
캔디 Candy
실론 섬 Ceylon I.
피두루탈라갈라 산 2524
콜롬보 Colombo
몰디브 제도 Maldives Is.
스리자야와르데네푸라 Sri Jayawardenepura
스리랑카 SRI LANKA
몰디브 MALDIVES
갈레 Galle
말레 Male

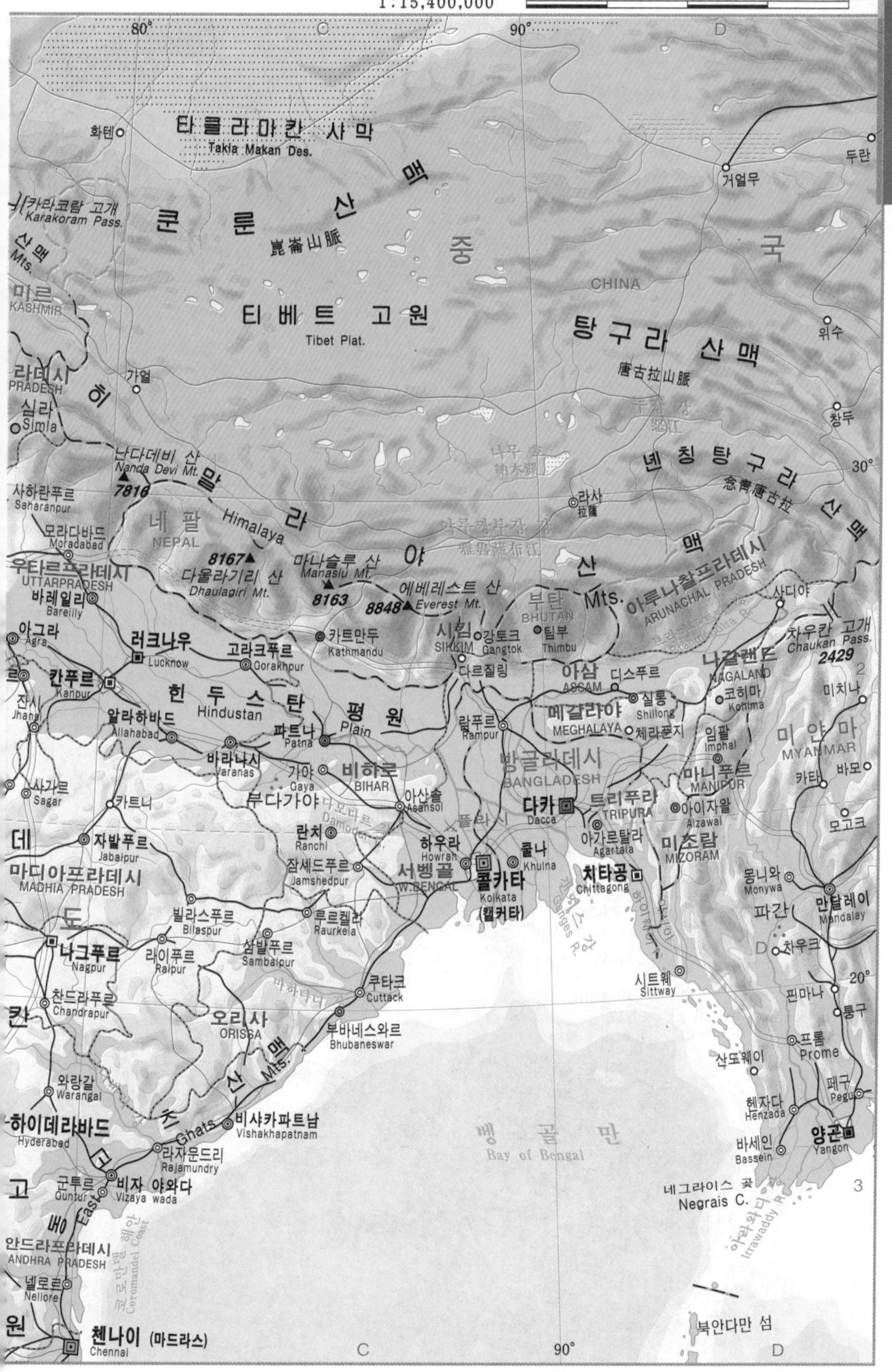
1:15,400,000
0
600km
타클라마칸 사막
Takla Makan Des.
쿤룬 산맥
崑崙山脈
티베트 고원
Tibet Plat.
중국
CHINA
탕구라 산맥
唐古拉山脈
녠칭탕구라 산맥
念青唐古拉
히말라야 산맥
Himalaya Mts.
네팔
NEPAL
부탄
BHUTAN
방글라데시
BANGLADESH
미얀마
MYANMAR
힌두스탄 평원
Hindustan Plain
벵골 만
Bay of Bengal
동고츠 산맥
East Ghats Mts.
카라코람 고개
Karakoram Pass.
난다데비 산
Nanda Devi Mt.
7816
다울라기리 산
Dhaulagiri Mt.
8167
마나슬루 산
Manaslu Mt.
8163
에베레스트 산
Everest Mt.
8848
차우칸 고개
Chaukan Pass.
2429
네그라이스 곶
Negrais C.
북안다만 섬
화텐
거얼무
두란
위수
창두
가얼
라사
拉薩
심라
Simla
사하란푸르
Saharanpur
모라다바드
Moradabad
우타르프라데시
UTTARPRADESH
바레일리
Bareilly
아그라
Agra
러크나우
Lucknow
칸푸르
Kanpur
잔시
Jhansi
알라하바드
Allahabad
고라크푸르
Gorakhpur
카트만두
Kathmandu
시킴
SIKKIM
강토크
Gangtok
팀부
Thimbu
다르질링
파트나
Patna
바라나시
Varanas
가야
Gaya
비하르
BIHAR
부다가야
아산솔
Asansol
란치
Ranchi
잠셰드푸르
Jamshedpur
하우라
Howrah
콜카타
Kolkata
(캘커타)
서벵골
W.BENGAL
쿨나
Khulna
다카
Dacca
람푸르
Rampur
아삼
ASSAM
디스푸르
실롱
Shillong
메갈라야
MEGHALAYA
체라푼지
트리푸라
TRIPURA
아가르탈라
Agartala
치타공
Chittagong
아루나찰프라데시
ARUNACHAL PRADESH
사디야
나갈랜드
NAGALAND
코히마
Kohima
임팔
Imphal
마니푸르
MANIPUR
아이자월
Aizawal
미조람
MIZORAM
미치나
바모
카타
모고크
몽니와
Monywa
만달레이
Mandalay
파간
차우크
핀마나
퉁구
프롬
Prome
산도웨이
시트웨
Sittway
페구
Pegu
헨자다
Henzada
양곤
Yangon
바세인
Bassein
카트니
사가르
Sagar
자발푸르
Jabalpur
마디아프라데시
MADHIA PRADESH
빌라스푸르
Bilaspur
루르켈라
Raurkela
나그푸르
Nagpur
라이푸르
Raipur
삼발푸르
Sambalpur
찬드라푸르
Chandrapur
쿠타크
Cuttack
오리사
ORISSA
부바네스와르
Bhubaneswar
와랑갈
Warangal
하이데라바드
Hyderabad
비샤카파트남
Vishakhapatnam
라자문드리
Rajamundry
군투르
Guntur
비자야와다
Vizaya wada
안드라프라데시
ANDHRA PRADESH
넬로르
Nellore
첸나이 (마드라스)
Chennai
코로만델 해안
Coromandel Coast
데칸 고원
갠지스 강
Ganges R.
이라와디 강
Irrawaddy R.
다모다르 강
Damodar R.
30°
20°
80°
90°

아시아(서남 아시아)

보스니아 헤르체고비나 BOSNIA HERZEGOVINA
베오그라드 Beograd
루마니아 RUMANIA
부쿠레슈티 București
흑 해 Black Sea
카프카스 산맥 Kavkaz Mts.
그루지야 GRUZIYA
트빌리시 Tbilisi
사라예보 Sarajevo
유고슬라비아 YUGOSLAVIA
소피아 Sofia
불가리아 BULGARIA
보스포루스 해협 Bosporus Str.
이스탄불 Istanbul
삼순 Samsun
트라브존 Trabzon
아르메니아 ARMENIA
예레반 Yerevan
바리 Bari
티라나 Tirana
스코페 Skopje
마케도니아 MACEDONIA
알바니아 ALBANIA
위스퀴다르
아다파자리 Adapazari
앙카라 Ankara
터키 TURKEY
에르주룸 Erzurum
쿠르디스탄 Kurdistan
타란토 Taranto
이탈리아 ITALIA
그리스 GREECE
다르다넬스 Dardanelles
에스키셰히르 Eskisehir
아나톨리아 고원 Anatolia Plat.
카이세리 Kayseri
엘라지그 Elazig
말라티아 Malatya
레지오디칼라브리아 Reggio di Calabria
이즈미르 Izmir
코니아 Konya
가지안테프 Gaziantep
디야르바키르 Diyarbakir
우르미에 Urumia
아테네 Athine
펠로폰네소스 반도 Peloponnesos Pen.
토로스 산맥 Toros Mts.
아다나 Adana
알하사카
이르빌 Erbil
모술 Mosul
지 중 해 MEDITERRANEAN SEA
이오니아 해 Ionia Sea
키프로스 KYPROS
니코시아 NICOSIA
키프로스 섬 Kypros I.
하마 Haman
알레포 Aleppo
시리아 SYRIA
크레타 섬 Creta I.
크노소스
베이루트 Beirut
홈스 Homs
유프라테스 강 Euphrates R.
아나
레바논 LEBANON
다마스쿠스 Damascus
이라크 IRAQ
이스라엘 ISRAEL
시리아 사막 Syrian Des.
예루살렘 Jerusalem
암만 Amman
안나자프 An Najaf
벵가지 Bengasi
투브루크
알렉산드리아 Alexandria
시드라 만 Gulf of Sidra
마투루
카이로 Cairo
포트사이드 Port Said
수에즈 운하 Suez Canal
요르단 JORDAN
수르트
시드라
리비아 고지 Libyan Plat.
기제 Gizeh
수에즈 Suez
아카바
사카카
알자우프
라프하
시와
카타라 저지 Qattara Dep.
알파이윰 Al-Faiyum
시나이 반도 Sinai Pen.
카트리나 산 Katrina Mt.
타부크
네푸드 사막 Nefud Des.
알미니아 Al-Minya
나일 강 Nile R.
수에즈 만 Gulf of suez
두바
아라비아 고원 Arabian Plat.
헤자즈 Hejaz
하일
리비아 LIBYA
아시우트 Asyut
케나 Kena
이집트 EGYPT
테베
룩소르 Luxor
쿠세이르
무트
알하르가
메디나 Medina
얀보
리비아 사막 Libyan Des.
아스완 댐 Aswan D.
아스완 Aswan
아스완하이 댐 Aswan h. D.
홍 해 Red Sea
마스트라
티베스티 고원 Tibesti Plat.
쿠프라
아르케누 산 Arkenu Mt.
1435
나세르 호 Nasser L.
할라이브
쿠르마
와디할파
우웨이나트 산 1892 Uweinat Mt.
지다 Jidda
메카 Mecca
앗타이프 At Taif
투시드 산 Tousside Mt. 3265
누비아 사막 Nubia Des.
에미쿠시 산 Emikoussi Mt. 3415
제3 폭포
동골라
아부하메드
포트수단 Port Sudan
수와킨
제4 폭포
카리마
제5 폭포
파야라르조
수 단 SUDAN
가네타
앗바라
앗바라 강 Atbara R.
에리바
보델레 저지 Bodele Dep.
밀크 와디 Milk Wadi
에리트레아 ERITREA
에네디 고원 Ennadi Plat.
제6 폭포
옴두르만 Omdurman
하르툼노스 Khartoum North
카살라 Kassala
마사와
아파
다르푸르 고원 Darfur Plat.
하르툼 Khartoum
아고르다트
아스마라 Asmara
바탈 와디
차 드 CHAD
와드메다니 Wad Medani
엘파셰르 El Fasher
엘오베이드 El Obeid
센나르
라스다샨 산 Ras Dashan Mt. 4620
아베셰 Abéché
3071
마라 산 Marra Mt.
파쇼다1898 코스티 Kosti
청나일 강 Blue Nile R.
백나일 강 White Nile R.
안나후드
곤다르
타나 호 Tana L.
아티
니알라 Nyala
아부가부라
엘쿠바
암티만
카두굴리
당길라
데시에 Dessie
샤리 강 Chari R.
바르알가잘 강 Bahr el Ghazal R.
코도크
아디스아바바 Addis Ababa
사르 Sarh
말라칼
우와일
김비
중앙아프리카공화국 CENTRAL AFRICAN REP.
소바트 강 Sobat R.
아요드
고레 Gore
브리아
와우
지마 Jima
A B C D
1 2 3 4 5
10° 20° 30° 40°

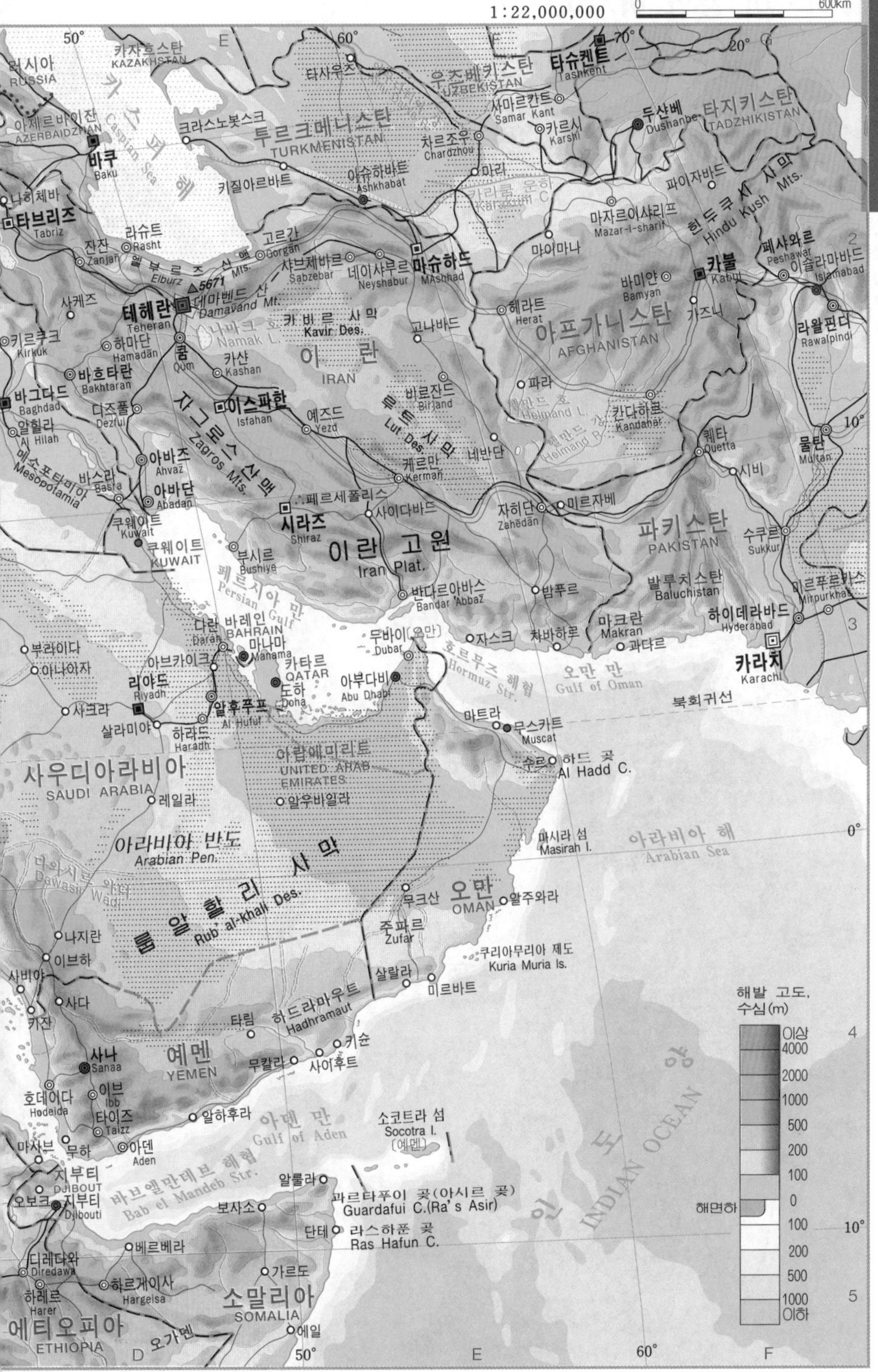
1:22,000,000
0
600km
러시아
RUSSIA
카자흐스탄
KAZAKHSTAN
아제르바이잔
AZERBAIDZHAN
바쿠
Baku
카스피 해
Caspian Sea
크라스노봇스크
투르크메니스탄
TURKMENISTAN
타슈켄트
Tashkent
우즈베키스탄
UZBEKISTAN
사마르칸트
Samar Kant
카르시
Karshi
두샨베
Dushanbe
타지키스탄
TADZHIKISTAN
차르조우
Chardzhou
아슈하바트
Ashkhabat
키질아르바트
마리
카라쿰 운하
Karakum C.
나히체바
타브리즈
Tabriz
라슈트
Rasht
잔잔
Zanjan
고르간
Gorgan
엘부르즈 산맥
Elburz Mts.
5671
다마벤드 산
Damavand Mt.
샤브제바르
Sabzebar
네이샤부르
Neyshabur
마슈하드
Mashhad
마자르이샤리프
Mazar-i-sharif
마이마나
파이자바드
힌두쿠시 산맥
Hindu Kush Mts.
페샤와르
Peshawar
이슬라마바드
Islamabad
카불
Kabul
바미안
Bamyan
가즈니
사케즈
테헤란
Teheran
나마크 호
Namak L.
카비르 사막
Kavir Des.
고나바드
헤라트
Herat
아프가니스탄
AFGHANISTAN
라왈핀디
Rawalpindi
키르쿠크
Kirkuk
하마단
Hamadan
쿰
Qum
카샨
Kashan
이란
IRAN
바흐타란
Bakhtaran
바그다드
Baghdad
디즈풀
Dezful
이스파한
Isfahan
자그로스 산맥
Zagros Mts.
비르잔드
Birjand
파라
헬만드 호
Helmand L.
헬만드 강
Helmand R.
칸다하르
Kandahar
알힐라
Al Hilah
예즈드
Yezd
루트 사막
Lut Des.
네반단
퀘타
Quetta
물탄
Multan
메소포타미아
Mesopotamia
아바즈
Ahvaz
바스라
Basra
아바단
Abadan
케르만
Kerman
시비
페르세폴리스
사이다바드
자헤단
Zahedan
미르자베
쿠웨이트
Kuwait
KUWAIT
시라즈
Shiraz
이란 고원
Iran Plat.
파키스탄
PAKISTAN
수쿠르
Sukkur
부시르
Bushire
페르시아 만
Persian Gulf
반다르아바스
Bandar 'Abbaz
밤푸르
발루치스탄
Baluchistan
미르푸르카스
Mirpurkhas
다란
Daran
바레인
BAHRAIN
마나마
Manama
두바이(오만)
Dubai
자스크
차바하르
마크란
Makran
과다르
하이데라바드
Hyderabad
카라치
Karachi
부라이다
아나이자
아브카이크
카타르
QATAR
도하
Doha
아부다비
Abu Dhabi
호르무즈 해협
Hormuz Str.
오만 만
Gulf of Oman
북회귀선
리야드
Riyadh
알후푸프
Al Hufuf
사크라
살라미야
하라드
Haradh
마트라
무스카트
Muscat
아랍에미리트
UNITED ARAB EMIRATES
수르
하드 곶
Al Hadd C.
사우디아라비아
SAUDI ARABIA
레일라
알우바일라
아라비아 반도
Arabian Pen.
마시라 섬
Masirah I.
아라비아 해
Arabian Sea
다와시르 와디
Dawasir Wadi
룹알할리 사막
Rub' al-Khali Des.
무크산
오만
OMAN
알주와라
나지란
주파르
Zufar
이브하
쿠리아무리아 제도
Kuria Muria Is.
사비야
사다
살랄라
미르바트
카잔
하드라마우트
Hadhramaut
타림
해발 고도, 수심(m)
이상
4000
2000
1000
500
200
100
0
해면하
100
200
500
1000
이하
사나
Sanaa
예멘
YEMEN
키슌
무칼라
사이후트
호데이다
Hodeida
이브
Ibb
타이즈
Taizz
알하우라
아덴 만
Gulf of Aden
소코트라 섬
Socotra I.
(예멘)
인도양
INDIAN OCEAN
마사브
무하
아덴
Aden
지부티
DJIBOUTI
바브엘만데브 해협
Bab el Mandeb Str.
알룰라
과르다푸이 곶(아시르 곶)
Guardafui C.(Ra's Asir)
오보크
지부티
Djibouti
보사소
단테
라스하푼 곶
Ras Hafun C.
베르베라
디레다와
Diredawa
하르게이사
Hargeisa
가르도
하레르
Harer
소말리아
SOMALIA
에티오피아
ETHIOPIA
오가덴
에일
50°
60°
70°
20°
10°
0°
D
E
F
2
3
4
5

아시아(중앙 아시아)

니주니노브고르드
Nizhni Novgord
마리엘 공화국
MARI EL REP.
우드무르트 공화국
UDMURT REP.
페름
Perm
에카테린부르크
Ekaterinburg
모스크바
Moskva
요슈카롤라
Yoshkarola
이제프스크
Izhevsk
체복사리
Cheboksary
추바슈 공화국
CHUVASH REP.
카잔
Kazan
툴라
Tula
라잔
Ryazan
모르도바 공화국
MORDOVA
타타르스탄 공화국
REP.OF.TATARSTAN
우파
Ufa
첼라빈스크
Chelyabinsk
사란스크
Saransk
마그니토고르스크
Magnitogorsk
탐보프
Tambov
펜자
Penza
시즈란
Syzran
사마라
Samara
바슈코르토스탄 공화국
BASHKORTOSTAN REP.
쿠르스크
Kursk
보로네슈
Voronezh
러 시 아
RUSSIA
사라토프
Saratov
오렌부르크
Orenburg
오르스크
Orsk
우크라이나
UKRAINA
돈 강
Don R.
볼가 강
Volga R.
우랄스크
Ural'sk
도네츠크
Donetsk
악튜빈스크
Aktyubinsk
볼고그라드
Bolgograd
옥차브리스크
침랸스크 호
Tsimlyansk L.
우랄 강
Ural R.
로스토프
Rostov
첼카르
칼미키야 공화국
KALMYKIYA
카스피해 연안 저지
아티라우
코스차길
엘리스타
Elista
아스트라한
Astrakhan
아랄스크
아디케야 공화국
마이코프
노보카잘린스크
소치
Sochi
카라차이 체르게시 공화국
카바르딘-발카르 공화국
북오세티아·알라니아 공화국
잉구슈 공화국
마하치칼라
Makhachkalar
체르케스크
수후미
Sukhumi
카프카스 산맥
Kavkaz Mts.
그로즈니
Grozny
우스튜르트 대지
Ustyurt Plat.
아랄 해
Aral Sea
아브하지아 자치공화국
체첸 공화국
포르트세프첸코
악타우 Aktau
쿤그라드
아자르 자치공화국
그루지야
GRUZIYA
블라디카프카스
다게스탄 공화국
카라칼파크 자치공화국
KARA-KALPAK
남오세티아 자치주
바투미
Batumi
트빌리시
Tbilisi
누쿠스
Nukus
트라브존
Trabzon
아르메니아
ARMENIA
카스피 해
Caspian Sea
투란
Turan
타사우즈
Tashauz
예레반
Yerevan
아제르바이잔
AZERBAIDZHAN
에르주룸
Erzrum
나고르노 카라바흐 자치주
NAGORNO KARABAKH
바쿠
Baku
투르크메니스탄
TURKMENISTN
터키
TURKEY
나이체반 자치공화국
NAKHICHEVAN
한켄디
크리스노봇스크
네비트다그
카라쿰 사막
Kara Kum Des.
반 호
Van L.
우르미에
Urmeh
타브리즈
Tabriz
키질아르바트
아슈하바트
Ashkhabat
시리아
SYRIA
우르미에 호
Urmieh L.
라슈트
Rasht
카라쿰
모술
Mosul
고르간
Gorgan
엘부르즈 산맥
Elburz Mts.
키르쿠크
Kirkuk
데마벤드 산
5671
마슈하드
Mashhad
하마단
Hamadān
이란
IRAN
테헤란
Teheran
이라크
IRAQ
카비르 사막
Kavir Des.
쿰
Qom
호란산
Khoransan
바흐타란
Bakhtardn
나마크 호
Namak L.
바그다드
Baghdad
카샨
Kashan
40°
50°
60°

1:14,700,000
0 400km

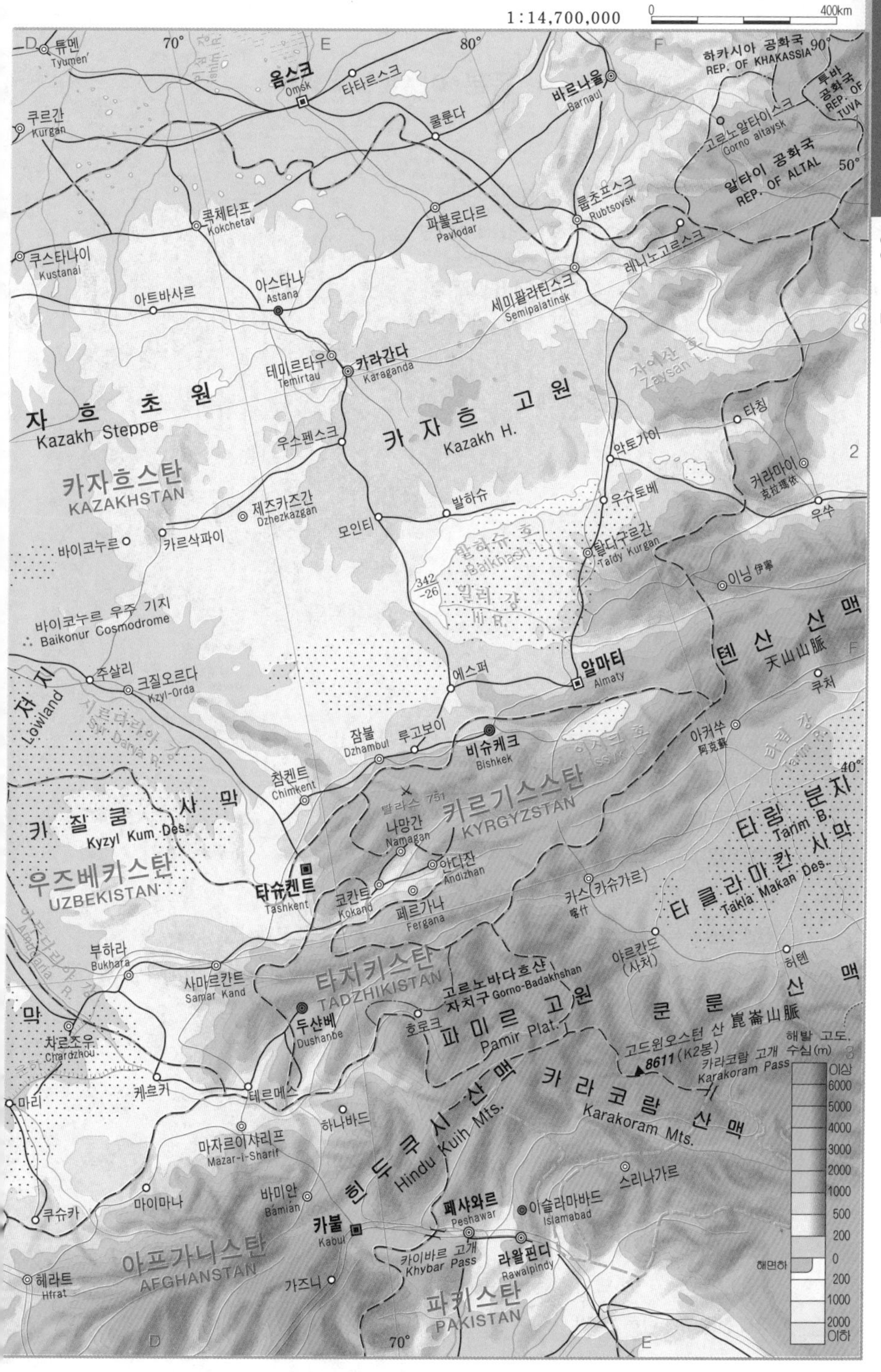
튜멘
Tyumen'
옴스크
Omsk
타타르스크
바르나울
Barnaul
하카시아 공화국
REP. OF KHAKASSIA
투바 공화국
REP. OF TUVA
쿠르간
Kurgan
쿨룬다
고르노알타이스크
Gorno altaysk
알타이 공화국
REP. OF ALTAL
콕체타프
Kokchetav
파블로다르
Pavlodar
룹초프스크
Rubtsovsk
레니노고르스크
쿠스타나이
Kustanai
아스타나
Astana
아트바사르
세미팔라틴스크
Semipalatinsk
테미르타우
Temirtau
카라간다
Karaganda
자이산 호
Zaysan L.
자흐초원
Kazakh Steppe
카자흐고원
Kazakh H.
타청
우스펜스크
악토가이
카라마이
克拉瑪依
카자흐스탄
KAZAKHSTAN
제즈카즈간
Dzhezkazgan
발하슈
우슈토베
우쑤
바이코누르
카르삭파이
모인티
발하슈 호
Balkhash L.
탈디쿠르간
Taldy Kurgan
이닝 伊寧
342
-26
일리 강
Ili R.
바이코누르 우주 기지
Baikonur Cosmodrome
텐산산맥
天山山脈
저지
Lowland
주살리
크질오르다
Kzyl-Orda
에스퍼
알마티
Almaty
쿠처
시르다리아 강
Syr Darya R.
잠불
Dzhambul
루고보이
비슈케크
Bishkek
이식쿨 호
Issyk-Kul L.
아커쑤
阿克蘇
타림 강
Tarim R.
침켄트
Chimkent
탈라스
751
키르기스스탄
KYRGYZSTAN
크질쿰사막
Kyzyl Kum Des.
나망간
Namagan
타림분지
Tarim B.
우즈베키스탄
UZBEKISTAN
안디잔
Andizhan
타클라마칸사막
Takla Makan Des.
타슈켄트
Tashkent
코칸트
Kokand
페르가나
Fergana
카스(카슈가르)
喀什
아무다리아 강
Amu Darya R.
부하라
Bukhara
타지키스탄
TADZHIKISTAN
아르칸드 (사처)
허톈
사마르칸트
Samar Kand
고르노바다흐샨 자치구
Gorno-Badakhshan
쿤룬산맥
崑崙山脈
막
두샨베
Dushanbe
호로크
파미르고원
Pamir Plat.
고드윈오스턴 산
8611 (K2봉)
카라코람 고개
Karakoram Pass
차르조우
Chardzhou
카라코람산맥
Karakoram Mts.
케르키
테르메스
마리
힌두쿠시산맥
Hindu Kuih Mts.
하나바드
마자르이샤리프
Mazar-i-Sharif
스리나가르
마이마나
바미안
Bamian
쿠슈카
페샤와르
Peshawar
이슬라마바드
Islamabad
카불
Kabul
라왈핀디
Rawalpindy
카이바르 고개
Khybar Pass
아프가니스탄
AFGHANSTAN
헤라트
Hfrat
가즈니
파키스탄
PAKISTAN
해발 고도 수심(m)
6000 이상
5000
4000
3000
2000
1000
500
200
0
해면하
200
1000
2000 이하
70°
80°
90°
50°
40°

❃❃❃ 동북 아시아 ❃❃❃

1. 대한민국

大韓民國 Republic of Korea

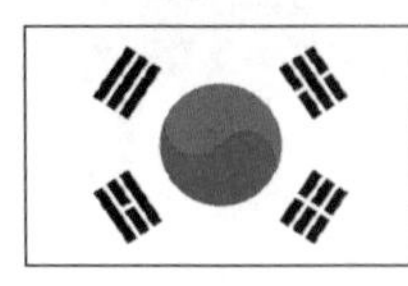

수도 : 서울(1,028만 명)
면적 : 10.0만 ㎢
인구 : 4,820만 명
인구 밀도 : 484명/㎢

데이터

정체 / 공화제

민족 / 한(韓)민족

언어 / 한국어

종교 / 불교, 기독교, 유교

문맹률 / 2%

평균 수명 / 남 71.7세, 여 79.2세

통화 / 원(Won)

도시 인구 / 80%

주요 도시 / 부산, 대구, 인천, 대전, 광주, 울산, 포항, 마산, 목포, 제주, 군산 등

국민 총생산 / 6,810억 달러

1인당 국민 소득 / 14,162달러

토지 이용 / 농경지 20.7%, 목초지 0.9%, 삼림 65.1%, 기타 13.3%

산업별 인구 / 1차 10.9%, 2차 27.7%, 3차 61.4%

천연 자원 / 석탄, 텅스텐, 흑연, 몰리브덴, 수력, 해안의 갯벌과 모래사장

수출 / 2,542억 달러(무선 통신 기기, 반도체, 컴퓨터, 자동차, 가전, 철강, 선박, 기계, 부품 등)

수입 / 2,244억 달러(기계 · 전자제품, 원유, 곡물, 원목, 수송 장비, 섬유 등)

발전량 / 3,140억 kWh(수력 1.3%, 화력 63.0%, 원자력 35.7%)

관광객 / 535만 명

관광 수입 / 53억 달러

자동차 보유 대수 / 1,395만 대

국방 예산 / 126억 달러

군인 / 69만 명

표준 시간 / 동경 135도 기준(런던과 9시간차)

국제 전화 국가 번호 / 82번

주요 도시의 기후

서울

월별	1월	2월	3월	4월	5월	6월	7월	8월	9월	10월	11월	12월	전년
기온(°C)	−3.4	−1.1	4.5	11.8	17.4	21.5	24.6	25.4	20.6	14.3	6.6	−0.4	11.8
강수량(mm)	23	25	47	94	92	134	369	294	169	49	53	22	1,369

강릉

월별	1월	2월	3월	4월	5월	6월	7월	8월	9월	10월	11월	12월	전년
기온(°C)	−0.4	0.8	5.4	12.0	17.7	20.3	23.9	24.6	19.7	14.8	8.7	2.8	12.5
강수량(mm)	58	61	71	77	73	111	217	262	261	112	78	39	1,376

제주

월별	1월	2월	3월	4월	5월	6월	7월	8월	9월	10월	11월	12월	전년
기온(°C)	5.2	5.6	8.5	13.3	17.2	20.9	25.6	26.6	22.7	17.7	12.4	7.6	15.3
강수량(mm)	62	70	68	97	89	184	230	241	179	74	79	50	1,424

자 연

아시아 대륙의 북동부에 위치하는 반도국이다. 북쪽으로 압록강과 두만강을 경계로 중국, 러시아와 국경을 접하며, 동쪽과 남쪽으로는 동해와 남해를 건너 일본과, 서쪽으로는 황해를 건너 중국과 마주 보고 있다.

한반도는 북부와 동부에 산지가 많고 서남부에 평지가 많은 지형이다. 백두산, 개마 고원, 낭림 · 태백 · 소백 산맥, 한라산으로 이어지는 산지가 뼈대를 이룬다.

북부는 대륙의 영향을 크게 받는 대륙성 기후로 겨울이 춥고 길며, 남부는 해양의 영향을 받는 온대 습윤 기후로 여름이 길고 비가 많다.

역 사

고조선, 고구려-백제-신라의 삼국 시대, 통일 신라 · 고려 · 조선 시대에 이르는 긴 역사를 자랑한다. 그러나 1910년부터 30여 년간 일본의 식민 통치를 겪었으며, 제2차 세계 대전 후 남북으로 분단 · 독립하였으나 6 · 25 전쟁 이후 휴전선을 경계로 두 개의 국가로 분단이 고착되었다. 1991년에는 남북이 동시에 UN에 가입하였으며, 2000년에는 남북의 정상이 평양에서 평화 정착을 위한 회담을 개최하였다.

1988년 냉전의 벽을 넘는 '서울 올림픽'을 개최하였고, 2002년에는 'FIFA World CUP'을 일본과 공동으로 개최하는 등 선진 국가로 발돋움하고 있다.

경 제

1960~1970년대에는 장기적인 경제 발전 개발 계획을 실시하여 경제 발전의 획기적인 틀을 마련하는데 성공하였다. 1980년대 이후 현재까지 정치적인 혼란과 국제 통화 위기

등이 겹쳤으나 경제 발전을 계속하여 오늘날에는 세계적인 산업 국가로 성장하였다.

농림수산업은 자급적인 성격이 강하였으나, 점차 선진국의 형태와 같은 상업적인 영농으로 변하여 왔다. 특히 최근에는 값싼 외국 농수산물의 수입으로 1차 산업이 큰 위기를 맞고 있으며, 그 밖에 농어촌 인구의 노령화와 쌀 생산 과잉 문제가 국가적인 과제로 등장하고 있다.

공업은 1960~1970년대에는 경제 개발 계획에 의한 수입 대체 상품과 경공업 제품이 주류를 이루었으나, 최근에는 반도체, 정보 통신, 전자제품, 자동차, 선박, 기계, 화학 등의 세계적인 생산국으로 등장하였다.

무역은 주로 원재료, 원유, 기계 등을 수입하고 있으며, 수출품의 90% 이상을 공업 제품이 차지하고 있다. 주로 반도체, 전자제품, 자동차, 선박, 기계, 화학제품 등을 수출한다.

관 광

4계절의 변화와 자연, 불교 사찰, 서울 · 경주 등의 역사 유적과 박물관, 해안의 갯벌과 모래사장, 전통 음식과 쇼핑 등이 주요 관광 자원이다.

2. 북한

Democratic People's Republic of Korea

수도 : 평양(314만 명)
면적 : 12.1만 ㎢
인구 : 2,278만 명
인구 밀도 : 189명/㎢

데이터

정체 / 인민 공화국

민족 / 한민족

언어 / 한국어

종교 / 종교 활동 부자유

문맹률 / 3%

평균 수명 / 남 61세, 여 66세

통화 / 북한 원(Won)

도시 인구 / 60%

주요 도시 / 개성, 청진, 신의주, 원산, 함흥, 해주, 남포, 나진 등

국민 총생산 / 208억 달러

1인당 국민 소득 / 914달러

토지 이용 / 농경지 16.6%, 목초지 0.4%, 삼림 61.1%, 기타 21.9%

천연 자원 / 석탄, 철광, 텅스텐, 금, 은, 구리, 망간, 수력 등

수출 / 10.2억 달러(의류, 수산물, 비철금속, 기타)

수입 / 18.4억 달러(원유, 석유제품, 기계, 쌀, 설탕 등)

한국의 반출(수출) / 2.2억 달러

한국의 반입(수입) / 1.7억 달러

발전량 / 335억 kWh(수력 65.7%, 화력 34.3%)

자동차 보유 대수 / 24만 대

관광객 / 13만 명

국방 예산 / 47억 달러

군인 / 108만 명

표준 시간 / 한국과 같음

주요 도시의 기후

평양

월별	1월	2월	3월	4월	5월	6월	7월	8월	9월	10월	11월	12월	전년
기온(°C)	-6.2	-3.3	3.0	10.5	16.3	21.0	24.0	24.1	18.8	11.9	4.1	-3.1	10.1
강수량(mm)	11	12	29	53	69	98	244	176	83	43	35	18	871

신의주

월별	1월	2월	3월	4월	5월	6월	7월	8월	9월	10월	11월	12월	전년
기온(°C)	-7.0	-3.7	2.6	9.6	15.3	20.0	23.4	24.0	18.7	11.6	3.2	-4.1	9.5
강수량(mm)	11	10	16	48	77	117	234	207	98	51	36	17	920

청진

월별	1월	2월	3월	4월	5월	6월	7월	8월	9월	10월	11월	12월	전년
기온(°C)	-5.7	-3.9	1.1	7.0	12.0	15.5	19.9	21.7	17.5	11.6	3.2	-4.1	8.1
강수량(mm)	12	16	21	36	42	101	111	129	65	30	33	19	615

자 연

압록강과 두만강을 경계로 중국과, 두만강 하류에서는 러시아와 마주보고 있다. 국토의 북동쪽은 개마 고원과 함경 산맥을 중심으로 산지가 많으며, 서남쪽은 평야 지대를 이룬다. 기후는 대부분의 지역이 여름과 겨울의 기온 차가 큰 대륙성 기후로, 여름은 덥고 비가 많으며 겨울은 춥고 건조하다.

역 사

제2차 대전 후 미국과 소련이 한반도의 남과 북을 분할 점령하면서 남북의 교착 상태가 계속되었고, 1948년 UN의 감시하에서 남쪽에는 대한민국이, 북쪽에는 소련의 도움을 받는 인민 공화국이 각각 독립 국가로 출발하였다. 이후 6 · 25 전쟁을 거쳐 오늘에 이르기까지 남북이 대치하고 있다. 1991년에는 대한민국과 함께 UN에 가입하였으며, 최근에는 경제적인 어려움을 극복하기 위해 대한민국과의 대화는 물론 서방 국가들과의 관계 개선에 나서고 있으나 한편으로는 핵 개발 등의 국제적 문제를 일으키고 있다.

경 제

사회주의 체제의 경직성, 남북간 군사적 대립의 부담, 독재 체재의 유지, 자본과 기술력의 낙후, 식량 부족 등으로 경제적인 어려움이 계속되고 있다. 최근에는 중국식 개방 정책을 일부 수용하고 있으나 아직도 그 효과는 미지수이며, 경제적인 어려움으로 주민들의 탈출이 계속되고 있다.

관 광

금강산, 백두산, 묘향산 등의 자연, 해안의 모래사장, 평양 시가지와 박물관 등이 주요 관광 자원이다.

3. 일본

日本 Japan

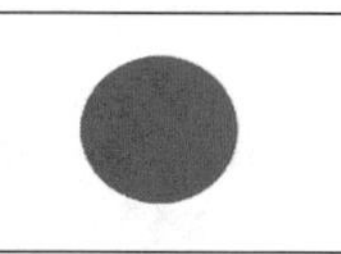

수도 : 도쿄(東京)(814만 명)
면적 : 37.8만 ㎢
인구 : 12,764만 명
인구 밀도 : 338명/㎢

데이터

정체 / 입헌 군주국

민족 / 일본족

언어 / 일본어

종교 / 불교, 신도, 기독교

문맹률 / 0.2%

평균 수명 / 남 78세, 여 85세

통화 / 엔(Yen)

도시 인구 / 65.2%

주요 도시 / 오사카, 요코하마, 히로시마, 삿포로, 센다이, 교토, 후쿠오카, 가고시마 등

국민 총생산 / 43,239억 달러

1인당 국민 소득 / 34,010달러

토지 이용 / 농경지 11.7%, 목초지 1.7%, 삼림 66.2%, 기타 20.4%

산업별 인구 / 1차 4.9%, 2차 30.0%, 3차 65.1%

천연 자원 / 수산물, 석탄, 지열, 온천수 등

수출 / 4,167억 달러(기계류, 자동차, 전자제품, 반도체, 선박, 철강 등)

수입 / 3,372억 달러(기계류, 원유, 식료품, 의류, 원료, 수산물 등)

한국의 대(對) 일본 수출 / 173억 달러

한국의 대(對) 일본 수입 / 363억 달러

한국 교민 / 640,234명

발전량 / 10,429억 kWh(수력 9.0%, 화력 60.0%, 원자력 30.7%, 지열 0.3%)

관광객 / 524만 명

관광 수입 / 35억 달러

자동차 보유 대수 / 7,399만 대

국방 예산 / 371억 달러

군인 / 24만 명

표준 시간 / 한국과 같음

국제 전화 국가 번호 / 81번

주요 도시의 기후

도쿄

월별	1월	2월	3월	4월	5월	6월	7월	8월	9월	10월	11월	12월	전년
기온(°C)	5.8	6.1	8.9	14.4	18.7	21.8	25.4	27.1	23.5	18.2	13.0	8.4	15.9
강수량(mm)	49	60	115	130	128	164.9	162	155	209	163	93	40	1,467

삿포로

월별	1월	2월	3월	4월	5월	6월	7월	8월	9월	10월	11월	12월	전년
기온(°C)	-4.1	-3.5	0.1	6.7	12.1	16.3	20.5	22.0	17.6	11.3	4.6	-1.0	8.5
강수량(mm)	111	96	70	61	55	51	67	137	138	124	103	105	1,128

후쿠오카

월별	1월	2월	3월	4월	5월	6월	7월	8월	9월	10월	11월	12월	전년
기온(°C)	6.4	6.9	9.9	14.8	19.1	22.6	26.9	27.6	23.9	18.7	13.4	8.7	16.6
강수량(mm)	72	71	109	125	139	272	266	188	175	81	81	54	1,632

자 연

아시아 대륙의 동쪽에 활 모양의 긴 열도를 이루는 섬나라로 홋카이도, 혼슈, 시코쿠, 규슈의 4개 섬과 주변의 많은 작은 섬으로 이루어져 있다. 국토는 환태평양 조산대의 일부를 이루어 화산, 지진, 온천이 많고, 중앙부는 후지산과 같이 3,000m가 넘는 산지가 많다. 따라서 국토의 80% 이상이 급경사를 이루는 산지이며 평지가 적다.

기후는 계절풍 지대에 속하지만 해양의 영향을 받아 해양성 기후의 특색이 많이 나타난다. 남부는 온대 기후 지대를, 북부는 냉대 기후 지대를 이루며, 몬순의 영향으로 여름은 비가 많고 무더우며, 겨울은 춥고 건조하나 동해안에는 눈이 많이 내린다.

역 사

오랜 무인 막부 정치에서 1868년 명치 유신의 개혁 정치로 근대화가 시작되었다. 그 후 제국주의가 성숙해지자 러일 · 청일 전쟁을 거치면서 타이완, 랴오둥 반도, 사할린, 한반도, 만주 등을 차례로 강점하고, 1941년에는 태평양 전쟁을 일으켜 중국과 동남 아시아 지역까지 진격하였다. 1945년 전쟁에 패하여 연합국에 항복하고 본래의 국토인 4개 섬으로 되돌아갔다. 그러나 아직도 침략 전쟁에 대한 과거 청산 문제와 역사 왜곡 문제 등으로 주변 국가들과 마찰을 빚고 있다.

경 제

농업은 경지가 국토의 12%에 불과하지만 집약적인 토지 이용으로 높은 토지 생산성을 유지하고 있다. 원예 · 축산 · 겸업 농업으로 구조 변화가 이루어지고 있으나, 젊은 인구의 유출과 노동력의 고령화 등의 문제를 안고 있다. 또 북태평양 어장의 중심부에 자리잡아 일찍부터 수산업이 발달하였으며 세계 제1의 어획량과 그 소비 국가이다. 특히 진주, 김, 고급 생선 등을 양식하여 수산업은 '바다 농장' 이라 불리기도 한다.

기술 혁신과 가격 경쟁을 바탕으로 자동차, 기계, 전자, 통신, 화학, 신소재 등에 걸쳐 미국 다음 가는 세계적인 산업국으로 발전하였다. 그러나 1990년대부터 소위 거품 경제가 붕괴되면서 장기 불황을 맞아 구조 조정의 어려움을 겪고 있다.

관 광

교토 · 나라 · 오사카 · 도쿄 등의 역사적인 건축물과 유적지, 후지산을 비롯한 산지와 해안의 경관 및 온천 휴양지, 문화 행사, 전통 음식 등이 주요 관광 자원이다.

행정 구역과 자료

	행정 구역	소재지	면적 (천 km²)	인구 (만 명)		행정 구역	소재지	면적 (천 km²)	인구 (만 명)
1	홋카이도(北海道)	삿포로(札幌)	83.5	565	25	시가(滋賀)	오쓰(大津)	4.0	135
2	아오모리(青森)	아오모리(青森)	9.6	148	26	교토(京都)	교토(京都)	4.6	257
3	이와테(岩手)	모리오카(盛岡)	15.3	141	27	오사카(大阪)	오사카(大阪)	1.9	865
4	미야기(宮城)	센다이(仙臺)	7.3	235	28	효고(兵庫)	고베(新戸)	8.4	557
5	아키타(秋田)	아키타(秋田)	11.6	117	29	나라(奈良)	나라(奈良)	3.7	144
6	야마가타(山形)	야마가타(山形)	9.3	123	30	와카야마(和歌山)	와카야마(和歌山)	4.7	107
7	후쿠시마(福島)	후쿠시마(福島)	13.8	212	31	돗토리(鳥取)	돗토리(鳥取)	3.5	61
8	이바라키(茨城)	미토(水戸)	6.1	299	32	시마네(島根)	마쓰에(松江)	6.7	75
9	도치기(栃木)	우쓰노미야(宇都宮)	6.4	201	33	오카야마(岡山)	오카야마(岡山)	7.1	196
10	군마(群馬)	마에바시(前橋)	6.4	202	34	히로시마(廣島)	히로시마(廣島)	8.5	287
11	사이타마(埼玉)	우라와(浦和)	3.8	698	35	야마구치(山口)	야마구치(山口)	6.1	151
12	지바(千葉)	지바(千葉)	5.2	600	36	도쿠시마(德島)	도쿠시마(德島)	4.1	82
13	도쿄(東京)	도쿄(東京)	2.2	1,208	37	가가와(香川)	다카마쓰(高松)	1.9	103
14	가나가와(神奈川)	요코하마(橫浜)	2.4	860	38	에히메(愛媛)	마쓰야마(松山)	5.7	150
15	니가타(新潟)	니가타(新潟)	12.6	246	39	고치(高知)	고치(高知)	7.1	81
16	도야마(富山)	도야마(富山)	4.2	112	40	후쿠오카(福岡)	후쿠오카(福岡)	5.0	501
17	이시카와(石川)	가나자와(金澤)	4.2	118	41	사가(佐賀)	사가(佐賀)	2.4	88
18	후쿠이(福井)	후쿠이(福井)	4.2	82	42	나가사키(長崎)	나가사키(長崎)	4.1	151
19	야마나시(山梨)	고후(甲府)	4.5	88	43	구마모토(熊本)	구마모토(熊本)	7.4	186
20	나가노(長野)	나가노(長野)	13.6	220	44	오이타(大分)	오이타(大分)	6.3	123
21	기후(岐阜)	기후(岐阜)	10.6	211	45	미야자키(宮崎)	미야자키(宮崎)	7.7	118
22	시즈오카(靜岡)	시즈오카(靜岡)	7.8	377	46	가고시마(鹿兒島)	가고시마(鹿兒島)	9.2	177
23	아이치(愛知)	나고야(名古屋)	5.2	703	47	오키나와(沖繩)	나하(那覇)	2.3	136
24	미에(三重)	쓰(津)	5.8	186					

4. 중국

中國 People's Republic of China

수도 : 베이징(北京)(787만 명)
면적 : 963.4만 ㎢
인구 : 133,011만 명
인구 밀도 : 138명/㎢

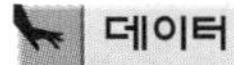

데이터

정체 / 인민 공화국

민족 / 한(漢)족 92%, 기타 좡족 등 50여 종족

언어 / 중국어

종교 / 불교, 도교 등

문맹률 / 18%

평균 수명 / 남 68세, 여 72세

통화 / 원(元)

도시 인구 / 36%

주요 도시 / 상하이, 톈진, 우한, 선양, 충칭, 광저우, 하얼빈, 시안, 난징, 홍콩 등

국민 총생산 / 12,342억 달러

1인당 국민 소득 / 960달러

토지 이용 / 농경지 10.0%, 목초지 41.7%, 삼림 13.6%, 기타 34.7%

산업별 인구 / 1차 46.9%, 2차 17.1%, 3차 35.4%

천연 자원 / 석탄, 철광석, 석유, 텅스텐, 수은, 망간, 금, 은, 수력 등

수출 / 3,256억 달러(섬유, 의류, 식료품, 원료, 기계류, 장난감, 잡화 등)

수입 / 2,952억 달러(기계류, 전자제품, 섬유와 직물, 플라스틱, 철강, 원료 등)

한국의 대(對) 중국 수출 / 351억 달러

한국의 대(對) 중국 수입 / 219억 달러

한국 교민 / 1,887,558명

발전량 / 14,717억 kWh(수력 18.8%, 화력 80.0%, 원자력 1.2%)

관광객 / 3,680만 명

관광 수입 / 204억 달러

자동차 보유 대수 / 2,053만 대

국방 예산 / 484억 달러

군인 / 225만 명

표준 시간 / 한국 시간에서 -1시간

국제 전화 국가 번호 / 86번

주요 도시의 기후

하얼빈

월별	1월	2월	3월	4월	5월	6월	7월	8월	9월	10월	11월	12월	전년
기온(°C)	-19.2	-15.6	-4.2	6.2	14.6	20.0	22.7	20.8	14.3	5.3	-5.7	-15.8	3.6
강수량(mm)	3	5	11	22	39	75	156	94	56	27	7	5	499

베이징

월별	1월	2월	3월	4월	5월	6월	7월	8월	9월	10월	11월	12월	전년
기온(°C)	-4.3	1.9	5.1	13.6	20.0	24.2	259.	24.6	19.6	12.7	4.3	-2.3	11.8
강수량(mm)	3	6	9	27	29	71	176	182	49	19	6	2	578

13. 타이

Kingdom of Thailand

수도 : 방콕(649만 명)
면적 : 51.3만 ㎢
인구 : 6,376만 명
인구 밀도 : 124명/㎢

데이터

정체 / 입헌 군주제

민족 / 타이 족 75%, 중국계 14%, 기타

언어 / 타이 어, 라오 어, 중국어, 기타

종교 / 불교 95%, 기타

문맹률 / 4.4%

평균 수명 / 남 67세, 여 73세

통화 / 바트(Baht)

도시 인구 / 31%

국민 총생산 / 1,233억 달러

1인당 국민 소득 / 2,000달러

토지 이용 / 농경지 40.5%, 목초지 1.6%, 삼림 32.0%, 기타 25.9%

산업별 인구 / 1차 48.8%, 2차 18.5%, 3차 32.7%

천연 자원 / 주석, 텅스텐, 납, 석고, 형석, 천연고무, 천연가스, 원목, 수산물 등

수출 / 688억 달러(기계류, 식료품, 의류, 수산물, 쌀 등)

수입 / 647억 달러(기계류, 원유, 철강, 화학약품, 식료품 등)

한국의 대(對) 타이 수출 / 25.2억 달러

한국의 대(對) 타이 수입 / 19.0억 달러

한국 교민 / 9,870명

발전량 / 1,084억 kWh(수력 5.8%, 화력 94.2%)

관광객 / 1,087만 명

관광 수입 / 79억 달러

자동차 보유 대수 / 672만 대

국방 예산 / 17억 달러

군인 / 31만 명

표준 시간 / 한국 시간에서 −2시간

국제 전화 국가 번호 / 66번

주요 도시의 기후

방콕

월별	1월	2월	3월	4월	5월	6월	7월	8월	9월	10월	11월	12월	전년
기온(°C)	26.7	28.2	29.5	30.5	30.0	29.5	29.1	28.8	28.5	28.2	27.4	26.2	28.5
강수량(mm)	9	17	32	76	207	150	157	107	345	270	54	6	1,530

자 연

국토는 인도차이나 반도의 중앙부에서 말레이 반도의 북부에 걸쳐 있으며, 인도차이나 반도의 중앙부를 흐르는 짜오프라야(차오프라야) 강과 동쪽의 메콩 강 사이에는 넓은 평야가 펼쳐져 농업의 중심을 이룬다. 국토의 대부분이 열대 사바나 기후 지역을, 반도부는 열대 우림 기후 지대를 이루며, 여름은 비가 많고 더우며 겨울은 건조하고 덥다.

역 사

중국의 남부로부터 이주해온 타이 족을 중심으로 13세기에 인도차이나 반도의 중앙부를 차지하는 왕국을 건설하였다. 현재의 왕조는 1782년에 성립되었으며, 1932년에는 입헌 군주제로 바뀌었다. 이 나라는 영국의 식민지인 인도, 미얀마, 말레이 반도, 보르네오 북부와 프랑스의 식민지인 베트남, 라오스, 캄보디아 및 네덜란드의 식민지인 인도네시아의 중간에 위치하여 열강의 완충 지대 역할을 하였으며, 동남 아시아에서는 유일하게 오랜 독립국으로 존속하였다. 제2차 세계 대전 후 오늘에 이르기까지 계속된 군부의 쿠데타와 정치적인 혼란으로 정치적인 민주화가 늦어지고 있다. ASEAN의 초기 회원국이다.

경 제

짜오프라야 강 유역을 중심으로 하는 쌀의 생산과 수출이 유명하며 그 밖에 고무, 북부의 티크, 반도부의 주석 생산은 세계적이다. 최근에는 외국 자본과 기업의 유치로 경공업이 크게 발달하고 있으며, 수도 방콕은 무역, 항공, 교통, 관광 등의 중심지이다.

관 광

방콕의 수상 생활, 사원, 왕궁, 환락가, 전통 음식, 북부 산간 지역의 자연과 전통 생활 풍속, 푸껫(푸케트)과 반도 지역을 포함한 해안의 자연과 휴양 시설 등이 관광 자원이다.

14. 말레이시아
Malaysia

수도 : 쿠알라룸푸르(130만 명)
면적 : 33.0만 ㎢
인구 : 2,558만 명
인구 밀도 : 78명/㎢

데이터

정체 / 입헌 군주제(영연방)

민족 / 말레이 족 58%, 중국계 27%, 인도 계 8% 등

언어 / 말레이 어(공용어), 영어, 중국어

종교 / 이슬람 교(국교), 불교, 힌두 교

문맹률 / 12%

평균 수명 / 남 70세, 여 75세

통화 / 링기트(Ringgit)

도시 인구 / 62%

국민 총생산 / 861억 달러

1인당 국민 소득 / 3,540달러

토지 이용 / 농경지 23.1%, 목초지 0.9%, 삼림 67.6%, 기타 8.4%

산업별 인구 / 1차 18.4%, 2차 31.7%, 3차 49.9%

천연 자원 / 주석, 구리, 석유, 천연가스, 철광석, 원목, 천연고무 등

수출 / 933억 달러(기계류, 팜유, 의류, 원유 등)

수입 / 799억 달러(기계류, 화학약품, 항공기, 철강 등)

한국의 대(對) 말레이시아 수출 / 38.5억 달러

한국의 대(對) 말레이시아 수입 / 42.5억 달러

한국 교민 / 2,937명

발전량 / 714억 kWh(수력 9.9%, 화력 90.1%)

관광객 / 1,329만 명

관광 수입 / 68억 달러

자동차 보유 대수 / 517만 대

국방 예산 / 33억 달러

군인 / 10만 명

표준 시간 / 한국 시간에서 −1시간

국제 전화 국가 번호 / 60번

주요 도시의 기후

콸라룸푸르

월별	1월	2월	3월	4월	5월	6월	7월	8월	9월	10월	11월	12월	전년
기온(°C)	26.1	26.6	26.9	27.0	27.2	27.0	26.6	26.6	26.4	26.4	26.1	26.0	26.6
강수량(mm)	163	145	219	270	187	127	129	139	192	268	275	231	2,344

자 연

국토는 말레이 반도 남부와 보르네오 섬의 북부(사라왁 · 사바 주)의 동서 두 지역으로 나누어져 있다. 동서 두 지역이 모두 북위 5도선 상에 위치하여 연중 비가 많고 무더운 열대우림 기후 지대를 이루고 국토의 75%가 열대림으로 덮여 있다.

역 사

이 지역은 일찍부터 왕조가 이어져 왔으나, 16세기 포르투갈과 17세기의 네덜란드의 진출이 있었고 18세기에는 영국이 침공하여 그 식민지가 되었다. 제2차 세계 대전 후 1957년 영연방 내의 독립국이 되었으며, 1963년에 싱가포르, 사라왁(사라와크), 사바를 합하여 연방 독립국을 형성하였으나 1965년 싱가포르가 분리 독립하여 현재에 이르고 있다. ASEAN의 초기 가입 국가이다.

경 제

말레이 반도 지역의 천연고무와 주석, 사라왁 · 사바 주의 목재, 석유, 천연가스의 생산과 수출이 이 나라 경제의 버팀목이 되고 있다. 한편 말레이 계 우선 정책을 펼 정도로 중국계 경제적인 비중이 절대적으로 우세하다. 최근에는 공업화에 국가 정책의 중심을 두고 있으며, 특히 한국과 일본을 보고 배워야 한다는 취지에서 'look east' 정책을 펴고 있다.

관 광

수도 쿠알라룸푸르의 시가지와 고층 건물, 박물관, 해안의 모래사장과 휴양 시설, 다양한 문화와 전통 등이 관광 자원이다.

15. 싱가포르
Republic of Singapore

수도 : 싱가포르(419.9만 명)
면적 : 683㎢
인구 : 420만 명
인구 밀도 : 6,148명/㎢

데이터

정체 / 공화국(영연방)

민족 / 중국계 76%, 말레이 계 15%, 인도 계 7%, 기타

언어 / 말레이 어, 중국어, 영어, 기타

종교 / 불교, 이슬람 교, 힌두 교

문맹률 / 8%

평균 수명 / 남 76세, 여 80세

통화 / 싱가포르 달러(Dollar)

국민 총생산 / 861억 달러

1인당 국민 소득 / 20,690달러

산업별 인구 / 1차 0.3%, 2차 24.9%, 3차 74.8%

수출 / 1,252억 달러(기계류, 석유제품, 화학약품, 정밀 기계, 식료품 등)

수입 / 1,164억 달러(기계류, 원유, 정밀 기계, 석유제품, 식료품 등)

한국의 대(對) 싱가포르 수출 / 46.4억 달러

한국의 대(對) 싱가포르 수입 / 40.9억 달러

한국 교민 / 4,960명

발전량 / 331억 kWh(화력 100%)

관광객 / 700만 명

관광 수입 / 49억 달러

자동차 보유 대수 / 53만 대

국방 예산 / 43억 달러

군인 / 7.3만 명

표준 시간 / 한국 시간에서 -1시간

국제 전화 국가 번호 / 65번

주요 도시의 기후

싱가포르

월별	1월	2월	3월	4월	5월	6월	7월	8월	9월	10월	11월	12월	전년
기온(°C)	26.4	26.7	27.1	27.9	28.2	28.3	27.9	27.7	27.6	27.5	26.9	26.3	27.4
강수량(mm)	185	120	138	126	123	170	137	156	191	134	273	300	2,087

자 연

인도양과 서태평양을 연결하는 바다의 십자로에 위치하는 도시 국가이다.

역 사

1965년 말레이시아 연방에서 영연방 공화국으로 독립하였다.

경 제

19세기 초 영국이 항구로 개발한 이래 해상 교통의 요충지에 위치한 지리적인 이점을 살려 자유 무역과 중계 무역 및 세계적인 금융 · 관광 · 서비스 산업의 중심지로 발전하였다. 또 최근에는 전기, 전자, 화학 등의 공업화에도 성공하여 ASEAN 국가들 중 상공업이 가장 발달한 선진 도시 국가가 되었다.

관 광

시가지와 잘 보존된 자연, 쇼핑과 다양한 음식, 질서 의식과 깨끗한 거리의 모습 등이 주요 관광 자원이다.

16. 브루나이

Brunei Darussalam

수도 : 반다르세리베가완(2.7만 명)
면적 : 5,765㎢
인구 : 37만 명
인구 밀도 : 64명/㎢

데이터

정체 / 입헌 군주제

민족 / 말레이 인 69%, 중국인 18%, 기타

언어 / 말레이 어, 영어

종교 / 이슬람 교

문맹률 / 8%

평균 수명 / 남 74세, 여 79세

통화 / 브루나이 달러(B$)

도시 인구 / 74%

국민 총생산 / 42억 달러

1인당 국민 소득 / 12,221달러

토지 이용 / 농경지 1.2%, 목초지 1.0%, 삼림 78.0%, 기타 19.8%

산업별 인구 / 1차 4.9%, 2차 27.3%, 3차 63.8%

천연 자원 / 석유, 천연가스, 원목 등

수출 / 21억 달러(원유, 천연가스, 석유제품 등)

수입 / 15억 달러(기계류, 자동차, 철강, 식료품 등)

한국의 대(對) 브루나이 수입 / 5.0억 달러

한국 교민 / 110명

발전량 / 29억 kWh(화력 100%)

관광객 / 96만 명

관광 수입 / 3,700만 달러

자동차 보유 대수 / 21만 대

국방 예산 / 2.5억 달러

군인 / 7,000명

표준 시간 / 한국 시간에서 -1시간

국제 전화 국가 번호 / 673번

주요 도시의 기후

반다르세리베가완

	1월	7월
월평균 기온(°C)	26.7	27.8
연강수량(mm)	2,982	

자 연

말레이시아 연방 사라와크 주의 해안에 2개 지역으로 분리된 국토로 이루어지며, 기후는 열대 우림 기후 지역에 속한다.

역 사

15세기부터 이슬람 왕국이 유지되고 있었으나 1888년 영국의 보호령이 되었다. 1950년대 이후 독립을 위한 분쟁이 계속되었으며, 1984년 현재의 영토에서 입헌 군주제로 완전

독립하였다. 그 후 영국, 인도네시아, 말레이시아 등과 관계를 개선하고 ASEAN에도 가입하였다.

경 제

석유와 천연가스의 매장이 풍부하여 그 수출이 외화 획득의 원천이 되고 있다. 높은 경제 수준과 내정이 안정되어 있으며 학교 교육과 의료비 등이 무료이다.

관 광

사원과 박물관, 해안의 모래사장과 휴양지, 훌륭한 숙박 시설 등이 관광 자원이다.

17. 필리핀

Republic of the Philippines

수도 : 마닐라(158만 명)
면적 : 30.0만 ㎢
인구 : 8,366만 명
인구 밀도 : 279명/㎢

데이터

정체 / 공화제

민족 / 말레이-인도네시아 계 90%, 기타

언어 / 필리핀 어 , 영어(공용어)

종교 / 가톨릭 교 85%, 이슬람 교, 기타

문맹률 / 5%

평균 수명 / 남 67세, 여 71세

통화 / 패소(Peso)

도시 인구 / 59%

국민 총생산 / 824억 달러

1인당 국민 소득 / 1,030달러

토지 이용 / 농경지 30.6%, 목초지 4.3%, 삼림 45.3%, 기타 19.8%

산업별 인구 / 1차 39.1%, 2차 15.1%, 3차 45.8%

천연 자원 / 석유, 니켈, 코발트, 금, 은, 구리, 원목, 수산물 등

수출 / 365억 달러(기계류, 의류, 바나나, 코코넛 기름 등)

수입 / 372억 달러(기계류, 원유, 곡물, 섬유, 의류 등)

한국의 대(對) 필리핀 수출 / 29.8억 달러

한국의 대(對) 필리핀 수입 / 19.4억 달러

한국 교민 / 24,618명

발전량 / 462억 kWh(수력 15.4%, 화력 62.0%, 지열 22.6%)

관광객 / 193만 명

관광 수입 / 17억 달러

자동차 보유 대수 / 209만 대

국방 예산 / 11억 달러

군인 / 10.7만 명

표준 시간 / 한국 시간에서 -1시간

국제 전화 국가 번호 / 63번

주요 도시의 기후

마닐라

월별	1월	2월	3월	4월	5월	6월	7월	8월	9월	10월	11월	12월	전년
기온(°C)	26.7	26.0	27.5	29.0	29.4	28.4	27.7	27.3	27.7	28.2	26.9	25.9	27.4
강수량(mm)	9	4	5	10	113	257	306	377	301	270	109	48	1,769

자 연

루손 섬과 민다나오 섬을 비롯한 7,100여 개의 섬으로 이루어졌으며, 환태평양 조산대의 일부를 이루어 화산과 지진 활동이 많다. 전 국토가 몬순의 영향을 받는 열대 기후 지역으로 연중 고온 다습하고 태풍의 피해가 크다. 특히 5~11월 사이에 비가 많다.

역 사

1571년부터 약 300년간에 걸친 스페인의 식민 지배와 뒤이은 약 40년간의 미국의 식민 지배를 거쳐 1946년 필리핀 공화국으로 독립하였다. 독립 후 많은 정치적 혼란을 겪고 있으나 ASEAN 국가들 중에서는 민주화가 가장 많이 이루어진 나라이다. 그러나 남쪽의 일부 섬 지역에서 이슬람 해방을 위한 투쟁이 계속되어 사회적 불안 요인이 되고 있다.

경 제

농업이 산업의 중심을 이루며 쌀, 사탕수수, 야자, 바나나, 마닐라삼 등을 주로 생산하고, 외국 자본의 도입에 의한 바나나의 플랜테이션이 이루어지기도 한다. 주민들간의 경제적인 격차가 심하고 농촌에서는 아직도 지주 제도가 존속되고 있으며, 많은 젊은 노동력이 해외로 유출되고 있다.

관 광

수도 마닐라의 박물관과 공원, 해안의 모래사장과 휴양지, 낚시, 뱃놀이, 윈드서핑 등이 관광 자원이다.

18. 인도네시아

Republic of Indonesia

수도 : 자카르타(835만 명)
면적 : 190.5만 ㎢
인구 : 21,875만 명
인구 밀도 : 115명/㎢

데이터

정체 / 공화제

민족 / 자바 족 등 다민족

언어 / 인도네시아 어

종교 / 이슬람 교 87%, 기타

문맹률 / 13%

평균 수명 / 남 63세, 여 67세

통화 / 루피아(Rupiah)

도시 인구 / 42%

주요 도시 / 수라바야, 반둥, 메단, 팔렘방, 스마랑(세마랑), 파당

국민 총생산 / 1,499억 달러

1인당 국민 소득 / 710달러

토지 이용 / 농경지 15.3%, 목초지 6.2%, 삼림 58.7%, 기타 19.8%

산업별 인구 / 1차 45.0%, 2차 16.1%, 3차 38.9%

천연 자원 / 석유, 천연가스, 니켈, 보크사이트, 구리, 은, 금, 원목, 수산물 등

수출 / 581억 달러(원유, 천연가스, 의류, 식료품, 기계 등)

수입 / 254억 달러(기계류, 화학약품 ,석유제품, 식료품 등)

한국의 대(對) 인도네시아 수출 / 33.8억 달러

한국의 대(對) 인도네시아 수입 / 52.1억 달러

한국 교민 / 18,879명

발전량 / 977억 kWh(수력 14.1%, 화력 83.1%, 지열 2.8%)

관광객 / 503만 명

관광 수입 / 43억 달러

자동차 보유 대수 / 589만 대

국방 예산 / 62억 달러

군인 / 30.2만 명

표준 시간 / 한국 시간에서 −2시간(동부는 −1시간)

국제 전화 국가 번호 / 62번

주요 도시의 기후

자카르타

월별	1월	2월	3월	4월	5월	6월	7월	8월	9월	10월	11월	12월	전년
기온(°C)	26.4	26.7	27.1	27.9	28.1	27.7	27.5	27.6	27.8	27.9	27.6	27.1	27.4
강수량(mm)	403	280	226	126	128	101	54	69	62	111	126	217	1,903

자 연

동남 아시아의 동남부에 위치하며, 국토는 자와(자바), 수마트라, 보르네오, 술라웨시(셀레베스), 서부 뉴기니(이리안자야) 등의 큰 섬을 비롯하여 17,000여 개의 섬으로 이루어져 있다. 또한 환태평양 조산대와 히말라야-알프스 조산대의 연결 지역에 위치하여 화산과 지진이 많다. 특히, 2004년 말과 2005년 초에 걸친 수마트라의 대지진은 주변국들을 포함하여 수십만 명의 희생자를 내기도 하였다. 국토의 대부분이 적도 지대에 위치하여 기후는 연중 고온 다습한 해양성의 열대 우림 기후를 이루어 밀림 지대가 넓게 분포하고 있다.

역 사

자와를 중심으로 15세기까지 불교와 힌두 교의 왕조가 있었으나 16세기에는 이슬람 왕조가 성립되었다. 17세기부터 서구의 진출과 함께 네덜란드가 이 곳에 동인도 회사를 설치하여 350년간 식민 통치를 하였으나, 제2차 세계 대전 후 공화국으로 독립하여 오늘에 이르고 있다. 비동맹 자주 외교를 원칙으로 하고 있으며 특히 이슬람 국가들과 긴밀한 관계를 맺고 있다. ASEAN의 중심 국가로 수도 자카르타에 그 본부가 있다.

경 제

열대 지역에 위치하여 쌀, 사탕수수, 천연고무, 목재 등과 석유, 천연가스, 주석 등의 지하자원이 풍부하다. 그러나 많은 섬으로 구성되어 국토의 효율적인 관리가 어려우며, 수 백년간에 걸친 식민 지배의 극복, 다양한 인종과 종교 간의 갈등, 정치적인 혼란 등으로 풍부한 자연 자원에도 불구하고 경제적인 발전을 이룩하지 못하고 있다. 최근에는 외국의 자본과 기술의 도입으로 공업화에도 나서고 있으나 아직 큰 성과를 거두지 못하고 있다.

관 광

해안의 모래사장, 휴양지, 낚시, 사원과 전통 문화, 공원, 열대 밀림과 자연 생태계 등이 주요 관광 자원이다.

19. 동티모르

Democratic Republic of East Timor

수도 : 딜리(4.8만 명)
면적 : 1.5만 ㎢
인구 : 82만 명
인구 밀도 : 55명/㎢

데이터

정체 / 공화제

민족 / 돈 족(멜라네시아 계), 말레아 계 등

언어 / 돈 어, 포르투갈 어, 인도네시아 어

종교 / 가톨릭 교

평균 수명 / 남 47세, 여 48세

통화 / 미국 달러(US$)

도시 인구 / 7.5%

국민 총생산 / 4억 달러

1인당 국민 소득 / 520달러

천연 자원 / 석유, 천연 가스, 백단, 대리석

수출 / 4,500만 달러(곡물, 경공업제품 등)

수입 / 8,200만 달러(식료품, 석유제품, 건축 자재 등)

표준 시간 / 한국 시간에서 -1시간

주요 도시의 기후

딜리

	1월	7월
월평균 기온(℃)	27.5	25.2
연 강수량(mm)	855.9	

자 연

인도네시아의 서남부와 오스트레일리아의 북서부에 위치하는 티모르 섬의 동쪽 반을 차지하는 섬나라로, 기후는 연중 무덥고 비가 많은 열대 우림 기후 지역을 이룬다.

역 사

주변 지역이 모두 네덜란드의 식민지였으나 이 지역은 포르투갈의 식민지였다. 1975년 포르투갈이 철수하자 독립을 선언했으나, 1976년에 인도네시아가 합병하여 27번째 주로 편입되었다. 그러나 동티모르 주민들은 대부분이 기독교인들로 이슬람 국가인 인도네시아 인들의 지배를 벗어나기 위해 독립 운동을 계속하였다. 1999년 주민 투표로 독립파가 78.5%에 이르자, 인도네시아와의 합병을 원하는 이슬람 계 '민병대' 의 테러와 소란이 격화되었다. 이에 따라 UN의 다국적군(한국군 포함)이 파견되었고, 뒤를 이어서 동티모르는 인도네시아와의 완전 분리가 합의되었으며 2002년 5월 정식 독립국이 되었다.

경 제

쌀, 옥수수, 감자 등을 재배하는 농업이 주요 산업이며 수출 작물로 커피가 있다. 그 밖에 특산물로는 백단(白檀)이 있으며, 최근에는 티모르 해의 석유와 천연가스의 생산에 큰 기대를 걸고 있다.

관 광

미개발 상태임

✲✲✲ 남부 아시아 ✲✲✲

2ㅁ. 인도

Repulbic of India

수도 : 델리(982만 명)
면적 : 328.7만 ㎢
인구 : 108,664만 명
인구 밀도 : 331명/㎢

데이터

정체 / 연방 공화제

민족 / 인도-아리안 계 72%, 드라비다 계 25% 등

언어 / 힌두 어(공용어), 영어(준공용어), 기타 공인어 17개

종교 / 힌두 교 83%, 이슬람 교 11%, 기타

문맹률 / 44%

평균 수명 / 남 62세, 여 63세

통화 / 루피(Rupee)

도시 인구 / 28%

주요 도시 / 뭄바이(봄베이), 델리, 콜카타(캘커타), 첸나이(마드라스), 방갈로르, 하이데라바드, 아마다바드 등

국민 총생산 / 4,948억 달러

1인당 국민 소득 / 470달러

토지 이용 / 농경지 51.6%, 목초지 3.5%, 삼림 20.8%, 기타 24.1%

산업별 인구 / 1차 60.9%, 2차 11.5%, 3차 18.7%

천연 자원 / 철광석, 석탄, 석유, 망간, 운모, 보크사이트, 티타늄, 다이아몬드 등

수출 / 493억 달러(섬유, 의류, 식료품, 철광석, 화학약품, 다이아몬드 등)

수입 / 565억 달러(기계류, 원유, 석유제품, 화학약품, 식료품 등)

한국의 대(對) 인도 수출 / 28.5억 달러

한국의 대(對) 인도 수입 / 12.3억 달러

한국 교민 / 1,646명

발전량 / 977억 kWh(수력 14.1%, 화력 83.1%, 원자력 2.8%)

관광객 / 238만 명

관광 수입 / 29억 달러

자동차 보유 대수 / 1,188만 대

국방 예산 / 131억 달러

군인 / 132만 명

표준 시간 / 한국 시간에서 -3시간 30분

국제 전화 국가 번호 / 91번

주요 도시의 기후

뉴델리

월별	1월	2월	3월	4월	5월	6월	7월	8월	9월	10월	11월	12월	전년
기온(˚C)	14.2	16.9	22.4	28.7	32.4	33.5	30.9	29.7	29.2	26.2	20.6	15.5	25.0
강수량(mm)	17	19	15	15	24	69	225	254	125	17	6	11	796

뭄바이(봄베이)

월별	1월	2월	3월	4월	5월	6월	7월	8월	9월	10월	11월	12월	전년
기온(˚C)	24.5	24.8	26.9	28.6	30.1	29.1	27.7	27.3	27.7	28.7	28.0	26.2	27.5
강수량(mm)	1	1	0	2	9	581	701	459	269	56	16	4	2,099

방갈로르

월별	1월	2월	3월	4월	5월	6월	7월	8월	9월	10월	11월	12월	전년
기온(˚C)	21.1	23.4	26.0	27.8	27.3	24.6	23.7	23.5	23.8	23.5	22.1	21.1	24.0
강수량(mm)	2	6	12	40	108	81	108	129	222	144	63	24	938

콜카타(캘커타)

월별	1월	2월	3월	4월	5월	6월	7월	8월	9월	10월	11월	12월	전년
기온(˚C)	20.1	23.2	27.7	30.3	30.8	30.2	29.2	29.1	29.0	27.9	24.7	20.7	26.9
강수량(mm)	15	24	33	56	124	292	375	346	296	133	23	12	1,729

자 연

국토는 세계에서 가장 높고 험준한 히말라야 산맥의 남쪽 산지, 삼각형을 거꾸로 세워둔 것 같은 인도 반도, 이 두 지역 사이에 펼쳐지는 넓은 충적 평야인 힌두스탄 평원의 세 부분으로 이루어진다. 북쪽의 히말라야 산지 지역은 평균 고도 6,000m가 넘고, 힌두스탄 평원의 한가운데를 흐르는 갠지스 강과 브라마푸트라 강은 모두가 벵골 만으로 흘러든다. 남쪽의 인도 반도는 용암 대지의 데칸 고원을 이루고, 서부 해안을 따라 서고츠 산맥이, 동부 해안을 따라 동고츠 산맥이 각 각 달리며, 반도는 전체적으로 동쪽이 높고 서쪽이 낮다.

북회귀선이 반도의 북반구를 지나며, 넓고 복잡한 지형과 몬순의 영향 등으로 다양한 기후가 나타난다. 반도의 연안과 고원 지역은 열대 기후가, 갠지스 강의 중상류는 온대 기후가, 파키스탄과의 국경 지역은 사막과 스텝 기후가, 산악 지대는 고산 기후가 나타난다. 몬순의 영향으로 여름에는 많은 비가 내리는데, 북동부의 아삼 지역은 연 강수량 26,461 mm로 세계에서 비가 가장 많이 내리는 지역이다.

역 사

기원전 1500년경에 이미 인도-아리안 족이 찬란한 고대 문명을 꽃피웠던 지역이다. 그 후 인도에는 바라몬 교, 불교, 힌두 교가 차례로 번창하면서 주민들의 삶을 지배해 왔으며, 13세기에는 이슬람 교의 확산으로 무갈 왕조가 이 지역을 통치하였다. 한편 이 지역으로 세력을 확장하던 영국에 의해 1858년 영국의 직할 식민지가 되었으나, 제2차 세계 대전을 전후로 독립 운동이 확산되자 1947년 영연방으로 독립하였으며, 1950년 공화국으로 출발하게 되었다.

외교는 비동맹 자주 중립 외교를 기본으로 하고 있으며, 서북부의 카슈미르 지역을 둘러싸고 파키스탄과 장기간에 걸친 소모전을 벌여 왔으나, 최근에 분쟁 해소를 위한 조치들이 진행되고 있다.

경 제

1차 산업 인구가 60% 이상을 차지하는 후진적인 경제 구조를 갖는 국가이다. 특히 헌법으로는 금지되고 있으나 카스트 제도에 의한 주민들의 계층간 차별과 종교적인 갈등에 의한 테러 등이 이 나라의 경제 발전을 가로막고 있다. 그러나 풍부한 지하 자원(석유, 천연가스, 석탄, 주석, 철광석 등)과 국내의 넓은 소비 시장을 바탕으로 최근에는 공업 부분의 발전이 두드러지고 있으며, 특히 IT 산업과 소프트웨어 분야는 세계적인 수준으로 도약하고 있다.

관 광

사원과 궁전, 야생 생태계, 다양한 문화 유산, 전통 축제 등이 주요 관광 자원이다.

21. 방글라데시

People's Republic of Bangladesh

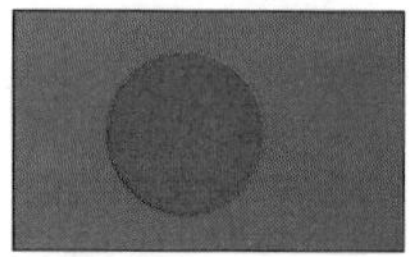

수도 : 데카(538만 명)
면적 : 14.4만 ㎢
인구 : 14,134만 명
인구 밀도 : 982명/㎢

데이터

정체 / 공화제

민족 / 벵골 인 98%

언어 / 벵골 어

종교 / 이슬람 교 85%, 힌두 교 14%

문맹률 / 59%

평균 수명 / 남 58세, 여 58세

통화 / 타카(Taka)

도시 인구 / 23%

국민 총생산 / 511억 달러

1인당 국민 소득 / 380달러

토지 이용 / 농경지 67.3%, 목초지 4.2%, 삼림 13.2%, 기타 15.3%

산업별 인구 / 1차 63.3%, 2차 9.4%, 3차 27.3%

천연 자원 / 천연가스, 원목, 비옥한 토양 등

수출 / 46억 달러(의류, 섬유, 식료품, 수산물, 피혁, 황마 등)

수입 / 79억 달러(섬유, 직물, 기계류, 철강, 곡물, 석유제품 등)

한국의 대(對) 방글라데시 수출 / 5.4억 달러

한국의 대(對) 방글라데시도 수입 / 0.3억 달러

한국 교민 / 1,155명

발전량 / 163억 kWh(수력 6.0%, 화력 94.0%)

관광객 / 21만 명

관광 수입 / 5,700만 달러

자동차 보유 대수 / 18만 대

국방 예산 / 6.4억 달러

군인 / 12.6만 명

표준 시간 / 한국 시간에서 -3시간

국제 전화 국가 번호 / 880번

주요 도시의 기후

치타공

월별	1월	2월	3월	4월	5월	6월	7월	8월	9월	10월	11월	12월	전년
기온(° C)	19.8	22.1	25.5	27.7	28.6	27.9	27.6	27.8	28.1	27.6	24.5	20.8	25.7
강수량(mm)	4	14	35	130	234	594	758	559	250	181	46	8	2,812

자 연

국토의 90% 이상이 갠지스 강과 브라마푸트라 강이 합류하는 세계적인 대 삼각주 지역에 자리잡고 있다. 또한 국경의 대부분은 인도와 접하고, 동남의 일부가 미얀마와 접하며, 남부는 벵골 만에 접하고 있다. 기후는 북회귀선이 이 나라의 중앙부를 지나고 있어 열대 기

후 지역을 이룬다. 몬순의 영향으로 여름은 무덥고 비가 많으며, 특히 벵골 만 지역은 사이클론(태풍)으로 인한 홍수와 해일의 피해가 극심하다.

역 사

제2차 세계 대전 후 영국의 식민 통치를 벗어나 파키스탄 이슬람 공화국의 동파키스탄 주로 출발하였다. 그러나 동서 두 지역은 인종, 언어, 생활 양식 등의 차이 이외에도 서쪽이 동쪽을 착취 지배하는 식민지 관계로 발전하게 되었다. 1971년 분리 독립을 선언하자 내전이 일어났으나 인도의 개입으로 완전한 분리 독립을 이루게 되었다. 1975년 UN에 가입하고 파키스탄과의 관계도 정상화하였다.

경 제

국민들의 63%가 농업에 종사하지만 해마다 닥치는 자연 재해, 세계에서 가장 높은 인구 밀도와 정치적인 불안 등으로 인한 경제 발전 정체, 만성적인 식량 부족 현상, 외채의 누적 등으로 세계적인 빈국으로 남아 있다.

관 광

다카와 치타콩의 시가지와 시장, 전통 문화, 콕스바자르 해안 등이 관광 자원이다.

22. 파키스탄

Islamic Republic of Pakistan

수도 : 이슬라마바드(53만 명)
면적 : 79.6만 ㎢
인구 : 15,920만 명
인구 밀도 : 200명/㎢

데이터

정체 / 공화제

민족 / 펀잡 인 66%, 기타

언어 / 우르두 어, 영어

종교 / 이슬람 교(주로 수니 파)

문맹률 / 57%

평균 수명 / 남 59세, 여 59세

통화 / 파키스탄 루피(Rupee)

도시 인구 / 33%

주요 도시 / 카라치, 라호르, 파이살라바드, 라왈핀디, 물탄, 하이데라바드, 페샤와르 등

국민 총생산 / 609억 달러

1인당 국민 소득 / 420달러

토지 이용 / 농경지 26.8%, 목초지 6.3%, 삼림 4.4%, 기타 62.5%

산업별 인구 / 1차 44.2%, 2차 17.9%, 3차 37.9%

천연 자원 / 석유, 석탄, 철광석, 구리, 석회석 등

수출 / 99억 달러(섬유, 직물, 의류, 쌀, 잡화 등)

수입 / 112억 달러(기계류, 석유제품, 화학약품, 팜유, 원유 등)

한국의 대(對) 파키스탄 수출 / 4.5억 달러

한국의 대(對) 파키스탄 수입 / 2.3억 달러

한국 교민 / 320명

발전량 / 681억 kWh(수력 25.2%, 화력 71.8%, 원자력 3.0%)

관광객 / 50만 명

관광 수입 / 1.1억 달러

자동차 보유 대수 / 136만 대

국방 예산 / 25억 달러

군인 / 62만 명

표준 시간 / 한국 시간에서 −4시간

국제 전화 국가 번호 / 92번

주요 도시의 기후

라호르

월별	1월	2월	3월	4월	5월	6월	7월	8월	9월	10월	11월	12월	전년
기온(°C)	12.8	28.2	20.4	26.7	31.2	33.8	31.5	30.7	29.7	25.5	19.5	14.2	24.3
강수량(mm)	24	17	42	18	22	36	203	161	61	14	4	16	632

카라치

월별	1월	2월	3월	4월	5월	6월	7월	8월	9월	10월	11월	12월	전년
기온(°C)	18.1	20.5	24.5	28.4	30.5	31.3	30.2	29.0	29.0	27.8	23.9	19.6	26.1
강수량(mm)	5	8	12	4	0	5	89	63	17	1	2	5	210

자 연

동부는 인도, 동북부는 카슈미르, 북서는 아프가니스탄, 서부는 이란, 남부는 아라비아해와 접하고 있다. 국토의 한가운데로 인더스 강이 흐르고 서북부와 북동부가 산악 지대를 이루며, 인더스 강 유역과 동남부는 넓은 평원 지대를 이룬다. 이 나라는 국토의 대부

분을 차지하는 평원 지대가 사막과 스텝 기후 지역을 이루고 있으나, 인더스강 유역은 영국 식민지 시대에 개발한 관개에 의한 농업 지역을 이룬다.

역 사

기원전 2,500년 무렵 인더스 강 유역에는 인도 반도 최초의 문명이 일어났으며, 그 후 기원전 1500년경에는 유럽 계통의 아리아 인들이 침입하여 인더스 문명을 정복하였다. 1858년 인도 지역과 함께 영국의 식민지가 되었으나, 1947년 인도와 함께 분리 독립하였다. 1971년에는 동파키스탄이 방글라데시로 분리 독립하였고, 인도와는 분리 독립 이래 동북부의 카슈미르 지역 영유권과 종교적인 갈등을 둘러싸고 분쟁과 전투가 계속되고 있다.
외교는 비동맹 중립을 내세우고 있으나 미국, 유럽, 중국, 이슬람 국가 등과 깊은 관계를 맺고 있다.

경 제

노동 인구의 50%가 농업에 종사하는 농업국이다. 주로 인더스 강 유역 평원의 관개 지역을 중심으로 밀과 질 좋은 면화가 생산된다. 또 인더스 강 하구의 카라치 등에서는 면방직 공업이 발달하고 그 수출도 활발하다. 그러나 인도와의 끝없는 분쟁으로 인한 무리한 군비 지출(연간 예산의 50~60%)로 외채가 해마다 늘어가고 있다.

관 광

힌두쿠시 산맥과 카라코람 산맥의 자연 및 트레킹 여행, 고대 문명과 고고학적인 유적지 탐사 등이 주요 관광 자원이다.

23. 스리랑카

Democratic Socialist Republic of Sri Lanka

수도 : 스리자야와르데네푸라(12만 명)
면적 : 6.6만 ㎢
인구 : 1,957만 명
인구 밀도 : 298명/㎢

데이터

정체 / 공화제

민족 / 싱할리 인 74%, 타밀 인 18%, 무아 인 등

언어 / 싱할리 어, 타밀 어, 영어

종교 / 불교 73%, 힌두 교 15%, 기타

문맹률 / 8%

평균 수명 / 남 70세, 여 76세

통화 / 스리랑카 루피(Rupee)

도시 인구 / 21%

국민 총생산 / 161억 달러

1인당 국민 소득 / 850달러

토지 이용 / 농경지 28.7%, 목초지 6.7%, 삼림 32.0%, 기타 32.6%

산업별 인구 / 1차 41.6%, 2차 21.9%, 3차 34.0%

천연 자원 / 석회석, 보석, 인산염, 수산물 등

수출 / 47억 달러(식료품, 잡제품, 차, 코코넛, 원료, 기계류 등)

수입 / 61억 달러(식료품, 기계류, 원유, 화학제품, 원료 등)

한국의 대(對) 스리랑카 수출 / 2.9억 달러

한국의 대(對) 스리랑카 수입 / 0.3억 달러

한국 교민 / 906명

발전량 / 66억 kWh(수력 46.9%, 화력 53.1%)

관광객 / 34만 명

관광 수입 / 2.5억 달러

자동차 보유 대수 / 81만 대

국방 예산 / 5억 달러

군인 / 15.2만 명

표준 시간 / 한국 시간에서 -3시간 30분

국제 전화 국가 번호 / 94번

주요 도시의 기후

콜롬보

월별	1월	2월	3월	4월	5월	6월	7월	8월	9월	10월	11월	12월	전년
기온(˚C)	26.8	26.9	27.7	28.2	28.3	28.0	27.6	27.6	27.5	27.0	26.8	26.6	27.4
강수량(mm)	64	70	123	252	390	175	124	113	225	370	302	166	2,373

자 연

인도 반도의 동남 끝 인도양에 자리잡은 섬나라이다. 섬의 남부에 치우쳐 피두루탈라갈라 산(2,524m)이 높이 솟아 있고 섬의 북쪽에 넓은 평지가 펼쳐있으며, 서남부에 수도와 항구 도시 콜롬보가 자리잡고 있다. 이 나라는 전 국토가 열대 기후 지대로 몬순의 영향을

크게 받아 건기와 우기가 뚜렷하다.

역 사

주민의 대부분이 기원전부터 이주해 온 불교를 믿는 싱할리 족이며, 그 후 힌두 교를 믿는 타밀 족이 이주해 왔다. 1796년부터 영국의 직할 식민지가 되었으나 1948년 영연방내의 독립국이 되었다. 1972년 국명을 실론에서 스리랑카 공화국으로 하였다. 그러나 불교를 믿는 싱할리 족과 힌두 교를 믿는 타밀 족간의 뿌리깊은 분쟁과 테러가 17년째 계속되자 2000년부터 국가 전시 체재를 선언하고 있으며 인도의 개입까지 부르고 있다.

경 제

이 나라는 열대 농산물인 차, 천연고무, 코코넛 등의 세계적인 생산과 수출국으로 알려져 있다. 최근에는 의류 공업을 중심으로 공업화에 전력하고 있으나 국내의 소란과 테러로 외국 자본과 기술의 도입이 어려운 처지에 있다.

관 광

불교 사원과 힌두 사원, 전통 풍물과 시장, 해안의 모래사장과 휴양지 등이 관광 자원이다.

24. 몰디브

Republic of Maldives

수도 : 마레(7.4만 명)
면적 : 298㎢
인구 : 30만 명
인구 밀도 : 1,000명/㎢

데이터

정체 / 공화제

민족 / 싱할리 인, 드라비다 인, 아랍 인 등

언어 / 싱할리어 계

종교 / 이슬람 교

문맹률 / 4%

평균 수명 / 남 69세, 여 70세

통화 / 루피아(Rufiyaa)

도시 인구 / 28%

국민 총생산 / 6억 달러

1인당 국민 소득 / 2,170달러

토지 이용 / 농경지 10.0%, 삼림 3.3%, 기타 86.7%

산업별 인구 / 1차 29.7%, 2차 21.5%, 3차 48.8%

천연 자원 / 해안의 모래사장과 수산물 등

수출 / 9,000만 달러(어패류, 장식품 등)

수입 / 3.9억 달러(기계류, 목재, 선박, 공업제품 등)

발전량 / 1.2억 KWh(화력 100%)

관광객 / 40만 명

관광 수입 / 3.0억 달러

표준 시간 / 한국 시간에서-4시간

국제 전화 국가 번호 / 960번

주요 도시의 기후

마레

	1월	7월
월평균 기온(°C)	29.0	30.0
연강수량(mm)	1,500	

자 연

인도 반도의 남단과 스리랑카의 서남부에 위치하며, 국토는 1,000여 개의 산호섬으로 구성되어 있다. 지구 온난화가 계속되어 해수면이 1m 상승한다면 이 나라 국토의 80%가 바다에 잠길지도 모른다. 기후는 열대 기후로 연중 덥고 비가 많다.

역 사

12세기 이래 지금의 수도 마레를 중심으로 술탄이 통치해 왔으나 1887년 영국의 식민지가 되었다가 1965년에 완전 독립하였다. 1981년에는 영국군이 사용하던 칸기지를 관광지로 개방하면서 영연방에 가입하였다.

경 제

전통적으로 내려오는 수산업과 1980년대 이후 시작된 관광 산업이 주류를 이룬다.

관 광

해안의 모래사장과 휴양 시설, 낚시, 다이빙 등이 관광 자원이다.

25. 네팔

Kingdom of Nepal

수도 : 카트만두(67만 명)
면적 : 14.7만 ㎢
인구 : 2,475만 명
인구 밀도 : 168명/㎢

데이터

정체 / 입헌 군주제

민족 / 네팔 계 54%, 티베트 계 등

언어 / 네팔 어(공용)

종교 / 힌두 교 90%, 라마 교, 기타

문맹률 / 59%

평균 수명 / 남 58세, 여 57세

통화 / 네팔 루피(Rupee)

도시 인구 / 14%

국민 총생산 / 55억 달러

1인당 국민 소득 / 230달러

토지 이용 / 농경지 16.7%, 목초지 14.2%, 삼림 40.8%, 기타 28.3%

산업별 인구 / 1차 91.1%, 2차 2.4%, 3차 6.5%

천연 자원 / 목재, 포장 수력 등

수출 / 5.7억 달러(카펫, 의류, 채소, 피혁, 향료, 화장품 등)

수입 / 14억 달러(금, 석유제품, 기계류, 섬유, 직물, 연료 등)

발전량 / 14억 kWh(수력 88.3%, 화력 11.7%)

관광객 / 28만 명

관광 수입 / 1.1억 달러

국방 예산 / 9,900만 달러

군인 / 6.3만 명

표준 시간 / 한국 시간에서 -3시간 15분

국제 전화 국가 번호 / 977번

주요 도시의 기후

카트만두

월별	1월	2월	3월	4월	5월	6월	7월	8월	9월	10월	11월	12월	전년
기온(°C)	9.7	12.8	16.6	20.4	23.1	24.0	23.9	24.0	23.2	19.9	15.0	11.2	18.6
강수량(mm)	14	10	36	34	101	206	389	344	183	38	4	1	1,361

자 연

국토는 히말라야 산맥의 남쪽 사면과 힌두스탄 평원의 일부로 이루어진다. 세계의 최고봉인 에베레스트 산을 비롯하여 8,000m가 넘는 높은 산이 즐비하여 산악인들의 꿈이 얽힌 지역이다. 기후는 대부분의 지역이 고산 기후를 이루며, 인도와 접하고 있는 남부는 몬순의 영향을 받는 온대 기후 지역을 이루어 여름에 비가 많다.

역 사

13세기 이래 네팔 분지를 중심으로 왕조가 유지되어온 폐쇄적인 산악 국가이이다. 1955년에 개방과 함께 UN에도 가입하였다.

경 제

주로 쌀, 맥류, 옥수수 등과 자급적인 목축을 하는 후진적인 농촌 생활을 하고 있다. 대외무역은 인도와의 거래가 대부분이며, 그 밖의 나라들과의 무역은 인도의 항구 도시 콜카타를 통하여 이루어진다.

관 광

히말라야 산지의 등산, 룸비니 사원 유적과 성지 순례, 자연 생태계 탐방, 로얄치트완 야생 공원, 전통 문화와 생활 등이 관광 자원이다.

26. 부탄

Kindom of Bhutan

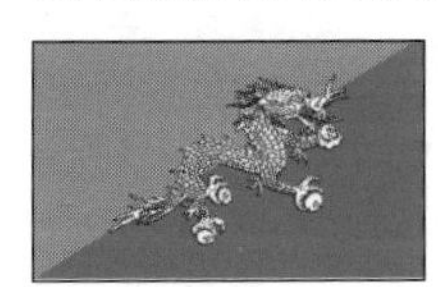

수도 : 팀부(2.8만 명)
면적 : 4.7만 ㎢
인구 : 219만 명
인구 밀도 : 47명/㎢

데이터

정체 / 군주제

민족 / 티베트 계 부탄 인 60%, 네팔 인, 기타

언어 / 종가 어(티베트-버마 어계)

종교 / 라마 교, 불교

문맹률 / 53%

평균 수명 / 남 60세, 여 62세

통화 / 뉴트럼(Ngultrum)

도시 인구 / 8%

국민 총생산 / 5억 달러

1인당 국민 소득 / 600달러

토지 이용 / 농경지 2.9%, 목초지 5.8%, 삼림 66.0%, 기타 25.3%

천연 자원 / 원목, 수력, 석고 등

수출 / 1.2억 달러(석고, 전력, 목재, 시멘트, 과일, 수공예품 등)

수입 / 2.0억 달러(연료, 식량, 기계류, 자동차, 섬유, 의복 등)

발전량 / 19억 kWh(수력 100%)

관광객 / 6,000명

관광 수입 / 800만 달러

표준 시간 / 한국 시간에서 -3시간

국제 전화 국가 번호 / 975번

자 연

북쪽은 티베트, 남쪽은 인도에 접하는 작은 산지 국가이다. 기후는 산지 기후가 대부분이며 남부 지역은 몬순의 영향으로 여름에 비가 많다.

역 사

17세기 초반 티베트에서 들어온 승려가 세운 나라로 티베트와 관계가 깊다. 20세기에는 영국의 보호령이 되었고, 제2차 세계 대전 후부터 인도의 보호 아래 있으며, UN에도 가입한 절대 군주 국가이다.

경 제

산업은 자급적인 1차 산업이 중심을 이루고, 그 밖에 수력 발전 및 시멘트의 생산과 수출이 주요 산업이다.

관 광

야생 생태계, 산지의 등산과 트레킹 등이 관광 자원이다.

*** 서남 아시아 ***

27. 아프가니스탄
Islamic State of Afganistan

수도 : 카불(245만 명)
면적 : 65.2만 ㎢
인구 : 2,851만 명
인구 밀도 : 44명/㎢

데이터

정체 / 공화제

민족 / 파슈툰 족 38%, 우즈베크 족 26%, 타지크 족 25%, 기타

언어 / 파슈툰 어, 페르시아 어 등

종교 / 이슬람 교(수니 파)

문맹률 / 64%

평균 수명 / 남 42세, 여 43세

통화 / 아프가니(Afghani)

도시 인구 / 22%

국민 총생산 / 40억 달러

1인당 국민 소득 / 186달러

토지 이용 / 농경지 12.4%, 목초지 46.0%, 삼림 2.9%, 기타 38.7%

산업별 인구 / 1차 60.1%, 2차 13.5%, 3차 26.4%

천연 자원 / 석유, 천연가스, 석탄, 구리, 보석, 납, 아연 등

수출 / 6,820만 달러(과일, 카펫, 양모 등)

수입 / 17억 달러(곡물, 석유제품, 공업제품 등)

발전량 / 4.9억 kWh(수력 64.9%, 화력 35.1%)

관광객 / 4천 명

관광 수입 / 100만 달러

국방 예산 / 2.5억 달러

군인 / 9만 명

표준 시간 / 한국 시간에서 −4시간 30분

국제 전화 국가 번호 / 93번

주요 도시의 기후

카불

월별	1월	2월	3월	4월	5월	6월	7월	8월	9월	10월	11월	12월	전년
기온(°C)	-1.8	-0.3	6.6	13.3	17.8	23.0	25.1	24.4	20.0	13.7	6.7	1.2	12.5
강수량(mm)	34	53	73	64	20	1	6	2	2	4	11	25	294

자 연

힌두쿠시 산맥과 높은 고원으로 이루어진 내륙국으로 국토의 3/4이 고산 지대이다. 투르크메니스탄, 우즈베키스탄, 타지키스탄, 중국, 파키스탄, 이란 등 6개국으로 둘러싸여 있다. 수도 카불에서 동쪽의 술라이만 산맥을 넘어 파키스탄의 페샤와르에 이르는 카이바 고개는 동서 문화가 교차되는 길목으로 역사적인 의미를 갖는 곳이기도 하다. 대부분의 지역이 건조한 사막과 스텝 기후 지역을 이루고 북부 산악 지대는 냉대 기후 지역을 이룬다. 비는 연중 적은 양이 내리며 봄철이 우기이다.

역 사

1747년 이란으로부터 분리 독립하였으나 1880년에 영국의 보호령이 되었다. 그 후 1919년에 독립 왕국으로 출발하였다가 1973년 공화제가 되었다. 1979~1989년 사이에는 소련의 군사 개입과 이에 대항하는 게릴라전으로 수백 만의 난민이 발생하였다. 1992년 다시 내란이 격화되어 사회주의 정권이 붕괴되었으며, 1994년부터 탈레반이 파키스탄의 지원을 받아 세력을 확장하고 1998년 전 국토를 장악하면서 이슬람 율법에 따라 엄격한 주민 통제 정책을 실시하자 또 다시 많은 난민이 발생하였다.

2001년 9·11 테러가 발생하자 미국은 그 주모자로 지목되는 오사마 빈 라덴과 그 일당의 인도를 요구하게 되었고, 이를 거절하자 10월에 미국과 동맹국들이 아프가니스탄으로 침공하여 11월 미국의 지원을 받은 북부 동맹이 전국을 장악하게 되었다.

경 제

지난 20여 년간에 걸친 전란과 혼란으로 국토는 황폐화되었고, 수백 만의 난민이 발생하였으며 식량난으로 굶주림이 계속되고 있다. 주요 생산품은 곡물, 과일, 카펫, 양모 등이며, 전란으로 외채가 계속 늘어나고 있다.

관 광

미개발 상태임

28. 이란

Isramic Republic of Iran

수도 : 테헤란(719만 명)
면적 : 164.8만 ㎢
인구 : 6,743만 명
인구 밀도 : 41명/㎢

데이터

정체 / 이슬람 공화국

민족 / 페르시아 족 51%, 터키 족 25%, 쿠르드 족 9%

언어 / 페르시아 어, 터키 어, 쿠르드 어

종교 / 이슬람 교(시아파 다수)

문맹률 / 23%

평균 수명 / 남 67세, 여 69세

통화 / 리알(Rial)

도시 인구 / 64%

주요 도시 / 마슈하드, 이스파한, 타브리즈, 시라드, 아바단 등

국민 총생산 / 1,129억 달러

1인당 국민 소득 / 1,720달러

토지 이용 / 농경지 11.0%, 목초지 26.7%, 삼림 6.9%, 기타 55.4%

산업별 인구 / 1차 41.9%, 2차 21.1%, 3차 37.0%

천연 자원 / 석유, 천연가스, 석탄, 크롬, 구리, 철광, 납, 아연 등

수출 / 244억 달러(원유, 석유제품, 카펫, 화학제품, 직물 등)

수입 / 222억 달러(기계류, 자동차, 곡물, 철강 등)

한국의 대(對) 이란 수출 / 17.8억 달러

한국의 대(對) 이란 수입 / 18.5억 달러

한국 교민 / 719명

발전량 / 1,261억 kWh(수력 4.0%, 화력 96.0%)

관광객 / 140만 명

관광 수입 / 11억 달러

자동차 보유 대수 / 404만 대

국방 예산 / 49억 달러

군인 / 54만 명

표준 시간 / 한국 시간에서 −5시간 30분

국제 전화 국가 번호 / 98번

주요 도시의 기후

테헤란

월별	1월	2월	3월	4월	5월	6월	7월	8월	9월	10월	11월	12월	전년
기온(°C)	2.8	5.5	10.5	17.2	22.2	27.6	30.7	29.6	25.7	18.8	11.8	6.0	17.4
강수량(mm)	31	33	47	22	15	3	1	1	0	13	19	35	219

자 연

국토는 북부의 카스피 해를 따라 뻗어 있는 엘부르즈 산맥과 남서부의 페르시아 만 연안을 따라 뻗어 있는 자그로스 산맥 사이에 발달한 이란 고원이 대부분을 차지한다. 또 이 지역은 히말라야-알프스 조산대에 속하여 화산과 지진 활동이 많다. 이란 고원은 한서의 차가 심한 대륙성 기후로 연 강수량이 100~150mm 정도이며, 사막과 스텝의 불모지가 많다. 좁은 카스피 해 연안은 지중해성 기후로 농업의 중심을 이룬다.

역 사

고대 페르시아 문명이 번창했던 지역으로 16세기에는 이슬람 문명의 황금기를 맞았던 곳이다. 1919년 영국의 보호령이 되었다가 1925년 팔레비 왕조가 시작되어 1935년에 이란으로 국명을 바꾸고 석유 수입 자금으로 근대화 운동을 펼쳤다. 그러나 이슬람 보수 세력의 혁명 운동으로 1979년 왕조가 무너지고 시아 파 이슬람 교를 국교로 하는 공화국이 성립되었다. 1980년부터 이라크와의 전쟁이 장기화되었으나 1988년 정전이 되었다. 미국과는 테러 지원 국가로 지목되어 관계 개선이 이루어지지 못하고 있다.

경 제

지하 용수로인 카나트를 이용한 관개로 밀, 보리 등의 생산이 많고 중동 지역에서는 최초의 석유 개발 국가로 세계 주요 산유국이다. 서구 선진국들에 의한 경제 제재와 이라크와의 전쟁 비용 등으로 경제적인 어려움이 많았으나, 최근에는 유럽 국가들과의 관계 회복과 안정적인 원유 수출로 경제 성장과 산업 발전이 가시화되고 있다.

관 광

라슈트와 타브리즈의 역사 유적, 카스피 해와 페르시아 만 연안의 해변 등이 관광 자원이다.

29. 예멘

Republic of Yemen

수도 : 사나(147만 명)
면적 : 52.8만 ㎢
인구 : 2,003만 명
인구 밀도 : 38명/㎢

데이터

정체 / 공화제

민족 / 아랍 인, 인도 인, 파키스탄 인

언어 / 아라비아 어

종교 / 이슬람 교(수니 파 60%, 시아 파 40%)

문맹률 / 54%

평균 수명 / 남 58세, 여 60세

통화 / 예멘 리알(Rial)

도시 인구 / 25%

국민 총생산 / 91억 달러

1인당 국민 소득 / 490달러

토지 이용 / 농경지 2.9%, 목초지 30.4%, 삼림 3.8%, 기타 62.9%

산업별 인구 / 1차 67.3%, 2차 7.8%, 3차 24.9%

천연 자원 / 석유, 암염, 대리석, 수산물 등

수출 / 32억 달러(원유, 석유제품, 커피, 코코아, 수산물 등)

수입 / 23억 달러(기계류, 석유제품, 철강, 곡물, 자동차 등)

한국의 대(對) 예멘 수출 / 0.6억 달러

한국의 대(對) 예멘 수입 / 2.4억 달러

발전량 / 31억 kWh(화력 100%)

관광객 / 7.6만 명

관광 수입 / 3,800만 달러

자동차 보유 대수 / 80만 대

국방 예산 / 4.9억 달러

군인 / 6.7만 명

표준 시간 / 한국 시간에서 -6시간

국제 전화 국가 번호 / 967번

주요 도시의 기후

아덴

월별	1월	2월	3월	4월	5월	6월	7월	8월	9월	10월	11월	12월	전년
기온(°C)	25.4	25.7	26.9	28.6	30.6	32.8	32.0	31.4	31.7	28.7	26.7	25.8	28.9
강수량(mm)	10	4	8	1	2	0	3	2	7	0	6	6	46

자 연

아라비아 반도의 남서부에 위치하며 서남쪽은 홍해와 아덴 만, 동쪽은 오만, 북쪽은 사우디아라비아와 접하고 있다. 국토의 대부분은 고원과 산지로 된 사막 지대이며 서부 해안 지대만이 스텝 기후를 이룬다. 수도 사나는 2,000m가 넘는 고원 지대에 위치한다.

역 사

예멘은 순수 아랍 인의 발상지이며 예로부터 동서 교역의 중계지로 번창했던 지역이다. 한때는 오스만 제국의 지배를 받기도 하였으나, 북예멘은 1918년에 왕국이 수립되었고 1962년에는 연방으로 공화제를 선언하였다. 남예멘은 1937년 영국의 직할 식민지가 되었다가 1967년 독립하였다. 남북간에는 통일을 위한 교섭과 충돌이 계속되어 오다가 1989년 통일 헌법에 조인하였으며, 1990년에 남북 예멘이 국가 통합을 선언하고 국명을 예멘 공화국으로 하였다. 아랍 민족주의 노선의 외교 정책을 펴고 있다.

경 제

전통적인 산업은 농업과 어업으로 면화, 커피, 코코아의 재배와 수산물의 생산이 중심이었다. 그러나 원유의 생산과 아덴에 정유소가 건설되면서 원유와 석유 제품 수출이 이 나라 경제의 중심을 이루고 있다. 걸프 전쟁 이후 산유국들에 나가있던 노동자들이 귀국하면서 경제적으로 어려움을 겪고 있다.

관 광

산지 사막의 자연 경관, 풍물 시장, 사나의 역사적인 건축물 등이 관광 자원이다.

30. 오만

Sultanate of Oman

수도 : 무스카트(71만 명)
면적 : 31.0만 ㎢
인구 : 290만 명
인구 밀도 : 9명/㎢

데이터

정체 / 이슬람 군주제

민족 / 아랍 인, 기타

언어 / 아라비아 어

종교 / 이슬람 교, 기타 힌두 교, 기독교

문맹률 / 28%

평균 수명 / 남 69세, 여 72세

통화 / 오만 리알(Rial)

도시 인구 / 76%

국민 총생산 / 199억 달러

1인당 국민 소득 / 7,830달러

토지 이용 / 농경지 0.3%, 목초지 4.7%, 기타 95%

천연 자원 / 석유, 천연가스, 구리, 석면, 대리석, 크롬, 석고 등

수출 / 112억 달러(석유, 석유제품, 전기 · 기계, 담배 등)

수입 / 60억 달러(자동차, 기계류, 철강, 섬유, 직물, 식료품 등)

한국의 대(對) 오만 수출 / 1.0억 달러

한국의 대(對) 오만 수입 / 23.2억 달러

발전량 / 127억 kWh(화력 100%)

관광객 / 60만 명

관광 수입 / 1.2억 달러

자동차 보유 대수 / 40만 대

국방 예산 / 26억 달러

군인 / 4.2만 명

표준 시간 / 한국 시간에서 −5시간

국제 전화 국가 번호 / 968번

주요 도시의 기후

무스카트

월별	1월	2월	3월	4월	5월	6월	7월	8월	9월	10월	11월	12월	전년
기온(° C)	22.0	22.2	25.3	28.9	33..4	34.5	33.4	33.1	33.1	30.3	26.4	23.1	28.6
강수량(mm)	44	7	12	8	2	0	5	0	0	0	1	34	117

자 연

아라비아 반도의 동남부에 위치하는 본토와 호르무즈 해협에서 이란과 마주하고 있는 비지(다른 나라의 영토를 뛰어넘어 있는 영토)인 반도부로 이루어진다. 국토는 대부분이 암

석 사막과 스텝으로 된 고원과 산지이며, 남부의 인도양 연안은 몬순의 영향으로 습윤 지대가 이루어진다.

역 사

한때 포르투갈의 지배를 받다가 1749년에 독립하였으나, 다시 영국의 보호령이 되었다가 1970년에 독립하였다.

경 제

염소, 양의 유목과 해안의 어업 및 진주 채집 등이 주업이었으나, 1964년 석유가 개발되기 시작하면서 경제 구조가 급격하게 바뀌었으며, 모든 분야에서 근대화가 추진되고 있다. 석유 수출국 기구(OPEC)에는 가입하지 않고 있다.

관 광

전통적인 야외 시장, 역사적인 요새와 박물관, 해변의 모래사장과 휴양지 등이 관광 자원이다.

31. 아랍에미리트

United Arab Emirates

수도 : 아부다비(52.7만 명)
면적 : 8.4만 ㎢
인구 : 252만 명
인구 밀도 : 30명/㎢

데이터

정체 / 족장들에 의한 연방제

민족 / 아랍 인

언어 / 아라비아 어

종교 / 이슬람 교(수니 파), 기타 힌두 교, 기독교

문맹률 / 23%

평균 수명 / 남 73세, 여 78세

통화 / 딜함(Dirham)

도시 인구 / 85%

국민 총생산 / 710억 달러

1인당 국민 소득 / 19,400달러

토지 이용 / 농경지 0.5%, 목초지 2.4%, 기타 97.1%

산업별 인구 / 1차 4.6%, 2차 36.5%, 3차 58.9%

천연 자원 / 석유, 천연가스 등

수출 / 433억 달러(원유, 석유제품, 천연가스 등)

수입 / 332억 달러(기계류, 직물, 자동차, 금속제품, 화학제품 등)

한국의 대(對) 아랍 수출 / 22.1억 달러

한국의 대(對) 아랍 수입 / 57.6억 달러

한국 교민 / 531명

발전량 / 402억 kWh(화력 100%)

관광객 / 545만 명

관광 수입 / 13억 달러

자동차 보유 대수 / 55만 대

국방 예산 / 27억 달러

군인 / 5.1만 명

표준 시간 / 한국 시간에서 -5시간

국제 전화 국가 번호 / 971번

주요 도시의 기후

아부다비

	1월	7월
월평균 기온(°C)	18.4	33.3
연강수량(mm)	115	

자 연

페르시아 만 남쪽 연안에 위치하고 있다. 국토의 대부분은 사막 기후 지대이며 내륙 일부는 오아시스 지대를 이룬다. 비가 적고 더위가 계속되는 시기가 많다.

역 사

1892년 이후 영국의 보호령으로 있었으나, 1971년 7개의 세습 족장들이 연방제를 구성하여 독립하였다.

경 제

1960년대의 석유 개발과 수출이 이루어지기 전에는 염소, 낙타의 사육과 오아시스 농업, 연안의 수산업과 진주 채집이 산업의 중심이었다. 오늘날은 원유와 천연가스의 생산과 수출로 1인당 국민 소득이 2만 달러가 넘는 나라가 되었으며 석유 이권에 따라 연방간의 격차가 심화되는 문제가 생기고 있다. 아부다비와 두바이에는 공업 지대가 건설되어 정유, 시멘트, LNG 등의 공업이 발달하였다. 이 나라는 자국민은 70만에 불과하나, 외국인이 200만 명을 넘으며 특히 인도, 파키스탄 인이 100만 명을 넘는 인구 구조상의 문제를 안고 있다.

관 광

모스크, 오아시스, 시장, 낙타 타기 등이 관광 자원이다.

32. 카타르

State of Qatar

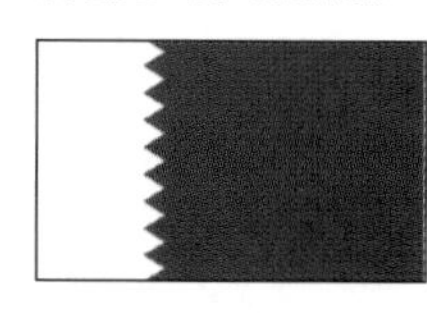

수도 : 도하(39만 명)
면적 : 1.1만 ㎢
인구 : 74만 명
인구 밀도 : 68명/㎢

데이터

정체 / 족장제

민족 / 카타르 인(아랍 계) 25%, 이란 인, 인도 인 등 외국인 60% 이상

언어 / 아라비아 어

종교 / 이슬람 교(수니 파 90% 이상)

문맹률 / 19%

평균 수명 / 남 69세, 여 72세

통화 / 카타르 리알(Rial)

도시 인구 / 76%

국민 총생산 / 175억 달러

1인당 국민 소득 / 28,300달러

토지 이용 / 농경지 0.7%, 목초지 4.5%, 기타 94.8%

천연 자원 / 석유, 천연가스, 진주, 수산물 등

수출 / 82억 달러(원유, 플라스틱, 석유제품, 철강 등)

수입 / 41억 달러(기계류, 자동차, 직물, 식료품 등)

한국의 대(對) 카타르 수출 / 3.6달러

한국의 대(對) 카타르 수입 / 31.4억 달러

한국 교민 / 453명

발전량 / 99억 kWh(화력 100%)

관광객 / 45만 명

자동차 보유 대수 / 28만 대

국방 예산 / 17억 달러

군인 / 1.2만 명

표준 시간 / 한국 시간에서 -6시간

국제 전화 국가 번호 / 974번

주요 도시의 기후

도하

	1월	7월
월평균 기온(°C)	16.7	36.7
연강수량(mm)	62	

자 연

아라비아 반도에서 페르시아 만으로 돌출한 작은 반도국으로, 암석과 사구가 많고 고온 건조한 불모지가 국토의 대부분을 차지한다. 바다를 매립하여 수도 도하를 건설하기도 하였다.

역 사

한때 오스만 제국의 지배를 받기도 하였으나 1916년 영국의 보호령이 되었고 1939년부터 유전이 개발되었다. 1760년 현재의 족장제 국가로 출발하여 1971년 완전히 독립하였다.

경 제

주요 산업은 농업, 제철, 석유 화학 등이고 산업 기반 시설 확충과 새로운 천연가스 개발(세계 2위) 및 그 수출이 국가 재정의 대부분을 차지하고 있으며, 부족한 노동력은 외국인에 의존하고 있다.

관 광

역사적인 요새, 해변의 모래사장, 도하의 박물관과 시장 등이 관광 자원이다.

33. 바레인
State of Bahrain

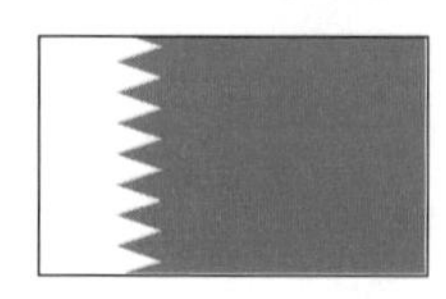

수도 : 마나마(14만 명)
면적 : 694㎢
인구 : 72만 명
인구 밀도 : 1,042명/㎢

데이터

정체 / 족장제

민족 / 아랍 인 68%, 인도 인, 파키스탄 인 등

언어 / 아라비아 어

종교 / 이슬람 교(시아 파 다수)

문맹률 / 12%

평균 수명 / 남 71세, 여 75세

통화 / 바레인 디날(Dinar)

도시 인구 / 90%

국민 총생산 / 73억 달러

1인당 국민 소득 / 10,500달러

토지 이용 / 농경지 2.9%, 목초지 5.8%, 기타 91.3%

산업별 인구 / 1차 2.3%, 2차 25.2%, 3차 72.5%

천연 자원 / 석유, 천연가스, 수산물 등

수출 / 54억 달러(원유, 금속제품, 화학제품, 섬유, 직물 등)

수입 / 50억 달러(원유, 기계류, 식료품, 화학제품, 금속제품 등)

한국의 대(對) 바레인 수출 / 0.5억 달러

한국의 대(對) 바레인 수입 / 2.5억 달러

한국 교민 / 103명

발전량 / 68억 kWh(화력 100%)

관광객 / 175만 명

관광 수입 / 3.7억 달러

자동차 보유 대수 / 20만 대

국방 예산 / 3.1억 달러

군인 / 1.1만 명

표준 시간 / 한국 시간에서 -6시간

국제 전화 국가 번호 / 973번

주요 도시의 기후

마나마

	1월	7월
월평균 기온(°C)	16.9	34.1
연강수량(mm)	81	

자 연

국토는 페르시아 만의 서안에 있는 바레인 섬을 중심으로 30여 개의 섬으로 이루어졌으며 사우디아라비아, 카타르와 인접하고 있다. 전 국토가 사막 기후 지역이며, 사구와 암석이 많은 불모지이지만 지하수가 풍부하다.

역 사

고대 바빌로니아 시대부터 중계 무역 기지로 번창했던 곳이다. 포르투갈, 페르시아의 지배를 받기도 하였으나 1880년에는 영국의 보호국이 되었고 1970년에 족장국으로 독립하였다.

경 제

1932년부터 산유국이 되었으나, 최근에는 매장량이 한계를 보이고 있다. 정유, 제철, 알루미늄 등으로 산업 다각화를 이루고 있으며, 특히 레바논 내전 이후 중동의 금융 중심지로 부상하였다. 시트라 정유소는 사우디아라비아의 원유를 처리하는 정유소로 두 나라가 공생 관계를 이루고 있으며 외국인 근로자들에 대한 의존도가 높다.

관 광

고대 중계 무역 유적, 해안의 자연 풍광 등이 관광 자원이다.

34. 사우디아라비아

Kingdom of Saudi Arabia

수도 : 리야드(356만 명)
면적 : 215.0만 ㎢
인구 : 2,513만 명
인구 밀도 : 12명/㎢

데이터

정체 / 제정 일체의 군주제

민족 / 아랍 인(베두인 족) 등

언어 / 아라비아 어

종교 / 이슬람 교(수니 파 85%)

문맹률 / 23%

평균 수명 / 남 70세, 여 72세

통화 / 사우디 리알(Rial)

도시 인구 / 86%

주요 도시 / 지다, 메카, 메디나, 하라드 등

국민 총생산 / 1,868억 달러

1인당 국민 소득 / 8,530달러

토지 이용 / 농경지 1.8%, 목초지 55.8%, 삼림 0.8%, 기타 41.6%

천연 자원 / 석유(매장량 세계 1위), 천연가스, 철광, 금, 구리 등

수출 / 726억 달러(원유, 석유제품, 화학제품, 건축 자재 등)

수입 / 323억 달러(기계류, 자동차, 금속제품, 화학제품, 직물 등)

한국의 대(對) 사우디아라비아 수출 / 14.1억 달러

한국의 대(對) 사우디아라비아 수입 / 92.7억 달러

한국 교민 / 1,335명

발전량 / 1,374억 kWh(화력 100%)

관광객 / 751만 명

관광 수입 / 34억 달러

자동차 보유 대수 / 715만 대

국방 예산 / 210억 달러

군인 / 12.5만 명

표준 시간 / 한국 시간에서 −6시간

국제 전화 국가 번호 / 966번

주요 도시의 기후

리야드

월별	1월	2월	3월	4월	5월	6월	7월	8월	9월	10월	11월	12월	전년
기온(°C)	14.1	16.8	20.6	25.9	32.1	34.5	35.8	35.6	32.8	27.3	20.8	15.6	26.0
강수량(mm)	14	8	43	41	8	0	0	0	0	3	7	12	136

자 연

아라비아 반도의 80% 이상을 차지하는 서아시아 최대의 면적을 갖는 나라이다. 아라비아 반도 전체는 동저서고(東低西高)의 지형을 이루어 동쪽은 얕은 페르시아 만에 접하고 서쪽 홍해 연안은 급격한 단층 지역을 이룬다. 국토의 대부분이 사막을 이루며 북부에는 암석 사막인 네푸드 사막이, 남부에는 룹알할리 사막이 펼쳐진다.

기후는 전국이 고온 건조한 사막 기후이다. 그러나 해안 지역은 내륙에 비하여 습윤한 편이다.

역 사

고대부터 유목 문명이 발달한 지역으로 7세기 초에는 혼란과 사회의 불평등 속에서 마호메트가 메카를 중심으로 이슬람 교를 창시하였다. 16세기에는 오스만 제국의 지배를 받았고 20세기 초에는 이븐 사우드가 리야드를 중심으로 왕위에 올랐으며, 1932년에는 국명을 사우디아라비아('사우드 가의 아라비아' 라는 의미)로 하였다. 전통적인 유목민인 베두인 족의 국가이며 이슬람 교의 발상 국가로 이슬람의 계율에 엄격한 수니 파가 많다.

경 제

전통적으로 염소, 낙타, 양의 유목이 중심이었으나 1938년 석유가 생산되면서 모든 산업과 경제가 일신되었다. 오늘날 세계 최대의 석유 매장 · 생산 · 수출국으로 OPEC의 중심 국가이다. 가와르 유전 지역을 비롯하여 모두 페르시아 만 일대에 유전이 분포하고 있다. 석유의 수출에서 얻어지는 자본으로 홍해 연안의 지다와 페르시아 만 지역에는 철강, 시멘트, 화학 등의 공업화가 급속히 이루어지고 있으며, 사막을 녹지화하는 노력을 계속하고 있다.

관 광

마호메트의 출생지 메카와 마호메트의 묘가 있는 메디나는 이슬람 최고의 2대 성지로 전 세계 신도들은 일생에 한 번 이곳을 순례하는 것이 꿈이 되고 있다.

35. 쿠웨이트
State of Kuwait

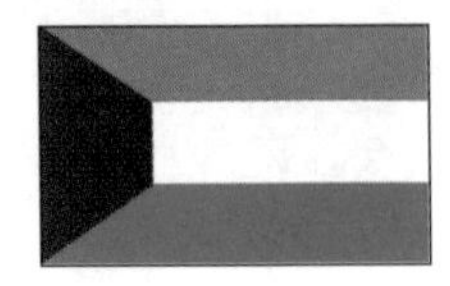

수도 : 쿠웨이트(30만 명)
면적 : 1.8만 ㎢
인구 : 249만 명
인구 밀도 : 140명/㎢

데이터

정체 / 입헌 군주제
민족 / 쿠웨이트 인 45%, 아랍 인, 동남 아시아 인 등
언어 / 아라비아 어, 영어
종교 / 이슬람 교(시아 파 82%), 기타
문맹률 / 18%
평균 수명 / 남 72세, 여 73세
통화 / 쿠웨이트 디나르(Dinar)
도시 인구 / 96%
국민 총생산 / 380억 달러
1인당 국민 소득 / 16,340달러
토지 이용 / 농경지 0.3%, 목초지 7.7%, 기타 92%
산업별 인구 / 1차 1.3%, 2차 24.1%, 3차 74.6%
천연 자원 / 석유, 천연가스, 새우, 수산물 등
수출 / 154억 달러(원유, 석유제품, 화학 비료 등)
수입 / 90억 달러(기계류, 자동차, 식료품, 의류 등)
한국의 대(對) 쿠웨이트 수출 / 2.9억 달러
한국의 대(對) 쿠웨이트 수입 / 31.9억 달러
발전량 / 348억 kWh(화력 100%)
관광객 / 7만 명
관광 수입 / 1.2억 달러
자동차 보유 대수 / 96만 대
국방 예산 / 33억 달러
군인 / 1.6만 명
표준 시간 / 한국 시간에서 −6시간
국제 전화 국가 번호 / 965번

주요 도시의 기후

쿠웨이트

	1월	7월
월평균 기온(˚C)	12.6	38.0
연강수량(mm)	125	

자 연

페르시아 만의 북서부에 위치하며 국토의 대부분은 사막 지대이다. 여름은 몹시 더워 50℃를 넘는 날이 많고 겨울은 따뜻하며 약간의 비가 내린다.

역 사

18세기 아랍 유목민들이 정착하여 족장의 지배를 받았으며, 한때는 오스만 제국의 지배를 받았다. 1899년 영국의 보호국이 되었고 1914년 자치국이 되었다. 1991년 이라크의 침공으로 전국이 점령되었으나 다음 해 미국을 비롯한 다국적군의 개입으로 해방되었다. 이 후 미국에 대한 의존이 심화되어 있다.

경 제

석유 매장량이 세계 3위로 '석유에 떠 있는 나라'로 불리기도 한다. 원유와 석유제품의 수출에 의한 수입으로 중동 지역의 금융과 상업의 중심지를 지향하고, 완벽한 사회 복지 정책을 시행하고 있다. 바닷물의 담수화 시설을 가동하고 있으며 부족한 노동력은 외국인들에 의존하고 있다.

관 광

쿠웨이트의 이슬람 박물관, 베두인 문화 전시관 등이 관광 자원이다.

36. 이라크

Republic of Iraq

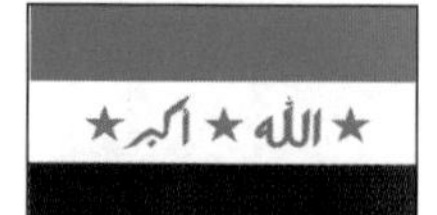

수도 : 바그다드(562만 명)
면적 : 43.8만 ㎢
인구 : 2,586만 명
인구 밀도 : 59명/㎢

데이터

정체 / 공화제

민족 / 아랍 인 79%, 쿠르드 인 16%, 기타

언어 / 아라비아 어, 쿠르드 어, 터키 어

종교 / 이슬람 교 95%(시아 파 61%, 수니 파 34% 등)

문맹률 / 42%

평균 수명 / 남 57세, 여 60세

통화 / 이라크 디나르(Dinar)

도시 인구 / 68%

국민 총생산 / 53억 달러

1인당 국민 소득 / 212달러

토지 이용 / 농경지 13.1%, 목초지 9.1%, 삼림 0.4%, 기타 77.4%

산업별 인구 / 1차 12.5%, 2차 16.4%, 3차 71.1%

천연 자원 / 석유(매장량 세계 2위), 천연가스, 인광석, 유황 등

수출 / 123억 달러(원유 98%, 식료품 등)

수입 / 48억 달러(기계류, 곡물, 낙농제품, 섬유, 직물 등)

발전량 / 359억 kWh(수력 1.7%, 화력 98.3%)

관광객 / 13만 명

관광 수입 / 1,300만 달러

자동차 보유 대수 / 95만 대

국방 예산 / 14억 달러

군인 / 39만 명

표준 시간 / 한국 시간에서 −6시간

국제 전화 국가 번호 / 946번

주요 도시의 기후

바그다드

월별	1월	2월	3월	4월	5월	6월	7월	8월	9월	10월	11월	12월	전년
기온(˚C)	9.4	12.0	16.7	21.7	27.9	32.6	34.7	33.4	30.5	24.3	16.8	11.1	22.6
강수량(mm)	30	23	30	26	7	0	0	0	1	6	10	22	155

자 연

이라크는 '비옥한 초생달 지대' 라 불리는 티그리스 · 유프라테스 강 유역의 메소포타미아 평원 지대, 북부의 쿠르디스탄 산악 지대, 그리고 서남부의 사막 지대 등 세 지역으로 이루어진다. 국토의 대부분이 사막과 스텝 기후 지대를 이루는데 여름은 건조하고 몹시 더우며 겨울에 약간의 비가 내린다. 연 강수량은 북부 지방이 200mm, 평원 지역이 150mm, 서남부 사막 지역은 50mm 정도이다.

역 사

이 지역은 기원전 3000년경부터 수메르, 바빌로니아 등의 고대 문명이 번영하였으며 그 후 사라센, 오스만 제국 시대를 거쳐 1920년부터 영국의 위임 통치령이 되었다. 1932년 왕국으로 독립하였으나 1958년 공화제로 바뀌어 오늘에 이르고 있다. 1980~1988년에는 이란과 전면전을 하였고, 1990년 쿠웨이트를 침공하여 점령하였으나 미국을 비롯한 다국적군의 침공으로 다음 해에 패퇴하였다. 계속된 국제 분쟁으로 국제 사회의 무기 사찰과 경제적인 제재가 계속되었다. 2003년 4월에는 미국, 영국 등의 다국적군의 침공으로 후세인 독재 정권이 추출되고 2005년 1월 총선이 실시되어 시아 파, 수니 파, 쿠르드 족 간의 협상으로 새로운 민주 국가 건설이 시작되고 있다.

경 제

많은 인구가 메소포타미아 평원을 중심으로 밀, 면화, 대추야자 등의 농업에 종사하고 있으나, 석유의 수출이 재정 수입의 대부분을 차지하고 있다. 석유의 매장량은 세계 2위이나 수출은 걸프 전쟁과 미영 연합군과의 전쟁으로 급격히 감소하여 경제적 어려움이 더하고 있다.

관 광

고대 도시, 고고학적 유적지, 박물관 등이 관광 자원이다.

37. 요르단
Hashemite Kingdom of Jordan

수도 : 암만(115만 명)
면적 : 8.9만 ㎢
인구 : 564만 명
인구 밀도 : 63명/㎢

데이터

정체 / 입헌 군주제

민족 / 아랍 인(팔레스타인 계 60%), 기타

언어 / 아라비아 어

종교 / 이슬람 교 93%, 기독교 7%

문맹률 / 10%

평균 수명 / 남 69세, 여 71세

통화 / 요르단 디나르(Dimar)

도시 인구 / 79%

국민 총생산 / 91억 달러

1인당 국민 소득 / 1,760달러

토지 이용 / 농경지 4.5%, 목초지 8.9%, 삼림 0.8%, 기타 85.8%

산업별 인구 / 1차 5.9%, 2차 23.5%, 3차 70.6%

천연 자원 / 인광석, 칼륨, 유모혈암 등

수출 / 23억 달러(가공 유지, 인광석, 의약품 등)

수입 / 48억 달러(기계류, 원유, 자동차, 철강, 곡물 등)

한국의 대(對) 요르단 수출 / 3.2억 달러

한국의 대(對) 요르단 수입 / 0.2억 달러

한국 교민 / 149명

발전량 / 75억 kWh(수력 0.5%, 화력 99.5%)

관광객 / 162만 명

관광 수입 / 7.9달러

자동차 보유 대수 / 33만 대

국방 예산 / 8.4억 달러

군인 / 10만 명

표준 시간 / 한국 시간에서 -7시간

국제 전화 국가 번호 / 962번

주요 도시의 기후

암만

월별	1월	2월	3월	4월	5월	6월	7월	8월	9월	10월	11월	12월	전년
기온(°C)	7.7	9.0	11.6	15.8	20.1	23.6	25.1	25.2	23.4	19.9	14.4	9.3	17.1
강수량(mm)	63	54	51	21	3	0	0	0	0	9	25	51	276

자 연

홍해로 나가는 아카바 만에 유일한 통로를 갖는 반 내륙국으로 서쪽은 이스라엘, 북쪽은 시리아, 북동쪽은 이라크, 동쪽은 사우디아라비아와 국경을 접하고 있다. 요르단 강 유역의 지중해성 기후 지역을 제외하면 국토의 대부분이 사막 기후 지대를 이룬다.

역 사

7세기 이래 이슬람 왕조가 지배하던 곳으로 16세기에는 오스만 제국의 영토였다. 그 후 영국의 통치를 거쳐 1946년 왕국으로 독립하였다. 1967년에는 3차 중동 전쟁에서 이스라엘에 농업 지대의 중심인 요르단 강 서안 지역을 잃었다. 한편 이스라엘 점령지에서 발생한 팔레스타인 난민과 PLO(팔레스타인 해방 기구)의 활동으로 큰 부담을 안고 있다.

경 제

채소, 과일 등의 농업과 유목이 주요 산업이며, 그 밖에 광업(인광석)과 서비스업이 활발하다. 산유국들의 지원과 해외에 나가있는 근로자들의 송금으로 경제를 지탱하고 있다.

관 광

페트라와 자라의 고대 도시, 사해(Dead Sea)의 휴양지 등이 관광 자원이다.

38. 이스라엘

State of Israel

수도 : 예루살렘(69만 명)
면적 : 2.2만 ㎢
인구 : 681만 명
인구 밀도 : 307명/㎢

데이터

정체 / 공화제

민족 / 유대 인 83%, 기타 팔레스타인 인, 아랍 인 등

언어 / 히브리 어, 아랍 어

종교 / 유대 교 83%, 이슬람 교, 기독교 등

문맹률 / 3%

평균 수명 / 남 76세, 여 80세

통화 / 세켈(Shekel)

도시 인구 / 92%

국민 총생산 / 1,052억 달러

1인당 국민 소득 / 16,020달러

토지 이용 / 농경지 20.7%, 목초지 6.9%, 삼림 6.0%, 기타 66.4%

산업별 인구 / 1차 2.3%, 2차 23.9%, 3차 73.8%

천연 자원 / 구리, 인광석, 칼륨, 유황, 망간 등

수출 / 293억 달러(다이아몬드, 기계류, 정밀 기계, 화학약품 등)

수입 / 355억 달러(다이아몬드, 기계류, 자동차, 원유, 식료품 등)

한국의 수출 / 5.8억 달러

한국의 수입 / 3.2억 달러

한국 교민 / 566명

발전량 / 438억 kWh(화력 100%)

관광객 / 86만 명

관광 수입 / 12억 달러

자동차 보유 대수 / 184만 대

국방 예산 / 94억 달러

군인 / 17만 명

표준 시간 / 한국 시간에서 −7시간

국제 전화 국가 번호 / 972번

주요 도시의 기후

예루살렘

	1월	7월
월평균 기온(˚C)	7.7	22.6
연강수량(mm)	647	

자 연

지중해의 동쪽 연안에 남북으로 길게 이어진 작은 나라이다. 가자 지구와 요르단 강 서안 지구를 제외한 옛 팔레스티나 지역에 해당한다. 북부는 갈릴리 고원과 요르단 계곡, 중부는 해안 평원, 남부는 네게브 사막의 구릉 지대로 이루어진다. 요르단 계곡의 남단에는 사해(死海, -392m)가 저지대를 이루고 좁은 남단은 아카바 만에 이른다.

북부와 중부는 지중해성 기후로 겨울에 비가 많고 따뜻하며 여름은 고온 건조하다. 남부는 건조 기후로 사막과 스텝이 이어진다.

역 사

이스라엘의 유대 민족은 BC 2000년경부터 팔레스티나 지역에 살았다. BC 1000년경에는 다윗 왕이 수도를 예루살렘에 정하였고 그의 아들 솔로몬이 신전을 건설하였다. BC 920년경부터 왕국이 분열 약화되어 BC 586년 바빌로니아에 의해 멸망하였다. 그 후 유대 인들은 서기 70년경부터 이 지역에서 추방되어 세계 각지로 흩어졌다.

19세기 말부터 유럽에서는 시오니즘 운동(팔레스티나에 복귀하여 조국을 건국하자는 운동, 시온의 뜻은 유대교 신전이 있는 예루살렘 동부의 언덕 이름)이 일어났고, 1917년 영국은 유대 인들의 조국 건설을 승인하였다. 그 후 팔레스티나는 1922~1947년 사이 영국의 위임 통치 지역이 되었고, 제2차 세계 대전 중 독일에서는 600만의 유대 인들이 희생되면서 팔레스티나에는 유대 인들의 이주가 계속되었다.

UN은 1947년 팔레스티나 지역을 유대 인 지역과 아랍 인 지역으로 분할하는 안을 채택하였고 1948년에는 이스라엘이 독립을 선언하였다. 아랍 국가들이 이를 거부하면서 1차 중동 전쟁이 일어났고, 이어서 2차(1956년), 3차(1967년, 4차(1973년)의 전쟁이 이어졌다. 그 결과 이스라엘은 시리아의 골란 고원, 요르단의 요르단 강 서안과 동예루살렘, 이집트의 시나이 반도를 점령하였다.

1978년 이집트와 평화 조약을 체결하였고 1982년 시나이 반도는 이집트에 반환하였다. 그러나 요르단으로부터 점령한 요르단 강 서안에는 구소련 지역에서 이주해 오는 유대 인들을 정착시키고 있어 팔레스티나 난민들의 반발을 사고 있다.

경 제

주변국들과의 분쟁 속에서도 1990년대 이후 고도 성장을 계속하고 있다. 사막과 불모지의 개발과 녹지화에 중점을 두고 있으며, 키부츠와 같은 집단 농장에서 재배한 오렌지, 밀, 채소, 꽃, 낙농제품 등의 생산과 수출이 활기를 띠고 있다. 또 부가가치가 높은 다이아몬드 연마 공업, 군수 산업, 첨단 의료 장비, 전자 장비 등의 공업이 발달하여 낙농제품과 함께 수출의 주축을 이루고 있다. 그 밖에 해외 거주 유대 인들의 송금과 미국의 원조로 경제적인 풍요를 누리고 있다.

관 광

예루살렘의 성지(기독교, 유대 교, 이슬람 교), 키부츠, 사해 등이 관광 자원이다.

39. 팔레스타인

Palestine

자치 청사 : 라말라(요르단 강 서안)
면적 : 6,200㎢
인구 : 364만 명
인구 밀도 : 585명/㎢

데이터

민족 / 아랍 계의 팔레스타인 족

언어 / 아랍어

종교 / 이슬람 교

국민 총생산 / 36억 달러

1인당 국민 소득 / 1,110달러

수출 / 2.4억 달러(식료품, 잡제품 등)

수입 / 11억 달러(식료품, 연료, 기계류, 화학제품 등)

자 연

자치 지역은 요르단 강 서안과 가자 지구로 나뉘어져 있으며, 대부분의 지역이 사막과 스텝 기후를 이룬다.

역 사

BC 12세기경부터 팔레스타인 사람들이 현재의 이스라엘 지역에 거주하였고 638년에는 예루살렘을 정복하여 메카 메디나에 이은 제3의 성지로 하였다. 그 후 19세기 말에 시오니즘 운동으로 유대 인들의 이주가 늘어나기 시작하자 1917년 영국은 이 지역에 아랍 인들의 국가 건설을 먼저 약속하고 유대 인들의 국가 건설도 승인하는 상반된 외교 약속을 하였다.

그 후 양 민족 간의 대립이 계속되자 1947년 UN은 양 민족 간의 지역 분할을 결의하였으며 다음 해에 이스라엘이 독립을 선언하였다. 이후 4차례에 걸친 중동 전쟁이 계속되었으며 전쟁은 이스라엘의 승리로 이어지면서 600만 명이 넘는 팔레스타인 난민이 발생하여 인접한 아랍 국가들로 유입되었다.

1964에는 팔레스타인 해방 기구(PLO)가 결성되어 현재까지 이스라엘에 대항하고 있으며, 1993년에는 워싱턴에서 이스라엘과 아라파트(PLO 대표) 간에 가자 지구와 요르단 서안 지역에서 팔레스타인의 잠정 자치 실시를 협약하였다.

한편 팔레스타인 인들은 아라파트를 중심으로 하는 주류파와 반주류파 간의 내분을 겪고 있는 가운데 과격한 자살 테러와 이에 대한 이스라엘의 보복이 계속되고 있다. 이스라엘과 미국은 PLO(아라파트의 사망으로 후임 대표가 민주 절차를 선출됨)를 팔레스타인의 유일한 대표로 인정하고 독립 정부 수립 협상을 계속하고 있다.

40. 레바논

Republic of Lebanon

수도 : 베이루트(117만 명)
면적 : 1.0만 ㎢
인구 : 450만 명
인구 밀도 : 433명/㎢

데이터

정체 / 공화제

민족 / 아랍 인

언어 / 아라비아 어, 영어, 프랑스 어

종교 / 이슬람 교와 기독교의 각 계파

문맹률 / 14%

평균 수명 / 남 71세, 여 74세

통화 / 레바논 파운드(Pound)

도시 인구 / 87%

국민 총생산 / 177억 달러

1인당 국민 소득 / 3,990달러

토지 이용 / 농경지 29.4%, 목초지 1.0%, 삼림 7.7%, 기타 61.9%

산업별 인구 / 1차 17.0%, 2차 24.9%, 3차 58.1%

천연 자원 / 석회석, 철광석, 소금 등

수출 / 10억 달러(보석과 귀금속, 기계, 피혁, 비금속 광물 등)

수입 / 64억 달러(기계류, 자동차, 보석과 귀금속, 목제품, 식료품 등)

한국의 대(對) 레바논 수출 / 0.7억 달러

발전량 / 94억 kWh(수력 5.5%, 화력 94.5%)

관광객 / 96만 명

관광 수입 / 9.6억 달러

자동차 보유 대수 / 136만 대

국방 예산 / 5.1억 달러

군인 / 7.2만 명

표준 시간 / 한국 시간에서 -7시간

국제 전화 국가 번호 / 961번

주요 도시의 기후

베이루트

	1월	7월
월평균 기온(°C)	13.1	25.7
연강수량(mm)	893	

자 연

지중해의 동안에 위치하며 남쪽은 이스라엘, 동북쪽은 시리아와 접하고 있다. 산지가 많으나 계곡은 비옥한 농업 지대를 이루고 있다. 겨울에 따뜻하고 비가 많은 지중해성 기후 지대로 관광 휴양지로 유명하다.

역 사

고대 페니키아 인들의 활동 무대로 이슬람권에 속하였으나 십자군의 영향으로 기독교의 영향이 많이 남아 있다. 오스만 제국의 영토가 되었다가 1923년에는 프랑스의 위임 통치 지역이 되었고 1943년 독립하였다. 이 나라는 '살아있는 종교 박물관'이라 부를 정도로 기독교와 이슬람 교의 모든 파벌이 모여 있다. 종교 집단간의 끈질긴 대립과 투쟁으로 내란과 정치적 혼란이 계속되고 있으며 팔레스타인 난민과 이스라엘과의 분쟁이 겹쳐 어려움이 가중되고 있다. 정치는 대통령은 기독교도, 총리는 이슬람 교도가 맡고 있다.

경 제

한때 중동의 스위스로 불려질 정도로 각종 산업이 번창하였던 곳이다. 베이루트는 자유무역항으로 상업과 금융의 중심지였으나 오늘날에는 내전과 정치적 혼란으로 그 기능이 마비 상태에 있다.

관 광

고고학적인 유적지 탐방, 고대 교회와 모스크, 해변의 모래사장과 수상 스포츠 등이 주요 관광 자원이다.

41. 시리아

Syrian Arab Republic

수도 : 다마스쿠스(162만 명)
면적 : 18.5만 ㎢
인구 : 1,795만 명
인구 밀도 : 97명/㎢

데이터

정체 / 공화제

민족 / 아랍 인 85%, 아르메니아 인, 터키 인 등

언어 / 아라비아 어, 기타

종교 / 이슬람 교 85%, 기독교 13%

문맹률 / 25%

평균 수명 / 남 69세, 여 72세

통화 / 시리아 파운드(Pound)

도시 인구 / 50%

국민 총생산 / 191억 달러

1인당 국민 소득 / 1,130달러

토지 이용 / 농경지 29.8%, 목초지 44.8%, 삼림 2.6%, 기타 22.8%

산업별 인구 / 1차 28.2%, 2차 24.7%, 3차 47.1%

천연 자원 / 석유, 인광석, 크롬, 망간, 암염, 철광석, 대리석, 석고 등

수출 / 68억 달러(원유, 식료품, 석유제품, 면화, 의류 등)

수입 / 51억 달러(식료품, 철강, 기계류, 섬유, 직물, 자동차, 화학약품 등)

한국의 대(對) 시리아 수출 / 2.7억 달러

발전량 / 255억 kWh(수력 13.3%, 화력 86.7%)

관광객 / 166만 명

관광 수입 / 14억 달러

자동차 보유 대수 / 46만 대

국방 예산 / 18억 달러

군인 / 32만 명

표준 시간 / 한국 시간에서 -7시간

국제 전화 국가 번호 / 963번

주요 도시의 기후

다마스쿠스

월별	1월	2월	3월	4월	5월	6월	7월	8월	9월	10월	11월	12월	전년
기온(°C)	6.2	8.0	11.2	15.7	20.4	24.6	26.6	26.2	23.3	18.5	12.3	7.5	16.7
강수량(mm)	35	32	24	14	5	1	0	0	0	11	24	37	183

자 연

지중해 연안국으로 전체적으로 서부가 높고 동쪽으로 갈수록 낮아진다. 서부는 지중해성 기후로 온난하여 농업 지대를 이루고, 내륙은 사막 기후를 나타내지만 유프라테스 강 유역은 비옥한 평지를 이룬다.

역 사

고대 앗시리아 문명의 발상지이며 동서 문화 교류의 요충지로 번창하던 곳이다. 십자군, 몽골의 침략 이후 16세기에는 오스만 제국에 의해 정복되었다. 1946년 독립하였고 1958년에 이집트와 합병하여 아랍 연합국이 되었으나 1961년 다시 분리 독립하였다. 1967년의 3차 중동 전쟁에서 골란 고원을 이스라엘에 점령당하였고 4차 중동 전쟁에서도 회복하지 못하였다.

경 제

고대 도시인 다마스쿠스는 예로부터 교역의 중심지이다. 1973년 동부의 유프라테스 댐이 완성되어 일대의 농경지 개발에 큰 도움을 주고 있다.

관 광

다마스쿠스의 골동품, 알레포의 고대 요새, 해변과 산지의 휴양지 등이 주요 관광 자원이다.

42. 터키

Republic of Turkey

수도 : 앙카라(320만 명)
면적 : 77.5만 ㎢
인구 : 7,130만 명
인구 밀도 : 92명/㎢

데이터

정체 / 공화제

민족 / 터키 인 90%, 쿠르드 인 등

언어 / 터키 어 90%, 쿠르드 어 등

종교 / 이슬람 교

문맹률 / 15%

평균 수명 / 남 66세, 여 71세

통화 / 터키 리라(Lira)

도시 인구 / 65%

주요 도시 / 이스탄불, 이즈미르, 부르사, 아다나, 코니아 등

국민 총생산 / 1,733억 달러

1인당 국민 소득 / 2,490달러

토지 이용 / 농경지 35.8%, 목초지 16.0%, 삼림 26.1%, 기타 22.1%

산업별 인구 / 1차 45.8%, 2차 20.2%, 3차 34.0%

천연 자원 / 안티몬, 석탄, 크롬, 수은, 구리, 석유, 유황 등

수출 / 346억 달러(의류, 식료품, 섬유, 과일, 기계, 철강 등)

수입 / 497억 달러(기계류, 자동차, 화학약품, 섬유, 직물 등)

한국의 대(對) 터키 수출 / 6.9억 달러

한국의 대(對) 터키 수입 / 1.3억 달러

한국 교민 / 583명

발전량 / 1,227억 kWh(수력 19.6%, 화력 80.3%, 지열 0.1%)

관광객 / 1,278만 명

관광 수입 / 90억 달러

자동차 보유 대수 / 626만 대

국방 예산 / 87억 달러

군인 / 52만 명

표준 시간 / 한국 시간에서 -7시간

국제 전화 국가 번호 / 90번

주요 도시의 기후

앙카라

월별	1월	2월	3월	4월	5월	6월	7월	8월	9월	10월	11월	12월	전년
기온(°C)	0.0	1.8	6.0	11.1	15.6	19.6	22.9	22.6	18.3	12.5	7.5	2.3	11.7
강수량(mm)	47	36	36	48	55	37	14	12	19	27	33	49	413

이스탄불

월별	1월	2월	3월	4월	5월	6월	7월	8월	9월	10월	11월	12월	전년
기온(°C)	5.6	5.9	7.5	12.0	16.5	21.1	23.2	23.0	19.7	15.3	11.9	8.1	14.2
강수량(mm)	99	66	61	49	31	22	19	26	41	72	89	122	696

자 연

국토는 흑해와 에게 해를 연결하는 보스포루스 해협과 다르다넬스 해협 서쪽의 유럽 터키(국토의 3%)와 그 동쪽의 아시아 터키(국토의 97%)로 나뉘어지며, 전 국토가 신기 조산대에 속하여 화산과 지진이 많다. 유럽 터키는 대부분이 평야를 이루고, 아시아 터키는 남쪽에 치우쳐 토로스 산맥이 동서로 뻗어 있으며 그 북쪽에 넓은 아나톨리아 고원이 펼쳐진다. 아시아 터키의 에게 해 연안은 복잡한 리아스식 해안을 이루고 고원의 동쪽은 산악 지대로, 최고봉은 아라라트(5,123m) 산이며 중동 지역의 최고봉을 이룬다.

기후는 해안 지역은 지중해성 기후 지역을, 내륙 지역은 건조한 스텝 기후 지역을, 산악 지역은 아한대 기후 지역을 이룬다.

역 사

예로부터 역사의 무대에 등장하여 왔으며 13세기에 성립한 터키의 오스만 제국(1299~1922)은 아시아, 아프리카, 유럽 대륙에 걸친 이슬람 교의 종주국으로 번영하였다. 그러나 제1차 세계 대전에서 패하고 1922년 현재의 영토로 축소되었으며 공화국으로 새 출발을 하면서 문자도 아라비아 문자에서 로마 문자로 바꾸었다. 1952년 NATO에 가입하였고, 1961년에 군사 쿠데타로 제2 공화국이 출범하였으나 1980년 다시 군사 쿠데타가 발생하였다. 1974년에는 이슬람 교를 믿는 터키 계 주민들을 보호하기 위하여 키프로스를 침공하였으며 키프로스 문제는 오늘날까지도 국제 문제로 남아 있다.

경 제

중동 지역 최대의 농업 국가로 경지율이 36%에 달하며, 곡물, 과일, 채소, 잎담배와 축산물 등의 생산과 수출이 많다. 또 지하 자원 개발과 공업화에도 힘쓰고 있으나 정치 불안 등으로 큰 성과를 거두지 못하고 있다.

한편 많은 역사 유적과 아름다운 자연 경관 때문에 많은 관광객들로 관광 수입이 늘어나고 있으며, 해외에 나가있는 근로자들의 송금이 이 나라 경제에 큰 몫을 하고 있다.

관 광

정원, 박물관, 이스탄불의 건축물과 사원, 고고학적인 유적지, 해변의 휴양지, 풍물 시장 등이 주요 관광 자원이다.

*** 중앙 아시아 ***

43. 그루지야
Gruziya

수도 : 트빌리시(132만 명)
면적 : 7.0만 ㎢
인구 : 453만 명
인구 밀도 : 77명/㎢

데이터

정체 / 공화제

민족 / 그루지야 인 84%, 아르메니아 인 6%, 러시아 인 2% 등

언어 / 그루지야 어, 러시아 어

종교 / 동방 정교, 이슬람 교 등

문맹률 / 1%

평균 수명 / 남 69세, 여 78세

통화 / 라리(Lari)

도시 인구 / 53%

주요 도시 / 쿠타이시, 바투미, 수후미 등

국민 총생산 / 34억 달러

1인당 국민 소득 / 650달러

토지 이용 / 농경지 16.2%, 목초지 24.2%, 삼림 33.3%, 기타 26.3%

산업별 인구 / 1차 52.1%, 2차 8.1%, 3차 39.8%

천연 자원 / 삼림, 수력, 망간, 석탄, 구리 등

수출 / 3.2억 달러(과일, 차, 포도주, 기계, 금속 등)

수입 / 6.8억 달러(연료, 곡물, 기계, 수송 장비 등)

발전량 / 69억 kWh(수력 79.9%, 화력 20.1%)

관광객 / 30만 명

관광 수입 / 4.7억 달러

국방 예산 / 2.4억 달러

군인 / 1.8만 명

표준 시간 / 한국 시간에서 −4시간

국제 전화 국가 번호 / 995번

주요 도시의 기후

트빌리시

월별	1월	2월	3월	4월	5월	6월	7월	8월	9월	10월	11월	12월	전년
기온(°C)	1.7	3.2	6.9	13.1	17.4	21.3	24.4	23.8	19.3	13.4	8.2	3.9	13.1
강수량(mm)	22	26	29	54	80	68	45	46	36	38	28	26	478

자 연

흑해의 동쪽 연안에 위치하며 국토의 대부분은 산지 지역이다. 북부에는 카프카스 산맥(5,000m)이 북서쪽에서 동남쪽으로 달리고, 남부에는 작은 카프카스 산맥이 달린다. 두 산맥 사이를 지나 흑해로 흐르는 하천은 급류로 수량이 풍부하여 수력 발전에 이용되고 있다. 서부는 흑해의 영향으로 비가 많은 온대 습윤 기후를, 동부는 비교적 건조한 대륙성 기후를, 북부 산지는 고산 기후 지대를 이룬다. 흑해 연안의 수후미 지역은 보양 휴양지로 유명하다.

역 사

고대부터 동서 교통과 무역의 요충지에 위치하여 많은 민족들의 침입과 지배를 받아왔다. 11세기에는 셀주크 터키, 13세기에는 몽골, 15세기에는 티무르, 18세기에는 러시아의 침입과 진출이 이어졌다. 19세기 초에는 러시아에 병합되어 러시아화가 진행되었고, 1921년 그루지야 사회주의 공화국이 되었다가 1936년 소련의 연방 공화국이 되었다. 1991년 소련의 해체로 독립하였다. 그러나 독립 후 정치적인 혼란과 오세티아 자치주 및 아브하지아 공화국의 분쟁 등이 계속되었으나 2004년 정전과 총선으로 안정되면서 서방 국가들과의 관계를 강화하고 있다.

경 제

농업은 차, 포도, 귤 등의 재배와 양잠, 목축 등이 성하고, 수력과 지하 자원을 바탕으로 기계, 섬유, 식품 가공 공업도 발달하였다. 한편 2005년 바쿠-트빌리시(그루지야)-제이한(터키)을 잇는 카스피 해-지중해 송유관의 개통으로 이 나라는 세계의 새로운 관심을 모으고 있다.

관 광

흑해 연안의 휴양지, 중세 수도원, 성곽과 옛 도시 등이 관광 자원이다.

44. 아르메니아

Republic of Armenia

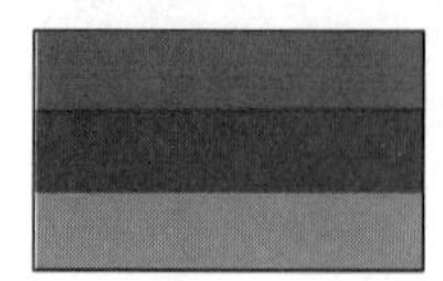

수도 : 예레반(125만 명)
면적 : 3.0만 ㎢
인구 : 321만 명
인구 밀도 : 108명/㎢

데이터

정체 / 공화제

민족 / 아르메니아 인 98%, 아제르바이잔 인 등

언어 / 아르메니아 어(공용어), 러시아 어

종교 / 동방 정교

문맹률 / 1%

평균 수명 / 남 71세, 여 75세

통화 / 드람(Dram)

도시 인구 / 65%

국민 총생산 / 24억 달러

1인당 국민 소득 / 790달러

토지 이용 / 농경지 19.2%, 목초지 23.1%, 삼림 14.1%, 기타 43.6%

산업별 인구 / 1차 38.0%, 2차 23.0%, 3차 3.09%

천연 자원 / 금, 알루미늄, 구리, 납, 소금, 몰리브덴 등

수출 / 5.1억 달러(기계, 보석, 화학, 알루미늄, 금 등)

수입 / 9.9억 달러(공산품, 식료품, 원료와 연료 등)

발전량 / 57억 kWh(수력 16.8%, 화력 48.6%, 원자력 34.6%)

관광객 / 12만 명

관광 수입 / 6,300만 달러

국방 예산 / 6.2억 달러

군인 / 4.5만 명

표준 시간 / 한국 시간에서 −5시간

국제 전화 국가 번호 / 374번

자 연

북쪽은 그루지야, 동쪽은 아제르바이잔, 남쪽은 이란, 서쪽은 터키와 국경을 접하는 작은 내륙국이다. 국토의 대부분이 산지와 고원으로 이루어져 있고 중앙에 세반 호가 자리잡

고 있다. 기후는 대륙성 스텝 기후 지대를 이루고 고도가 높은 지역일수록 비가 많고 기온도 내려간다.

역 사

기원전 아르메니아 제국이 성립하였으나 로마 제국에 정복되었고, 그 후 주변국들의 지배를 받다가 13세기에는 몽골, 14세기에는 티무르에 정복되었다. 16세기 이후 러시아, 터키, 이란의 분쟁지가 되었다가 19세기 러시아의 영토가 되었다. 1915~1918년에는 오스만 제국과의 전쟁으로 150만 명이 사망하고 100만 명 이상이 추방되었다. 1936년 소련의 연방 공화국이 되었다가 1991년 독립하여 독립 국가 연합(CIS)에 가입하고 다음 해에는 UN에 가입하였다. 1988년에는 지진으로 5만 명 이상이 희생되고 막대한 피해를 입기도 하였다.

경 제

주요 농산물은 면화, 포도, 채소 등이 있으며 산지에서는 소, 양 등의 사육도 많다. 공업은 알루미늄, 화학, 기계 공업 등이 발달하였으며 독립 후 경제가 혼란에 빠졌으나 차츰 회복되고 있으며 해외 거주자들의 도움이 큰 역할을 하고 있다.

관 광

예레반의 옛 시가지, 신성시되는 아라라트산이 관광 자원이다.

45. 아제르바이잔

Republic of Azerbaizhan

수도 : 바쿠(183만 명)
면적 : 8.7만 ㎢
인구 : 829만 명
인구 밀도 : 96명/㎢

데이터

정체 / 공화제

민족 / 아제르바이잔 인 91%, 러시아 인 2%, 아르메니아 인 1% 등

언어 / 아제르바이잔 어(공용어), 러시아 어 등

종교 / 이슬람 교, 동방 정교 등

문맹률 / 1%

평균 수명 / 남 69세, 여 75세

통화 / 마나트(Manat)

도시 인구 / 50%

국민 총생산 / 58억 달러

1인당 국민 소득 / 710달러

토지 이용 / 농경지 23.1%, 목초지 25.4%, 삼림 11.0%, 기타 40.5%

산업별 인구 / 1차 42.3%, 2차 10.1%, 3차 47.6%

천연 자원 / 석유, 천연가스, 철광석, 비금속 광물 등

수출 / 22억 달러(원유, 천연가스, 화학, 섬유 등)

수입 / 17억 달러(기계, 석유제품, 식료품 등)

발전량 / 190억 kWh(수력 10.8%, 화력 89.2%)

관광객 / 83만 명

관광 수입 / 5,100만 달러

국방 예산 / 8.5억 달러

군인 / 6.6만 명

표준 시간 / 한국 시간에서 −5시간

국제 전화 국가 번호 / 994번

자 연

카스피 해의 서안에 위치하며 국토는 북부에 카프카스 산맥이, 남부에 작은 카프카스 산맥이 뻗어 있고 그 중간에 그루지야에서 발원하여 카스피 해로 유입되는 쿠라 강 유역이 넓은 평지를 이룬다. 북부는 온대 습윤 기후를, 그 밖의 지역은 스텝과 반사막 기후를 이룬다.

역 사

3~4세기에는 페르시아, 11세기에는 셀주크 터키, 13~14세기에는 몽골, 18세기에는 이란과 오스만 제국의 침략과 지배를 받아왔다. 19세기에는 러시아가 북부, 이란이 남부를 합병하였으며, 1918년 독립을 선언하였으나 1920년 소련 적군이 침입하여 아제르바이잔 사회주의 공화국이 수립되었다. 1936년 소련 연방에 가입하였으며 1991년 독립하면서 독립 국가 연합(CIS)에 가입하였다. 터키와는 종교 · 문화적으로 관계가 깊은 최대의 협력국이며, 카스피 해의 유전 개발에 따라 서방 국가들과도 긴밀한 관계를 유지하고 있다.

경 제

현재 시장 경제로 전환하는 단계에 있으나 충분한 활력을 찾지 못하고 있다. 농업은 관개에 의해 밀, 면화, 과일, 차, 담배 등을 재배하고 있으며, 산지 지역에서는 목축도 성하다.

석유 산업의 중심지인 바쿠를 중심으로 기계, 화학, 식품 등의 공업이 발달하고 있으며, 1999년 시작된 바쿠-트빌리시(그루지야)-제이한(터키)에 이르는 1,760km의 카스피 해-지중해 송유관이 2005년 개통되면서 석유 산업이 더욱 활기를 띠고 있다.

관 광

카스피 해의 휴양지, 전통 시장 등이 관광 자원이다.

46. 카자흐스탄

Republic of Kazakhstan

수도 : 아스타나(32만 명)
면적 : 272.5만 ㎢
인구 : 1,500만 명
인구 밀도 : 6명/㎢

데이터

정체 / 공화제

민족 / 카자흐 인 53%, 러시아 인 30%, 우크라이나 인 4%, 우즈베크인 3% 등

언어 / 카자흐 어(공용어), 러시아 어 등

종교 / 이슬람 교, 동방 정교 등

문맹률 / 1%

평균 수명 / 남 59세, 여 70세

통화 / 텡게(Tenge)

도시 인구 / 56%

주요 도시 / 알마티, 카라간다, 침켄트, 파블로다르, 세미팔라틴스크, 바이코누르 등

국민 총생산 / 226억 달러

1인당 국민 소득 / 1,520달러

토지 이용 / 농경지 12.9%, 목초지 68.8%, 삼림 3.5%, 기타 14.8%

산업별 인구 / 1차 22.2%, 2차 15.9%, 3차 61.9%

천연 자원 / 석유, 석탄, 철광석, 망간, 우라늄, 금, 보크사이트, 구리, 코발트 등

수출 / 97억 달러(원유, 철강, 굴, 곡물, 석탄 등)

수입 / 66억 달러(기계, 철강, 자동차, 화학약품 등)

한국의 대(對) 카자흐스탄 수출 / 1억 달러

한국의 대(對) 카자흐스탄 수입 / 0.5억 달러

한국 교민 / 99,700명

발전량 / 554억 kWh(수력 14.6%, 화력 85.4%)

관광객 / 283만 명

관광 수입 / 6.2억 달러

국방 예산 / 20억 달러

군인 / 6.6만 명

표준 시간 / 한국 시간에서 -3시간

국제 전화 국가 번호 / 7번

주요 도시의 기후

알마타

월별	1월	2월	3월	4월	5월	6월	7월	8월	9월	10월	11월	12월	전년
기온(°C)	-5.5	-5.1	1.9	10.9	16.2	21.1	23.7	22.2	16.8	9.1	1.8	-3.1	9.2
강수량(mm)	31	37	72	99	106	62	32	25	29	61	54	33	641

자 연

중앙 아시아의 북부에 위치하며 러시아, 중국, 우즈베키스탄, 키르기스스탄, 투르크메니스탄 등과 국경을 접하고 있다. 지형은 서부 카스피 해 연안의 저지대에서 중앙부까지 낮은 대초원 지대를, 동부는 카자흐 고원 지대를, 동남부는 알타이 · 톈산 산맥 등의 산지 지대를 이룬다. 또 카스피 해, 아랄 해, 발하슈 호는 모두 내륙호(외부 해양으로 유출되는 강이 없는 호수나 바다)를 이룬다.

기후는 대부분의 지역이 사막과 스텝 기후를 이루며, 동남부의 산지 지역은 대륙성 기후를 이룬다.

역 사

대초원 지대는 예로부터 여러 유목민들의 거주지였으며 15세기부터 카자흐라 불렸다. 18세기에는 청나라의 지배를 받기도 하였으나 러시아 인들의 진출이 계속되다가 19세기에 러시아의 지배하에 들어갔다. 1920년 러시아의 자치 공화국이 되었으며 1936년 소련 연방 공화국이 되었다. 1991년 소련의 해체로 독립하고 독립국 연합과 UN에 가입하였다. 현재는 주변국들은 물론 중국, 서구 국가들과도 우호 관계를 넓혀 가고 있다.

경 제

밀, 사탕무, 감자, 면화, 과일 등의 재배로 중앙 아시아의 곡창 지대를 이루고 있으며 건조 지역에서는 양의 방목이 성하다. 또 풍부한 지하 자원을 바탕으로 철강, 기계, 농기구, 금속, 화학 등의 공업이 크게 발달하였고, 최근에는 카스피 해 연안에서 대규모의 유전이 개발되어 세계적인 주목을 받고 있다.

관 광

산지 지역에서 이루어지는 트레킹 · 스키 등 겨울 스포츠, 남부 지역에서의 고고학 유적의 발굴과 답사 등이 관광 자원이다.

47. 투르크메니스탄

Turkmenistan

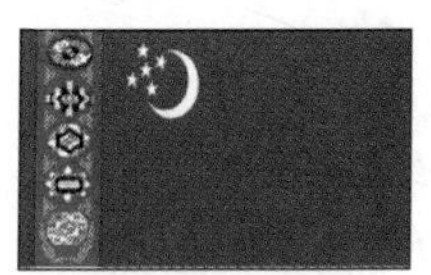

수도 : 아슈하바트(74만 명)
면적 : 48.8만 ㎢
인구 : 572만 명
인구 밀도 : 12명/㎢

데이터

정체 / 공화제

민족 / 투르크멘 인 85%, 우즈베크 인 5%, 러시아 인 4%

언어 / 투르크멘 어(공용어), 러시아 어

종교 / 이슬람 교

문맹률 / 2%

평균 수명 / 남 62세, 여 70세

통화 / 마나트(Manat)

도시 인구 / 45%

국민 총생산 / 67억 달러

1인당 국민 소득 / 1,200달러

토지 이용 / 농경지 3.0%, 목초지 61.5%, 삼림 8.2%, 기타 27.3%

산업별 인구 / 1차 43%, 2차 20%, 3차 37%

천연 자원 / 석유, 천연가스(세계 5대 매장량), 석탄, 유황, 소금 등

수출 / 25억 달러(천연가스, 면화 등)

수입 / 18억 달러(기계, 수송 장비, 식료품, 소비재 등)

발전량 / 108억 kWh(화력 100%)

관광객 / 30만 명

관광 수입 / 1.9억 달러

국방 예산 / 1.6억 달러

군인 / 2.8만 명

표준 시간 / 한국 시간에서 −4시간

국제 전화 국가 번호 / 7번

주요 도시의 기후

아슈하바트

월별	1월	2월	3월	4월	5월	6월	7월	8월	9월	10월	11월	12월	전년
기온(°C)	2.0	4.3	9.8	16.9	23.2	28.5	30.9	28.7	23.0	15.1	9.7	4.3	16.4
강수량(mm)	26	25	42	42	28	5	3	1	5	15	21	23	237

자 연

카스피 해의 동안에 위치하며 카자흐스탄, 우즈베키스탄, 아프가니스탄, 이란 등과 국경을 접하고 있다. 국토는 카라쿰 사막이 대부분을 차지하고 남부의 국경 지대는 산지 지역을 이룬다. 우즈베키스탄과의 국경에는 아무다리야 강이 흐르고 이 강과 흑해를 잇는 운하와 수로가 건설되어 그 주변이 농업의 중심을 이룬다. 기후는 대부분의 지역이 사막 기후이며 남부 산지는 스텝 기후 지대를 이룬다.

역 사

기원전부터 스키타이 유목민들과 이란 인들이 거주하였으며 투르크멘(터키 계 유목민)들은 8세기경 이주해 왔다. 11세기에는 셀주크 터키, 13세기에는 몽골, 14세기에는 티무르의 지배를 받았다. 19세기부터 러시아가 진출하였고, 1924년에는 투르크메니스탄 사회주의 공화국이 성립되었으며, 1925년 소련 연방 공화국의 하나가 되었다. 1991년 소련 해체 후 독립하였으며, 그 후 독립 국가 연합과 UN에도 가입하였다.

경 제

운하와 관개 수로의 건설로 건조 지역에 관개 농업이 크게 발달하였다. 이집트 면(綿)이 특산물이며 곡물, 과일, 채소 등의 재배와 목축업도 성하다. 비료 · 화학 · 섬유 공업 등이 발달하였고, 카스피 해 연안의 천연가스와 석유의 개발로 경제 발전이 기대되고 있다.

관 광

전통 풍물 시장, 경마, 고고학적 유적의 발굴과 답사, 해안의 백사장 등이 관광 자원이다.

48. 우즈베키스탄

Republic of Uzbekistan

수도 : 타슈켄트(213만 명)
면적 : 44.7만 ㎢
인구 : 2,636만 명
인구 밀도 : 59명/㎢

데이터

정체 / 공화제

민족 / 우즈베크 인 80%, 러시아 인 6%, 기타

언어 / 우즈베크 어(공용어), 러시아 어

종교 / 이슬람 교

문맹률 / 1%

평균 수명 / 남 67세, 여 72세

통화 / 솜(Som)

도시 인구 / 37%

주요 도시 / 나망간, 사마르칸트, 안디잔, 부하라 등

국민 총생산 / 78억 달러

1인당 국민 소득 / 310달러

토지 이용 / 농경지 10.1%, 목초지 46.5%, 삼림 2.9%, 기타 40.5%

산업별 인구 / 1차 44.0%, 2차 20.0%, 3차 36.0%

천연 자원 / 석유, 석탄, 천연가스, 금, 우라늄, 몰리브덴, 텅스텐, 구리 등

수출 / 30억 달러(섬유, 연료, 비료, 식료품, 구리 등)

수입 / 27억 달러(기계, 수송 장비, 식료품, 철강 등)

한국의 대(對) 우즈베키스탄 수출 / 3.4억 달러

한국의 대(對) 우즈베키스탄 수입 / 1.3억 달러

한국 교민 / 23,000명

발전량 / 479억 kWh(수력 12.5%, 화력 87.5%)

관광객 / 33만 명

관광 수입 / 6,800달러

국방 예산 / 18억 달러

군인 / 5.5만 명

표준 시간 / 한국 시간에서 -4시간

국제 전화 국가 번호 / 7번

주요 도시의 기후

타슈켄트

월별	1월	2월	3월	4월	5월	6월	7월	8월	9월	10월	11월	12월	전년
기온(°C)	1.2	2.3	8.6	15.4	20.4	25.6	27.6	25.3	20.0	13.3	7.5	3.5	14.2
강수량(mm)	53	46	71	63	32	7	3	2	4	34	44	52	410

자 연

중앙 아시아의 실크로드에 위치하며 카자흐스탄, 투르크메니스탄, 아프가니스탄, 타지키스탄, 키르기스스탄 등과 국경을 접하고 있다. 국토는 서부에서 중앙부에 걸쳐 낮은 키질쿰 사막이 펼쳐지고, 동남부는 파미르 고원과 톈산 산맥에서 이어지는 산지 지역을 이룬다. 투르크메니스탄과의 국경을 이루는 아무다리야 강은 저지대를 흘러 아랄 해에 유입된다. 기후는 서부가 건조한 사막과 스텝을, 동남부는 온대 기후 지대를 이룬다.

역 사

우즈베크 인은 몽골 계의 유목민들이었으나 이곳에 정착하여 13세기 몽골의 지배하에 있었다. 14세기에는 티무르 제국이 건설되었고 수도 사마르칸트는 교역과 문화의 중심지로 번창하였다. 16세기에는 부하라 칸(KHAN) 등 3개의 칸 국가가 건설되었고, 19세기에는 러시아의 진출로 그 지배에 들어갔으며, 1924년 우즈베키스탄 사회주의 공화국이 되어 소련 연방 공화국의 하나가 되었다. 1991년 소련의 해체로 독립하면서 독립 국가 연합(CIS)에 가입하였다. 독립 후 우리 나라와는 경제, 문화 등에 협력 관계를 유지하고 있다.

경 제

농업은 댐과 수로 건설에 의한 관개 농업이 중심을 이룬다. 타슈켄트, 사마르칸트 등의 관개된 오아시스에서는 면화, 포도, 차, 과일 등의 농산물 생산이 크게 증가하고 있으나, 하류의 아랄 해는 수위의 저하로 심각한 환경 문제가 발생하고 있다. 또 서부의 스텝 지역에서는 양의 사육과 유목이 성하다.

석유, 천연가스, 석탄, 텅스텐, 우라늄 등의 지하 자원이 풍부하여 광업이 주요 산업으로 발달하였고 최근에는 공업도 발달하기 시작하였다.

관 광

실크로드 주변의 유적과 풍물, 박물관, 사원, 역사적인 문화 유적지 등이 주요 관광 자원이다.

49. 타지키스탄

Republic of Tadzhikistan

수도 : 두샨베(58만 명)
면적 : 14.3만 ㎢
인구 : 661만 명
인구 밀도 : 46명/㎢

데이터

정체 / 공화제

민족 / 타지크 인 80%, 우즈베크 인 15%, 러시아 인 1% 등

언어 / 타지크 어(공용어), 러시아 어

종교 / 이슬람 교

문맹률 / 1%

평균 수명 / 남 64세, 여 70세

통화 / 타지키 루블(Ruble)

도시 인구 / 26%

국민 총생산 / 11억 달러

1인당 국민 소득 / 180달러

토지 이용 / 농경지 6.0%, 목초지 24.8%, 삼림 3.8%, 기타 65.4%

산업별 인구 / 1차 46.2%, 2차 15.8%, 3차 38.0%

천연 자원 / 수력, 우라늄, 갈탄, 텅스텐, 안티몬, 수은, 납 등

수출 / 7.4억 달러(알루미늄, 면화, 연료, 비료, 금속 등)

수입 / 7.2억 달러(연료, 비료, 식료품, 기계, 수송 장비, 의약품 등)

한국 교민 / 3,000명

발전량 / 144억 kWh(수력 97.7%, 화력 2.3%)

관광객 / 30만 명

국방 예산 / 2.8억 달러

군인 / 2.9만 명

표준 시간 / 한국 시간에서 -4시간

국제 전화 국가 번호 / 7번

자 연

중앙 아시아에 위치하며 키르기스스탄, 아프가니스탄, 우즈베키스탄 등의 국가들과 국경을 접하고 있다. 국토의 대부분은 세계의 지붕인 파미르 고원과 이에 이어진 산지이다. 산

악 지역에는 빙하가 발달하였으며 하천이 급류를 이루어 수력이 풍부하다. 기후는 대륙성 건조 기후로 스텝과 냉대 산악 기후를 이루고 여름과 겨울의 기온차가 심하다.

역 사

타지크 인은 이란 계의 유목민으로 9세기에는 독립 국가를 형성하였으나 13세기에는 몽골, 14세기에는 티무르, 16세기에는 우즈베크의 지배를 받았다. 19세기에는 러시아에 정복되었다가 1924년 우즈베크 자치 공화국이 되었으며, 1929년 타지크 사회주의 공화국이 되면서 소련 연방 공화국의 하나가 되었다. 1991년 소련의 해체로 타지키스탄 공화국으로 독립하였다. 이어서 독립 국가 연합(CIS)과 UN에 가입하였고, 오늘날은 러시아 및 중앙 아시아 국가들과 긴밀한 관계를 유지하고 있으며 민족적으로 가까운 이란과는 특별한 관계에 있다.

경 제

중앙 아시아의 국가들 중 발전과 관개 등의 수자원 개발이 가장 먼저 이루어진 나라이다. 농업은 면화, 곡물, 감자, 채소 등의 재배와 돼지, 양, 산양 등의 사육이 많다. 공업은 알루미늄, 섬유, 식품, 기계 공업이 발달하였다.

관 광

높고 험준한 산지와 호수, 역사 유적, 오래 된 사찰, 때묻지 않은 생활 등이 관광 자원이다.

50. 키르기스스탄

Republic of Kyrgyzstan

수도 : 비슈케크(78만 명)
면적 : 20.0만 ㎢
인구 : 506만 명
인구 밀도 : 25명/㎢

데이터

정체 / 공화제

민족 / 키르기스 인 65%, 우즈베크 인 14%, 러시아 인 12%, 기타

언어 / 키르기스 어, 러시아 어(공용어)

종교 / 이슬람 교

문맹률 / 3%

평균 수명 / 남 65세, 여 72세

통화 / 키르기스 솜(Som)

도시 인구 / 34%

국민 총생산 / 14억 달러

1인당 국민 소득 / 290달러

토지 이용 / 농경지 7.2%, 목초지 42.8%, 삼림 3.5%, 기타 46.5%

산업별 인구 / 1차 52.4%, 2차 10.3%, 3차 37.3%

천연 자원 / 수력, 금, 석탄, 석유, 천연가스, 수은, 납 등

수출 / 4.9억 달러(전력, 화학약품, 광물, 식료품 등)

수입 / 5.9억 달러(기계, 석유제품, 식료품 등)

발전량 / 137억 kWh(수력 90.9%, 화력 9.1%)

관광객 / 6.9만 명

관광 수입 / 3,600만 달러

국방 예산 / 2.7억 달러

군인 / 1.1만 명

표준 시간 / 한국 시간에서 -4시간

국제 전화 국가 번호 / 7번

자 연

중앙 아시아에 위치하며 카자흐스탄, 중국, 타지키스탄, 우즈베키스탄 등과 국경을 접하고 있다. 국토의 대부분은 톈산 산맥의 일부를 이루는 산악 지대로 중국과의 국경에는 7,000m가 넘는 높은 산들이 솟아 있고, 동부에는 겨울에도 얼지 않는 염호인 이시크 호가 있다.

기후는 고도와 사면에 따라 큰 차이를 보이는데 산지 지역은 냉대 기후를, 고산 지대는 고산 기후를, 저지대와 산록은 여름이 건조하고 따뜻한 온대성 기후 지대를 이룬다.

역 사

키르기스 인은 예니세이 강 상류에 살던 민족으로 8세기에는 위구르 제국, 13세기에는 몽골 제국의 지배를 받다가 16세기 톈산 산맥 지역으로 이주하였고, 19세기에 러시아의 식민지가 되었다. 1924년 러시아 연방 공화국의 자치주가 되었다가 1936년 키르기스 사회주의 공화국으로 소련 연방 공화국의 하나가 되었다. 1991년 소련의 해체로 독립하여 독립 국가 연합(CIS)과 UN에 가입하였으며, 2005년의 민중 혁명으로 민주화가 진행되고 있다.

경 제

산악 국가로 목축이 성하고 농업은 곡물, 감자, 면화 등을 재배한다. 또 원유, 석탄, 수은, 텅스텐 등의 지하 자원이 풍부하여 주요 수출품이 되고 있다.

관 광

겨울에도 얼지 않는 이시크 호, 톈산 산맥의 산악 지역과 때묻지 않은 자연 등이 관광 자원이다.

* 아프리카편

국가별 데이터와 해설 »

1. 이집트 2. 수단 3. 리비아 4. 튀니지 5. 알제리
6. 모로코 7. 차드 8. 니제르 9. 말리 10. 모리타니
11. 세네갈 12. 감비아 13. 카보베르데 14. 나이지리아
15. 베냉 16. 토고 17. 가나 18. 부르키나파소
19. 코트디부아르 20. 라이베리아 21. 시에라리온 22. 기니
23. 기니비사우 24. 중앙아프리카공화국 25. 카메룬
26. 적도기니 27. 상투메프린시페 28. 가봉 29. 콩고
30. 콩고민주공화국(자이르) 31. 앙골라 32. 에리트레아
33. 지부티 34. 소말리아 35. 에티오피아 36. 케냐
37. 우간다 38. 르완다 39. 부룬디 40. 탄자니아
41. 마다가스카르 42. 코모로 43. 세이셸 44. 모리셔스
45. 모잠비크 46. 말라위 47. 잠비아 48. 짐바브웨
49. 보츠와나 50. 나미비아 51. 스와질란드 52. 레소토
53. 남아프리카공화국

아프리카의 여러 나라

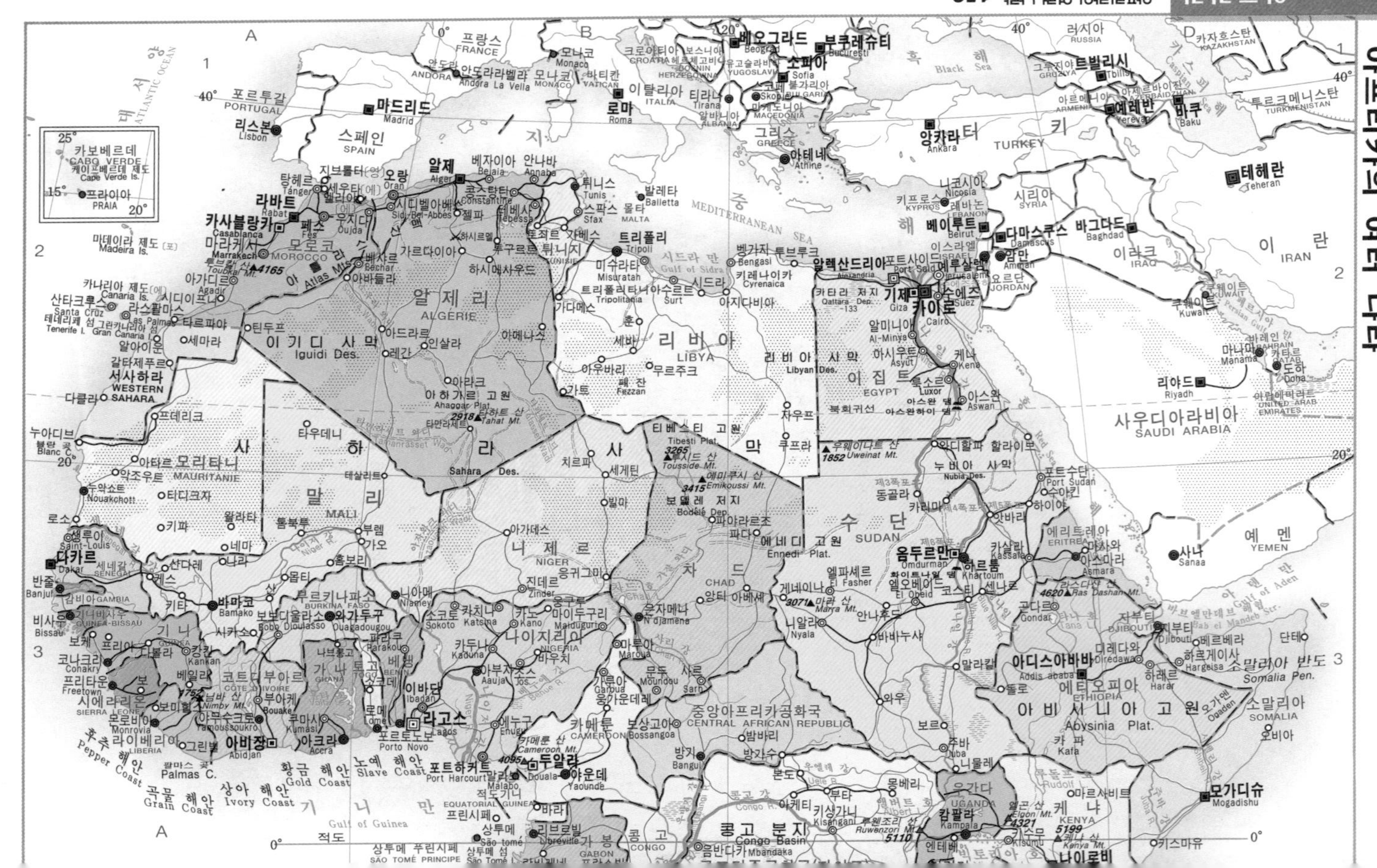

알제리 ALGERIE
리비아 LIBYA
이집트 EGYPT
수단 SUDAN
차드 CHAD
니제르 NIGER
말리 MALI
모리타니 MAURITANIE
모로코 MOROCCO
나이지리아 NIGERIA
에티오피아 ETHIOPIA
소말리아 SOMALIA
케냐 KENYA
우간다 UGANDA
중앙아프리카공화국 CENTRAL AFRICAN REPUBLIC
카메룬 CAMEROON
서사하라 WESTERN SAHARA
사우디아라비아 SAUDI ARABIA
예멘 YEMEN
이란 IRAN
이라크 IRAQ
시리아 SYRIA
터키 TURKEY
그리스 GREECE
이탈리아 ITALIA
스페인 SPAIN
포르투갈 PORTUGAL
프랑스 FRANCE
지중해 MEDITERRANEAN SEA
사하라 사막 Sahara Des.
리비아 사막 Libyan Des.
카이로 Cairo
카르툼 Khartoum
아디스아바바 Addis ababa
모가디슈 Mogadishu
나이로비
캄팔라 Kampala
라고스 Lagos
아크라 Accra
아비장 Abidjan
다카르 Dakar
바마코 Bamako
알제 Alger
튀니스 Tunis
트리폴리 Tripoli
라바트 Rabat
카사블랑카 Casablanca
마드리드 Madrid
리스본 Lisbon
로마 Roma
아테네 Athine
앙카라 Ankara
바그다드 Baghdad
테헤란 Teheran
리야드 Riyadh
사나 Sanaa
기니 만 Gulf of Guinea
콩고 분지 Congo Basin
카보베르데 CABO VERDE
프라이아 PRAIA

1:42,000,000
0
1000km
모리셔스 MAURITIUS
포트루이스 Port Louis
생드니 St-Denis
레위니옹 섬(프) Reunion I.
마스카렌 제도 Mascarene Is.
빅토리아 Victoria
세이셸 SEYCHELLES
아미란테 제도 Amirante Is.
마다가스카르 MADAGASCAR
안타나나리보 Antananarivo
타마타브 Tamatave
마중가 Majunga
마다가스카르 섬 Madagascar I.
코모로 제도 Comoro Is.
모로니 MORONI
코모로 COMOROS
마요트 섬(프) Mayoutte I.
다르에스살람 Dar es salaam
잔지바르 Zanzibar
탕가 Tanga
몸바사 Mombasa
펨바 섬 Pemba I.
탄자니아 TANZANIA
말라위 MALAWI
릴롱궤 Lilongwe
블랜타이어 Blantyre
모잠비크 MOZAMBIQUE
베이라 Beira
마푸토 Maputo
짐바브웨 ZIMBABWE
하라레 Harare
불라와요 Bulawayo
잠비아 ZAMBIA
루사카 Lusaka
보츠와나 BOTSWANA
가보로네 Gaborone
칼라하리 사막 Kalahari Des.
나미비아 NAMIBIA
빈트후크 WINDHOEK
나미브 사막 Namib Des.
앙골라 ANGOLA
루안다 Luanda
킨샤사 Kinshasa
브라자빌 Brazzaville
푸앵트누아르 Pointe Noire
남아프리카 공화국 REPUBLIC OF SOUTH AFRICA
프리토리아 Pretoria
요하네스버그 Johannesburg
레소토 LESOTHO
마세루 Maseru
스와질란드 SWAZILAND
음바바네 Mbabane
케이프타운 Cape Town
희망봉 C. of Good Hape
포트엘리자베스 Port Elizabeth
이스트런던 East London
더반 Durban
블룸폰테인 Bloemfontein
킴벌리 Kimberley
모잠비크 해협 Mozambique Str.
인도양 INDIAN OCEAN
대서양 ATLANTIC OCEAN

아프리카(북부 아프리카)

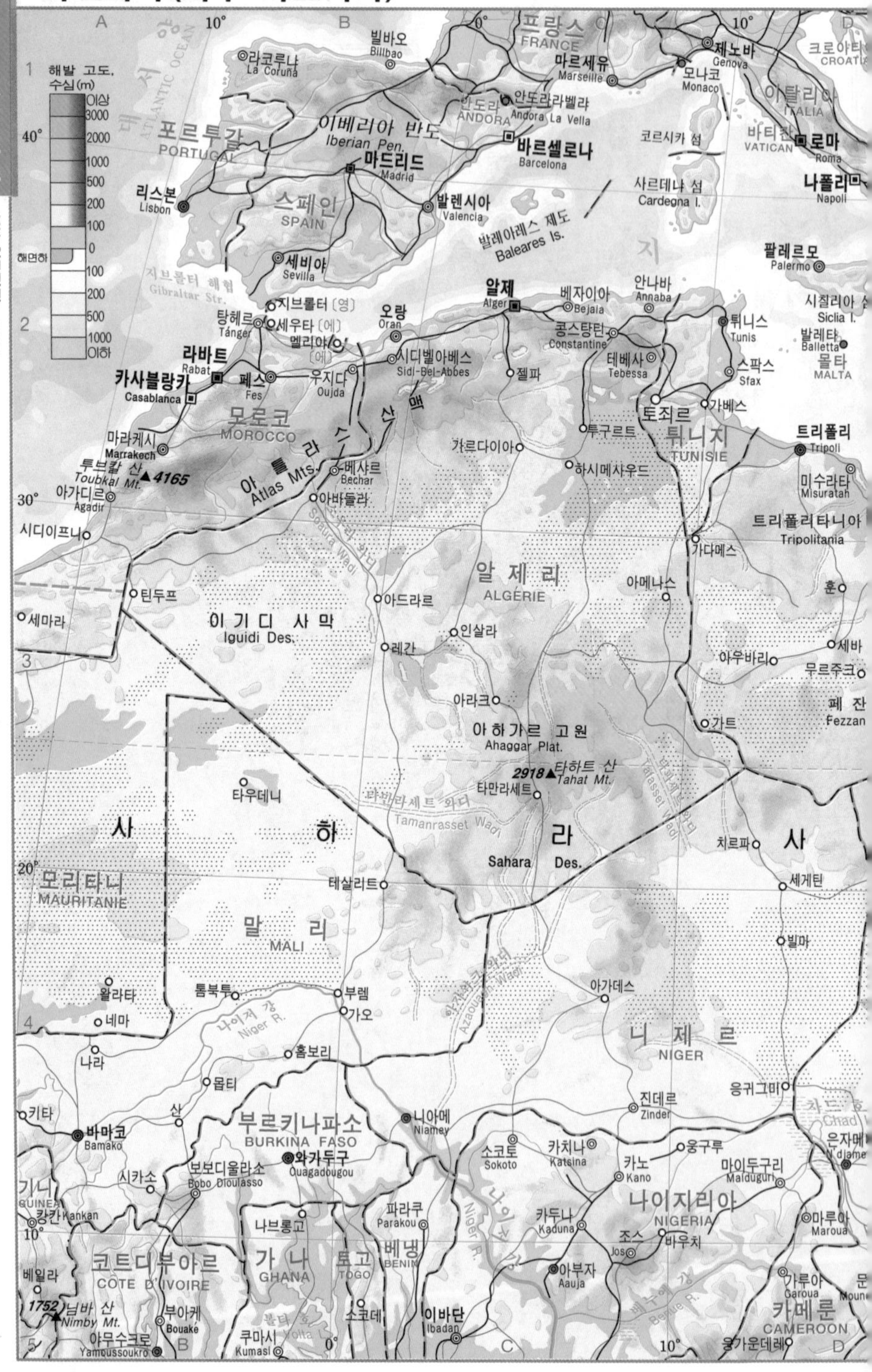
해발 고도, 수심(m)
이상
3000
2000
1000
500
200
100
0
해면하
100
200
500
1000
이하
대서양
ATLANTIC OCEAN
프랑스
FRANCE
빌바오
Bilbao
라코루냐
La Coruña
마르세유
Marseille
제노바
Genova
모나코
Monaco
크로아티아
CROATIA
안도라
ANDORA
안도라라벨랴
Andora La Vella
이탈리아
ITALIA
포르투갈
PORTUGAL
이베리아 반도
Iberian Pen.
바르셀로나
Barcelona
코르시카 섬
바티칸
VATICAN
로마
Roma
마드리드
Madrid
리스본
Lisbon
스페인
SPAIN
발렌시아
Valencia
사르데냐 섬
Cardegna I.
나폴리
Napoli
발레아레스 제도
Baleares Is.
세비야
Sevilla
팔레르모
Palermo
지브롤터 해협
Gibraltar Str.
알제
Alger
베자이아
Bejaia
안나바
Annaba
시칠리아 섬
Siclia I.
지브롤터 (영)
오랑
Oran
탕헤르
Tánger
세우타 (에)
멜리야 (에)
튀니스
Tunis
콩스탕틴
Constantine
발레타
Balletta
몰타
MALTA
라바트
Rabat
시디벨아베스
Sidi-Bel-Abbes
테베사
Tebessa
카사블랑카
Casablanca
페스
Fes
우지다
Oujda
젤파
스팍스
Sfax
모로코
MOROCCO
토죄르
가베스
마라케시
Marrakech
투구르트
튀니지
TUNISIE
트리폴리
Tripoli
가르다이아
투브칼 산
Toubkal Mt.
4165
아틀라스 산맥
Atlas Mts.
베샤르
Bechar
하시메사우드
미수라타
Misuratah
아가디르
Agadir
아바돌라
사우라 와디
Saoura Wadi
트리폴리타니아
Tripolitania
시디이프니
가다메스
알제리
ALGÉRIE
틴두프
아드라르
아메나스
훈
세마라
이기디 사막
Iguidi Des.
인살라
레간
세바
아우바리
무르주크
아라크
가트
페잔
Fezzan
아하가르 고원
Ahaggar Plat.
2918
타하트 산
Tahat Mt.
타만라세트
타우데니
타만라세트 와디
Tamanrasset Wadi
타파사세트 와디
Tafasset Wadi
사하라 사막
Sahara Des.
치르파
모리타니
MAURITANIE
테살리트
세게틴
말리
MALI
빌마
아자우아크 와디
Azaouak Wadi
아가데스
톰북투
부렘
왈라타
가오
네마
나이저 강
Niger R.
니제르
NIGER
나라
홈보리
몹티
응귀그미
키타
산
진데르
Zinder
니아메
Niamey
차드 호
Chad L.
바마코
Bamako
부르키나파소
BURKINA FASO
은자메나
N'djamena
소코토
Sokoto
카치나
Katsina
웅구루
와가두구
Ouagadougou
시카소
보보디울라소
Bobo Dioulasso
카노
Kano
마이두구리
Maiduguri
기니
GUINEA
캉칸
Kankan
파라쿠
Parakou
나이지리아
NIGERIA
마루아
Maroua
나브롱고
카두나
Kaduna
조스
Jos
바우치
베닝
BENIN
베일라
코트디부아르
COTE D'IVOIRE
가나
GHANA
토고
TOGO
아부자
Aauja
가루아
Garoua
1752
님바 산
Nimby Mt.
부아케
Bouake
소코데
이바단
Ibadan
베누에 강
Benue R.
카메룬
CAMEROON
볼타 호
Volta L.
야무수크로
Yamoussoukro
쿠마시
Kumasi
응가운데레

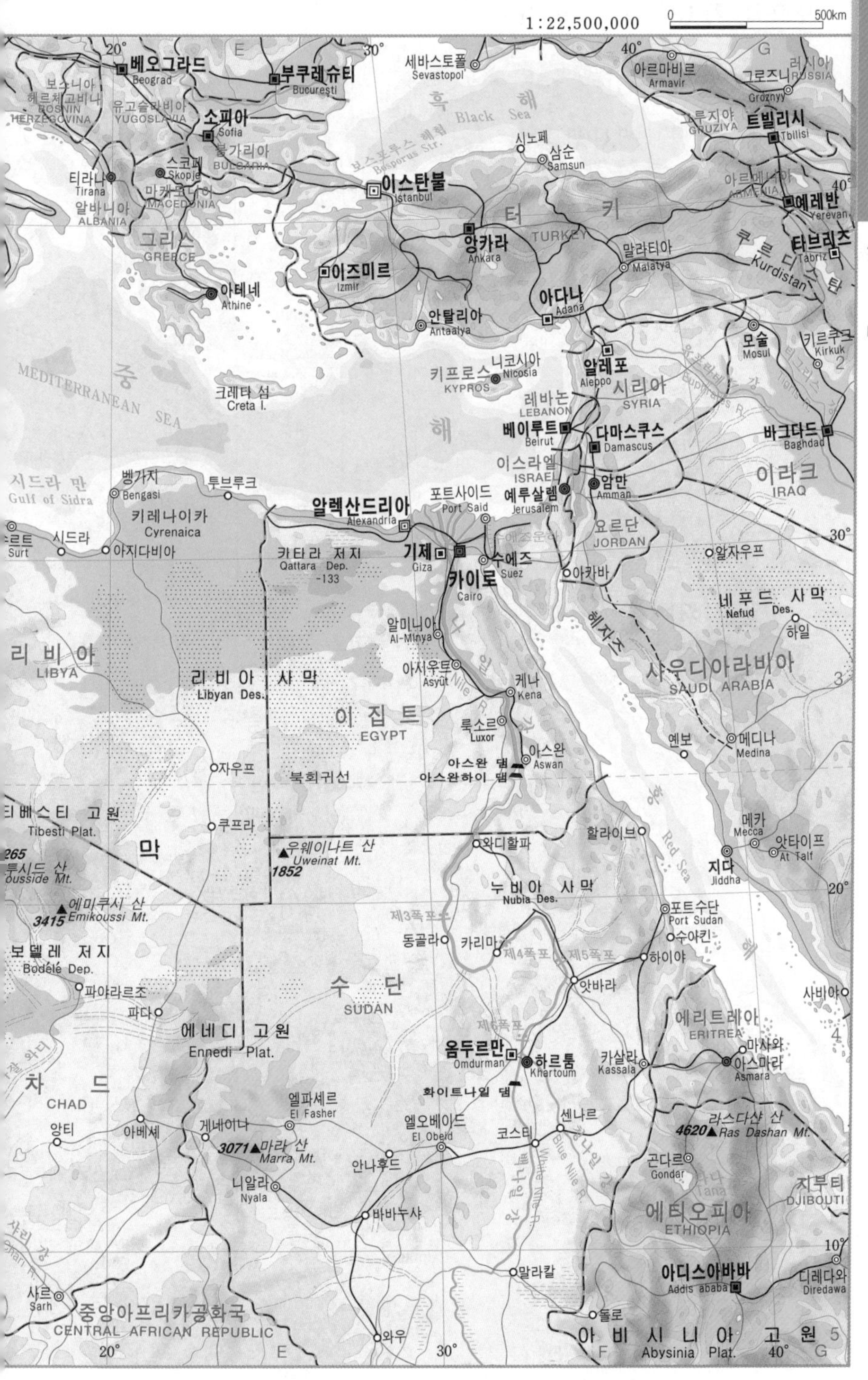
1:22,500,000
0 500km
베오그라드
Beograd
부쿠레슈티
București
세바스토폴
Sevastopol'
아르마비르
Armavir
러시아
RUSSIA
그로즈니
Groznyy
보스니아 헤르체고비나
BOSNIA HERZEGOVINA
유고슬라비아
YUGOSLAVIA
흑 해
Black Sea
소피아
Sofia
불가리아
BULGARIA
그루지야
GRUZIYA
트빌리시
Tbilisi
보스포루스 해협
Bosporus Str.
시노페
삼순
Samsun
스코페
Skopje
티라나
Tirana
마케도니아
MACEDONIA
알바니아
ALBANIA
이스탄불
İstanbul
아르메니아
ARMENIA
예레반
Yerevan
앙카라
Ankara
터 키
TURKEY
그리스
GREECE
이즈미르
Izmir
말라티아
Malatya
쿠르디스탄
Kurdistan
타브리즈
Tabriz
아테네
Athine
아다나
Adana
안탈리아
Antaalya
모술
Mosul
키르쿠크
Kirkuk
알레포
Aleppo
시리아
SYRIA
키프로스
KYPROS
니코시아
Nicosia
유프라테스 강
Euphrates R.
티그리스 강
Tigris R.
MEDITERRANEAN SEA
중
해
크레타 섬
Creta I.
레바논
LEBANON
베이루트
Beirut
다마스쿠스
Damascus
바그다드
Baghdad
이스라엘
ISRAEL
예루살렘
Jerusalem
암만
Amman
이라크
IRAQ
시드라 만
Gulf of Sidra
벵가지
Bengasi
투브루크
키레나이카
Cyrenaica
알렉산드리아
Alexandria
포트사이드
Port Said
수에즈 운하
요르단
JORDAN
수르트
Surt
시드라
아지다비아
카타라 저지
Qattara Dep.
-133
기제
Giza
카이로
Cairo
수에즈
Suez
아카바
알자우프
네푸드 사막
Nefud Des.
하일
알미니아
Al-Minya
리비아
LIBYA
헤자즈
아시우트
Asyût
나일 강
Nile R.
사우디아라비아
SAUDI ARABIA
리비아 사막
Libyan Des.
케나
Kena
이집트
EGYPT
룩소르
Luxor
옌보
메디나
Medina
아스완
Aswan
아스완 댐
아스완하이 댐
자우프
북회귀선
티베스티 고원
Tibesti Plat.
쿠프라
홍해
Red Sea
할라이브
메카
Mecca
앗타이프
At Taif
우웨이나트 산
Uweinat Mt.
1852
와디할파
사
막
3265
투시드 산
Toussidé Mt.
지다
Jiddha
누비아 사막
Nubia Des.
에미쿠시 산
3415 Emikoussi Mt.
제3폭포
포트수단
Port Sudan
수아킨
동골라
카리마
제4폭포
제5폭포
하이야
보델레 저지
Bodélé Dep.
파야라르조
앗바라
수 단
SUDAN
사비아
파다
제6폭포
에리트레아
ERITREA
에네디 고원
Ennedi Plat.
옴두르만
Omdurman
하르툼
Khartoum
카살라
Kassala
마사와
아스마라
Asmara
차 드
CHAD
화이트나일 댐
엘파셰르
El Fasher
라스다샨 산
4620 Ras Dashan Mt.
앙티
아베셰
게네이나
엘오베이드
El Obeid
센나르
코스티
마라 산
3071 Marra Mt.
청나일 강
Blue Nile R.
백나일 강
White Nile R.
곤다르
Gondar
타나 호
Tana
안나후드
지부티
DJIBOUTI
니알라
Nyala
에티오피아
ETHIOPIA
바바누사
샤리 강
Chari R.
말라칼
아디스아바바
Addis ababa
디레다와
Diredawa
사르
Sarh
중앙아프리카공화국
CENTRAL AFRICAN REPUBLIC
돌로
와우
아비시니아 고원
Abysinia Plat.
20°
30°
40°
10°
E
F
G
1
2
3
4
5

아프리카 (서부 아프리카)

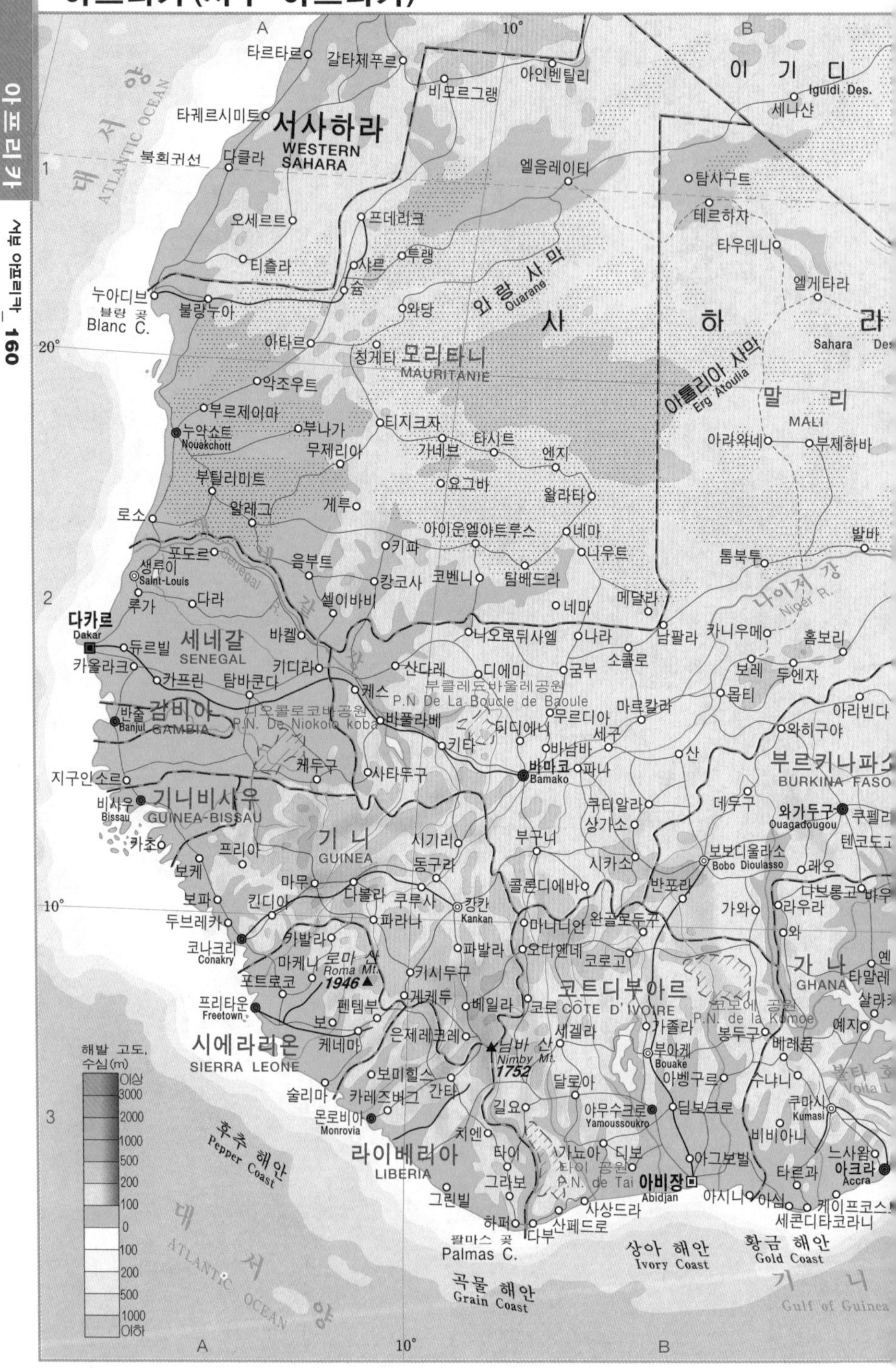
서사하라
WESTERN SAHARA
모리타니
MAURITANIE
사하라
Sahara Des.
말리
MALI
이기디
Iguidi Des.
와랑 사막
Ouarane
아틀리아 사막
Erg Atoulia
세네갈
SENEGAL
감비아
GAMBIA
기니비사우
GUINEA-BISSAU
기니
GUINEA
시에라리온
SIERRA LEONE
라이베리아
LIBERIA
코트디부아르
CÔTE D'IVOIRE
부르키나파소
BURKINA FASO
가나
GHANA
대서양
ATLANTIC OCEAN
북회귀선
블랑 곶
Blanc C.
팔마스 곶
Palmas C.
후추 해안
Pepper Coast
곡물 해안
Grain Coast
상아 해안
Ivory Coast
황금 해안
Gold Coast
기니 만
Gulf of Guinea
나이저 강
Niger R.
세네갈 강
Senegal
로마 산
Roma Mt.
1946
님바 산
Nimby Mt.
1752
니오콜로코바공원
P.N. De Niokolo koba
부클레드바울레공원
P.N De La Boucle de Baoule
코모에 공원
P.N. de la Komoe
타이 공원
P.N. de Tai
다카르
Dakar
누악쇼트
Nouakchott
생루이
Saint-Louis
반줄
Banjul
비사우
Bissau
코나크리
Conakry
프리타운
Freetown
몬로비아
Monrovia
바마코
Bamako
와가두구
Ouagadougou
보보디울라소
Bobo Dioulasso
야무수크로
Yamoussoukro
아비장
Abidjan
부아케
Bouake
캉칸
Kankan
쿠마시
Kumasi
아크라
Accra
타르타르
갈타제푸르
아인벤틸리
비모르그랭
타궤르시미트
다클라
오세르트
티츨라
프데라크
샤르
투랭
숨
누아디브
불랑누아
와당
아타르
청게티
악조우트
부르제이마
부나가
티지크자
타시트
가네브
무제리아
엔지
부틸리미트
요그바
왈라타
알레그
게루
로소
아이운엘아트루스
네마
포도르
키파
니우트
음부트
캉코사
코벤니
팀베드라
다라
루가
셀이바비
메달라
바켈
니오로뒤사엘
나라
남팔라
카니우메
홈보리
듀르빌
소콜로
키디라
산다레
디에마
굼부
보레
두엔자
카올라크
카프린
탐바쿤다
케스
몹티
마르칼라
아리빈다
무르디아
바풀라베
디디에니
세구
와히구야
키타
바남바
산
케두구
사타두구
파나
지구안소르
쿠티알라
데두구
쿠펠리
상가소
텐코도고
카촌
프리아
시기리
부구니
시카소
보케
동구라
레오
마무
다볼라
쿠루사
콜론디에바
반포라
나브롱고
바우
보파
킨디아
마니니안
완골로두구
가와
라우라
두브레카
파라나
와
카발라
파발라
오디엔네
코로고
마케나
키시두구
포트로코
타말레
게케두
펜템부
베일라
코로
살라가
보
은제레코레
가졸라
케네마
봉두구
예지
세겔라
베레쿰
보미힐스
아벵구루
간타
달로아
수나니
술리마
카레즈버그
딥보크로
길요
비비아니
치엔
타이
가뇨아
디보
아그보빌
느사왐
그라보
타르과
그린빌
아시니
아심
케이프코스트
사상드라
하퍼
산페드로
세콘디타코라디
다부
타우데니
탐사구트
테르하자
엘게타라
세나샨
엘음레이티
아라와네
부제하바
톰북투
발바
해발 고도, 수심(m)
이상
3000
2000
1000
500
200
100
0
100
200
500
1000
이하

1:15,000,000

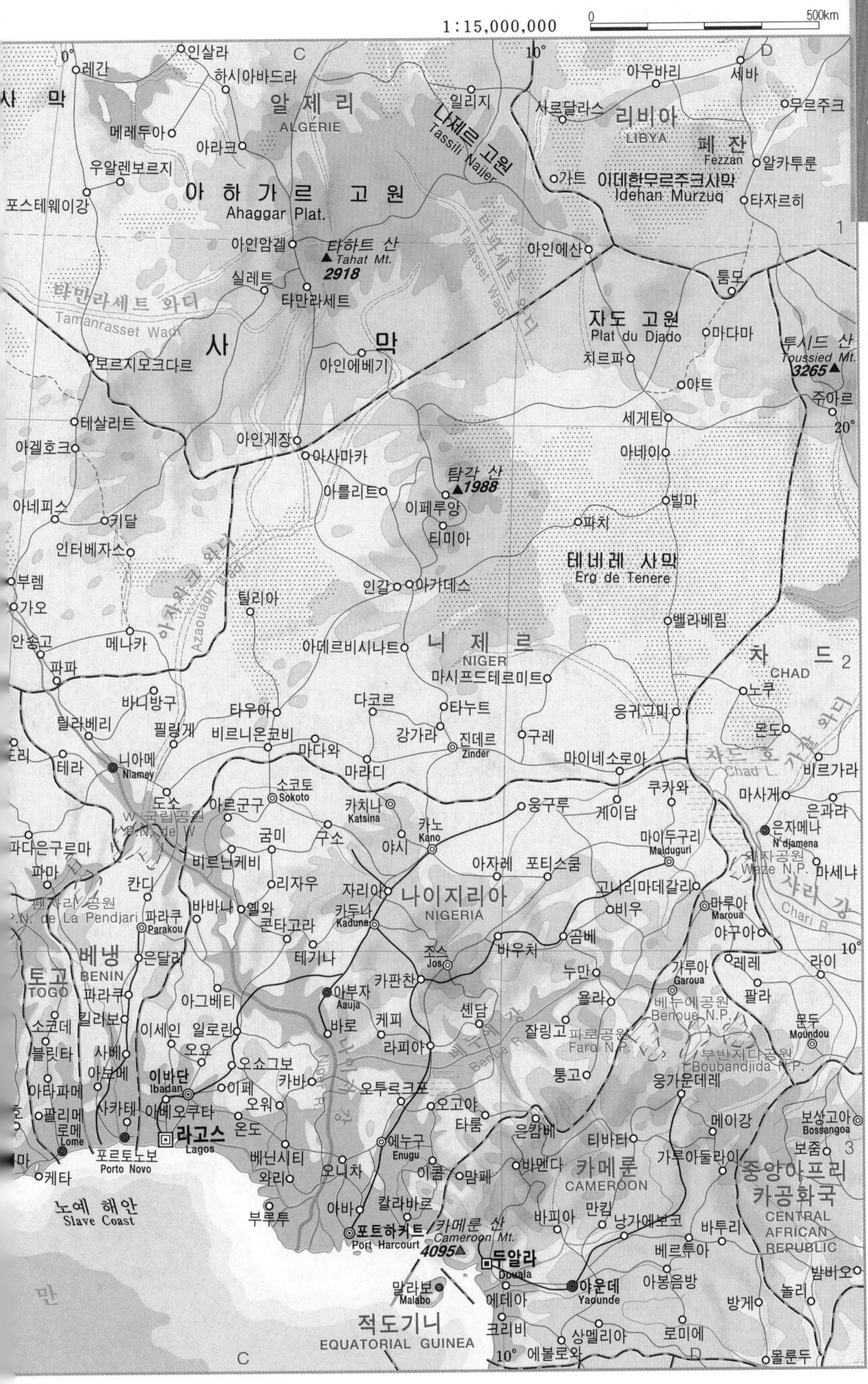

0 500km

사막
알제리
ALGÉRIE
타실리나제르 고원
Tassili Najjer
리비아
LIBYA
페잔
Fezzan
이데한무르주크사막
Idehan Murzuq
아하가르 고원
Ahaggar Plat.
타하트 산
Tahat Mt.
2918
타파세트 와디
Tafasset Wadi
타만라세트 와디
Tamanrasset Wadi
사막
자도 고원
Plat du Djado
투시드 산
Toussied Mt.
3265
탐각 산
1988
테네레 사막
Erg de Tenere
아자와그 와디
Azaouagh Wadi
니제르
NIGER
차드
CHAD
차드 호
Chad L.
바타 와디
W 국립공원
P.N. de W
나이지리아
NIGERIA
펜자리 공원
P.N. de La Pendjari
와자공원
Waza N.P.
샤리 강
Chari R.
베냉
BENIN
토고
TOGO
니제르 강
Niger R.
베누에 강
Benue R.
베누에공원
Benoue N.P.
파로공원
Faro N.P.
부반지다공원
Boubandjida N.P.
카메룬
CAMEROON
중앙아프리카공화국
CENTRAL AFRICAN REPUBLIC
노예 해안
Slave Coast
카메룬 산
Cameroon Mt.
4095
적도기니
EQUATORIAL GUINEA
만

인살라
레간
하시아바드라
메레두아
아라크
우알렌보르지
포스테웨이강
일리지
사르달라스
아우바리
세바
무르주크
알카투룬
가트
타자르히
아인암겔
실레트
타만라세트
아인예산
툼모
마다마
치르파
야트
주아르
보르지모크다르
아인에베기
테살리트
아겔호크
아인게장
아사마카
세게틴
아네이
아를리트
이페루앙
티미아
빌마
파치
아네피스
키달
인터베자스
부렘
가오
인갈
아가데스
틸리아
벨라베림
안송고
메나카
아데르비시나트
파파
마시프드테르미트
바니방구
타우아
다코르
타누트
응귀그미
노쿠
틸라베리
필링게
비르니온코비
강가라
진데르
Zinder
구레
몬도
테라
니아메
Niamey
마다와
마라디
마이네소로아
비르가라
도소
소코토
Sokoto
카치나
Katsina
쿠카와
마사게
아르군구
웅구루
게이담
은과라
구소
카노
Kano
마이두구리
Maiduguri
은자메나
N'djamena
파다은구르마
굼미
야시
비르닌케비
아자레
포티스쿰
마세냐
파마
칸디
리자우
자리아
고니리마데갈리
마루아
Maroua
파라쿠
Parakou
바바나
옐와
카두나
Kaduna
비우
콘타고라
야구아
은달리
테기나
조스
Jos
바우치
곰베
라이
누만
가루아
Garoua
레레
파라쿠
아그베티
아부자
Auuja
카판찬
팔라
올라
킬리보
셴담
소코데
바로
케피
잘링고
문두
Moundou
블릿타
이세인
일로린
사베
오요
라피아
아보메
오쇼그보
이바단
Ibadan
이페
카바
오투르크포
퉁고
웅가운데레
아타파메
사카테
아베오쿠타
오워
오고야
팔리메
로메
Lome
타룸
메이강
보상고아
Bossangoa
은캄베
라고스
Lagos
온도
티바티
포르토노보
Porto Novo
베닌시티
에누구
Enugu
가루아둘라이
보줌
바멘다
케타
오니차
와리
이쿰
맘페
아바
칼라바르
만캄
부루투
바피아
낭가에보코
바투리
포트하커트
Port Harcourt
베르투아
두알라
Douala
말라보
Malabo
야운데
Yaounde
아봉음방
밤바오
놀리
에데아
방게
크리비
로미에
상멜리마
에볼로와
몰룬두

C D 1 2 3 0° 10° 20°

아프리카(남부 아프리카)

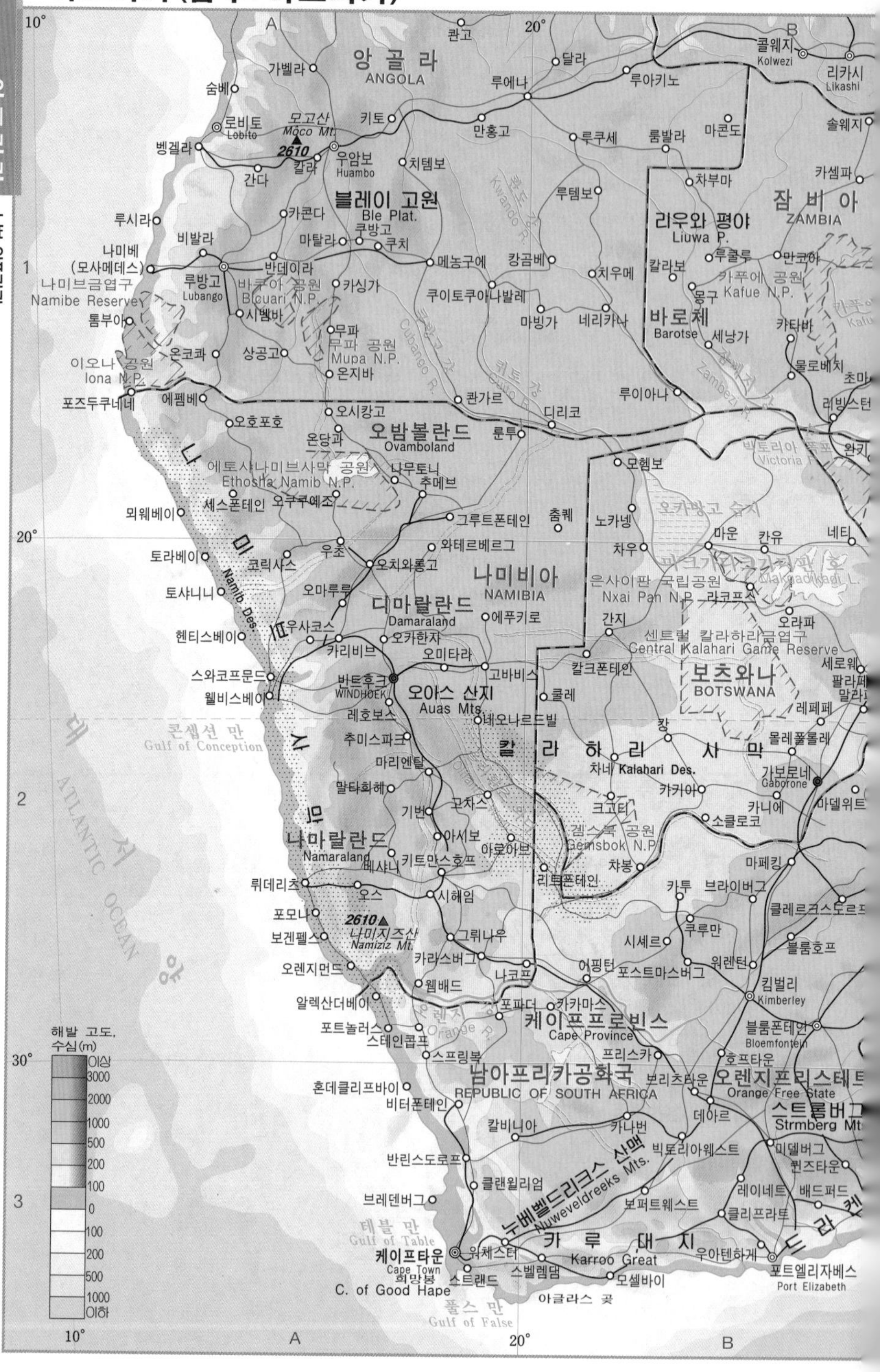
앙골라
ANGOLA
콴고
가벨라
달라
루에나
루아키노
콜웨지
Kolwezi
리카시
Likashi
숨베
로비토
Lobito
모고산
Moco Mt.
2610
키토
만홍고
루쿠세
룸발라
마콘도
솔웨지
벵겔라
우암보
Huambo
칼라
간다
치템보
차부마
카셈파
블레이 고원
Ble Plat.
루템보
잠비아
ZAMBIA
루시라
카콘다
리우와 평야
Liuwa P.
나미베
(모사메데스)
비발라
마탈라
쿠방고
쿠치
메농구에
캉곰베
루쿨루
만코아
칼라보
반데이라
루방고
Lubango
나미브금엽구
Namibe Reserve
바쿠아 공원
Bicuari N.P.
카싱가
치우메
카푸에 공원
Kafue N.P.
몽구
쿠이토쿠아나발레
톰부아
시벰바
무파
무파 공원
Mupa N.P.
마빙가
네리카나
바로체
Barotse
세낭가
카타바
온코콰
상공고
온지바
물로베치
이오나 공원
Iona N.P.
쿠방고 강
Cubango R.
쿠이토 강
Cuito R.
잠베지 강
Zambezi R.
루이아나
포즈두쿠네네
에펨베
콴가르
리빙스턴
디리코
오시캉고
오호포호
오밤볼란드
Ovamboland
룬투
온당과
빅토리아 폭포
Victoria Falls
나
에토샤나미브사막 공원
Ethosha Namib N.P.
나무토니
모헴보
추메브
뫼웨베이
세스폰테인
오쿠쿠예조
오카방고 습지
노카넹
그루트폰테인
춤퀘
20°
마운
칸유
네티
토라베이
미
우초
와테르베르그
차우
막가디카디 호
Makgadikadi L.
코릭사스
오치와롱고
나미비아
NAMIBIA
Namib Des.
은사이판 국립공원
Nxai Pan N.P.
라코프스
토샤니니
오마루루
디마랄란드
Damaraland
에푸키로
오라파
간지
헨티스베이
우사코스
센트럴 칼라하리 금엽구
Central Kalahari Game Reserve
카리비브
오카한자
오미타라
세로웨
칼크폰테인
고바비스
스와코프문드
빈트후크
WINDHOEK
오아스 산지
Auas Mts.
보츠와나
BOTSWANA
팔라피
쿨레
말라피
웰비스베이
레호보스
네오나르드빌
레페페
대
콘셉션 만
Gulf of Conception
사
추미스파크
캉
몰레풀롤레
칼
라
하
리
사
막
마리엔탈
차네
Kalahari Des.
가보로네
Gaborone
2
말타회헤
카카아
ATLANTIC
OCEAN
고차스
크고디
카니에
마델위트
기번
소클로코
막
서
아서보
겜스복 공원
Gemsbok N.P.
나마랄란드
Namaraland
아로아브
키트만스호프
베샤니
차봉
마페킹
뤼데리츠
리트폰테인
오스
카투
브라이버그
시헤임
포모나
클레르크스도르프
2610
나미지즈산
Namiziz Mt.
쿠루만
보겐펠스
그뤼나우
시셰르
블룸호프
양
카라스버그
워렌턴
오렌지먼드
어핑턴
나코프
포스트마스버그
웸배드
킴벌리
Kimberley
알렉산더베이
포파더
카카마스
오렌지 강
Orange R.
케이프프로빈스
Cape Province
해발 고도,
수심(m)
포트놀러스
블룸폰테인
Bloemfontein
스테인콥프
30°
이상
3000
2000
1000
500
200
100
0
100
200
500
1000
이하
스프링복
프리스카
호프타운
남아프리카공화국
REPUBLIC OF SOUTH AFRICA
브리츠타운
오렌지프리스테이트
Orange Free State
혼데클리프바이
데아르
비터폰테인
스트롬버그
Strmberg Mts.
칼비니아
카나번
반린스도로프
미델버그
빅토리아웨스트
퀸즈타운
누베벨드리크스 산맥
Nuweveldreeks Mts.
3
클랜윌리엄
레이네트
배드퍼드
브레덴버그
보퍼트웨스트
클리프라트
테블 만
Gulf of Table
카루 대지
Karroo Great
케
라
우아텐하게
워체스터
케이프타운
Cape Town
스벨렘댐
포트엘리자베스
Port Elizabeth
희망봉
스트랜드
모셀바이
C. of Good Hape
아글라스 곶
폴스 만
Gulf of False
10°
A
20°
B
1

1:15,000,000
0
500km
방웨울루 호
Bangweulu L.
니아사 호
Nyasa L.
탄자니아
TANZANIA
루부마 강
Ruvuma R.
코모로 제도
Comoro Is.
모로니
MORONI
코모로
COMOROS
루붐바시
Lubumbashi
키트웨
Kitwe
은돌라
Ndola
카브웨
Kabwe
루사카
Lusaca
말라위
MALAWI
릴롱궤
Lilongwe
루겐다 강
Lugenda R.
카보라바사 댐
Cabora Bassa D.
블랜타이어
Blantyre
말란제 산
Malanje Mt.
3000
남풀라
Nampula
카리바 댐
Kariba D.
카리바 호
Kariba L.
짐바브웨
ZIMBABWE
하라레
Harare
완키 공원
Wankie N.P
무타레
Mutare
궬로
Gwelo
고롱고사 공원
Gorongosa N.P.
베이라
Beira
불라와요
Bulawayo
모잠비크
MOZAMBIQUE
사베 강
Save R.
모잠비크 해협
Mozambique Str.
세이셸
SEYCHELLES
빅토리아
Victoria
아미란테 제도
Amirante Is.
바닌 공원
Banhine N.P.
크루거 공원
Kruger N.P.
나린다 만
Gulf of Narinda
마로모코트로 산
Maromokotro Mt.
2876
남회귀선
트란스발
Transvaal
마중가
Majunga
안코파 산
Ankofa Mt.
1300
프리토리아
Pretoria
마푸토
Maputo
마푸토 만
Gulf of Maputo
요하네스버그
Johanesburg
베리니힝
Vereeniging
음바바네
Mbabane
스와질란드
SWAZILAND
마다가스카르
MADAGASCAR
타마타브
Tamatave
나탈
Natal
안타나나리보
Antananrivo
마세루
Maseru
피터마리츠버그
Pietermaritzburg
안치라베
Antsirabe
레소토
LESOTHO
더반
Durban
팡갈란 운하
Panggalane Canal
드라켄스버그 산맥
Drakensberg Mts.
모리셔스
MAURITIUS
안나벨로나 산
Anavelono Mt.
2876
생드니
St-Denis
포트루이스
Port Louis
레위니옹 섬(프)
Reunion I.
이스트런던
East London
마다가스카르 섬
Madagascar I.
인도양
INDIAN OCEAN
생마리 곶

❊❊❊ 북부 · 사하라 아프리카 ❊❊❊

1. 이집트
Arab Republic of Egypt

수도 : 카이로(711만 명)
면적 : 100.1만 ㎢
인구 : 7,339만 명
인구 밀도 : 73명/㎢

데이터

정체 / 공화제

민족 / 아랍 계 92%, 기타

언어 / 아라비아 어, 영어 등

종교 / 이슬람 교

문맹률 / 44%

평균 수명 / 남 66세, 여 67세

통화 / 이집트 파운드(Pound)

도시 인구 / 42%

주요 도시 / 알렉산드리아, 기제, 포트사이드, 수에즈, 아스완 등

국민 총생산 / 976억 달러

1인당 국민 소득 / 1,470달러

토지 이용 / 농경지 3.5%, 기타 96.5%

산업별 인구 / 1차 28.7%, 2차 21.1%, 3차 50.2%

천연 자원 / 석유, 천연가스, 인산염, 망간, 우라늄, 석탄, 철광석 등

수출 / 47억 달러(원료와 연료, 공업제품 등)

수입 / 126억 달러(공업제품, 식료품, 연료 등)

한국의 대(對) 이집트 수출 / 4.3억 달러

한국의 대(對) 이집트 수입 / 2.0억 달러

한국 교민 / 670명

발전량 / 766억 kWh(수력 17.8%, 화력 82.2%)

관광객 / 491만 명

관광 수입 / 38억 달러

자동차 보유 대수 / 261만 대

국방 예산 / 31억 달러

군인 / 45만 명

표준 시간 / 한국 시간에서 -7시간

국제 전화 국가 번호 / 20번

주요 도시의 기후

카이로

월별	1월	2월	3월	4월	5월	6월	7월	8월	9월	10월	11월	12월	전년
기온(˚C)	13.9	15.3	17.7	21.6	24.8	27.7	28.0	27.9	26.5	23.9	19.3	15.1	21.8
강수량(mm)	5	3	5	2	0	0	0	0	0	1	3	5	24

자 연

아프리카 대륙의 북동부에 위치하며, 북쪽은 지중해, 동쪽은 이스라엘과 홍해, 남쪽은 수단, 서쪽은 리비아와 접하고 있다. 국토의 90% 이상이 리비아 사막과 누비아 사막 지대로 건조 기후 지대

동부 아프리카의 고원 지대에서 발원하여 국토의 남북을 관통하는 나일 강은 이 나라의 젖줄로, 그 유역과 하류의 삼각주 지대는 비옥한 농업 지대를 이루고 인구 · 산업 · 경제의 핵심 지대를 이룬다.

역 사

BC 3000년경부터 고대 문명이 발생했던 지역으로 그 후 왕조의 성쇠가 계속되었다. BC 6세기와 4세기에는 페르시아의 지배와 알렉산더 대왕의 정복을 받았다. 이후 로마 제국과 오스만 제국의 지배를 거쳐 19세기에는 영국의 식민지가 되었다가 1922년 독립하였다. 1953년 쿠데타로 왕국에서 공화국으로 정체가 바뀌었으며, 3차 중동 전쟁에서는 이스라엘이 동부의 시나이 반도를 점령하였으나 1981년 평화 조약 체결로 회복하였다. 오늘날에는 비동맹 중립 외교를 표방하고 있으나 정치적인 혼란이 잦다. 아랍 제국의 중심 국가로 카이로에는 아랍 연합의 본부가 있다.

경 제

농업이 국민 경제의 중심을 이룬다. 국토의 3%에 불과한 나일 강 유역 지역이 농업의 핵심 지대를 이룬다. 중류의 아스완하이 댐이 1970년에 완공되면서 농경지 확장과 수자원 이용에 큰 도움을 주고 있다. 주요 작물은 면화, 쌀, 밀, 대추야자 등이며, 특히 면화는 질이 좋기로 유명하다.

그 밖에 이 나라 경제를 지탱하는 주요 산업으로는 1869년 개통된 수에즈 운하의 수입, 수에즈 만 연안의 석유 개발과 원유 수출, 관광 수입 등이 있다.

관 광

피라미드와 스핑크스를 비롯한 고대 유적, 지중해 연안의 모래사장과 휴양지, 전통 풍물과 시장 등이 주요 관광 자원이다.

2. 수단

Republic of the Sudan

수도 : 하르툼(95만 명)
면적 : 250.6만 ㎢
인구 : 3,915만 명
인구 밀도 : 16명/㎢

데이터

정체 / 공화제

민족 / 흑인 52%, 아랍 인 39%, 기타 9%

언어 / 아라비아 어, 기타

종교 / 이슬람 교(북부) 70%, 토속 신앙 25%, 기독교 5% 등

문맹률 / 42%

평균 수명 / 남 54세, 여 57세

통화 / 수단 디나르(Dinar)

도시 인구 / 36%

주요 도시 / 옴두르만, 포트수단 등

국민 총생산 / 122억 달러

1인당 국민 소득 / 370달러

토지 이용 / 농경지 5.2%, 목초지 43.9%, 삼림 17.2%, 기타 33.7%

산업별 인구 / 1차 63.5%, 2차 6.5%, 3차 30.0%

천연 자원 / 석유, 철광석, 구리, 크롬, 아연, 텅스텐, 금 등

수출 / 17억 달러(석유, 참깨, 면화, 땅콩 등)

수입 / 16억 달러(석유제품, 기계류, 곡물, 자동차, 화학약품 등)

발전량 / 26억 kWh(수력 48.3%, 화력 51.7%)

관광객 / 5.2만 명

관광 수입 / 5,600만 달러

자동차 보유 대수 / 17만 대

국방 예산 / 6.3억 달러

군인 / 11만 명

표준 시간 / 한국 시간에서 -7시간

국제 전화 국가 번호 / 249번

주요 도시의 기후

하르툼

월별	1월	2월	3월	4월	5월	6월	7월	8월	9월	10월	11월	12월	전년
기온(˚C)	22.6	24.5	28.1	31.5	34.2	34.1	31.8	30.7	31.8	32.1	27.7	23.6	29.4
강수량(mm)	0	0	0	0	4	7	44	57	17	5	1	0	136

자 연

아프리카에서 국토가 가장 넓은 나라로 나일 강의 중상류 지대인 이집트의 남부에 위치한다. 빅토리아 호에서 발원한 백나일 강과 에티오피아의 타나 호에서 발원한 청나일 강이 수도 하르툼에서 합류하여 국토의 중동부에서 북으로 관통하여 흐른다.

이 나라는 북위 4~22˚ 사이에 위치하여 남에서 북으로 가면서 열대 우림-사바나-스텝-사막 기후 지역으로 변한다.

역 사

고대에는 이집트의 지배를 받았고 BC 8세기부터 왕국이 설립되었다. 1899년 영국과 이집트의 공동 통치하에 있었으며 1956년 독립하였다. 북부 아랍 계 정부의 남부 흑인들에 대한 차별로 장기간의 내전이 계속되어 200만 명 이상의 희생자가 발생하였으며, 1998년에는 국제 테레에도 가담하여 국가 존립의 위기를 맞기도 하였다. 2004년 국제 간의 중재로 분쟁 종식 협정이 간신히 이루어졌다.

경 제

면화, 땅콩 등을 재배하는 전형적인 농업 국가이다. 그러나 계속되는 가뭄, 국토의 사막화, 내전 등으로 난민이 속출하고 연간 수백 만의 아사자와 내전 희생자가 발생하고 있다. 한편, 1999년부터 석유가 개발되면서 그 이권을 둘러싸고 분쟁이 계속되고 있다.

관 광

옴두르만의 낙타 시장, 수도 하르툼의 야외 시장과 박물관, 나일 강 유역의 고고학 유적지, 홍해의 해상 공원과 수상 스포츠 등이 주요 관광 자원이다.

3. 리비아

Socialist People's Libyan Arab Jamahiriya

수도 : 트리폴리(131만 명)
면적 : 176.0만 ㎢
인구 : 563만 명
인구 밀도 : 3명/㎢

데이터

정체 / 사회주의 인민 공화국

민족 / 아랍 인, 베르베르 인

언어 / 아라비아 어

종교 / 이슬람 교

문맹률 / 20%

평균 수명 / 남 68세, 여 72세

통화 / 리비아 디나르(Dinar)

도시 인구 / 85%

주요 도시 / 벵가지, 미수라타 등

국민 총생산 / 192억 달러

1인당 국민 소득 / 5,260달러

토지 이용 / 농경지 1.2%, 목초지 7.6%, 삼림 0.5%, 기타 90.7%

천연 자원 / 석유, 천연가스, 석고 등

수출 / 92억 달러(원유, 석유제품, 천연가스, 화학약품, 철강 등)

수입 / 70억 달러(기계류, 자동차, 곡물, 철강 등)

한국 교민 / 1,057명

발전량 / 215억 kWh(화력 100%)

관광객 / 17만 명

관광 수입 / 2,800만 달러

자동차 보유 대수 / 126만 대

국방 예산 / 5.3억 달러

군인 / 7.6만 명

표준 시간 / 한국 시간에서 -8시간

국제 전화 국가 번호 / 218번

주요 도시의 기후

트리폴리

월별	1월	2월	3월	4월	5월	6월	7월	8월	9월	10월	11월	12월	전년
기온(˚C)	12.0	13.1	15.3	18.8	22.8	26.5	27.4	28.2	26.4	22.4	17.4	13.2	20.3
강수량(mm)	61	35	32	16	4	2	0	0	15	45	46	50	306

자 연

북부 아프리카의 중앙부에 위치하며 북쪽으로 지중해와 면하고 있다. 국토의 대부분을 고온 건조한 리비아 사막과 사하라 사막이 차지하고 있으며, 지중해 연안에 약간의 농경지가 분포한다.

역 사

예로부터 페니키아 인들의 도시가 번창하였던 곳으로 7세기부터 아랍화되어 갔다. 16세기부터 오스만 제국의 영역이었고, 20세기 초 이탈리아-터키 전쟁 후 이탈리아의 식민지가 되었다가 1951년 왕국으로 독립하였다. 1969년 카다피 대령의 군사 혁명으로 공화제가 되었다. 1971~1974년 석유 산업의 국유화가 성공하고 아랍 사회주의를 제창하면서 반제국주의, 반시오니즘으로 국제 테러 조직에 가담하고 있었다. 그러나 2004년 대량 살살 무기를 포기하고 미국, 영국 등 서방 국가들과의 외교 관계를 복원하여 세계를 놀라게 하고 있다.

경 제

1959년 석유가 발견되어 세계적인 석유 산업국으로 등장한 이래 1인당 국민 소득이 아프리카 지역에서 가장 높은 나라이다. 최근의 개방 정책으로 공업화(정유, 화학 등)와 장거리 수로 개발에 의한 사막의 녹지화 등에 더욱 박차를 가하고 있다.

관 광

트리폴리의 시장, 모스크 건축물, 렙티스마그나와 키레네의 로마 유적지, 지중해 연안의 모래사장과 휴양지 등이 관광 자원이다.

4. 튀니지

Republic of Tunisie

수도 : 튀니스(70만 명)
면적 : 16.4만 ㎢
인구 : 1,000만 명
인구 밀도 : 61명/㎢

데이터

정체 / 공화제

민족 / 아랍 인 98%, 베르베르 인 등

언어 / 아라비아 어, 프랑스 어

종교 / 이슬람 교

문맹률 / 29%

평균 수명 / 남 70세, 여 73세

통화 / 튀니지 디나르(Dinar)

도시 인구 / 63%

국민 총생산 / 195억 달러

1인당 국민 소득 / 1,990달러

토지 이용 / 농경지 30.3%, 목초지 19.0%, 삼림 4.1%, 기타 46.6%

산업별 인구 / 1차 21.6%, 2차 33.5%, 3차 44.9%

천연 자원 / 석유, 천연가스, 인광석, 철광석, 납, 아연 등

수출 / 69억 달러(의류, 기계류, 원유, 화학약품, 화학 비료 등)

수입 / 95억 달러(섬유, 기계류, 자동차, 의류 등)

발전량 / 107억 kWh(수력 0.5%, 화력 99.3%, 지열 0.2%)

관광객 / 506만 명

관광 수입 / 14억 달러

자동차 보유 대수 / 75만 대

국방 예산 / 3.8억 달러

군인 / 3.5만 명

표준 시간 / 한국 시간에서 −8시간

국제 전화 국가 번호 / 216번

주요 도시의 기후

튀니스

월별	1월	2월	3월	4월	5월	6월	7월	8월	9월	10월	11월	12월	전년
기온(˚C)	11.4	11.8	13.2	15.4	19.1	22.9	26.3	26.6	24.1	20.1	15.8	12.4	18.3
강수량(mm)	56	59	45	38	24	11	2	6	35	70	58	62	467

자 연

아프리카 대륙의 북부 지중해 연안 지역에 위치하며, 연안 지역은 지중해성 기후 지대, 남부는 불모의 사막 기후 지대를 이룬다. 북부는 아틀라스 산맥의 동쪽 끝을 이루고, 중부에는 염호가 분포한다.

역 사

BC 9~2세기에 페니키아 인이 건설한 카르타고 제국이 번창했던 곳이다. 그 후 비잔틴 · 로마 · 이슬람 · 오스만 제국 등이 지배하였고, 1881년 프랑스의 보호령이 되었다가 1956년 독립하였다. 외교는 비동맹 중립 노선이지만 친서방적이다.

경 제

북부의 지중해 연안은 로마의 곡창 지대라고 불릴 정도로 밀, 오렌지, 포도 등의 지중해성 농업이 성하다. 남부의 사막 지대에서는 오아시스 농업이 이루어지고 있으며, 남부에서 개발된 석유와 천연가스는 의류와 함께 주요한 수출품이다.

관 광

카르타고의 옛 도시, 지중해 연안의 휴양지, 내륙의 오아시스 등이 관광 자원이다.

5. 알제리

Democratic and People's Republic of Algerie

수도 : 알제(152만 명)
면적 : 238.2만 ㎢
인구 : 3,232만 명
인구 밀도 : 14명/㎢

데이터

정체 / 공화제

민족 / 아랍 인 80%, 베르베르 인 등

언어 / 아라비아 어, 프랑스 어 등

종교 / 이슬람 교, 기타

문맹률 / 26%

평균 수명 / 남 68세, 여 70세

통화 / 알제리 디나르(Dinar)

도시 인구 / 57%

국민 총생산 / 538억 달러

1인당 국민 소득 / 1,720달러

토지 이용 / 농경지 3.4%, 목초지 13.3%, 삼림 1.7%, 기타 81.6%

산업별 인구 / 1차 15.7%, 2차 24.3%, 3차 60.0%

천연 자원 / 석유, 천연가스, 철광석, 인광석, 납, 아연 등

수출 / 220억 달러(원유, 천연가스, 석유제품, 철강 등)

수입 / 92억 달러(식료품, 기계류, 철강, 자동차 등)

한국의 대(對) 알제리 수출 / 2.3억 달러

한국의 대(對) 알제리 수입 / 1.9억 달러

발전량 / 266억 kWh(수력 0.3%, 화력 99.7%)

관광객 / 99만 명

관광 수입 / 1.3억 달러

자동차 보유 대수 / 285만 대

국방 예산 / 30억 달러

군인 / 13만 명

표준 시간 / 한국 시간에서 -8시간

국제 전화 국가 번호 / 213번

주요 도시의 기후

알제

월별	1월	2월	3월	4월	5월	6월	7월	8월	9월	10월	11월	12월	전년
기온(˚C)	10.7	11.2	12.4	14.7	17.9	21.2	24.3	25.0	22.7	19.2	14.9	11.5	17.1
강수량(mm)	84	86	84	62	47	20	3	5	31	83	84	123	711

자 연

아프리카 대륙의 북부에 위치하며 수단에 이어 아프리카에서 두 번째로 큰 나라이다. 국토는 지중해 연안의 좁은 평지, 그 남쪽의 아틀라스 산맥의 산지와 고원, 남부의 아하가르 고원과 광대한 사하라 사막으로 이루어져 있으며, 아틀라스 산맥은 신기 조산대 지역에 속하여 지진이 많다. 지중해 연안은 지중해성 기후를, 남부는 건조한 사막과 스텝 기후 지대를 이룬다.

역 사

지중해 연안 지역은 기원전 페니키아의 무역 요충지였으며 그 후 로마 제국의 영토가 되었다. 7세기에는 아랍 인들의 침입으로 이슬람 제국의 일부가 되었다가 16세기에는 오스만 제국의 영토가 되었다. 1830년 프랑스의 침입으로 그 식민지가 되었다가 FLN(민족해방 전선)의 무장 투쟁으로 130여 년만인 1962년에 독립을 쟁취하였다. 현재 비동맹 반식민주의 외교를 펴고 있으나 아직도 국내 정치가 불안한 상태에 있다.

경 제

농업은 식민지 시대의 프랑스 인들이 소유했던 큰 농장(코론)과 개인 농장의 이원화가 그대로 유지되고 있다. 지중해 연안을 중심으로 밀, 오렌지, 포도, 코르크 등의 재배가 성하나 인구의 증가로 자급이 어려운 형편이다. 1956년 사하라 사막에서 발견된 석유와 천연가스가 이 나라의 경제를 지탱하고 있다.

관 광

지중해 연안의 휴양지, 아틀라스 산지의 자연 경관과 트레킹, 사하라 사막의 오아시스 등이 관광 자원이다.

6. 모로코

Kingdom of Morocco

수도 : 라바트(155만 명)
면적 : 44.7만 ㎢
인구 : 3,058만 명
인구 밀도 : 68명/㎢

데이터

정체 / 입헌 군주제

민족 / 아랍 인 65%, 베르베르 인 35%

언어 / 아라비아 어, 베르베르 어, 프랑스 어

종교 / 이슬람 교, 기타

문맹률 / 51%

평균 수명 / 남 65세, 여 69세

통화 / 모로코 딜함(Dirham)

도시 인구 / 56%

주요 도시 / 카사블랑카, 페스, 탕헤르, 마라케시, 우지다 등

국민 총생산 / 347억 달러

1인당 국민 소득 / 1,170달러

토지 이용 / 농경지 20.8%, 목초지 47.0%, 삼림 20.1%, 기타 12.1%

산업별 인구 / 1차 5.7%, 2차 32.5%, 3차 61.8%

천연 자원 / 인광석, 철광석, 망간, 납, 아연, 수산물 등

수출 / 78억 달러(의류, 수산물, 과일, 채소, 인산 화합물, 화학약품 등)

수입 / 116억 달러(기계류, 원유, 곡물, 자동차 등)

한국의 대(對) 모로코 수출 / 1.3억 달러

한국의 대(對) 모로코 수입 / 0.4억 달러

한국 교민 / 418명

발전량 / 151억 kWh(수력 5.7%, 화력 94.3%)

관광객 / 419만 명

관광 수입 / 22억 달러

자동차 보유 대수 / 157만 대

국방 예산 / 13억 달러

군인 / 19.6만 명

표준 시간 / 한국 시간에서 -9시간

국제 전화 국가 번호 / 212번

주요 도시의 기후

카사블랑카

월별	1월	2월	3월	4월	5월	6월	7월	8월	9월	10월	11월	12월	전년
기온(°C)	12.7	13.4	14.5	15.7	17.7	20.1	22.3	22.6	22.0	19.3	15.9	13.1	17.4
강수량(mm)	65	57	48	38	21	6	1	1	5	32	72	80	425

자 연

아프리카 대륙의 서북부에 위치하며, 지중해와 대서양 연안에서 지브롤터 해협을 건너 유럽의 스페인과 마주하고, 동남부는 알제리와 서사하라에 면하고 있다. 국토의 중앙을 달리는 아틀라스 산맥을 중심으로 북쪽의 해안 지역은 겨울이 따뜻하고 비가 많은 지중해성 기후를 이루며, 남쪽은 사막과 스텝 기후 지역을 이룬다.

역 사

예로부터 베르베르 인들의 거주지였으나 7세기 이후 이슬람화되었다. 1912년에는 스페인과 프랑스가 분할 지배하였으나, 1956년 이슬람 왕국으로 독립하였다. 1976년 모리타니

와 스페인 령 서사하라의 분할 병합에 합의하였으나, 1979년 모리타니는 '서사하라 민족 해방 전선'과 협정을 맺고 영유권을 포기하였다. 이에 모로코는 모리타니가 영유했던 남부 지역까지 자국령으로 병합할 것을 결정하였고, 민족 해방 전선은 독립을 선언한 상태로 분쟁이 계속되고 있다.

경 제

지중해 지역을 중심으로 밀, 보리, 채소, 오렌지 등의 지중해식 농업을 행하고 있으며 양, 염소 등을 사육하고 있다. 그 밖에 인광(비료의 원료)을 생산하는 광업이 수출 산업의 중심을 이루고 있다.

관 광

풍물 시장, 고대 도시들, 해변의 휴양지 등이 관광 자원이다.

7. 차드

Republic of Chad

수도 : 은자메나(100만 명)
면적 : 128.4만 ㎢
인구 : 954만 명
인구 밀도 : 7명/㎢

데이터

정체 / 공화제

민족 / 아랍 계(북부), 수단 계(남부)

언어 / 프랑스 어(공용어), 아라비아 어

종교 / 이슬람 교, 기독교 등

문맹률 / 46%

평균 수명 / 남 44세, 여 46세

통화 / CFA(중부 아프리카 금융 협력체) 프랑(Franc)

도시 인구 / 24%

국민 총생산 / 18억 달러

1인당 국민 소득 / 210달러

토지 이용 / 농경지 2.5%, 목초지 35.0%, 삼림 25.2%, 기타 37.3%

천연 자원 / 석유, 우라늄, 고령토, 어류 등

수출 / 1.9억 달러(면화, 소, 섬유, 물고기 등)

수입 / 10억 달러(석유제품, 기계류, 자동차, 곡물, 설탕 등)

발전량 / 9,800만 kWh(화력 100%)

관광객 / 3.2만 명

관광 수입 / 1,000만 달러

자동차 보유 대수 / 1.5만 대

국방 예산 / 1,400만 달러

군인 / 3만 명

표준 시간 / 한국 시간에서 −8시간

국제 전화 국가 번호 / 235번

주요 도시의 기후

은자메나

월별	1월	2월	3월	4월	5월	6월	7월	8월	9월	10월	11월	12월	전년
기온(°C)	22.9	26.1	29.7	32.7	32.5	30.4	27.4	26.1	27.4	28.6	26.2	23.9	27.8
강수량(mm)	0	0	0	11	25	59	143	187	94	20	0	0	539

자 연

아프리카 대륙의 중앙부에 위치하며, 북부에 리비아, 남부에 중앙 아프리카, 동부에 수단, 서부에 니제르 · 나이지리아 · 카메룬과 국경을 접하고 있다. 국토는 북동부가 고원과 고지대를, 남부와 서부는 차드 호를 비롯한 저지대를 이룬다. 기후는 북에서 남으로 가면서 사막−스텝−사바나 기후 지역을 이룬다.

역 사

19세기까지 왕국이 성쇠하였으나 열강의 진출로 프랑스 령이 되었다가 1960년 독립하였다. 북부의 아랍 계 주민과 남부의 수단 계(니그로) 주민 간의 끈질긴 대립과 내전이 계속되었으나, 1999년 관련 5개국의 합의로 정전 상태에 있다.

경 제

양, 낙타, 소 등을 사육하는 목축업이 이 나라의 중심 산업을 이루고, 서남부 지역에서는 쌀, 땅콩, 면화 등의 농산물이 생산된다. 특히, 면화는 이 나라 수출의 대부분을 차지하고 있으며, 최근에는 남부 지역에서 석유의 매장이 확인되어 개발에 활기를 띠고 있다.

관 광

선사 시대의 벽화와 조각, 야생 생태계, 전통 공예와 금속 공예 등이 관광 자원이다.

8. 니제르

Republic of Niger

수도 : 니아메(68만 명)
면적 : 126.7만 ㎢
인구 : 1,242만 명
인구 밀도 : 10명/㎢

데이터

정체 / 공화제

민족 / 하우사 족 54%, 기타

언어 / 프랑스 어, 하우사 어, 기타

종교 / 이슬람 교 85%, 기타

문맹률 / 84%

평균 수명 / 남 44세, 여 45세

통화 / CFA 프랑(Franc)

도시 인구 / 21%

국민 총생산 / 20억 달러

1인당 국민 소득 / 180달러

토지 이용 / 농경지 2.8%, 목초지 8.2%, 삼림 2.0%, 기타 87.0%

산업별 인구 / 1차 85.0%, 2차 3.4%, 3차 11.6%

천연 자원 / 석탄, 우라늄, 철광석, 주석, 인광석, 금, 석유 등

수출 / 2.8억 달러(우라늄, 콩 등)

수입 / 4.0억 달러(소비재, 사료, 석유제품 등)

발전량 / 2.4억 kWh(화력 100%)

관광객 / 5.2만 명

관광 수입 / 2,400만 달러

자동차 보유 대수 / 3.7만 대

국방 예산 / 3,300만 달러

군인 / 5,300명

표준 시간 / 한국 시간에서 −8시간

국제 전화 국가 번호 / 227번

주요 도시의 기후

니아메

월별	1월	2월	3월	4월	5월	6월	7월	8월	9월	10월	11월	12월	전년
기온(°C)	24.2	27.2	30.6	33.7	33.8	31.4	28.7	27.7	28.5	30.4	27.8	24.8	29.1
강수량(mm)	0	0	5	4	33	67	146	171	92	12	0	0	530

자 연

사하라 사막의 내륙국으로 북쪽은 알제리 · 리비아, 남쪽은 나이지리아, 동쪽은 차드, 서쪽은 말리 등과 접하고 있다. 국토의 대부분이 고온 건조한 사막 기후 지대이며, 농경지는 서남부의 나이저 강 연안의 일부에 불과하다.

역 사

1960년 프랑스로부터 독립하였으나 이후 쿠데타가 연발하는 등 정치적인 불안이 계속되고 있다.

경 제

자립적인 농목업이 산업의 중심을 이루고, 1970년 사막 지대에서 발견된 우라늄이 유일한 수출 상품이다.

관 광

니아메의 박물관, 다양한 문화 전시, 야생 생태계 등이 주요 관광 자원이다.

9. 말리

Republic of Mali

수도 : 바마코(102만 명)
면적 : 124.0만 ㎢
인구 : 1,341만 명
인구 밀도 : 11명/㎢

데이터

정체 / 공화제

민족 / 흑인, 베르베르 인 등

언어 / 프랑스 어, 기타

종교 / 이슬람 교 65%, 기타

문맹률 / 60%

평균 수명 / 남 50세, 여 52세

통화 / CFA 프랑(Franc)

도시 인구 / 30%

국민 총생산 / 27억 달러

1인당 국민 소득 / 240달러

토지 이용 / 농경지 2.0% ,목초지 24.2%, 삼림 9.7%, 기타 64.1%

산업별 인구 / 1차 82.2%, 2차 1.4%, 3차 16.4%

천연 자원 / 금, 인광석, 우라늄, 보크사이트, 철광석, 망간, 구리, 주석 등

수출 / 9.2억 달러(면화, 금, 가축 등)

수입 / 7.5억 달러(기계류, 식료품, 석유제품, 화학제품 등)

발전량 / 4.2억 kWh(수력 56.9%, 화력 43.1%)

관광객 / 9.6만 명

관광 수입 / 7,100만 달러

자동차 보유 대수 / 3.0 만 대

국방 예산 / 6,800만 명

군인 / 7,350명

표준 시간 / 한국 시간에서 -9시간

국제 전화 국가 번호 / 223번

주요 도시의 기후

바마코

월별	1월	2월	3월	4월	5월	6월	7월	8월	9월	10월	11월	12월	전년
기온(˚C)	24.9	27.8	30.5	31.9	31.2	28.7	26.4	25.6	26.2	27.5	26.6	24.3	27.6
강수량(mm)	0	0	3	18	49	127	230	277	192	60	4	1	960

자 연

서부 아프리카의 내륙국으로 사막과 열대 삼림 지역의 점이 지대를 이룬다. 북에서 남으로 가면서 사막-스텝-열대 사바나 기후 지역이 이어진다.

역 사

13세기부터 왕국이 번영하였고 16세기 말부터 모로코의 지배를 받았다. 19세기부터는 프랑스의 지배하에 있었으나 1958년 프랑스로부터 독립하였다.

경 제

전통적인 농업국으로 세네갈 강과 나이저 강 유역을 중심으로 쌀, 면화, 땅콩 등의 재배가 성하고, 건조 지역을 중심으로 양, 염소, 소 등의 목축이 이루어진다. 특히, 면화와 땅콩은 수출 상품으로 재배된다. 주요 광산물인 인광석과 금이 주요 수출품이다.

관 광

건축물, 다양한 종족들의 공연 등이 관광 자원이다.

10. 모리타니

Islamic Republic of Mauritanie

수도 : 누악쇼트(59만 명)
면적 : 102.6만 ㎢
인구 : 298만 명
인구 밀도 : 3명/㎢

데이터

정체 / 공화제

민족 / 베르베르 계의 무어 인 68%, 기타

언어 / 아라비아 어, 프랑스 어

종교 / 이슬람 교

문맹률 / 60%

평균 수명 / 남 49세, 여 52세

통화 / 오기야(Ouguiya)

도시 인구 / 58%

국민 총생산 / 8억 달러

1인당 국민 소득 / 280달러

토지 이용 / 농경지 0.2%, 목초지 38.3%, 삼림 4.3%, 기타 57.2%

천연 자원 / 철광석, 석고, 구리, 금, 인광석, 수산물 등

수출 / 3.5억 달러(수산물, 금 등)

수입 / 3.7억 달러(식료품, 석유제품, 소비재, 설탕 등)

발전량 / 1.7억 kwh(수력 20.6%, 화력 79.4%)

자동차 보유 대수 / 1.5만 대

국방 예산 / 1,600만 달러

군인 / 1.6만 명

표준 시간 / 한국 시간에서 -9시간

국제 전화 국가 번호 / 222번

주요 도시의 기후

누악쇼트

월별	1월	2월	3월	4월	5월	6월	7월	8월	9월	10월	11월	12월	전년
기온(°C)	21.1	22.6	24.1	24.7	25.4	26.8	27.1	28.3	29.2	28.7	25.2	21.9	25.4
강수량(mm)	1	2	2	1	0	1	14	29	29	8	5	1	91

자 연

아프리카 대륙의 서쪽 끝에 위치하며 국토의 대부분이 불모의 사하라 사막 지대이다. 그러나 일부 오아시스 지역과 세네갈 강 유역에 농경 지역이 분포한다. 기후는 대부분의 지역이 사막 또는 스텝 기후로 연중 고온 건조하지만 해안 지역과 남부 지역은 무역풍의 영향으로 겨울에 비가 내린다.

역 사

15세기까지 이 곳에서 아랍 인과 베르베르 인들이 유목 생활을 하였다. 그 후 포르투갈, 영국 등의 지배를 받다가 1903년 프랑스의 보호령이 되었고 1960년 독립하였다. 남부의 흑인계 주민과 북부의 아랍 계 베르베르 인들 간의 대립이 심하며 계속해서 쿠데타가 발생하는 등 정치적으로 불안하다. 프랑스가 최대의 원조국이며, 북아프리카 통합 운동(magh- reb)에 적극적이다.

경 제

산업은 유목 생활과 대서양 연안의 수산업이 중심을 이룬다. 그 밖에 철광석의 매장과 생산이 많아 수산물과 함께 수출되고 있다.

관 광

국립 공원과 야생 동물 보호 구역 등이 관광 자원이다.

11. 세네갈

Republic of Senegal

수도 : 다카르(92만 명)
면적 : 19.7만 ㎢
인구 : 1,085만 명
인구 밀도 : 55명/㎢

데이터

정체 / 공화제

민족 / 우어롭 인 40%, 세레르 인 20%, 기타

언어 / 프랑스 어, 기타

종교 / 이슬람 교

문맹률 / 63%

평균 수명 / 남 51세, 여 54세

통화 / CFA 프랑(Franc)

도시 인구 / 47%

국민 총생산 / 46억 달러

1인당 국민 소득 / 470달러

토지 이용 / 농경지 11.9%, 목초지 29.0%, 삼림 38.6%, 기타 20.5%

천연 자원 / 수산물, 인광석, 철광석 등

수출 / 10.0억 달러(수산물, 석유제품, 화학 비료, 사료, 땅콩기름 등)

수입 / 15.0억 달러(곡물, 기계류, 원유, 자동차, 철강 등)

한국 교민 / 150명

발전량 / 15억 kWh(화력 100%)

관광객 / 43만 명

관광 수입 / 1.4억 달러

자동차 보유 대수 / 16만 대

국방 예산 / 6,500만 달러

군인 / 1.4만 명

표준 시간 / 한국 시간에서 -9시간

국제 전화 국가 번호 / 221번

주요 도시의 기후

다카르

월별	1월	2월	3월	4월	5월	6월	7월	8월	9월	10월	11월	12월	전년
기온(°C)	20.6	20.6	20.9	21.4	22.8	25.5	26.9	27.2	27.3	27.4	25.3	22.4	24.0
강수량(mm)	2	1	0	0	0	11	60	165	138	40	1	0	419

자 연

북아프리카의 서쪽 끝에 위치하며 사막과 삼림 지대의 점이 지대를 이룬다. 기후는 북에서 남으로 가면서 스텝에서 사바나 기후 지대로 변한다.

역 사

15세기부터 포르투갈 · 네덜란드 · 영국 등이 진출하였고 1895년 프랑스 령 서사하라에 편입되었다. 수도 다카르는 대서양 항로의 요충지로 프랑스의 아프리카 식민 지배의 거점이었으며, 1960년 완전 독립하였다. 1982년 감비아와 연방을 결성하였으나 1989년 해체하였다.

경 제

서아프리카에서는 유일하게 정치가 안정된 나라이며, 주산물인 땅콩과 인광석의 생산 · 수출이 주요 산업이다.

관 광

해변과 휴양지, 박물관, 다카르의 음식, 노예 무역 센터, 야생 생태계 등이 주요 관광 자원이다.

12. 감비아

Republic of the Gambia

수도 : 반줄(3.5만 명)
면적 : 1.1만 ㎢
인구 : 155만 명
인구 밀도 : 137명/㎢

데이터

정체 / 공화제

민족 / 만딩카 인, 후라 인, 와로푸 인 등

언어 / 영어, 만딩카 어 등

종교 / 이슬람 교 85%, 기타

문맹률 / 63%

평균 수명 / 남 44세, 여 47세

통화 / 다라시(Dalasi)

도시 인구 / 26%

국민 총생산 / 4억 달러

1인당 국민 소득 / 270달러

토지 이용 / 농경지 15.2%, 목초지 16.8%, 삼림 8.8%, 기타 59.2%

산업별 인구 / 1차 73.7%, 2차 3.8%, 3차 22.5%

천연 자원 / 수산물 등

수출 / 1,620만 달러(땅콩, 수산물, 면화, 과일, 채소 등)

수입 / 1.9억 달러(석유제품, 자동차, 쌀, 섬유, 직물, 기계류 등)

발전량 / 1.4억 kWh(화력 100%)

관광객 / 7.5만 명

관광 수입 / 3,300만 달러

자동차 보유 대수 / 1.1만 대

국방 예산 / 300만 달러

군인 / 800명

표준 시간 / 한국 시간에서 -9시간

국제 전화 국가 번호 / 220번

주요 도시의 기후

반줄

	1월	7월
월평균 기온(°C)	23.6	27.2
연강수량(mm)	1,151	

자 연

서아프리카 끝에 위치하며, 대서양에 면한 일부 지역을 제외한 대부분의 지역이 세네갈에 둘러싸여 있다. 감비아 강 유역의 저지대가 국토의 전부를 차지하며, 사바나 기후 지대를 이룬다.

역 사

1783년 영국의 식민지가 되었고 1965년 독립하였다.

경 제

주요 상품 작물은 땅콩이며 그 적출 항구가 수도 반줄이다.

관 광

해안의 모래사장, 열대 정원과 조류의 관찰, 수공예 시장 등이 관광 자원이다.

13. 카보베르데

Republic of Cabo Verde

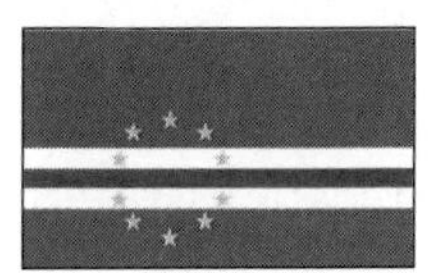

수도 : 프라이아(9.5만 명)
면적 : 4,033 ㎢
인구 : 47만 명
인구 밀도 : 116명/㎢

데이터

정체 / 공화제

민족 / 물라토(포르투갈 인과의 혼혈), 기타

언어 / 포르투갈 어

종교 / 가톨릭 교

문맹률 / 26%

평균 수명 / 남 64세, 여 71세

통화 / 카보베르데 에스쿠도(Escudo)

도시 인구 / 53%

국민 총생산 / 6억 달러

1인당 국민 소득 / 1,250달러

토지 이용 / 농경지 11.2%, 목초지 6.2%, 삼림 0.2%, 기타 82.4%

산업별 인구 / 1차 24.8%, 2차 23.7%, 3차 51.5%

천연 자원 / 수산물, 소금, 고령토, 석회석 등

수출 / 1,000만 달러(수산물, 피혁제품 등)

수입 / 2.3억 달러(기계류, 자동차, 곡물 등)

발전량 / 4,100만 kWh(화력 100%)

관광객 / 5.2만 명

관광 수입 / 2,000만 달러

자동차 보유 대수 / 1.8만 대

국방 예산 / 900만 달러

군인 / 1,200명

표준 시간 / 한국 시간에서 -9시간

국제 전화 국가 번호 / 238번

주요 도시의 기후

프라이아

	1월	7월
월평균 기온(°C)	22.2	25.0
연강수량(mm)	250	

자 연

세네갈의 다카르에 있는 베르데 곶의 서쪽 대서양상에 있는 화산섬들이 이 나라의 영토이다. 기후는 고온 건조하고 바람이 심하며 연강수량은 200~300mm에 불과하다.

역 사

15세기 포르투갈 인의 상륙 후 그 식민지가 되었고, 1950년대부터 독립 운동을 계속하였으며 1975년 공화국으로 독립하였다.

경 제

좁은 경지와 적은 강수량으로 식량 자급률은 15%에 불과하다. 그러나 일대가 카나리아 해류 지대로 풍부한 어장이 형성되어 수산업이 성하고 그 수출도 많다. 가난한 섬으로 경제 사정이 어려워 해외 이민과 노동자가 많고 그들의 송금이 국가 경제에 큰 도움이 되고 있다.

관 광

산과 해변의 모래사장, 배 타기, 낚시, 윈드서핑 등이 관광 자원이다.

※※※ 서부 · 중부 아프리카 ※※※

14. 나이지리아

Federal Republic of Nigeria

수도 : 아부자(34만 명)
면적 : 92.4만 ㎢
인구 : 13,725만 명
인구 밀도 : 149명/㎢

데이터

정체 / 연방 공화제

민족 / 하우사 족 21%, 풀라니 족, 요루바 족, 이보 족 등 200여 부족

언어 / 영어(공용어), 하우사 어 등

종교 / 이슬람 교 47%, 기독교 35%

문맹률 / 36%

평균 수명 / 남 51세, 여 52세

통화 / 나이라(Naira)

도시 인구 / 44%

주요 도시 / 라고스, 이바단, 오그보모쇼, 카노 등

국민 총생산 / 395억 달러

1인당 국민 소득 / 300달러

토지 이용 / 농경지 35.4%, 목초지 43.3%, 삼림 11.8%, 기타 9.5%

산업별 인구 / 1차 43.1%, 2차 5.9%, 3차 51.0%

천연 자원 / 석유, 석탄, 주석, 철광석, 천연가스, 우라늄 등

수출 / 151억 달러(원유, 선박 등)

수입 / 75억 달러(식료품, 기계류, 자동차, 화학제품, 원료 등)

한국의 대(對) 나이지리아 수출 / 6.0억 달러

한국의 대(對) 나이지리아 수입 / 0.7억 달러

발전량 / 181억 kWh(수력 38.2%, 화력 61.8%)

관광객 / 83만 명

관광 수입 / 1.6억 달러

자동차 보유 대수 / 27만 대

국방 예산 / 5.5억 달러

군인 / 7.9만 명

표준 시간 / 한국 시간에서 −8시간

국제 전화 국가 번호 / 234번

주요 도시의 기후

라고스

월별	1월	2월	3월	4월	5월	6월	7월	8월	9월	10월	11월	12월	전년
기온(°C)	26.9	28.2	28.2	27.7	27.1	25.7	24.9	24.7	25.0	25.8	26.7	27.1	26.5
강수량(mm)	20	35	96	183	224	361	291	92	169	148	69	12	1,689

자 연

서아프리카의 기니 만에 위치하며 북부는 사하라의 고지대, 중부는 나이저 강과 그 지류의 유역 평야, 남부는 나이저 강의 삼각주 평야 지대를 이룬다. 기후는 해안에서 내륙으로 가면서 열대 우림(연중 고온 다습)－사바나(연중 고온, 건기와 우기)－스텝(초원) 지대로 변한다.

역 사

15세기 말부터 300년 동안 노예 무역이 이루어졌던 곳으로 그 해안은 노예 해안으로 불리고 있다. 1914년부터 영국의 식민지가 되었다가 1960년 독립하였다. 아프리카 최대의 인구 대국이지만 많은 부족이 모인 국가(북은 하우사 · 니라니 족, 동부는 이보 족, 서부는 요루바 족 등)로 부족간의 대립과 갈등이 심하다. 특히, 이슬람의 하우사 족과 기독교의 이보족 간의 대립이 심하고, 1967~1970년 사이에는 이보 족의 독립 선언으로 '비아프라 내전' 이 발발하여 수백 만 명이 희생되기도 하였다.

경 제

전통적으로 북부는 유목, 남부는 면화 · 땅콩 · 야자 등의 농경이 산업의 중심을 이룬다. 수출의 대부분을 차지하는 석유는 1956년부터 개발되기 시작하여 현재는 아프리카 최대의 산유국이 되었다.

관 광

밀림 지역과 야생 생태계, 여러 민족의 문화적 다양성, 해안의 항구와 휴양지 등이 주요 관광 자원이다.

15. 베냉

Republic of Benin

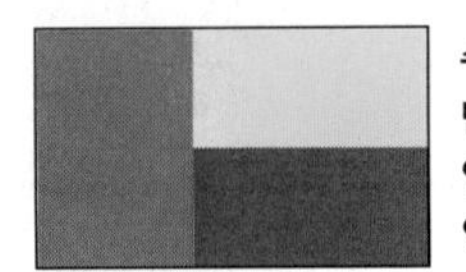

수도 : 포르토노브(23만 명)
면적 : 11.3만 ㎢
인구 : 725만 명
인구 밀도 : 64명/㎢

데이터

정체 / 공화제

민족 / 폰 족, 요루바 족, 기타

언어 / 프랑스 어(공용어), 기타

종교 / 토속 신앙, 기독교, 기타

문맹률 / 62%

평균 수명 / 남 52세, 여 55세

통화 / CFA 프랑(Franc)

도시 인구 / 42%

국민 총생산 / 25억 달러

1인당 국민 소득 / 380달러

토지 이용 / 농경지 16.7%, 목초지 3.9%, 삼림 30.2%, 기타 49.2%

산업별 인구 / 1차 55.0%, 2차 10.2%, 3차 34.8%

천연 자원 / 해저 유전, 대리석, 석회석, 목재 등

수출 / 3.8억 달러(면화, 원유, 면직물, 팜유 등)

수입 / 6.6억 달러(쌀, 기계류, 면직물, 석유제품, 화학제품, 자동차 등)

발전량 / 8,800만 kWh(화력 100%)

관광객 / 7.2만 명

관광 수입 / 6,000만 달러

자동차 보유 대수 / 1.4만 대

국방 예산 / 4,600만 달러

군인 / 4,550명

표준 시간 / 한국 시간에서 −8시간

국제 전화 국가 번호 / 229번

주요 도시의 기후

포르토노브

	1월	7월
월평균 기온(˚C)	27.8	25.6
연강수량(mm)	1,300	

자 연

대서양의 기니 만에 위치하며 국토의 대부분이 열대 기후 지대이다. 남부는 저지대로 열대 우림의 저습지를 이루고, 북부는 고지로 사바나 기후 지대를 이룬다.

역 사

17세기부터 유럽 여러 나라의 노예 무역 기지로 이용되었다. 1892년 프랑스의 식민지가 되었다가 1960년 다호메라는 국명으로 독립하였으며 1975년 현재의 국명으로 바꾸었다. 독립 후 계속하여 정치가 불안하며 가장 가난한 나라 중 하나이다.

경 제

농업은 기름야자의 단일 경작이 행해져 왔으나 근래에는 다양화하여 면화, 카카오, 땅콩 등의 재배와 수출이 이루어지고 있다. 최근에는 석유가 발견되어 수출에 나서고 있다.

관 광

포르토노브의 박물관, 전통 공예, 목각탈, 장식물 등이 관광 자원이다.

16. 토고

Republic of Togo

수도 : 로메(73만 명)
면적 : 5.7만 ㎢
인구 : 556만 명
인구 밀도 : 98명/㎢

데이터

정체 / 공화제

민족 / 에우에 족, 미나 족 등 많은 부족

언어 / 프랑스 어(공용어), 기타

종교 / 토속 신앙, 기독교, 이슬람 교 등

문맹률 / 43%

평균 수명 / 남 50세, 여 53세

통화 / CFA 프랑(Franc)

도시 인구 / 33%

국민 총생산 / 13억 달러

1인당 국민 소득 / 270달러

토지 이용 / 농경지 42.8%, 목초지 3.5%, 삼림 15.8%, 기타 37.9%

산업별 인구 / 1차 64.3%, 2차 8.6%, 3차 27.1%

천연 자원 / 인광석, 석회석, 대리석 등

수출 / 2.5억 달러(면화, 인광석, 커피, 카카오 등)

수입 / 5.9억 달러(소비재, 석유제품, 자본재 등)

발전량 / 8,500만 kWh(수력 3.5%, 화력 96.5%)

관광객 / 5.7만 명

관광 수입 / 1,100만 달러

자동차 보유 대수 / 11만 대

국방 예산 / 2,300만 달러

군인 / 8,550천 명

표준 시간 / 한국 시간에서 -9시간

국제 전화 국가 번호 / 228번

주요 도시의 기후

로메

	1월	7월
월평균 기온(˚C)	26.8	25.1
연강수량(mm)	916	

자 연

대서양의 기니 만에 위치하며 남북으로 길게 뻗은 작은 나라이다. 국토의 대부분이 열대 우림과 사바나 기후 지대이다.

역 사

1884년부터 독일, 영국, 프랑스의 식민지를 거쳐 1960년 독립하였다.

경 제

주산물은 인광석, 카카오, 커피, 면화 등이다.

관 광

식민지 유적, 전통 시장, 국립 공원, 야생 생태계 등이 관광 자원이다.

17. 가나

Republic of Ghana

수도 : 아크라(172만 명)
면적 : 23.9만 ㎢
인구 : 2,138만 명
인구 밀도 : 90명/㎢

데이터

정체 / 공화제

민족 / 아칸 족 44%, 에우에 족 등

언어 / 영어(공용어), 기타 부족어

종교 / 기독교 43%, 토속 신앙, 이슬람 교 등

문맹률 / 30%

평균 수명 / 남 55세, 여 58세

통화 / 세디(Cedi)

도시 인구 / 44%

국민 총생산 / 55억 달러

1인당 국민 소득 / 270달러

토지 이용 / 농경지 18.1%, 목초지 35.2%, 삼림 40.2%, 기타 6.5%

산업별 인구 / 1차 59.3%, 2차 12.3%, 3차 28.4%

천연 자원 / 금, 다이아몬드, 보크사이트, 망간, 목재, 수산물 등

수출 / 17억 달러(금, 카카오, 목재, 전력 등)

수입 / 30억 달러(자동차, 쌀, 원유, 화학제품, 석유제품 등)

발전량 / 79억 kWh(수력 88.1%, 화력 11.9%)

한국 교민 / 586명

관광객 / 48만 명

관광 수입 / 3.6억 달러

자동차 보유 대수 / 14만 대

국방 예산 / 3,000만 달러

군인 / 7천 명

표준 시간 / 한국 시간에서 -9시간

국제 전화 국가 번호 / 233번

주요 도시의 기후

아크라

월별	1월	2월	3월	4월	5월	6월	7월	8월	9월	10월	11월	12월	전년
기온(°C)	27.6	28.2	28.1	27.9	27.5	26.1	25.3	24.8	25.5	26.5	27.3	27.2	26.8
강수량(mm)	18	31	70	117	117	322	95	30	71	48	31	20	971

자 연

국토는 기니 만의 중앙부에 위치하며 남북이 긴 사각형의 모양을 갖는다. 볼타 강이 국토의 중앙부를 흐르면서 넓은 평야 지대를 이루어 해안 평야와 함께 생활의 중심지가 되고 있다. 남부와 중부는 사바나 기후 지대, 북부는 스텝 기후 지대를 이룬다.

역 사

15세기 말부터 유럽의 열강들이 진출하여 황금 해안이라 불렸다. 1850년 영국의 식민지가 되었고 1957년 영국의 식민지로는 최초로 독립하였다. 그 후 정치가 불안하여 여러 차례의 쿠데타를 겪었으나 최근에는 안정을 찾고 있으며, 외교는 비동맹 중립 노선을 지키고 있다.

경 제

세계적인 카카오 산지이며 금, 망간, 다이아몬드, 목재가 이 나라의 주요 수출품이다. 1963년 볼타 강 개발 계획으로 건설된 아코손보 댐은 이 나라 공업화의 원동력이 되고 있다.

관 광

국립 공원과 야생 생태계, 아크라의 문화 · 역사 유적, 해변의 휴양지 등이 주요 관광 자원이다.

18. 부르키나파소
Burkina Faso

수도 : 와가두구(103만 명)
면적 : 27.4만 ㎢
인구 : 1,358만 명
인구 밀도 : 50명/㎢

데이터

정체 / 공화제

민족 / 모시 족 50%, 기타

언어 / 프랑스 어(공용어), 모시 어 등

종교 / 토속 신앙 65%, 이슬람 교, 기타

문맹률 / 77%

평균 수명 / 남 44세, 여 46세

통화 / CFA 프랑(Franc)

도시 인구 / 17%

국민 총생산 / 29억 달러

1인당 국민 소득 / 250달러

토지 이용 / 농경지 13.0%, 목초지 21.9%, 삼림 50.4%, 기타 14.7%

산업별 인구 / 1차 91.8%, 2차 1.4%, 3차 6.8%

천연 자원 / 망간, 대리석, 석회석, 금, 구리, 안티몬 등

수출 / 2.4억 달러(면화, 동물, 피혁, 금 등)

수입 / 7.4억 달러(식료품, 석유제품, 자본재 등)

발전량 / 2.9억 kWh(수력 43.3%, 화력 56.7%)

관광객 / 15만 명

관광 수입 / 3,400만 달러

자동차 보유 대수 / 5.6만 대

국방 예산 / 4,100만 달러

군인 / 1.1만 명

표준 시간 / 한국 시간에서 -9시간

국제 전화 국가 번호 / 226번

주요 도시의 기후

와가두구

월별	1월	2월	3월	4월	5월	6월	7월	8월	9월	10월	11월	12월	전년
기온(°C)	24.7	27.7	30.9	32.6	31.6	29.3	27.2	26.3	27.0	28.8	27.7	25.1	28.2
강수량(mm)	0	1	5	24	74	109	183	218	136	32	1	1	783

자 연

기니 만의 가나 북쪽 볼타 강 상류에 위치하는 내륙국이다. 국토의 대부분이 연중 덥고 건기와 우기가 뚜렷한 사바나 기후 지대이며 북부는 스텝 기후 지대를 이룬다.

역 사

모시 족의 왕국이 오래도록 유지되어 오다가 1896년 프랑스의 보호령이 되었고, 1960년 '오토볼타' 라는 국명으로 독립하였다. 1984년 지금의 국명으로 개정하였다.

경 제

자급적인 농목업 중심으로 면화, 참깨, 땅콩의 생산이 많다. 일부에서는 소, 양, 염소 등의 사육이 이루어지지만 경제적인 자립이 극히 어렵다.

관 광

수렵과 영화제 등이 주요 관광 자원이다.

19. 코트디부아르

Republic of Cote d'ivoire

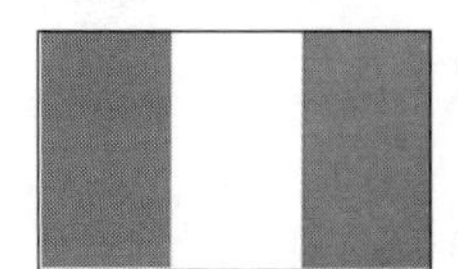

수도 : 야무수크로(30만 명)
면적 : 32.2만 ㎢
인구 : 1,690만 명
인구 밀도 : 52명/㎢

데이터

정체 / 공화제

민족 / 마린케 족, 세느포 족 등 60여 부족

언어 / 프랑스 어(공용어), 기타

종교 / 토속 신앙 60%, 이슬람 교 등

문맹률 / 53%

평균 수명 / 남 47세, 여 48세

통화 / CFA 프랑(Franc)

도시 인구 / 44%

국민 총생산 / 102억 달러

1인당 국민 소득 / 620달러

토지 이용 / 농경지 11.5%, 목초지 40.3%, 삼림 33.8%, 기타 14.4%

수출 / 52억 달러(카카오, 커피, 원유, 석유제품 등)

수입 / 38억 달러(원유, 기계류, 곡물, 수산물 등)

발전량 / 49억 kWh(수력 36.8%, 화력 63.2%)

관광객 / 30만 명

관광 수입 / 5,000만 달러

자동차 보유 대수 / 11만 대

국방 예산 / 1.4억 달러

군인 / 1.7만 명

표준 시간 / 한국 시간에서 -9시간

국제 전화 국가 번호 / 225번

주요 도시의 기후

아비장

월별	1월	2월	3월	4월	5월	6월	7월	8월	9월	10월	11월	12월	전년
기온(°C)	26.7	27.4	27.6	27.7	27.3	26.0	24.9	24.1	24.5	25.9	27.2	26.9	26.4
강수량(mm)	16	50	99	141	299	601	276	34	62	130	147	79	1,933

자 연

대서양 기니 만의 상아 해안에 위치한다. 국토의 전체가 열대 기후로 북부는 사바나, 남부는 고온 다습한 열대 우림 기후 지대를 이룬다.

역 사

14세기까지 왕국이 있었으나 15세기부터 포르투갈과 영국이 진출하여 상아와 노예 무역을 하였다. 1893년 프랑스의 식민지가 되었다가 1960년 독립하였다.

경 제

해안 지대와 평야를 중심으로 카카오, 커피, 목재의 생산과 수출이 세계적이다. 풍부한 1차 상품의 생산과 안정된 정치로 모범적인 경제 발전을 하고 있는 나라이다.

관 광

문화 행사, 수렵과 야생 생태계 등이 관광 자원이다.

20. 라이베리아

Republic of Liberia

수도 : 몬로비아(55만 명)
면적 : 11.1만 ㎢
인구 : 349만 명
인구 밀도 : 31명/㎢

데이터

정체 / 공화제

민족 / 흑인(펠레 족, 바사 족 등 10여 부족)

언어 / 영어(공용어), 기타 부족어

종교 / 토속 신앙 90%, 기타

문맹률 / 47%

평균 수명 / 남 47세, 여 49세

통화 / 라이베리아 달러(L$)

도시 인구 / 45%

국민 총생산 / 5억 달러

1인당 국민 소득 / 140달러

토지 이용 / 농경지 3.4%, 목초지 18.0%, 삼림 41.3%, 기타 37.3%

산업별 인구 / 1차 71.6%, 2차 7.3%, 3차 21.1%

천연 자원 / 철광석, 금, 다이아몬드, 목재 등

수출 / 1.5억 달러(철광석, 천연고무, 목재 등)

수입 / 1.7억 달러(기계류, 자동차, 쌀, 연료 등)

한국의 대(對) 라이베리아 수출 / 15.3억 달러

한국의 대(對) 라이베리아 수입 / 50만 달러

한국 교민 / 252명

발전량 / 5.4억 kWh(수력 37.4%, 화력 62.6%)

자동차 보유 대수 / 2.9만 대

국방 예산 / 2,400만 달러

군인 / 1.5만 명

표준 시간 / 한국 시간에서 -9시간

국제 전화 국가 번호 / 231번

주요 도시의 기후

몬로비아

	1월	7월
월평균 기온(°C)	26.1	24.4
연강수량(mm)	5,138	

자 연

대서양 연안에 위치하며, 국토는 전체적으로 내륙에서 해안으로 경사져 있다. 기후는 해안 지대가 연중 고온과 몬순의 영향을 받는 열대 몬순, 내륙은 연중 고온, 건기와 우기가 있는 사바나 기후 지대를 이룬다.

역 사

1822년 미국에서 해방된 노예가 송환되어 흑인 이민구를 형성하였으며, 1847년 아프리카 최초의 흑인 독립 국가가 되었다. 국가 이름은 자유, 수도 이름은 당시의 미국 대통령 이름을 따랐다. 1980년 쿠데타 이후 정치가 불안한 상태에 있다.

경 제

철광석과 천연고무가 주요한 수출품이다. 한편 세계 최대의 '편의치적 선박국'(선박에 대한 과세 경감 효과 등을 위해 자국의 등록을 피하고 제3국에 선적을 두는 제도로 라이베리아, 파나마, 온두라스 등)으로 형식상으로는 세계 제1의 상선 보유국이다.

관 광

해안 풍경과 수도의 시가지 등이 관광 자원이다.

21. 시에라리온

Republic of Sierra Leone

수도 : 프리타운(82만 명)
면적 : 7.2만 ㎢
인구 : 517만 명
인구 밀도 : 72명/㎢

데이터

정체 / 공화제

민족 / 멘데 족 30%, 템네 족 30%, 흑인과 백인의 혼혈 등

언어 / 영어(공용어), 부족어 등

종교 / 토속 신앙, 이슬람 교, 기독교 등

문맹률 / 64%

평균 수명 / 남 36세, 여 39세

통화 / 리온(Leone)

도시 인구 / 37%

국민 총생산 / 7억 달러

1인당 국민 소득 / 140달러

토지 이용 / 농경지 7.5%, 목초지 30.7%, 삼림 28.4%, 기타 33.4%

천연 자원 / 다이아몬드, 티타늄, 보크사이트, 금, 철광석 등

수출 / 4,900만 달러(다이아몬드, 보크사이트, 카카오, 커피 등)

수입 / 2.6억 달러(식료품, 기계류, 자동차, 연료 등)

발전량 / 2.5억 kWh(화력 100%)

관광객 / 2.8만 명

관광 수입 / 1,200만 달러

자동차 보유 대수 / 4.9만 대

국방 예산 / 1,700만 달러

군인 / 1.4만 명

표준 시간 / 한국 시간에서 -9시간

국제 전화 국가 번호 / 232번

주요 도시의 기후

프리타운

	1월	7월
월평균 기온(°C)	26.7	25.6
연강수량(mm)	3,434	

자 연

국토는 대서양 연안에 위치하며 해안의 저습지와 내륙의 고원 지대로 이루어진다. 기후는 고온 다습한 열대 몬순 기후로 아프리카에서는 비가 가장 많은 곳이다. 기후가 건강에 부적합하기 때문에 식민지 시대에는 '백인의 무덤' 으로 불리기도 하였다.

역 사

1787년 영국은 본국의 노예를 이 곳에 이주시켜 프리타운을 건설하였다. 그 후 영국의 식민지가 되었다가 1961년 영연방 자치령이 되었고 1971년 공화국으로 독립하였다.

경제

전통적인 농업국으로 커피의 생산이 많다. 그 밖에 다이아몬드, 철광석, 보크사이트 등의 광업이 주요 산업이며, 다이아몬드는 이 나라 최대의 수출 상품이다.

관광

국립 공원과 야생 동물 보호 구역, 프리타운의 박물관, 시장, 건축물, 해변 등이 관광 자원이다.

22. 기니

Republic of Guinea

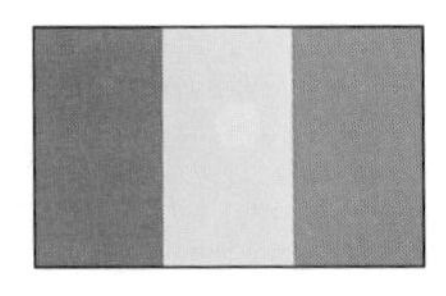

수도 : 코나크리(176만 명)
면적 : 24.6만 ㎢
인구 : 925만 명
인구 밀도 : 38명/㎢

데이터

정체 / 공화제

민족 / 풀베 족 40%, 기타 많은 부족

언어 / 프랑스 어(공용어), 기타 부족어

종교 / 이슬람 교 95%, 기타

문맹률 / 59%

평균 수명 / 남 46세, 여 47세

통화 / 기니 프랑(Franc)

도시 인구 / 33%

국민 총생산 / 32억 달러

1인당 국민 소득 / 410달러

토지 이용 / 농경지 3.0%, 목초지 43.5%, 삼림 27.3%, 기타 26.2%

산업별 인구 / 1차 78.1%, 2차 1.8%, 3차 20.1%

천연 자원 / 보크사이트, 철광석, 다이아몬드, 금, 우라늄, 수력, 수산물 등

수출 / 5.7억 달러(보크사이트, 금, 다이아몬드, 커피 등)

수입 / 6.0억 달러(반가공품, 원유, 석유제품, 자본재 등)

발전량 / 8.0억 kWh(수력 54.6%, 화력 45.4%)

관광객 / 4.3만 명

관광 수입 / 3,100만 달러

자동차 보유 대수 / 3.7만 대

국방 예산 / 5,700만 달러

군인 / 9,700명

표준 시간 / 한국 시간에서 -9시간

국제 전화 국가 번호 / 224번

주요 도시의 기후

코나크리

	1월	7월
월평균 기온(°C)	25.9	25.5
연강수량(mm)	3,162	

자 연

서아프리카의 대서양 연안에 위치한다. 국토는 해안의 저지 및 내륙의 나이저 강과 세네갈 강 상류의 산지와 고원으로 이루어진다. 기후는 전국이 열대 몬순과 열대 사바나 지대로 건기와 우기가 뚜렷하다. 특히 건기에는 사하라 사막에서 불어오는 하마탄(Harmattan)의 영향을 많이 받는다.

역 사

18세기 이슬람 국가가 있었던 곳으로 1860년부터 프랑스의 식민지가 되었다가 1958년 독립하여 급진 민족 사회주의 노선을 지향하였다. 1984년 쿠데타로 자유주의 노선을 택하면서 기니 공화국으로 새롭게 출발하였다.

경 제

오렌지, 바나나, 파인애플, 야자 등의 과일류와 땅콩을 생산하는 농업국이다. 또 세계적인 보크사이트(세계 매장량의 30%)와 다이아몬드의 생산국으로 이 나라의 주요 수출품이 되고 있다.

관 광

풍부하고 다양한 문화 · 예술 공연, 수공예, 시장 등이 관광 자원이다.

23. 기니비사우
Republic of Guinea-Bissau

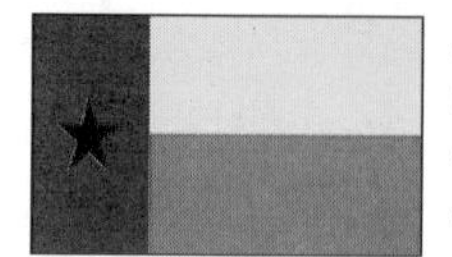

수도 : 비사우(27만 명)
면적 : 3.6만 ㎢
인구 : 154만 명
인구 밀도 : 43명/㎢

데이터

정체 / 공화제

민족 / 바란타 족 31%, 훌라 족 21% 등

언어 / 포르투갈 어, 바란타 어 등 부족어

종교 / 토속 신앙 62%, 이슬람 교 등

문맹률 / 63%

평균 수명 / 남 43세, 여 46세

통화 / CFA(아프리카 금융 공동체) 프랑(Franc)

도시 인구 / 32%

국민 총생산 / 2.0억 달러

1인당 국민 소득 / 130달러

토지 이용 / 농경지 9.4%, 목초지 29.9%, 삼림 29.6%, 기타 31.1%

산업별 인구 / 1차 71.9%, 2차 2.2%, 3차 25.9%

천연 자원 / 인광석, 보크사이트, 석유, 목재, 수산물 등

수출 / 5,500만 달러(캐슈넛, 면화 등)

수입 / 1억 달러(쌀, 석유제품, 기계류, 자동차 등)

발전량 / 6,000만 kWh(화력 100%)

국방 예산 / 300만 달러

군인 / 9,250명

표준 시간 / 한국 시간에서 -9시간

국제 전화 국가 번호 / 245번

주요 도시의 기후

비사우

	1월	7월
월평균 기온(°C)	25.4	26.5
연강수량(mm)	1,836	

자 연

아프리카 서부 대서양 연안에 위치하며, 국토는 저습한 해안 평야와 연안의 비사우 섬을 비롯한 많은 섬들로 구성되어 있다. 북부는 열대 사바나, 남부는 열대 우림 기후 지대를 이룬다.

역 사

17~18세기에는 노예 무역의 중계지로 번성하였고 1885년 포르투갈의 식민지가 되었다. 1974년 독립하여 사회주의 국가들과 연대하였으나 최근에 자유주의 노선으로 변경하고 있다.

경 제

산업은 수출의 80% 이상을 차지하는 캐슈넛(cashewnut)의 재배와 자급적인 식량 작물 재배가 중심을 이루며 경제 발달이 미약한 편이다.

관 광

해안의 자연과 수도 비사우의 거리가 관광 자원이다.

24. 중앙아프리카공화국

Central African Republic

수도 : 방기(54만 명)
면적 : 62.3만 ㎢
인구 : 374만 명
인구 밀도 : 6명/㎢

데이터

정체 / 공화제

민족 / 바야 족, 반다 족, 피그미 족 등

언어 / 프랑스 어(공용어), 기타

종교 / 토속 신앙, 기독교, 이슬람 교 등

문맹률 / 53%

평균 수명 / 남 43세, 여 46세

통화 / CFA 프랑(Franc)

도시 인구 / 41%

국민 총생산 / 10억 달러

1인당 국민 소득 / 250달러
토지 이용 / 농경지 3.2%, 목초지 4.8%, 삼림 75.0%, 기타 17.0%
산업별 인구 / 1차 74.2%, 2차 3.0%, 3차 22.8%
천연 자원 / 다이아몬드, 금, 우라늄, 철광, 구리, 목재 등
수출 / 1.4억 달러(다이아몬드, 면화, 군장비 등)
수입 / 1.1억 달러(기계류, 석유제품, 면화, 자동차, 식료품, 연료 등)
발전량 / 1.1억 kWh(수력 76.9%, 화력 23.1%)
관광객 / 1.0만 명
관광 수입 / 600만 달러
자동차 보유 대수 / 1.3만 대
국방 예산 / 2,000만 달러
군인 / 2,550 명
표준 시간 / 한국 시간에서 −8시간
국제 전화 국가 번호 / 236번
주요 도시의 기후
방기

	1월	7월
월평균 기온(°C)	24.8	24.6
연강수량(mm)	1,525	

자 연
아프리카 대륙의 중앙부에 위치하는 내륙국으로 국토의 대부분이 500m 이상의 고원으로 이루어져 있으며, 콩고 강의 지류인 우방기 강이 자이르와 국경을 이룬다. 기후는 전국이 사바나 기후 지대이며, 우기는 5~7월과 10~11월의 두 차례에 걸쳐 있다.

역 사
1894년 프랑스의 식민지가 되었고 1910년 가봉 · 차드와 함께 '프랑스 령 적도 아프리카'가 되었다. 1960년 독립하였으나, 1976년에는 보카사 대통령이 중앙 아프리카 제국으로 국명을 바꾸고 황제가 되었다가 쿠데타로 다시 공화국이 되었다.

경 제
산업은 자급적인 농업이 중심이지만 커피, 땅콩 등의 상품 작물도 많다. 주요 수출품으로는 커피, 다이아몬드, 목재 등이며, 최근에는 우라늄 개발이 주목을 받고있다.

관 광
자연 경관과 야생 생태계, 사냥과 낚시 등이 주요 관광 자원이다.

25. 카메룬
Republic of Cameroon

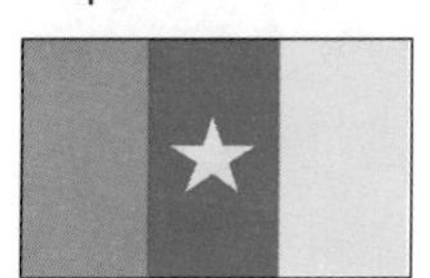

수도 : 야운데(142만 명)
면적 : 47.5만 ㎢
인구 : 1,606만 명
인구 밀도 : 34명/㎢

데이터

정체 / 공화제

민족 / 반투 계 니그로 족과 수단 계 니그로 족, 기타 피그미 족 등 200여 부족

언어 / 영어, 프랑스 어(공용어), 기타 부족어

종교 / 토속 신앙, 이슬람 교, 가톨릭 교 등

문맹률 / 25%

평균 수명 / 남 49세, 여 51세

통화 / CFA 프랑(Franc)

도시 인구 / 49%

국민 총생산 / 87억 달러

1인당 국민 소득 / 550달러

토지 이용 / 농경지 14.8%, 목초지 4.2%, 삼림 75.5%, 기타 5.5%

산업별 인구 / 1차 74.0%, 2차 6.2%, 3차 19.8%

천연 자원 / 석유, 천연가스, 보크사이트, 철광석, 우라늄, 주석, 목재, 수력 등

수출 / 23억 달러(원유, 목재, 카카오, 알루미늄, 커피 등)

수입 / 28억 달러(원유, 석유제품, 기계류, 자동차, 곡물 등)

한국 교민 / 122명

발전량 / 35억 kWh(수력 98.6%, 화력 1.4%)

관광객 / 22만 명

관광 수입 / 3,900만 달러

자동차 보유 대수 / 17만 대

국방 예산 / 1.2억 달러

군인 / 2.3만 명

표준 시간 / 한국 시간에서 -8시간

국제 전화 국가 번호 / 237번

주요 도시의 기후

야운데

월별	1월	2월	3월	4월	5월	6월	7월	8월	9월	10월	11월	12월	전년
기온(˚C)	23.5	24.7	24.2	24.0	23.5	23.1	22.5	22.6	22.4	22.7	23.5	23.6	23.4
강수량(mm)	26	49	125	193	230	198	93	110	237	310	123	45	1,738

자 연

기니 만 동쪽에 위치하며 연안과 차드 호 분지를 제외하면 국토의 대부분이 산지와 구릉으로 이루어져 있다. 기후는 북쪽에서 남쪽으로 가면서 스텝-사바나-열대 우림 기후 지대로 변한다. 특히 카메룬 산의 남사면은 세계적인 다우 지대이다.

역 사

1884년 독일의 보호령이 되었으나 제1차 세계 대전 후 북쪽은 영국, 남쪽은 프랑스의 위임 통치령이 되었다. 1960년 프랑스 령이 동카메룬으로 독립하였고, 1961년에는 영국령 카메룬과 연방제를 형성하였다. 1972년에는 국명을 카메룬 연합 공화국으로, 1984년 현재의 공화국으로 하였다. 그러나 프랑스 어권과 영어권의 대립이 계속되고 있다.

경 제

열대 농업국으로 커피, 카카오, 야자, 천연고무 등을 재배한다. 지하 자원으로는 석유, 주석, 보크사이트가 생산되고 풍부한 수력 전기를 이용하여 알루미늄 공업이 발달하고 있다. 주요 수출품은 원유, 커피, 카카오 등이다.

관 광

해변의 모래사장, 국립 공원과 야생 생태계, 다양한 문화 전통과 시장 등이 관광 자원이다.

26. 적도기니

Republic of Equatorial Guinea

수도 : 말라보(9만 명)
면적 : 2.8만 ㎢
인구 : 51만 명
인구 밀도 : 18명/㎢

데이터

정체 / 공화제

민족 / 팽 족, 부비 족 등 다수의 부족

언어 / 프랑스 어(공용어), 스페인 어, 기타

종교 / 가톨릭 80%, 기타

문맹률 / 17%

평균 수명 / 남 48세, 여 52세

통화 / CFA 프랑(Franc)

도시 인구 / 45%

국민 총생산 / 4억 달러

1인당 국민 소득 / 930달러

토지 이용 / 농경지 8.2%, 목초지 3.7%, 삼림 65.2%, 기타 22.9%

산업별 인구 / 1차 57.9%, 2차 3.5%, 3차 38.6%

천연 자원 / 목재, 석유, 천연가스, 금, 우라늄, 망간 등

수출 / 11억 달러(선박, 목재, 식료품, 직물 등)

수입 / 4.5억 달러(식료품, 석유제품, 기계류, 연료 등)

발전량 / 2,300만 kWh(수력 8.7%, 화력 91.3%)

자동차 보유 대수 / 7,600대

국방 예산 / 400만 달러

군인 / 1,320명

표준 시간 / 한국 시간에서 -8시간

국제 전화 국가 번호 / 240번

자 연

국토는 카메룬 남쪽 해안에 있는 리오무니 주와 기니 만의 비오코 섬 등으로 구성된다. 기후는 고온 다습한 열대 우림 기후 지대이다.

역 사

1778년 스페인 령이 되었으며, 한때 영국령이 되기도 하였다. 그 후 다시 스페인 령이 되었으나, 1968년 완전 독립하였다. 1979년 쿠데타 이후 군정이 계속되고 있다.

경 제

수도가 있는 기니 만의 비오코 섬이 이 나라의 경제와 생활의 중심을 이룬다. 카카오, 커피, 목재, 수산물 등의 생산이 중심 산업을 이루고, 1996년부터는 해저 유전이 개발되어 큰 기대를 모으고 있다.

관 광

해변과 화산섬이 관광 자원이다.

27. 상투메프린시페
Democratic Republic of Sao Tome and Principe

수도 : 상투메(5만 명)
면적 : 964㎢
인구 : 17만 명
인구 밀도 : 171명/㎢

데이터

정체 / 공화제

민족 / 반투 계 아프리카 인, 기타

언어 / 포르투갈 어

종교 / 가톨릭 교

문맹률 / 27%

평균 수명 / 남 64세, 여 65세

통화 / 도브라(Dobra)

도시 인구 / 38%

국민 총생산 / 5,000만 달러

1인당 국민 소득 / 300달러

토지 이용 / 농경지 42.7% ,목초지 1.0%, 기타 56.3%

산업별 인구 / 1차 53.9%, 2차 11.2%, 3차 44.9%

천연 자원 / 수산물, 키니네 나무 등

수출 / 500만 달러(카카오, 기타)

수입 / 3,100만 달러(식료품, 원유, 석유제품 등)

발전량 / 1,800만 kWh(수력 55.6%, 화력 44.4%)

관광객 / 5천 명

관광 수입 / 200만 달러

표준 시간 / 한국 시간에서 -8시간

국제 전화 국가 번호 / 239번

주요 도시의 기후

상투메

	1월	7월
월평균 기온(°C)	25.7	23.9
연강수량(mm)	967	

자 연

가봉의 서쪽 기니 만의 적도 부근에 화산섬 상투메와 프린시페 두 섬을 중심으로 이루어진 나라이다. 기후는 연중 덥고 비가 많은 열대 기후 지대이다.

역 사

15세기부터 포르투갈의 노예 무역 중계지로 이용되었으며 1975년 독립하였다.

경 제

토지가 비옥하여 17세기부터 포르투갈의 코코아 농장이 개발되었으며, 카카오, 코코야자 등의 재배도 성하다. 최근 세계적인 석유 매장 지역으로 확인되면서 세계적인 주목을 받고 있다.

관 광

산지와 해변의 자연, 열대 식물 등이 주요 관광 자원이다.

28. 가봉

Gabonese Republic

수도 : 리브르빌(52만 명)
면적 : 26.8만 ㎢
인구 : 135만 명
인구 밀도 : 5명/㎢

데이터

정체 / 공화제

민족 / 반투 계 66%, 팬 계 33%

언어 / 프랑스 어(공용어), 기타 부족어

종교 / 가톨릭 교, 토속 신앙

문맹률 / 29%

평균 수명 / 남 51세, 여 54세

통화 / CFA 프랑(Franc)

도시 인구 / 81%

국민 총생산 / 40억 달러

1인당 국민 소득 / 3,060달러

토지 이용 / 농경지 1.7%, 목초지 17.6%, 삼림 74.3%, 기타 6.4%

천연 자원 / 석유, 망간, 우라늄, 금, 철광, 목재 등

수출 / 26억 달러(원유, 목재, 망간 등)

수입 / 8.6억 달러(기계류, 자동차, 식료품 등)

한국 교민 / 117명

발전량 / 15억 kWh(수력 56.5%, 화력 43.5%)

관광객 / 21만 명

관광 수입 / 700만 달러

자동차 보유 대수 / 4.3만 대

국방 예산 / 7,500만 달러

군인 / 4,700명

표준 시간 / 한국 시간에서 -8시간

국제 전화 국가 번호 / 241번

주요 도시의 기후

리브르빌

월별	1월	2월	3월	4월	5월	6월	7월	8월	9월	10월	11월	12월	전년
기온(°C)	26.8	27.1	27.0	26.9	26.7	25.4	24.3	24.6	25.4	25.6	25.9	26.5	26.0
강수량(mm)	244	242	376	316	232	20	9	16	95	401	512	281	2,743

자 연

기니 만 동쪽 연안의 적도 지역에 위치한다. 해안의 저지대는 맹그로브(해안의 홍수림)를 이루고 북동부는 고원과 산악 지대를 이룬다. 기후는 대부분이 고온 다습한 열대 우림 기후를 이루나 남부는 사바나 기후 지대를 이룬다.

역 사

15세기 포르투갈이 진출한 후 노예 무역의 기지가 되었다. 1890년 프랑스 령이 되었다가 1960년 독립하였다. 수도 리브르빌은 '자유의 마을' 이란 의미로 노예 해방의 땅을 뜻한다.

경 제

삼림 자원과 지하 자원이 풍부하여 아프리카에서는 리비아 등과 함께 소득이 높은 국가에 속한다. 삼림 자원이 가장 주요한 수출품이었으나, 석유(사하라 이남에서는 3위)가 개발되면서 그 자리에서 밀려났다. 그 밖에 망간, 우라늄, 천연가스 등의 지하 자원 개발과 수출도 활기를 띠고 있다.

관 광

리브르빌의 시장, 국립 공원과 동물 보호 구역, 해변의 휴양지와 산지의 자연 등이 관광

자원이다.

29. 콩고

Republic of the Congo

수도 : 브라자빌(119만 명)
면적 : 34.2만 ㎢
인구 : 382만 명
인구 밀도 : 11명/㎢

데이터

정체 / 공화제

민족 / 반투 계 니그로, 기타 많은 부족

언어 / 프랑스 어(공용어), 링가라 어

종교 / 토속 신앙 50%, 가톨릭 교, 이슬람 교 등

문맹률 / 19%

평균 수명 / 남 49세, 여 53세

통화 / CFA 프랑(Franc)

도시 인구 / 52%

국민 총생산 / 22억 달러

1인당 국민 소득 / 610달러

토지 이용 / 농경지 0.5%, 목초지 29.2%, 삼림 58.2%, 기타 12.1%

천연 자원 / 석유, 천연가스, 납, 아연, 금, 구리, 보크사이트, 원목 등

수출 / 25억 달러(원유, 석유제품, 목재 등)

수입 / 4.6억 달러(식료품, 기계, 곡물, 의약품, 원료 등)

발전량 / 3.8억 kWh(수력 99.2%, 화력 0.8%)

관광객 / 1.9만 명

관광 수입 / 2,500만 달러

자동차 보유 대수 / 5.0만 대

국방 예산 / 8,800만 달러

군인 / 1만 명

표준 시간 / 한국 시간에서 -8시간

국제 전화 국가 번호 / 242번

주요 도시의 기후

브라자빌

월별	1월	2월	3월	4월	5월	6월	7월	8월	9월	10월	11월	12월	전년
기온(°C)	25.6	26.1	26.4	26.3	25.9	23.4	22.0	23.1	25.1	25.7	25.6	25.4	25.1
강수량(mm)	182	162	194	276	422	7	14	26	40	155	383	206	2,082

자 연

우방기 강과 콩고 강의 서북쪽에 위치하면서 대서양의 좁은 해안 지대에 접하고 있다. 국토는 넓은 콩고 분지, 구릉 지대로 된 내륙부, 좁은 해안 저지 등으로 이루어진다. 적도의 북쪽은 연중 덥고 비가 많은 열대 우림 기후 지대, 적도 남쪽은 건기와 우기가 있는 사바나 기후 지대를 이룬다.

역 사

13~15세기 콩고 왕국이 번성했던 곳으로 1885년 프랑스가 진출하여 1910년 프랑스 령 적도 아프리카에 편입되었다. 1960년 독립하였고 그 후 사회주의화가 진행되어 농지의 국영화와 집단화가 이루어졌으나, 쿠데타와 정치적 불안이 계속되고 있다.

경 제

이 나라는 자급적인 농업이 국민 생활의 기반을 이루고 있었으나 정치 사회의 불안으로 경제적인 어려움이 많다. 주요 수출품은 삼림 자원과 석유이다.

관 광

국립 공원과 자연 보호 구역 등이 주요 관광 자원이다.

30. 콩코민주공화국(자이르)

Democratic Republic of the Congo

수도 : 킨샤사(489만 명)
면적 : 234.5만 ㎢
인구 : 5,832만 명
인구 밀도 : 25명/㎢

데이터

정체 / 공화제

민족 / 반투 계 30%, 기타 수단 계 등

언어 / 프랑스 어(공용어), 기타 부족어

종교 / 토속 신앙, 가톨릭 교, 이슬람 교 등

문맹률 / 23%

평균 수명 / 남 49세, 여 52세

통화 / 콩고 프랑(Franc)

도시 인구 / 30%

국민 총생산 / 50억 달러

1인당 국민 소득 / 100달러

토지 이용 / 농경지 3.4%, 목초지 6.4%, 삼림 74.1%, 기타 16.1%

천연 자원 / 다이아몬드, 구리, 석유, 코발트, 우라늄, 금, 납, 아연, 목재 등

수출 / 5.9억 달러(커피, 다이아몬드, 코발트, 원유, 구리 등)

수입 / 4.2억 달러(식료품, 자동차, 석유제품, 기계류 등)

발전량 / 58억 kWh(수력 99.6%, 화력 0.4%)

관광객 / 10만 명

관광 수입 / 200만 달러

자동차 보유 대수 / 24만 대

국방 예산 / 9.5억 달러

군인 / 9.8만 명

표준 시간 / 한국 시간에서 −8시간

국제 전화 국가 번호 / 243번

주요 도시의 기후

칸샤사

	1월	7월
월평균 기온(°C)	26.1	22.8
연강수량(mm)	1,125	

자 연

아프리카 대륙의 중심부에 위치한다. 국토는 콩고 강 유역의 분지와 주변의 고원 지대로 구성되고, 콩고 강 하류의 좁은 지역만이 대서양에 면하고 있어 거의 내륙국과 같다. 기후는 국토가 적도 아래에 위치하여 고온 다우의 열대 우림 기후 지대가 대부분이고 남부는 사바나 기후 지대가 분포한다.

역 사

13~17세기에 콩고 왕국이 번창했던 지역이다. 19세기 후반 유럽 인들의 탐험 후 1885년부터 벨기에의 식민지가 되었다. 1960년 독립하였으나 '콩고 전쟁' 등 내전과 정치 불안

이 계속되고 있다. 1971년 국명을 '자이르'로 개정하였다가 1998년 지금의 국명으로 바꾸었다.

경 제

식민지 시대부터 지하 자원의 매장이 풍부하여 '지하 자원의 보고'라고 불렸다. 주로 남부 지역에서 구리, 코발트, 다이아몬드, 주석, 아연, 금 등이 대량 생산되고 대부분이 수출되고 있다. 그 밖에 자급적인 농업과 수출 지향의 커피, 카카오, 기름야자, 천연고무 등도 재배된다.

관 광

호수, 산지, 야생 동물 공원과 국립 공원 등이 주요 관광 자원이다.

31. 앙골라

Republic of Angola

수도 : 루안다(262만 명)
면적 : 124.7만 ㎢
인구 : 1,329만 명
인구 밀도 : 11명/㎢

데이터

정체 / 공화제

민족 / 오빔분두 족, 킴분두 족, 바콘고 족 등 아프리카 계의 많은 부족

언어 / 포르투갈 어(공용어), 부족어

종교 / 가톨릭 교, 토속 신앙

문맹률 / 59%

평균 수명 / 남 43세, 여 46세

통화 / 뉴 크완자(Kwanza)

도시 인구 / 33%

국민 총생산 / 93억 달러

1인당 국민 소득 / 710달러

토지 이용 / 농경지 2.8%, 목초지 43.3%, 삼림 18.4%, 기타 35.5%

천연 자원 / 석유, 다이아몬드, 철광석, 구리 등

수출 / 84억 달러(원유, 다이아몬드, 석유제품 등)

수입 / 37억 달러(수송 기계, 전기 기계, 금속제품 등)

발전량 / 16억 kWh(수력 63.2%, 화력 36.8%)

관광객 / 9.1만 명

관광 수입 / 2,200만 달러

자동차 보유 대수 / 5.5만 대

국방 예산 / 9.5억 달러

군인 / 13만 명

표준 시간 / 한국 시간에서 -8시간

국제 전화 국가 번호 / 244번

주요 도시의 기후

루안다

월별	1월	2월	3월	4월	5월	6월	7월	8월	9월	10월	11월	12월	전년
기온(˚C)	26.2	26.8	27.1	26.5	25.2	21.8	20.5	20.5	21.8	23.6	25.1	25.2	24.2
강수량(mm)	42	30	123	145	10	0	0	1	4	10	38	29	431

자 연

아프리카 대륙의 남서 연안에 위치한다. 국토는 콩고 민주 공화국에 의하여 격리된 카빈다 지역을 제외하면 대부분이 1,000m가 넘는 높은 고원 지대이다. 북부는 사바나, 남부는 스텝과 아열대 기후가 넓게 분포하고 3~4월이 우기이다. 대서양 연안을 지나는 벵겔라 해류(한류)의 영향으로 기온은 전체적으로 낮은 편이며, 남쪽으로 갈수록 강수량은 적어지고 남서부는 나미비아 사막에 연결되는 건조 지대이다.

역 사

옛 콩고 왕국의 일부였으나 16세기 포르투갈이 노예 공급지로 지배하면서 그 식민지가 되었고 1975년 친소련 정권으로 독립하였다. 그러나 내전으로 소련, 쿠바, 남아프리카 공화국 등이 개입하여 혼란이 계속되다가 1988년 정전에 합의하였다.

경 제

주요 산업은 광업과 자급적인 농업이다. 특히 지하 자원의 매장이 많아 다이아몬드, 석유(카빈다 지역), 철광석, 우라늄 등의 생산과 수출이 많다. 한편 국토의 중앙을 달려 대서양의 벵겔라에 닿는 철도는 콩고와 이 나라의 지하 자원 수출의 대동맥을 이룬다.

관 광

야생 생태계와 전통 문화 등이 주요 관광 자원이지만 내전 등으로 미개발 상태이다.

*** 동부 · 남부 아프리카 ***

32. 에리트레아
State of Eritrea

수도 : 아스마라(40만 명)
면적 : 11.8만 ㎢
인구 : 445만 명
인구 밀도 : 38명/㎢

데이터

정체 / 공화제

민족 / 티그린야 족, 쿠나마 족 등 많은 부족

언어 / 영어, 부족어

종교 / 이슬람 교, 기독교 등

평균 수명 / 남 50세, 여 53세

통화 / 에디오피아 빌(Birr)

도시 인구 / 19%

국민 총생산 / 8억 달러

1인당 국민 소득 / 190달러

토지 이용 / 농경지 4.3%, 목초지 57.5%, 삼림 6.1%, 기타 32.1%

천연 자원 / 금, 구리, 칼륨, 수산물 등

수출 / 2,000만 달러(원재료, 가축, 식료품 등)

수입 / 3.8억 달러(공업제품, 식료품, 원료 등)

관광객 / 10만 명

관광 수입 / 7,300만 달러

국방 예산 / 1.0억 달러

군인 / 20.2만 명

표준 시간 / 한국 시간에서 -6시간

국제 전화 국가 번호 / 291번

주요 도시의 기후

아스마라

	1월	7월
월평균 기온(°C)	13.6	16.5
연강수량(mm)	542	

자 연

아프리카의 북동부에 위치하며 국토는 홍해를 따라 좁은 해안 평야가 있고 북서부는 고원 지대로 이루어져 있다. 기후는 건조 기후로 연중 몹시 덥고 사막과 스텝을 이루며 우기는 11~4월이다.

역 사

원래 이집트의 일부였으나 19세기 말 이탈리아가 진출하였고, 1936년 에티오피아와 합병하여 이탈리아의 식민지가 되었다. 1941년 영국의 보호령이 되었으며 1952년 에티오피아에 병합되었다가 1993년 독립하였다.

경 제

독립 후 내전과 주변국들과의 마찰로 국토가 황폐화되어 경제적인 어려움을 겪고 있다. 주산물은 면화, 커피 등이지만 식량의 70% 이상을 수입과 원조에 의존하고 있으며 지하자원 개발도 시작 단계에 있다.

관 광

해안과 내륙의 자연 경관이 주요 관광 자원이다.

33. 지부티

Republic of Djibouti

수도 : 지부티(55만 명)
면적 : 2.3만 ㎢
인구 : 71만 명
인구 밀도 : 31명/㎢

데이터

정체 / 공화제

민족 / 소말리아 계 48%, 에티오피아 계 38%, 기타

언어 / 프랑스 어, 아라비아 어

종교 / 이슬람 교 92%, 가톨릭 교 등

문맹률 / 49%

평균 수명 / 남 44세, 여 47세

통화 / 지부티 프랑(Franc)

도시 인구 / 82%

국민 총생산 / 6.0억 달러

1인당 국민 소득 / 850달러

토지 이용 / 농경지 · 목초지 56.0%, 삼림 0.9%, 기타 43.1%

천연 자원 / 지열 등

수출 / 1,200만 달러(커피, 쌀, 자동차 등)

수입 / 1.5억 달러(기계류, 식료품, 음료, 석유제품 등)

발전량 / 2.0억 kWh(화력 100%)

관광객 / 2.1만 명

관광 수입 / 400만 달러

자동차 보유 대수 / 1.7만 대

국방 예산 / 2,100만 달러

군인 / 9,850명

표준 시간 / 한국 시간에서 −6시간

국제 전화 국가 번호 / 253

주요 도시의 기후

지부티

월별	1월	2월	3월	4월	5월	6월	7월	8월	9월	10월	11월	12월	전년
기온(°C)	24.9	25.6	26.8	28.7	30.8	33.6	35.3	34.8	32.3	29.2	26.8	25.3	29.5
강수량(mm)	8	22	12	45	16	0	11	9	4	22	31	15	196

자 연

아프리카의 북동부 홍해와 인도양이 만나는 전략적인 요충지에 위치하며, 에티오피아와 소말리아에 국경을 접하고 있다. 국토는 사막과 반사막 지대를 이루고 연중 고온으로 강수량도 적다.

역 사

1885년 프랑스의 식민지가 되었다가 1977년 독립하였다.

경 제

건조한 사막 기후 지대로 주민의 대부분이 유목 생활을 한다. 국가의 주요 수입원은 수에즈 항로의 기항지 수입과 에티오피아의 수도 아디스아바바와 지부티를 연결하는 철도의 항구 기점으로 얻는 수입이 대부분을 차지한다.

관 광

해안의 수상 스포츠가 주요 관광 자원이다.

34. 소말리아

Somali Democratic Republic

수도 : 모가디슈(118만 명)
면적 : 63.8만 ㎢
인구 : 831만 명
인구 밀도 : 13명/㎢

데이터

정체 / 공화제

민족 / 햄족 계의 소말리아 족

언어 / 소말리아 어, 아라비아 어

종교 / 이슬람 교 98%

문맹률 / 76%

평균 수명 / 남 45세, 여 49세

통화 / 소말리아 실링(Shilling)

도시 인구 / 33%

국민 총생산 / 10억 달러

1인당 국민 소득 / 110달러

토지 이용 / 농경지 1.6%, 목초지 67.4%, 삼림 25.1%, 기타 5.9%

천연 자원 / 우라늄, 철광석, 주석, 석고, 보크사이트, 구리, 소금 등

수출 / 1.5억 달러(바나나, 가축, 피혁 등)

수입 / 1.8억 달러(원유, 비료, 식료품 등)

발전량 / 2.8억 kWh(화력 100%)

관광객 / 1만 명

자동차 보유 대수 / 2.5만 대

국방 예산 / 3,800만 달러

군인 / 6.5만 명

표준 시간 / 한국 시간에서 -6시간

국제 전화 국가 번호 / 252번

주요 도시의 기후

모가디슈

월별	1월	2월	3월	4월	5월	6월	7월	8월	9월	10월	11월	12월	전년
기온(°C)	26.6	26.8	27.9	28.4	27.5	26.6	25.9	25.7	26.1	26.9	26.8	26.7	26.8
강수량(mm)	0	0	4	44	75	78	82	47	20	38	53	9	450

자 연

아프리카 대륙의 동쪽 소말리아 반도에 위치하며 인도양과 아든 만에 긴 해안선을 갖는다. 아든 만이 있는 북부는 산지와 고원을 이루고 남부는 해안 저지대를 이룬다. 기후는 열대 사막과 스텝을 이루며 여름에는 평균 기온이 35℃를 넘고 가뭄이 극심하다.

역 사

1886년 북부 지역이 영국의 보호령, 1889년 남부 지역이 이탈리아의 보호령이 되었다가 1960년 북부와 남부가 통합 독립하였다. 1970년 사회주의를 선언하고 1977년에 에티오피아와 국경 분쟁을 하는 등 정치적 불안이 계속되고 있다.

경 제

농업 인구가 70% 이상인 자급적인 농업 국가이다. 그러나 1977년 이후 국제 분쟁, 내전, 정치 불안, 한발 등으로 농업 생산이 반으로 줄어들었고 경제는 파산 상태이다. 한편 대량 난민의 발생은 커다란 국제 문제로 대두되고 있다.

관 광

국립 공원, 수렵 지역, 희귀 동 · 식물, 해안의 휴양지와 낚시 등이 주요 관광 자원이다.

35. 에티오피아

Federal Democratic Republic of Ethiopia

수도 : 아디스아바바(257만 명)
면적 : 110.4만 ㎢
인구 : 7,242만 명
인구 밀도 : 66명/㎢

데이터

정체 / 연방 공화제

민족 / 암하라 족, 오모로 족 등 80여 부족

언어 / 영어, 암하라 어(공용어), 기타 부족어

종교 / 기독교 55%, 이슬람 교 등

문맹률 / 61%

평균 수명 / 남 44세, 여 45세

통화 / 비르(Birr)

도시 인구 / 15%

국민 총생산 / 65억 달러

1인당 국민 소득 / 100달러

토지 이용 / 농경지 10.0%, 목초지 18.2%, 삼림 12.1%, 기타 59.7%

산업별 인구 / 1차 87.8%, 2차 1.9%, 3차 10.3%

천연 자원 / 금, 구리, 백금, 석유, 칼륨, 소금 등

수출 / 4.8억 달러(커피, 피혁, 채소, 과일 등)

수입 / 17억 달러(자동차, 철강, 석유제품, 화학 비료, 섬유, 직물 등)

한국 교민 / 147명

발전량 / 18억 kWh(수력 97.0%, 화력 2.6%, 지열 0.4%)

관광객 / 15만 명

관광 수입 / 7,500만 달러

자동차 보유 대수 / 27만 대

국방 예산 / 4.4억 달러

군인 / 16만 명

표준 시간 / 한국 시간에서 −6시간

국제 전화 국가 번호 / 251번

주요 도시의 기후

아디스아바바

월별	1월	2월	3월	4월	5월	6월	7월	8월	9월	10월	11월	12월	전년
기온(°C)	15.8	16.9	18.0	17.9	18.2	16.8	15.4	15.6	16.0	16.0	15.4	15.4	16.5
강수량(mm)	20	63	70	90	87	117	249	267	171	42	9	15	1,199

자 연

아프리카 대륙의 동부에 위치하는 고원 국가이다. 에티오피아 고원이 국토의 대부분을 차지하고, 청나일 강의 원류를 이루는 타나 호를 비롯한 호수들은 남북으로 배열되면서 대지구대를 이룬다. 기후는 중앙부가 고산 기후를 이루고 그 밖의 지역들은 열대 사바나 기후 지대를 이룬다. 특히 높이 2,000~3,000m 지역이 거주에 적당하다.

역 사

아프리카에서는 가장 오래된 국가이다. 옛 황제는 솔로몬 왕과 시바 여왕의 직계 자손들이다. BC 1000년 경 남부 아라비아에서 이주한 셈 계의 주민이 원주민인 햄 계와 교류하면서 왕국을 번창시켰다. 4세기에 이미 기독교를 국교로 하였고, 19세기 말부터 이탈리아의 침공이 계속되어 한때 그 지배를 받기도 하였다. 1975년 군부의 반란으로 황제 제도를 폐지하고 공화제가 되었다. 1993년 북부의 에리트레아가 분리 독립하였고 1994년 현재의 국명으로 바꾸었다.

경 제

에티오피아 고원의 서남부는 커피의 원산지이다. 따라서 야생 커피의 채집과 수출이 이 나라의 주요 산업이다. 계속되는 한발과 정치 불안, 내전 등으로 경제는 파탄 상태에 있으며 해마다 수백 만 명의 아사자가 발생하고 있다.

관 광

역사적인 초기 기독교 교회와 기념관, 국립 공원 등이 주요 관광 자원이다.

36. 케냐

Republic of Kenya

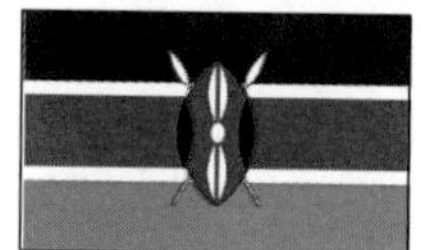

수도 : 나이로비(214만 명)
면적 : 58.0만 ㎢
인구 : 3,242만 명
인구 밀도 : 56명/㎢

데이터

정체 / 공화제

민족 / 키쿠유 족, 루히야 족, 루오 족, 캄바 족 등 수십 개의 부족

언어 / 스와힐리 어(공용어), 영어

종교 / 토속 신앙, 기타 가톨릭 교, 이슬람 교

문맹률 / 17%

평균 수명 / 남 51세, 여 53세

통화 / 케냐 실링(Shlling)

도시 인구 / 36%

국민 총생산 / 112억 달러

1인당 국민 소득 / 360달러

토지 이용 / 농경지 7.8%, 목초지 36.7%, 삼림 28.9%, 기타 26.6%

천연 자원 / 금, 석회석, 루비, 보석류 등

수출 / 21억 달러(차, 커피, 석유제품, 철강, 과일 등)

수입 / 32억 달러(기계류, 곡물, 자동차, 원유, 석유제품 등)

한국 교민 / 503명

발전량 / 42억 kWh(수력 42.7%, 화력 46.5%, 지열 10.8%)

관광객 / 84만 명

관광 수입 / 3.0억 달러

자동차 보유 대수 / 55만 대

국방 예산 / 3.5억 달러

군인 / 2.4만 명

표준 시간 / 한국 시간에서 −6시간

국제 전화 국가 번호 / 254번

주요 도시의 기후

나이로비

월별	1월	2월	3월	4월	5월	6월	7월	8월	9월	10월	11월	12월	전년
기온(°C)	19.3	20.1	20.5	20.2	19.1	17.7	16.9	17.2	18.5	19.7	19.2	19.1	19.0
강수량(mm)	40	48	69	153	108	27	12	13	24	44	21	80	738

자 연

아프리카 대륙의 동부에 위치하며 인도양에 면하는 적도 아래의 고원국으로, 국토의 중앙에 아프리카에서 두 번째로 높은 케냐 산(5,199m)이 솟아 있다. 해안 저지대가 연중 고온의 사바나 기후 지역을 이루고, 내륙 고원은 연중 기온 15~20℃의 살기 좋은 쾌적한 기후 지역을 이룬다.

역 사

15세기 바스코 다 가마의 탐험이 있은 후부터 포르투갈이 진출하였다. 이어서 19세기에는 영국과 독일의 지배권 쟁탈이 시작되었으며 1895년 영국의 식민지가 되었다가 1963년 독립하였다.

경 제

농목업이 중심 산업을 이루며 커피, 차, 사이잘삼, 면화, 코코넛 등의 생산이 많고 커피와 차는 주요 수출품이다. 또 사바나의 자연 동물원은 사파리들의 세계적인 관광 명소로 이

나라의 주요 외화 수입원이 되고 있다. 아직도 경제의 주도권을 영국과 독일인들이 장악하고 있어 주민들의 불만이 많다. 한편 정치 · 경제적인 자립을 위하여 탄자니아, 우간다와 함께 3국 공동체를 구성하고 있다.

관 광

국립 공원과 야생 생태계, 야생 동물 보호 구역, 인도양 연안의 해변 휴양지 등이 주요 관광 자원이다.

37. 우간다

Republic of Uganda

수도 : 캄팔라(128만 명)
면적 : 24.1만 ㎢
인구 : 2,608만 명
인구 밀도 : 108명/㎢

데이터

정체 / 공화제

민족 / 바간도 족, 카라모종 족 등 아프리카 계의 40여 부족

언어 / 영어(공용어), 기타 스와힐리 어 등

종교 / 기독교, 토속 신앙, 이슬람 교 등

문맹률 / 33%

평균 수명 / 남 41세, 여 43세

통화 / 우간다 실링(Shilling)

도시 인구 / 12%

국민 총생산 / 59억 달러

1인당 국민 소득 / 240달러

토지 이용 / 농경지 28.2%, 목초지 7.5%, 삼림 26.1%, 기타 38.2%

천연 자원 / 구리, 금, 석회석, 소금 등

수출 / 4.4억 달러(커피, 어류, 곡물, 화학약품 등)

수입 / 11억 달러(자동차, 원유, 석유제품, 기계류, 의약품 등)

발전량 / 17억 kWh(수력 99.6%, 화력 0.4%)

관광객 / 25만 명

관광 수입 / 1.9억 달러

자동차 보유 대수 / 7.4만 대

국방 예산 / 1.6억 달러

군인 / 6만 명

표준 시간 / 한국 시간에서 −6시간

국제 전화 국가 번호 / 256번

주요 도시의 기후

엔테베

월별	1월	2월	3월	4월	5월	6월	7월	8월	9월	10월	11월	12월	전년
기온(˚C)	21.9	22.3	22.3	22.0	21.6	21.2	20.6	20.8	21.5	21.9	21.7	21.7	21.6
강수량(mm)	84	101	170	237	239	118	79	78	73	139	192	109	1,620

자 연

백나일 강의 발원지인 빅토리아 호의 북쪽에 위치하는 내륙국으로 서부 지역에는 동아프리카 대지구대가 발달하고 있다. 적도가 국토의 남반부를 지나가고 있어 연중 고온의 사바나 기후 지대를 이루나 고원 지대는 따뜻하며 3~6월이 우기이다.

역 사

19세기까지 독립 왕국이었으나 1896년 영국의 보호령이 되었고 1962년에 독립하였다. 1971년 쿠데타에 성공한 아민이 아시아 계 주민을 추방하고 반대 세력 수십 만 명을 숙청하여 국제적인 물의를 일으켰으나 1979년 탄자니아의 지원을 받은 반대 세력에 의하여 타도되었다. 그러나 부족간의 갈등과 주변국들과의 마찰이 계속되어 불안한 정치가 계속되고 있다.

경 제

농경에 적당한 국토 면적이 30%에 달하며 주민의 90%가 농업에 종사하는 농업 국가이다. 커피, 면화, 차, 담배 등의 환금 작물을 많이 재배하며 수출도 많으나, 아시아 계 주민(인도 인)들의 추방과 정치적 불안으로 경제는 침체되어 있다.

관 광

야생 동물 보호 구역, 온천, 국립 공원의 야생 생태계와 자연 경관, 수도 캄팔라의 박물관, 모스크, 궁전 등이 주요 관광 자원이다.

38. 르완다
Republic of Rwanda

수도 : 키갈리(61만 명)
면적 : 2.6만 ㎢
인구 : 843만 명
인구 밀도 : 320명/㎢

데이터

정체 / 공화제
민족 / 후투 족, 투시 족, 트와 족 등
언어 / 프랑스 어, 르완다 어
종교 / 가톨릭 교, 토속 신앙
문맹률 / 33%
평균 수명 / 남 39세, 여 40세
통화 / 르완다 프랑(Franc)
도시 인구 / 14%
국민 총생산 / 18억 달러
1인당 국민 소득 / 230달러
토지 이용 / 농경지 44.4%, 목초지 26.1%, 삼림 9.5%, 기타 20.0%
산업별 인구 / 1차 90.1%, 2차 2.7%, 3차 7.2%
천연 자원 / 금, 주석, 텅스텐, 천연가스, 수력 등
수출 / 5,600만 달러(커피, 차, 피혁, 주석 등)
수입 / 2억 300만 달러(중간재, 자본재, 식료품, 연료 등)
발전량 / 1.7억 kWh(수력 97.6%, 화력 2.4%)
관광객 / 1.1만 명
자동차 보유 대수 / 1.6만 대
국방 예산 / 6,800만 달러
군인 / 5.1만 명
표준 시간 / 한국 시간에서 -6시간
국제 전화 국가 번호 / 250번
주요 도시의 기후

키갈리

	1월	7월
월평균 기온(˚C)	20.2	20.9
연강수량(mm)	1,066	

자 연

빅토리아 호의 서쪽에 위치하는 동아프리카의 내륙 고원국이다. 기후는 국토가 적도 아래의 고원 지대에 위치하여 사바나 기후를 이루지만 고산 기후도 일부 나타난다.

역 사

1885년 부룬디와 함께 독일령 동아프리카의 일부가 되었다가 1923년 벨기에의 신탁 통치를 거쳐 1962년 공화국으로 독립하였다.

경 제

주요 산업은 농목업이며 커피, 차 등의 환금 작물의 재배도 성하다. 그러나 인구 과잉과 정치 불안 등으로 국민 생활의 어려움이 계속되고 있다.

관 광

국립 공원의 자연과 고릴라, 화산 지대, 키부 호(L. Kivu) 등이 관광 자원이다.

39. 부룬디

Republic of Burundi

수도 : 부줌부라(32만 명)
면적 : 2.8만 ㎢
인구 : 623만 명
인구 밀도 : 224명/㎢

데이터

정체 / 공화제

민족 / 반투 계 후투 족 등 많은 부족

언어 / 프랑스 어, 키렌투 어

종교 / 가톨릭 교, 토속 신앙

문맹률 / 65%

평균 수명 / 남 40세, 여 42세

통화 / 부룬디 프랑(Franc)

도시 인구 / 9%

국민 총생산 / 7억 달러

1인당 국민 소득 / 100달러

토지 이용 / 농경지 42.4%, 목초지 35.6%, 삼림 11.7%, 기타 10.3%

산업별 인구 / 1차 92.9%, 2차 2.2%, 3차 4.9%

천연 자원 / 우라늄, 코발트, 구리, 석탄 등

수출 / 3,000만 달러(차, 커피, 피혁, 연료 등)

수입 / 1.3억 달러(자본재, 원유, 석유제품, 식료품 등)

발전량 / 1.2억 kWh(수력 98.3%, 화력 1.7%)

관광객 / 3.6만 명

관광 수입 / 100만 달러

자동차 보유 대수 / 3.5만 대

국방 예산 / 3,800만 달러

군인 / 5.1만 명

표준 시간 / 한국 시간에서 -6시간

국제 전화 국가 번호 / 257번

주요 도시의 기후

부줌부라

	1월	7월
월평균 기온(°C)	22.8	22.8
연강수량(mm)	825	

자 연

르완다의 남쪽 탕가니카 호 북동안에 위치하는 내륙 고원 국가이다. 국토의 대부분이 고원과 산지로 이루어지며, 기온은 계절에 따른 변화가 적고 따뜻한 고산 기후의 특색을 나타낸다.

역 사

1885년 르완다와 함께 독일령 동아프리카의 일부가 되었다가 제1차 세계 대전 후 벨기에의 신탁 통치를 거쳐 1962년 독립하였다. 독립 후 부족간 대립에 의한 내전으로 수십 만 명이 희생되고 쿠데타가 발생하는 등 정치적 불안이 계속되고 있다.

경 제

산업의 중심은 농업이며 커피가 수출의 대부분을 차지한다. 내륙국의 불리한 여건과 정치·사회의 불안으로 경제가 침체되어 아프리카 최빈국의 하나로 남아 있다.

관 광

미개발 상태임

40. 탄자니아

United Republic of Tanzania

수도 : 다르에스살람(234만 명)
면적 : 88.4만 ㎢
인구 : 3,611만 명
인구 밀도 : 41명/㎢

데이터

정체 / 공화제

민족 / 수쿠마 족, 마콘데 족, 차가 족 등 반투 계의 아프리카 인 99%

언어 / 영어(공용어), 스와힐리 어, 부족어

종교 / 토속 신앙, 이슬람 교, 기독교

문맹률 / 24%

평균 수명 / 남 50세, 여 52세

통화 / 탄자니아 실링(Shilling)

도시 인구 / 32%

국민 총생산 / 97억 달러

1인당 국민 소득 / 290달러

토지 이용 / 농경지 3.7%, 목초지 37.0%, 삼림 35.7%, 기타 23.6%

천연 자원 / 수력, 천연가스, 주석, 철광석, 석탄, 니켈, 인광석, 다이아몬드, 보석 등

수출 / 8.8억 달러(면화, 담배, 커피, 수산물, 식료품 등)

수입 / 17억 달러(석유제품, 자동차, 곡물, 기계류 등)

발전량 / 30억 kWh(수력 86.4%, 화력 13.6%)

관광객 / 55만 명

관광 수입 / 7.3억 달러

자동차 보유 대수 / 10만 대

국방 예산 / 1.3억 달러

군인 / 2.7만 명

표준 시간 / 한국 시간에서 −6시간

국제 전화 국가 번호 / 255번

주요 도시의 기후

다르에스살람

월별	1월	2월	3월	4월	5월	6월	7월	8월	9월	10월	11월	12월	전년
기온(˚C)	27.4	27.7	27.4	26.5	25.5	24.1	23.6	23.7	24.2	25.2	26.3	27.4	25.8
강수량(mm)	82	58	131	272	171	36	30	33	29	66	129	101	1,137

자 연

아프리카의 중동부에 위치하며, 국토는 북쪽은 빅토리아 호, 서쪽은 동아프리카 지구대의 탕가니카 호와 니아사 호가 자연 국경을 이루고, 동쪽은 인도양에 접하고 있다. 인도양에 면한 해안 저지대를 제외하면 국토의 대부분이 고원을 이루고 케냐와의 국경 지대인 북부에는 아프리카 최고봉인 킬리만자로(5,895m) 산이 솟아 있다.

지역에 따른 기후의 변화가 심한 편으로 해안 지대는 연중 고온 다우한 열대 기후를, 중앙의 고원 지대는 건조한 스텝 기후를, 산악 지대는 기온의 변화가 적은 고산 기후 지대를 이룬다.

역 사

1884년 독일령이 되었으나 제1차 세계 대전 후 영국의 신탁 통치를 거쳐 1962년 공화국으로 독립하였다. 연안의 잔지바르와 펨파의 두 섬은 19세기 초 오만의 술탄이 지배하다가 1890년 영국의 보호령에서 1963년 독립하였고, 1964년 탕가니카와 통합에 합의하고 국명을 탄자니아 연합 공화국으로 하였다.

외교는 비동맹 정책을 중심으로 케냐, 우간다와 함께 동아프리카 공동체(EAC)를 구성하여 협력을 강화하고 있다.

경 제

자급적인 농업이 국가 경제의 중심을 이루고 수출을 위한 커피, 면화, 사이잘삼, 차, 향료 등도 재배한다. 또 넓은 사바나와 연안 지대에 관광객을 유치하는 것도 이 나라의 주요 외화 획득원이 되고 있다.

관 광

세렌게티 등의 11개 국립 공원, 해안의 모래사장과 휴양지, 잔지바르 섬의 향료, 낚시와 다이빙 등이 주요 관광 자원이다.

41. 마다가스카르

Republic of Madagascar

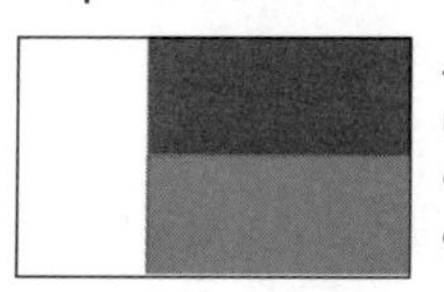

수도 : 안타나나리보(111만 명)
면적 : 58.7만 ㎢
인구 : 1,750만 명
인구 밀도 : 30명/㎢

데이터

정체 / 공화제

민족 / 말레이 계 마리나 족 26% 등 20여 부족

언어 / 말라가시 어, 프랑스 어

종교 / 토속 신앙, 기독교, 이슬람 교

문맹률 / 54%

평균 수명 / 남 51세, 여 53세

통화 / 마다가스카르 프랑(Franc)

도시 인구 / 26%

국민 총생산 / 38억 달러

1인당 국민 소득 / 230달러

토지 이용 / 농경지 5.3%, 목초지 40.9%, 삼림 39.5%, 기타 14.3%

천연 자원 / 크롬, 석탄, 보크사이트, 소금, 석영, 운모, 보석, 수산물 등

수출 / 2.2억 달러(커피, 수산물, 향료, 과일, 채소, 섬유 등)

수입 / 3.8억 달러(자동차, 원유, 기계류, 석유제품, 식료품 등)

발전량 / 8.3억 kWh(수력 64.8%, 화력 35.2%)

관광객 / 17만 명

관광 수입 / 1.2억 달러

자동차 보유 대수 / 15만 대

국방 예산 / 4,500만 달러

군인 / 1.4만 명

표준 시간 / 한국 시간에서 −6시간

국제 전화 국가 번호 / 261번

주요 도시의 기후

안타나나리보

월별	1월	2월	3월	4월	5월	6월	7월	8월	9월	10월	11월	12월	전년
기온(°C)	20.5	20.7	20.2	19.3	17.0	14.9	14.4	14.6	16.4	18.6	20.0	20.4	18.1
강수량(mm)	271	259	201	59	24	8	12	12	12	72	184	313	1,424

자연
세계에서 네 번째로 큰 섬으로 아프리카 대륙의 동남쪽에 위치한다. 섬의 동쪽에 남북으로 달리는 산맥이 국토의 중심을 이루고 산맥의 서남쪽은 넓은 평야를 이룬다. 무역풍의 영향을 받는 동쪽 연안은 비가 많은 열대 우림 기후를, 몬순의 영향을 받는 서부 지역은 건기와 우기가 있는 사바나와 온대 몬순 기후를, 서남부 지역은 비가 적은 스텝 기후 지대를 이룬다.

역사
7세기경부터 인도-말레이 계인과 아랍 인이 이주하여 원주민들과 동화하기 시작하였고, 16세기 이후 유럽 인들의 진출이 시작되어 1896년 프랑스의 식민지가 되었다. 1960년 프랑스로부터 독립하였고 1975년 프랑스의 영향에서 벗어나 사회주의 노선을 택하면서 마다가스카르 민주 공화국으로 국명을 바꾸었다.

경제
자급적인 농업이 국가의 주요 산업으로 벼, 카사바의 재배가 많고 수출 지향의 커피, 바닐라 향료의 재배도 성하다.

관광
축제, 야생 생태계, 자연 경관과 해변의 모래사장 등이 관광 자원이다.

42. 코모로
Federal Islamic Republic of the Comoros

수도 : 모로니(6.0만 명)
면적 : 2,235㎢
인구 : 65만 명
인구 밀도 : 292명/㎢

데이터
정체 / 공화제
민족 / 아나타로트 족, 마코아 족 등 아프리카 계 흑인
언어 / 코모로 어, 프랑스 어, 아랍 어
종교 / 이슬람 교
문맹률 / 44%

평균 수명 / 남 57세, 여60세

통화 / 코모로 프랑(Franc)

도시 인구 / 33%

국민 총생산 / 2.0억 달러

1인당 국민 소득 / 390달러

토지 이용 / 농경지 44.8%, 목초지 6.7%, 삼림 17.9%, 기타 30.6%

산업별 인구 / 1차 53.3%, 2차 7.4%, 3차 39.3%

천연 자원 / 수산물 등

수출 / 690만 달러(바닐라, 향료 등)

수입 / 7,190만 달러(자동차, 쌀, 석유제품 등)

발전량 / 1,900만 kWh(수력 10.5%, 화력 89.5%)

관광객 / 2.7만 명

관광 수입 / 1,600만 달러

자동차 보유 대수 / 1.4만 대

국방 예산 / 252만 달러

군인 / 700명

표준 시간 / 한국 시간에서 -6시간

국제 전화 국가 번호 / 269번

주요 도시의 기후

모로니

	1월	7월
월평균 기온(˚C)	27.1	23.5
연강수량(mm)	2,706	

자 연

국토는 마다가스카르 섬의 서북부에 위치하는 4개의 화산섬으로 이루어져 있다. 기후는 건기와 우기가 뚜렷한 열대 사바나 기후 지대를 이룬다.

역 사

1843년부터 프랑스의 식민지가 되었고 1947년 마다가스카르에서 분리된 프랑스의 해외 영토가 되었다. 1975년 독립하였으나 종교간의 갈등, 백인 용병들의 개입, 군부의 쿠데타 등이 이어지면서 정치 상황이 계속 불안한 상태이다.

경 제

열대 농업이 중심 산업을 이루며 시나몬(계피), 바닐라, 커피, 코코넛 등의 생산과 수출에 의존하여 경제 기반이 극히 취약한 가난한 나라이다.

관 광

해변의 모래사장과 낚시, 산지의 경관 등이 관광 자원이다.

43. 세이셸

Republic of Seychelles

수도 : 빅토리아(2.8만 명)
면적 : 455㎢
인구 : 8만 명
인구 밀도 : 176명/㎢

데이터

정체 / 공화제

민족 / 크리올 인(유럽 인과 아프리카 인의 혼혈) 등

언어 / 영어, 프랑스 어, 크리올 어

종교 / 가톨릭 교

문맹률 / 12%

평균 수명 / 남 67세, 여 74세

통화 / 세이셸 루피(Rupee)

도시 인구 / 50%

국민 총생산 / 6.0억 달러

1인당 국민 소득 / 6,780달러

토지 이용 / 농경지 15.6%, 삼림 0.5%, 기타 83.9%

산업별 인구 / 1차 9.9%, 2차 18.7%, 3차 71.4%

천연 자원 / 수산물, 코프라, 계피나무 등

수출 / 2.2억 달러(수산물, 계피, 코프라, 식료품 등)

수입 / 5.2억 달러(기계류, 석유제품, 자동차, 식료품, 담배, 음료 등)

발전량 / 2.0억 kWh(화력 100%)

관광객 / 13만 명

관광 수입 / 1.1억 달러

자동차 보유 대수 / 1.6만 대

국방 예산 / 1,100만 달러

군인 / 450명

표준 시간 / 한국 시간에서 −6시간

국제 전화 국가 번호 / 248번

주요 도시의 기후

빅토리아

	1월	7월
월평균 기온(°C)	26.7	25.6
연강수량(mm)	2,375	

자연

국토는 마다가스카르의 북쪽 인도양에 위치하는 110여 개의 섬으로 이루어진다. 기후는 열대 몬순 기후로 연중 덥고 12~5월이 우기이다.

역사

1740년 프랑스의 식민지로 거주가 시작되었고, 1814년 영국의 영토가 되었다. 1976년 영연방국으로 독립하였으며 영국 · 프랑스 등과의 관계가 긴밀하다. 마다가스카르, 모리셔스와 함께 인도양 위원회를 구성하고 상호 협력을 강화하고 있다.

경제

관광이 최대의 외화 획득 산업이며 그 밖에 수산업과 수산물 가공업이 주요 산업이다.

관광

해변과 열대 경관, 희귀 동 · 식물 등이 관광 자원이다.

44. 모리셔스

Republic of Mauritius

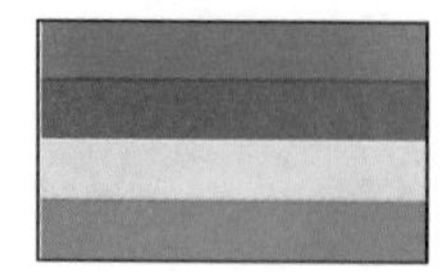

수도 : 포트루이스(15만 명)
면적 : 2,040㎢
인구 : 124만 명
인구 밀도 : 605명/㎢

데이터

정체 / 공화제

민족 / 인도 계 68%, 크리올 인 27% 등

언어 / 영어(공용어), 프랑스 어, 크리올 어 등

종교 / 힌두 교, 가톨릭 교, 이슬람 교

문맹률 / 16%

평균 수명 / 남 66세, 여 74세

통화 / 모리셔스 루피(Rupee)

도시 인구 / 43%

국민 총생산 / 47억 달러

1인당 국민 소득 / 3,860달러

토지 이용 / 농경지 52.0%, 목초지 3.4%, 삼림 21.6%, 기타 23.0%

산업별 인구 / 1차 14.5%, 2차 38.8%, 3차 46.7%

천연 자원 / 수산물, 비옥한 토지 등

수출 / 16억 달러(의류, 직물, 설탕, 식료품, 수산물 등)

수입 / 20억 달러(섬유, 기계류, 석유제품, 자동차, 식료품 등)

발전량 / 19억 kWh(수력 3.7%, 화력 96.3%)

관광객 / 68만 명

관광 수입 / 6.1억 달러

자동차 보유 대수 / 12만 대

국방 예산 / 700만 달러

군인 / 2,000명

표준 시간 / 한국 시간에서 −6시간

국제 전화 국가 번호 / 230번

주요 도시의 기후

포트루이스

	1월	7월
월평균 기온(°C)	22.8	27.2
연강수량(mm)	1,000	

자 연

마다가스카르 섬의 동쪽 인도양의 화산섬인 모리셔스 섬과 그 주변의 섬들로 이루어진 작은 나라이다. 기후는 아열대 기후로 9~11월이 우기이며 11~4월 사이에는 열대성 저기압인 사이클론의 피해를 자주 입는다.

역 사

16세기 말부터 네덜란드, 프랑스, 영국의 식민 지배를 받았으며 1968년 영연방 자치국으로 독립하였다. 프랑스 식민지 시대에 사탕수수 노동자를 여러 지역에서 데려왔기 때문에 주민 구성이 복잡하다.

경 제

자급적인 농업 중심의 저소득 국가였으나 사탕수수의 재배와 수출, 관광 자원의 개발, 외자 도입에 의한 수출 가공 공업의 육성 등으로 오늘날은 중위권 소득 국가로 발전하였다.

관 광

해안의 모래사장과 산지의 자연 경관, 다양한 문화와의 문화 접변 등이 관광 자원이다.

45. 모잠비크

Republic of Mozambique

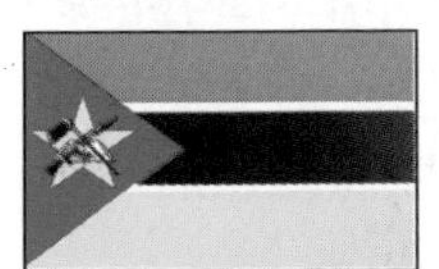

수도 : 마푸토(97만 명)
면적 : 80.2만 ㎢
인구 : 1,918만 명
인구 밀도 : 24명/㎢

데이터

정체 / 공화제

민족 / 마쿠아 족, 상가 족 등 반투 계 흑인

언어 / 포르투갈 어(공용어), 부족어

종교 / 토속 신앙, 가톨릭 교, 이슬람 교

문맹률 / 56%

평균 수명 / 남 44세, 여 47세

통화 / 메티칼(Metical)

도시 인구 / 32%

국민 총생산 / 36억 달러

1인당 국민 소득 / 200달러

토지 이용 / 농경지 4.0%, 목초지 54.9%, 삼림 21.6%, 기타 19.5%

산업별 인구 / 1차 83.8%, 2차 6.9%, 3차 9.3%

천연 자원 / 천연가스, 티타늄, 석탄, 보크사이트 등

수출 / 3.6억 달러(수산물, 기계류, 설탕, 과일, 면화 등)

수입 / 12억 달러(기계류, 석유제품, 곡물, 자동차 등)

발전량 / 107억 kWh(수력 92.9%, 화력 7.1%)

자동차 보유 대수 / 12만 대

국방 예산 / 7,600만 달러

군인 / 8,200만 명

표준 시간 / 한국 시간에서 -7시간

국제 전화 국가 번호 / 258번

주요 도시의 기후

마푸토

월별	1월	2월	3월	4월	5월	6월	7월	8월	9월	10월	11월	12월	전년
기온(°C)	26.4	26.2	25.6	23.5	21.5	18.9	18.9	20.0	21.5	22.5	23.8	25.4	22.9
강수량(mm)	174	139	96	55	28	14	20	14	42	65	75	76	799

자 연

아프리카 대륙의 동남부 인도양 연안에 위치하며 해협을 건너 마다가스카르와 마주보고 있다. 국토는 남동부의 긴 해안 평야와 해발 1,000m가 넘는 내륙 고원으로 이루어져 있고 잠베지 강이 국토를 남과 북으로 나눈다. 기후는 해안을 따라 남으로 흐르는 모잠비크 해류(난류)의 영향을 받아 대부분의 지역이 사바나 기후 지대를 이룬다.

역 사

1620년 포르투갈의 식민지가 되었으며 1960년대부터 해방과 독립을 위한 투쟁이 계속되다가 1975년 독립하였다. 독립 후 사회주의 노선을 따랐으나 최근에는 서방 국가들과의 관계를 중요시하고 있다.

경 제

농업이 중심 산업이며 상품 작물로 사탕수수, 면화, 사이잘삼, 캐슈넛 등을 재배하고 있다. 그러나 잦은 한발, 정치 · 사회의 불안, 경제 기반의 취약 등으로 난민의 유출과 기아가 극심하다.

관 광

해변의 모래사장, 시장, 국립 공원과 야생 동물 보호 구역 등이 관광 자원이다.

46. 말라위

Republic of Malawi

수도 : 릴롱궤(44만 명)
면적 : 11.8만 ㎢
인구 : 1,194만 명
인구 밀도 : 101명/㎢

데이터

정체 / 공화제

민족 / 추와 족, 니안자 족 등 많은 부족

언어 / 추와 어(공용어), 영어, 기타

종교 / 토속 신앙, 기독교, 이슬람 교

문맹률 / 39%

평균 수명 / 남 42세, 여 45세

통화 / 과차(Kwacha)

도시 인구 / 15%

국민 총생산 / 17억 달러

1인당 국민 소득 / 160달러

토지 이용 / 농경지 14.3%, 목초지 15.5%, 삼림 31.2%, 기타 39.0%

산업별 인구 / 1차 85.8%, 2차 4.4%, 3차 9.8%

천연 자원 / 석회석, 우라늄, 석탄, 보크사이트 등

수출 / 4.5억 달러(잎담배, 커피, 차, 설탕 등)

수입 / 6.7억 달러(자동차, 의약품, 석유제품, 기계류 등)

발전량 / 8.9억 kWh(수력 97.8%, 화력 2.2%)

관광객 / 29만 명

관광 수입 / 1.3억 달러

자동차 보유 대수 / 3.8만 대

국방 예산 / 1,200만 달러

군인 / 5,300명

표준 시간 / 한국 시간에서 -7시간

국제 전화 국가 번호 / 265번

주요 도시의 기후

릴롱궤

	1월	7월
월평균 기온(˚C)	21.2	15.4
연강수량(mm)	836	

자 연

아프리카 동남부에 있는 니아사 호의 서남부에 위치하며 남북이 긴 내륙국이다. 국토의 대부분은 고원 지대이며, 기후는 건기와 우기가 있는 사바나 기후 지대를 이룬다.

역 사

1891년 영국의 식민지가 되었으며 1953년 주변국들과 중앙 아프리카 연방을 결성하였으나 1964년 독립하였다. 친서방 외교 정책을 펴고 있다.

경 제

농업이 주된 산업으로 담배, 차, 사탕수수, 땅콩 등의 재배가 많고 니아사 호에서 행해지고 있는 담수 어업도 주요 산업이다. 남아프리카공화국으로 인력을 많이 수출하고 있으며 그 송금이 큰 수입원이 되고 있다.

관 광

국립 공원과 야생 동물 보호 구역 등이 관광 자원이다.

47. 잠비아
Republic of Zambia

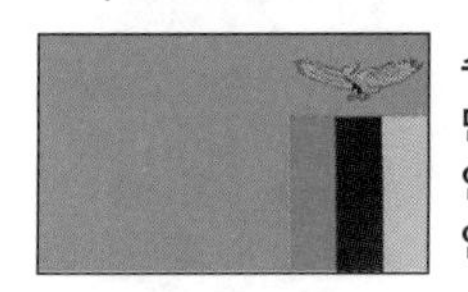

수도 : 루사카(109만 명)
면적 : 75.3만 ㎢
인구 : 1,092만 명
인구 밀도 : 15명/㎢

데이터

정체 / 공화제

민족 / 반투 계의 70여 개 부족

언어 / 영어(공용어), 부족어

종교 / 토속 신앙, 기독교, 이슬람 교

문맹률 / 22%

평균 수명 / 남 41세, 여 40세

통화 / 과차(Kwacha)

도시 인구 / 35%

국민 총생산 / 35억 달러

1인당 국민 소득 / 340달러

토지 이용 / 농경지 7.0%, 목초지 39.9%, 삼림 42.5%, 기타 10.6%

산업별 인구 / 1차 37.9%, 2차 9.2%, 3차 52.9%

천연 자원 / 구리, 코발트, 아연, 납, 석탄, 에메랄드, 금, 은, 우라늄, 수력 등

수출 / 9.3억 달러(구리, 아연, 코발트, 납, 담배 등)

수입 / 13억 달러(기계류, 원유, 자동차, 식료품 등)

발전량 / 82억 kWh(수력 99.4%, 화력 0.6%)

관광객 / 57만 명

관광 수입 / 1.2억 달러

자동차 보유 대수 / 9,500 대

국방 예산 / 2,300만 달러

군인 / 1.8만 명

표준 시간 / 한국 시간에서 −7시간

국제 전화 국가 번호 / 260번

주요 도시의 기후

루사카

	1월	7월
월평균 기온(°C)	21.1	16.1
연강수량(mm)	836	

자 연

아프리카 중남부에 위치하는 내륙국으로 국토의 대부분이 해발 1,000m 이상의 고원으로 이루어져 있으며 동남부의 잠베지 강 유역만이 평탄한 지역을 이룬다. 기후는 건기와 우기가 있는 내륙성의 아열대 기후와 사바나 기후 지역이 대부분이다.

역 사

1850년 리빙스턴의 탐험 후 영국의 보호령이 되었으며 1964년 영연방내의 독립국이 되었다.

경 제

비가 많은 동부 지역이 농업의 중심지로 옥수수, 잡곡 등이 많이 생산된다. 이 나라의 중북부 지역은 콩고민주공화국과 연결되는 'copper belt' 지역으로 세계적인 구리 생산과 수출 지역을 이룬다. 남부의 도시 리빙스턴 부근의 빅토리아 폭포는 많은 관광객들이 찾는 명소이기도 하다.

관 광

국립 공원과 희귀 동 · 식물류, 빅토리아 호, 전통 생활 풍속 등이 주요 관광 자원이다.

48. 짐바브웨

Republic of Zimbabwe

수도 : 하라레(145만 명)
면적 : 39.1만 ㎢
인구 : 1,267만 명
인구 밀도 : 32명/㎢

데이터

정체 / 공화제

민족 / 반투 계 쇼나 족 등 많은 부족

언어 / 영어(공용어), 쇼나 어 등

종교 / 토속 신앙, 기독교

문맹률 / 15%

평균 수명 / 남 43세, 여 43세

통화 / 짐바브웨 달러(Dollar)

도시 인구 / 34%

국민 총생산 / 62억 달러

1인당 국민 소득 / 480달러

산업별 인구 / 1차 64.7%, 2차 7.2%, 3차 28.1%

천연 자원 / 석탄, 크롬, 석면, 금, 니켈, 구리, 철광석, 주석, 코발트 등

수출 / 21억 달러(담배, 철광석, 면화, 곡물, 니켈 등)

수입 / 19억 달러(기계류, 섬유, 직물, 자동차, 석유제품 등)

발전량 / 79억 kWh(수력 37.8%, 화력 62.2%)

관광객 / 207만 명

관광 수입 / 7,600만 달러

자동차 보유 대수 / 63만 대

국방 예산 / 6.3억 달러

군인 / 2.9만 명

표준 시간 / 한국 시간에서 -7시간

국제 전화 국가 번호 / 263번

주요 도시의 기후

하라레

월별	1월	2월	3월	4월	5월	6월	7월	8월	9월	10월	11월	12월	전년
기온(˚C)	20.4	20.0	19.6	18.1	15.5	13.1	13.1	15.2	18.6	20.6	20.7	20.3	17.9
강수량(mm)	191	148	99	46	10	3	2	2	9	36	101	170	816

자 연

아프리카 남부의 내륙국으로 해발 1,000m가 넘는 고원이 넓게 발달하고 있다. 기후는 건기와 우기가 있는 아열대성 기후로 북쪽은 온대 몬순, 남쪽은 스텝 기후 지대를 이룬다.

역 사

1889년부터 영국의 지배를 받았으며 1953년에는 중앙 아프리카 연방에 가입하였다. 그러나 1965년 백인들이 일방적인 독립국을 선언하여 1972년부터 흑인들의 게릴라 투쟁이 시작되었고 1980년 완전 독립하였다.

경 제

농업과 광업이 주요 산업이다. 농업은 담배, 면화, 옥수수, 사탕수수 재배가 중심을 이루고, 광업은 코발트, 구리, 크롬, 니켈, 금, 철광, 석탄 등의 개발과 수출이 활발하다.

관 광

공원, 자연 보호 구역, 빅토리아 호 등이 관광 자원이다.

49. 보츠와나

Republic of Botswana

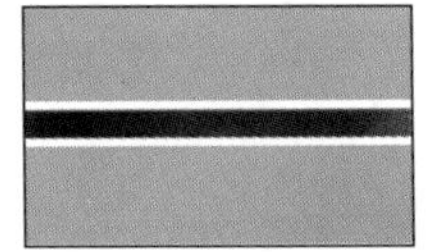

수도 : 가보로네(19만 명)
면적 : 58.2만 ㎢
인구 : 168만 명
인구 밀도 : 3명/㎢

데이터

정체 / 공화제

민족 / 보츠와나 족 95%, 기타

언어 / 영어, 보츠와나 어

종교 / 토속 신앙, 기독교

문맹률 / 23%

평균 수명 / 남 66세, 여 69세

통화 / 풀라(Pula)

도시 인구 / 50%

국민 총생산 / 51억 달러

1인당 국민 소득 / 3,010달러

토지 이용 / 농경지 0.7%, 목초지 44.0%, 삼림 45.6%, 기타 9.7%

산업별 인구 / 1차 15.6%, 2차 24.8%, 3차 59.6%

천연 자원 / 다이아몬드, 구리, 소금, 석탄, 은 등

수출 / 25억 달러(다이아몬드, 자동차, 광물 등)

수입 / 18억 달러(기계류, 자동차, 식료품, 음료, 금속제품, 화학제품, 고무제품 등)

관광객 / 104만 명

관광 수입 / 3.1억 달러

자동차 보유 대수 / 18만 대

국방 예산 / 2.5억 달러

군인 / 9천 명

표준 시간 / 한국 시간에서 -7시간

국제 전화 국가 번호 / 267번

주요 도시의 기후

가보로네

	1월	7월
월평균 기온(°C)	26.1	12.8
연강수량(mm)	538	

자 연

아프리카 남부의 내륙 고원국으로 국토의 대부분을 건조한 칼라하리 사막이 차지하고 있으며, 북부의 일부에는 내륙 하천이 있는 습지와 저지대가 발달하고 있다.

역 사

1885년부터 영국의 보호령이 되었으며 1963년까지 남아프리카를 관리하는 영국의 관할하에 있었다. 이후 1966년 영연방내의 공화국으로 독립하였다.

경 제

1967년 남부 지역에서 세계 최대의 다이아몬드 광산이 발견되어 니켈, 구리 등과 함께 수출되면서 이 나라 경제의 발전 토대를 이루게 되었다. 오늘날 이 나라가 아프리카에서 가장 높은 소득과 안정된 국가 중 하나가 된 요인은 광산 자원의 수출과 관광 수입 이외에도 개방 경제와 정치적인 안정을 들 수 있다.

관 광

오카반고 습지, 칼라하리 사막의 국립 공원, 자연 보호 구역, 오아시스 등이 주요 관광 자원이다.

50. 나미비아

Republic of Namibia

수도 : 빈트후크(23만 명)
면적 : 82.4만 ㎢
인구 : 191만 명
인구 밀도 : 2명/㎢

데이터

정체 / 공화제

민족 / 오밤보 족, 카반고 족 등 아프리카 계 여러 부족, 백인 등

언어 / 영어, 독일어, 토속어

종교 / 토속 신앙, 기독교

문맹률 / 18%

평균 수명 / 남 45세, 여 45세

통화 / 나미비아 달러(Dollar)

도시 인구 / 31%

국민 총생산 / 35억 달러

1인당 국민 소득 / 1,790달러

토지 이용 / 농경지 0.8%, 목초지 46.1%, 삼림 15.2%, 기타 37.9%

산업별 인구 / 1차 38.5%, 2차 11.4%, 3차 50.1%

천연 자원 / 다이아몬드, 구리, 우라늄, 금, 납, 주석, 아연, 소금, 수산물 등

수출 / 12억 달러(다이아몬드, 구리, 금, 납, 주석, 우라늄, 소, 수산물 등)

수입 / 15억 달러(식료품, 석유제품, 기계류, 자동차 등)

관광객 / 67만 명

관광 수입 / 4.0억 달러

자동차 보유 대수 / 12만 대

국방 예산 / 7,900만 달러

군인 / 9천 명

표준 시간 / 한국 시간에서 -8시간

국제 전화 국가 번호 / 264번

주요 도시의 기후

빈트후크

월별	1월	2월	3월	4월	5월	6월	7월	8월	9월	10월	11월	12월	전년
기온(˚C)	23.6	22.3	21.4	18.9	16.2	13.4	13.6	16.1	19.9	21.7	22.9	24.2	19.5
강수량(mm)	71	87	73	30	6	2	0	1	2	12	30	28	345

자 연

아프리카 대륙 남서부의 건조한 고원 지대에 위치하며, 국토의 대부분은 물 부족이 심각한 사막 기후 지대를 이룬다. 대서양 연안 지역은 북상하는 벵겔라 해류(한류)의 영향으로 매우 건조한 나미브 사막 지대를, 내륙부는 고온 건조한 칼라하리 사막 지대를 이룬다.

역 사

1652년 네덜란드의 식민지가 되었다가 1884년에는 독일의 보호령에 편입되었다. 제1차 세계 대전 후 남아프리카의 위임 통치령이 되었고 1949년 남아프리카공화국이 임의로 자국령으로 선언하였다. 1966년 남서 아프리카 해방 세력이 결집되면서 무력 투쟁이 계속되자 UN은 1968년 이 지역의 명칭을 '나미비아'로 정하고 남아프리카공화국의 철수와 주민들의 자유 선거 등을 결의하였다. 1988년 이 지역의 분쟁에 개입하였던 외국 세력들의 협정으로 독립을 확인하고 1990년 완전 독립하였다.

경 제

소, 양, 염소 등을 사육하는 목축업과 연안의 어업이 이 나라의 중심 산업을 이루었으나 최근에는 세계적인 다이아몬드광과 구리, 우라늄 등의 광물이 발견되고 그 생산과 수출이 확대되면서 이 나라의 경제는 새로운 국면을 맞이하고 있다.

관 광

에토사 국립 공원과 야생 생태계, 그 밖의 사막의 자연과 오아시스가 주요 관광 자원이다.

51. 스와질란드

Kingdom of Swaziland

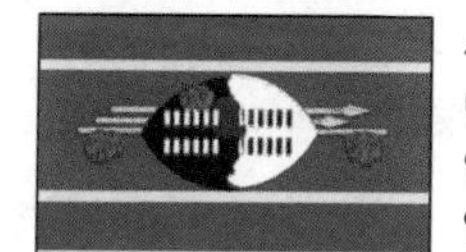

수도 : 음바바네(5.8만 명)
면적 : 1.7만 ㎢
인구 : 117만 명
인구 밀도 : 67명/㎢

데이터

정체 / 입헌 군주제

민족 / 반투 계 스와지 족, 줄루 족 95%, 기타

언어 / 영어, 시스와티 어

종교 / 토속 신앙, 기독교

문맹률 / 20%

평균 수명 / 남 58세, 여 63세

통화 / 리랑제니(Lilangeni)

도시 인구 / 23%

국민 총생산 / 14억 달러

1인당 국민 소득 / 1,240달러

토지 이용 / 농경지 11.0%, 목초지 61.6%, 삼림 6.9%, 기타 20.5%

천연 자원 / 석면, 다이아몬드, 석탄, 주석, 금, 수력, 목재 등

수출 / 9.4억 달러(농축 음료, 설탕, 펄프, 면사 등)

수입 / 9.8억 달러(석유제품, 기계류, 자동차, 화학제품, 식료품 등)

관광객 / 26만 명

관광 수입 / 2,600만 달러

자동차 보유 대수 / 8.2만 대

표준 시간 / 한국 시간에서 −7시간

국제 전화 국가 번호 / 268번

주요 도시의 기후

음바바네

	1월	7월
월평균 기온(°C)	20.0	12.2
연강수량(mm)	1,402	

자 연

남아프리카공화국의 동쪽과 모잠비크의 남쪽에 위치하는 내륙의 고원 국가이다. 서부는 삼림 지대, 동부는 낮은 초원 지대를 이룬다. 기후는 온대 기후로 11~3월이 우기이다.

역 사

오랜 왕국이었으나 1903년 영국의 보호령이 되었다가 1968년 영연방내의 입헌 군주국으로 독립하였다.

경 제

농업과 임업이 경제의 중심을 이루고 산업의 다양화에 노력하여 경제가 안정되어 있다. 주요 수출품은 설탕, 펄프, 철광석 등이다.

관 광

온천, 카지노, 자연 경관과 폭포, 야생 동물 보호 구역 등이 관광 자원이다.

52. 레소토

Kingdom of Lesotho

수도 : 마세루(17만 명)
면적 : 3만 ㎢
인구 : 181만 명
인구 밀도 : 60명/㎢

데이터

정체 / 입헌 군주제

민족 / 반투 계 바소토 족 등

언어 / 영어, 세소토 어

종교 / 기독교 82%, 기타

문맹률 / 16%

평균 수명 / 남 51세, 여 52세

통화 / 로티(Loti)

도시 인구 / 18%

국민 총생산 / 10억 달러

1인당 국민 소득 / 550달러

토지 이용 / 농경지 10.5%, 목초지 65.9%, 기타 23.6%

산업별 인구 / 1차 23.3%, 2차 36.0%, 3차 40.7%

천연 자원 / 다이아몬드, 납, 우라늄, 철광석, 수력 등

수출 / 3.7억 달러(의류, 신발, 식료품 등)

수입 / 7.8억 달러(기계류, 석유제품, 식료품 등)

관광객 / 23만 명

관광 수입 / 2,000만 달러

자동차 보유 대수 / 1.9만 대

국방 예산 / 2,100만 달러

군인 / 2,000 명

표준 시간 / 한국 시간에서 -7시간

국제 전화 국가 번호 / 266번

자 연

남아프리카공화국의 드라켄즈버그 산맥 서쪽 사면에 위치하는 내륙의 작은 고원 국가이다. 기후는 쾌적한 온대 기후로 10~4월이 우기이다.

역사

19세기 초에 설립된 왕국으로 1866년 영국의 식민지가 되었다가 1966년 독립하였다.

경제

주요 산업은 농업, 임업, 목축업이며, 수출품은 의류, 신발 등의 제품과 다이아몬드이다. 또한 남아프리카공화국에 대한 노동력의 수출도 주요 외화 획득원이다.

관광

산지의 자연 경관과 자연 생태계 등이 관광 자원이다.

53. 남아프리카공화국

Republic of South Africa

수도 : 프리토리아(199만 명)
면적 : 122.1만 ㎢
인구 : 4,691만 명
인구 밀도 : 38명/㎢

데이터

정체 / 공화제

민족 / 흑인 76.1%, 백인 12.8%(네덜란드 60 : 영국 40), 혼혈 8.5%, 인도 계 2.6%

언어 / 아프리칸즈 어, 반투 어, 영어 등 11개 공용어

종교 / 기독교, 이슬람 교 등

문맹률 / 15%

평균 수명 / 남 54세, 여 60세

통화 / 란드(Rand)

도시 인구 / 56%

주요 도시 / 케이프타운, 요하네스버그, 이스트런던, 더반, 포트엘리자베스, 킴벌리 등

국민 총생산 / 1,134억 달러

1인당 국민 소득 / 2,500달러

토지 이용 / 농경지 10.8%, 목초지 66.6%, 삼림 6.7%, 기타 15.9%

산업별 인구 / 1차 6.8%, 2차 17.5%, 3차 75.7%

천연 자원 / 금, 백금, 구리, 다이아몬드, 석탄, 철광석, 크롬, 망간, 우라늄, 천연가스 등

수출 / 287억 달러(다이아몬드, 금, 백금, 석탄, 철강, 기계류, 화학약품, 식료품 등)

수입 / 283억 달러(기계류, 원유, 화학약품, 자동차, 식료품 등)

한국의 대(對) 남아프리카공화국 수출 / 5.3억 달러

한국의 대(對) 남아프리카공화국 수입 / 6.9억 달러

한국 교민 / 1,356명

발전량 / 2,162억 kWh(수력 2.4%, 화력 92.6%, 원자력 5.0%)

관광객 / 655만 명

관광 수입 / 27억 달러

자동차 보유 대수 / 589만 대

국방 예산 / 17억 달러

군인 / 5.6만 명

표준 시간 / 한국 시간에서 −7시간

국제 전화 국가 번호 / 27번

주요 도시의 기후

프리토리아

월별	1월	2월	3월	4월	5월	6월	7월	8월	9월	10월	11월	12월	전년
기온(°C)	22.4	22.0	20.8	17.8	14.5	11.3	11.7	14.5	20.0	20.0	20.8	21.8	18.0
강수량(mm)	135	77	79	54	13	7	3	5	74	74	101	105	675

케이프타운

월별	1월	2월	3월	4월	5월	6월	7월	8월	9월	10월	11월	12월	전년
기온(°C)	20.4	20.4	19.2	16.9	14.4	12.6	11.9	12.4	13.7	15.7	18.0	19.5	16.3
강수량(mm)	15	26	21	41	68	93	82	77	38	33	16	19	519

자 연

아프리카 대륙의 남단에 위치한다. 국토는 전체적으로 동남 연안에 치우쳐 있는 드라켄즈버그 산맥(3,000m 이상)과 남부의 카루 대지에서 북으로 경사진 남아프리카 고원이 대부분을 차지한다. 동쪽 연안은 모잠비크 해류(난류)가, 서쪽 해안은 벵겔라 해류(한류)가 흐르고 있어서 동쪽 내륙은 온대 기후, 서쪽 내륙은 건조한 사막과 스텝 기후, 남서부는 겨울이 따뜻하고 비가 많은 지중해성 기후 지대를 이룬다.

역 사

1652년 네덜란드가 남쪽의 케이프타운을 중심으로 반투 계 원주민들의 거주 지역을 식민지로 개척하였다. 1814년에는 영국의 식민지가 되자 네덜란드 계 주민들은 내륙으로 이동하였고 그 곳에서 새로운 식민 국가를 건설하였다. 그러나 금, 다이아몬드 등 광산 자원이

개발된 후 1880~1902년간에 두 차례의 보아 전쟁으로 영국이 다시 전 지역을 차지하게 되었다. 1910년 케이프 주를 포함한 4개 주가 합하여 영연방내의 남아프리카 연방이 독립하였으며, 1961년 영연방을 탈퇴하고 남아프리카공화국으로 독립하였다. 1991년에는 1948년부터 실시해 오던 극단적인 인종 격리 정책(주민의 20% 미만인 백인들이 정치, 경제, 사회의 모든 면에서 우대 받는 흑인 차별 정책)을 폐지하고 복합 사회로 나가고 있다.

경 제

아프리카에서는 유일하게 농업, 광업, 공업 등이 균형 있게 발달한 나라이다. 그러나 흑인들과 백인들 간의 소득 격차는 큰 사회 문제로 남아 있다. 지하 자원이 풍부한 나라로 금(세계 1위), 다이아몬드(세계 2위), 크롬, 망간, 석탄, 철광석 등의 생산과 수출이 세계적이다. 또한 풍부한 지하 자원은 요하네스버그를 중심으로 하는 공업 지대의 발달에 원동력이 되고 있다. 농업은 백인들의 대규모 농장과 흑인들의 자급적인 경영으로 식량을 자급자족하고 있으며, 목축은 양모의 생산과 수출이 세계적이다.

관 광

프리토리아, 요하네스버그, 케이프타운 등 도시의 공원, 정원, 박물관, 크루거 국립 공원, 자연 보존 지역과 야생 생태계 답사, 해변과 아프리카 최남단의 희망봉 등이 주요 관광 자원이다.

* 유럽편

국가별 데이터와 해설 »

1. 아이슬란드　2. 노르웨이　3. 스웨덴　4. 핀란드
5. 덴마크　6. 영국　7. 아일랜드　8. 독일　9. 네덜란드
10. 벨기에　11. 룩셈부르크　12. 프랑스　13. 오스트리아
14. 리히텐슈타인　15. 스위스　16. 그리스　17. 키프로스
18. 이탈리아　19. 산마리노　20. 바티칸　21. 몰타
22. 모나코　23. 안도라　24. 스페인　25. 포르투갈
26. 에스토니아　27. 라트비아　28. 리투아니아　29. 폴란드
30. 체코　31. 슬로바키아　32. 헝가리　33. 루마니아
34. 불가리아　35. 슬로베니아　36. 크로아티아
37. 보스니아헤르체고비나　38. 세르비아몬테네그로(유고슬라비아)
39. 마케도니아　40. 알바니아　41. 러시아　42. 벨로루시
43. 우크라이나　44. 몰도바

유럽의 여러 나라

아이슬란드
ICELAND
레이캬비크
Reykjavik
보르테이리
아쿠레이리
보프나피오르뒤르
1491
헤클라 산
Hekla Mt.
노르웨이 해
Norwegian Sea
페로스 제도(덴)
Faeroes Is.
페로스 뱅크
Faeroes Bank
셰틀랜드 제도(영)
Shetland Is.
루이스 섬
Lewis I.
오크니 제도
Orkney Is.
서소
머리 만
Moray Fjord
1344
벤네비스 산
노스 해협
North Str.
글래스고
Glasgow
에버딘
Aberdeen
그레이트피셔 뱅크
Great Fisher Bank
아일랜드 섬
Ireland I.
런던데리
그레이트브리튼 섬
Great Britain I.
에든버러
Edinburgh
북해
North Sea
벨파스트
Belfast
영국
UNITED KINGDOM
골웨이
아일랜드
IRELAND
더블린
Dublin
리머릭
코크
Cork
맨체스터
Manchester
뉴캐슬
Newcastle
리즈
Leeds
도거 뱅크
Dogger Bank
리버풀
Liverpool
셰필드
Sheffield
버밍엄
Birmingham
네덜란드
NETHERLANDS
대서양
ATLANTIC OCEAN
카디프
Cardiff
브리스틀
Bristol
런던
London
도버
Dover
플리머스
Plymouth
세인트조지스 해협
St. George's Str.
암스테르담
Amsterdam
헤이그
Hague
로테르담
Rotterdam
영국 해협
English Str.
포츠머스
Portsmouth
칼레
브뤼셀
Brussel
셰르부르
르아브르
Le Havre
루앙
Rouen
생마티외 곶
St. Mathieu
채널 제도(영)
Channel Is.
벨기에
BELGIE
브레스트
Brest
렌
Rennes
파리
Paris
랭스
Reims
룩셈부르크
Luxembourg
낭트
Nantes
르망
Le Mans
루아르 강
Loire R.
비스케이 만
Bay of Biscay
오를레앙
Orleans
파리 분지
프랑스
FRANCE
스트라스부르
Strasbourg
디종
Dijon
클레르몽페랑
Clermont-Ferrand
리옹
Lyon
제네바
Geneva
리모주
Limoges
보르도
Bordeaux
4807
몽블랑 산
Mont Blanc
중앙 고원
Massif-Central
몽펠리에
Montpellier
마르세유
Marseille
툴루즈
Toulouse
피레네 산맥
Pyrenees Mts.
비아리츠
리옹 만
Gulf of Lyon
안도라
ANDORRA
안도라라벨라
Andorra La Vella
툴롱
Toulon
모나코
MONACO
피니스테레 곶
Pinisterre C.
라코루냐
La Coruña
히혼
Gijon
오비에도
Oviedo
산탄데르
Santander
빌바오
Bilbao
비고
Vigo
칸타브리아 산맥
Cantabria Mts.
포르투
porto
코임브라
바야돌리드
Valladolid
부르고스
Burgos
포르투갈
PORTUGAL
살라망카
Salamanca
사라고사
Zaragoza
이베리아 고원
Iberian Mts.
리스본
Lisbon
마드리드
Madrid
타라고나
Tarragona
바르셀로나
Barcelona
이베리아 반도
Iberian Pen.
세투발
Setubal
스페인
SPAIN
라고스
상비센테 곶
São Vicente C.
발렌시아
Valencia
미노르카 섬
Minorca I.
팔마
Palma
마요르카 섬
Mallorca I.
세비야
Sevilla
그라나다
Granada
시에라네바다 산맥
Sierra Nevada
무르시아
Murcia
이비사 섬
Ibiza I.
지브롤터 해협
Gibraltar Str.
카르타헤나
Cartagena
발레아레스 제도
Baleares Is.
지브롤터(영)
말라가
Málaga
세우타(스페)
라바트
Rabat
모로코
MOROCCO
멜리야(스페)
알제
Alger
지중해
로포텐 제도
Lofoten Is.
베스트피오르
Vestfjord F.
보되
모이라나
스칸디나비아 반도
Scandinavian Pen.
트론헤임스피오르덴 협만
Trondheimsfjorden F.
크리스티안순
올레순
트론헤임
Trondheim
노르웨이
NORWAY
송나피오르 덴 협만
Sognafjor den F.
글리테르틴덴 산
Glittertinten Mt.
베르겐
Bergen
오슬로
Oslo
스타방에르
Stavanger
드람멘
크리스티안산
베스테로스
Västerås
외레브로
Orebro
노르셰핑
Norrköping
스카게라크 해협
Skagerrak Str.
예테보리
Göteborg
프레데릭스하운
올보르
Alborg
오르후스
Århus
칼마르
코펜하겐
Copenhagen
덴마크
DENMARK
말뫼
Malmö
욀란드
Öland
유틀란트 반도
Jutland Pen.
오덴세
Odense
킬
Kiel
보른홀름 섬
Bo'rnholm I.
함부르크
Hamburg
로스토크
Rostock
슈체친
Szczecin
브레멘
Bremen
포츠담
Potsdam
하노버
Hannover
베를린
Berlin
에센
Essen
도르트문트
Dortmund
쾰른
Köln
독일
GERMANY
본
Bonn
드레스덴
Dresden
브로츠와프
Wroclaw
프라하
Praha
프랑크푸르트
Frankfurt
뉘른베르크
Nürnberg
체코
CZECH
슈투트가르트
Stuttgart
프라이부르크
Freiburg
뮌헨
München
빈
Wien
취리히
Zürich
리히텐슈타인
LIECHTENSTEIN
오스트리아
AUSTRIA
베른
Bern
스위스
SWITZERLAND
그라츠
Graz
알프스 산맥
Alps Mts.
류블랴나
Ljubljana
슬로베니아
SLOVENIA
자그레브
Zagreb
밀라노
Milano
토리노
Torino
베로나
Verona
베네치아
Venezia
리예카
Rijeka
크로아티아
제노바
Genova
볼로냐
Bologna
산마리노
San Marino
이탈리아
ITALIA
피렌체
Firenze
스플리트
Split
리보르노
Livorno
코르시카 섬
Corsica I.
아작시오
바티칸
VATICAN
로마
Roma
아드리아 해
Adriatic Sea
포자
Foggia
사사리
Sassari
올비아
1281
베수비오 산
Vesuvio Mt.
나폴리
Napoli
오르스타노
사르데냐 섬
Sardegna I.
타란토
Taranto
칼리아리
Cagliari
티레니아 해
Tyrrhenian Sea
팔레르모
Palermo
메시나
Messina
트라파니
레지오디칼라브리아
Reggio di Calabria
시칠리아 섬
Sicilia I.
튀니스
Tunis
이오니아 해
Ionian Sea
50°
20°
0°

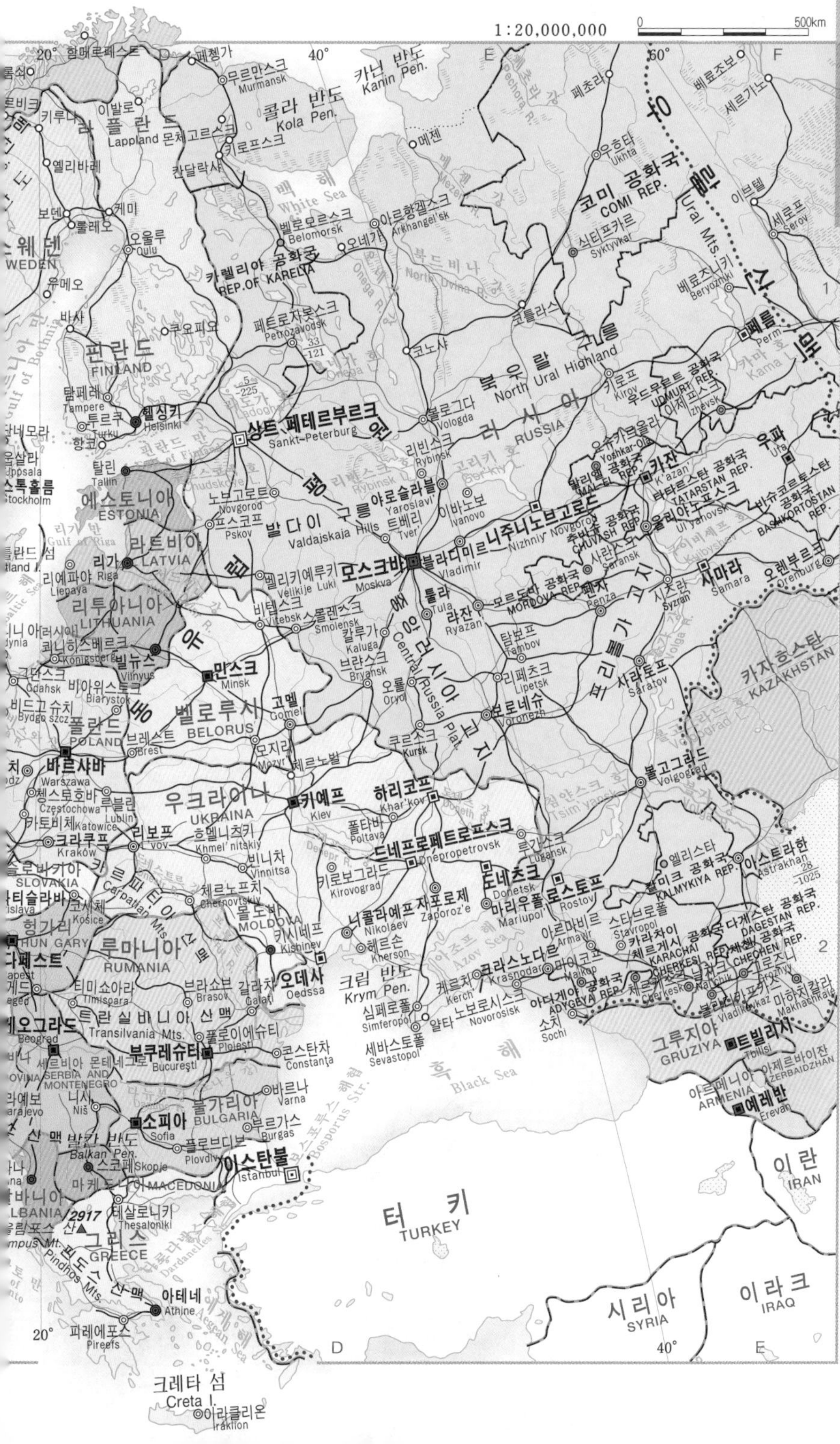
1:20,000,000
0
500km
20°
40°
60°
D
E
F
1
2
함메르페스트
페첸가
무르만스크
Murmansk
카닌 반도
Kanin Pen.
콜라 반도
Kola Pen.
라플란드
Lappland
몬체고르스크
키로프스크
칸달락샤
이발로
키루나
엘리바레
메젠
백해
White Sea
아르항겔스크
Arkhangel'sk
벨로모르스크
Belomorsk
오네가
카렐리아 공화국
REP. OF KARELIA
오울루
Oulu
보덴
룰레오
케미
유메오
바사
쿠오피오
페트로자봇스크
Petrozavodsk
핀란드
FINLAND
탐페레
Tampere
투르쿠
Turku
헬싱키
Helsinki
항코
스웨덴
SWEDEN
웁살라
Uppsala
스톡홀름
Stockholm
탈린
Tallin
에스토니아
ESTONIA
리가 만
Gulf of Riga
라트비아
LATVIA
리가
Riga
리에파야
Liepaja
리투아니아
LITHUANIA
빌뉴스
Vilnyus
칼리닌그라드
쾨니히스베르크
Königsberg
그단스크
Gdańsk
비아위스토크
Biaŀystok
비드고슈치
Bydgoszcz
폴란드
POLAND
바르샤바
Warszawa
쳉스토호바
Częstochowa
루블린
Lublin
카토비체
Katowice
크라쿠프
Kraków
상트페테르부르크
Sankt-Peterburg
핀란드 만
Gulf of Finland
라도가 호
Ladoga L.
오네가 호
Onega L.
노브고로드
Novgorod
프스코프
Pskov
발다이 구릉
Valdajskaja Hills
벨리키예루키
Velikije Luki
비텝스크
Vitebsk
스몰렌스크
Smolensk
민스크
Minsk
벨로루시
BELORUS
브레스트
Brest
고멜
Gomel
모지리
Mozyr'
체르노빌
모스크바
Moskva
트베리
Tver'
야로슬라블
Yaroslavl'
리빈스크
Rybinsk
볼로그다
Vologda
코노샤
코틀라스
북드비나 강
North Dvina R.
우흐타
Ukhta
페초라
페초라 강
Pechora R.
코미 공화국
COMI REP.
식티프카르
Syktyvkar
우랄 산맥
Ural Mts.
베료조보
세르기노
이브델
세로프
Serov
베료즈니키
Beryozniki
페름
Perm
카마 호
Kama L.
북우랄 구릉
North Ural Highland
키로프
Kirov
우드무르트 공화국
UDMURT REP.
이제프스크
Izhevsk
러시아
RUSSIA
고리키 호
Gor'kiy L.
이바노보
Ivanovo
블라디미르
Vladimir
니주니노브고로드
Nizhniy Novgorod
요시카르올라
Yoshkar-Ola
마리엘 공화국
MARI EL REP.
카잔
K'azan'
타타르스탄 공화국
TATARSTAN REP.
우파
Ufa
바슈코르토스탄 공화국
BASHKORTOSTAN REP.
추바시 공화국
CHUVASH REP.
울리야노프스크
Ul'yanovsk
쿠이비셰프 호
Kuibyshev L.
사란스크
Saransk
모르도바 공화국
MORDOVA REP.
펜자
Penza
시즈란
Syzran'
사마라
Samara
오렌부르크
Orenburg
툴라
Tula
랴잔
Ryazan'
칼루가
Kaluga
브랸스크
Bryansk
오룔
Oryol
중앙 러시아 고지
Central Russia Plat.
탐보프
Tambov
리페츠크
Lipetsk
보로네슈
Voronezh
볼가 고지
볼가 강
Volga R.
사라토프
Saratov
카자흐스탄
KAZAKHSTAN
볼고그라드 호
Volgograd L.
쿠르스크
Kursk
볼고그라드
Volgograd
침랸스크 호
Tsim'yansk L.
하리코프
Khar'kov
우크라이나
UKRAINA
키예프
Kiev
폴타바
Poltava
리보프
L'vov
흐멜니츠키
Khmel'nitskiy
비니차
Vinnitsa
드네프로페트로프스크
Dnepropetrovsk
드네프르 강
Dnepr R.
키로보그라드
Kirovograd
자포로제
Zaporoz'e
도네츠크
Donetsk
루간스크
Lugansk
마리우폴
Mariupol'
로스토프
Rostov
엘리스타
칼미크 공화국
KALMYKIYA REP.
아스트라한
Astrakhan
카르파티아 산맥
Carpathian Mts.
체르노프치
Chernovtskiy
몰도바
MOLDOVA
키시네프
Kishinev
니콜라예프
Nikolaev
헤르손
Kherson
오데사
Oedssa
아조프 해
Azov Sea
크림 반도
Krym Pen.
케르치
Kerch'
크라스노다르
Krasnodar
노보로시스크
Novorosisk
심페로폴
Simferopol'
얄타
세바스토폴
Sevastopol'
아르마비르
Armavir
스타브로폴
Stavropol
마이코프
Maikop
아디게야 공화국
ADYGEYA REP.
카라차이 체르케시 공화국
KARACHAI CHERKESI REP.
날치크
Nal'chik
체르케스크
Cherkesk
블라디카프카스
Vladikavkaz
다게스탄 공화국
DAGESTAN REP.
체첸 공화국
CHECHEN REP.
그로즈니
Groznyy
마하치칼라
Makhachkala
소치
Sochi
그루지야
GRUZIYA
트빌리시
Tbilisi
아제르바이잔
AZERBAIDZHAN
아르메니아
ARMENIA
예레반
Erevan
이란
IRAN
흑해
Black Sea
보스포루스 해협
Bosporus Str.
이스탄불
Istanbul
터키
TURKEY
시리아
SYRIA
이라크
IRAQ
슬로바키아
SLOVAKIA
브라티슬라바
Bratislava
코시체
Košice
헝가리
HUNGARY
부다페스트
루마니아
RUMANIA
티미쇼아라
Timişoara
브라쇼브
Brasov
갈라치
Galaţi
트란실바니아 산맥
Transilvania Mts.
플로이에슈티
Ploiesti
부쿠레슈티
Bucureşti
콘스탄차
Constanţa
베오그라드
Beograd
세르비아 몬테네그로
SERBIA AND MONTENEGRO
사라예보
Sarajevo
니시
Niš
바르나
Varna
불가리아
BULGARIA
소피아
Sofia
부르가스
Burgas
플로브디브
Plovdiv
발칸 반도
Balkan Pen.
스코페
Skopje
마케도니아
MACEDONIA
알바니아
ALBANIA
2917
올림포스 산
Olympus Mt.
테살로니키
Thesaloniki
그리스
GREECE
핀두스 산맥
Pindhos Mts.
다르다넬스 해협
Dardanelles
에게 해
Aegean Sea
아테네
Athine
파레에프스
Pireefs
크레타 섬
Creta I.
이라클리온
Iraklion

유럽 (북부 유럽)

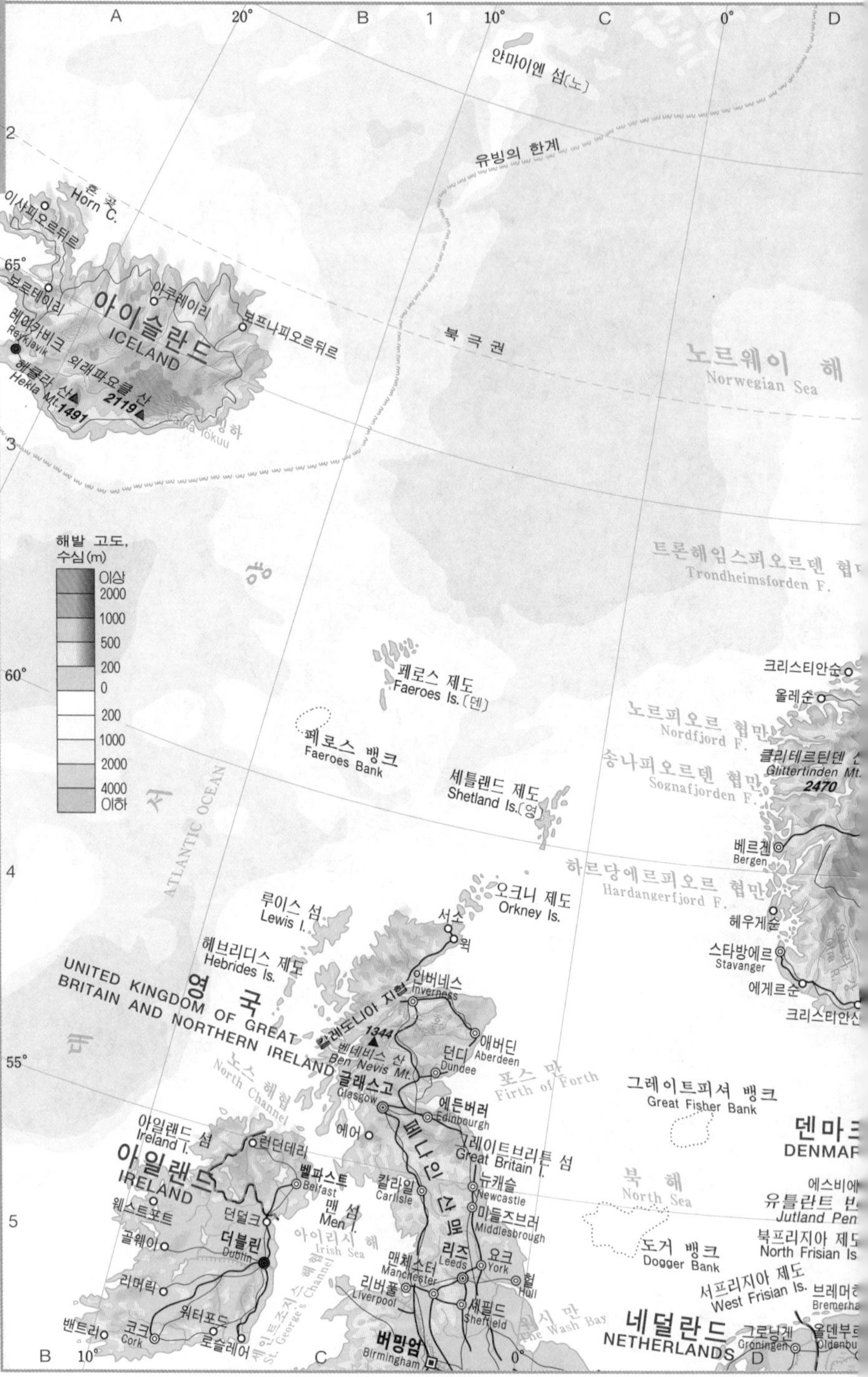

A B C D 20° 10° 0°

얀마이엔 섬(노)
유빙의 한계
혼 곶 Horn C.
이사피오르뒤르
보르테이리
아쿠레이리
아이슬란드 ICELAND
보프나피오르뒤르
레이카비크 Reykjavik
헤클라 산 Hekla Mt. 1491
외래파요클 산 2119
바트나 빙하 Vatna Jökull
북극권
노르웨이 해 Norwegian Sea

해발 고도, 수심(m)
이상 2000 1000 500 200 0 200 1000 2000 4000 이하

트론헤임스피오르덴 협만 Trondheimsforden F.
크리스티안순
올레순
페로스 제도 Faeroes Is.(덴)
노르피오르 협만 Nordfjord F.
페로스 뱅크 Faeroes Bank
클리테르틴덴 산 Glittertinden Mt. 2470
송나피오르덴 협만 Sognafjorden F.
세틀랜드 제도 Shetland Is.(영)
대서양 ATLANTIC OCEAN
베르겐 Bergen
하르당에르피오르 협만 Hardangerfjord F.
오크니 제도 Orkney Is.
루이스 섬 Lewis I.
서소
윅
헤우게순
헤브리디스 제도 Hebrides Is.
스타방에르 Stavanger
영국 UNITED KINGDOM OF GREAT BRITAIN AND NORTHERN IRELAND
인버네스 Inverness
칼레도니아 지협
에게르순
크리스티안산
1344
애버딘 Aberdeen
벤네비스 산 Ben Nevis Mt.
던디 Dundee
노스 해협 North Channel
글래스고 Glasgow
포스 만 Firth of Forth
그레이트피셔 뱅크 Great Fisher Bank
에든버러 Edinbourgh
덴마크 DENMARK
아일랜드 섬 Ireland I.
런던데리
에어
페나인 산맥
그레이트브리트 섬 Great Britain I.
아일랜드 IRELAND
벨파스트 Belfast
칼라일 Carlisle
뉴캐슬 Newcastle
에스비에르
북해 North Sea
유틀란트 반도 Jutland Pen.
웨스트포트
던덜크
맨 섬 Men I.
미들즈브러 Middlesbrough
골웨이
더블린 Dublin
아이리시 해 Irish Sea
리즈 Leeds
요크 York
도거 뱅크 Dogger Bank
북프리지아 제도 North Frisian Is.
리머릭
맨체스터 Manchester
헐 Hull
서프리지아 제도 West Frisian Is.
브레머하펜 Bremerhaven
리버풀 Liverpool
세인트조지스 해협 St. George's Channel
셰필드 Sheffield
워시 만 The Wash Bay
워터포드
네덜란드 NETHERLANDS
그로닝겐 Groningen
올덴부르크 Oldenburg
밴트리
코크 Cork
로슬레어
버밍엄 Birmingham

1:11,000,000 0 400km

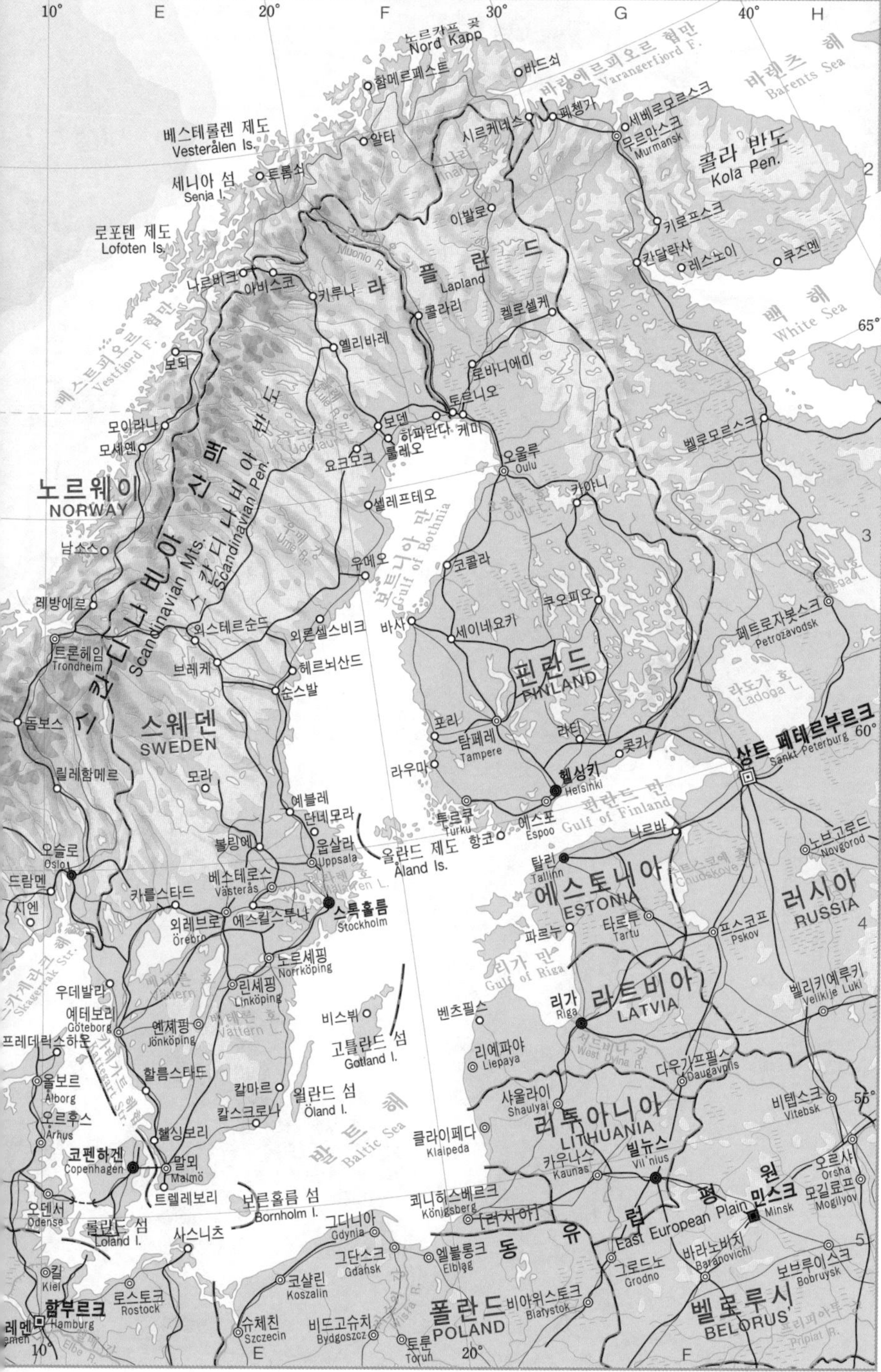

노르카프 곶
Nord Kapp
함메르페스트
바드쇠
바랑에르피오르 협만
Varangerfjord F.
바렌츠 해
Barents Sea
페첸가
세베로모르스크
무르만스크
Murmansk
시르케네스
알타
베스테롤렌 제도
Vesterålen Is.
세니아 섬
Senja I.
트롬쇠
콜라 반도
Kola Pen.
이발로
키로프스크
로포텐 제도
Lofoten Is.
칸달락샤
레스노이
쿠즈메
나르비크
아비스코
키루나
라 플 란 드
Lapland
콜라리
켐로셀케
백 해
White Sea
베스트피오르 협만
Vestfjord F.
보되
옐리바레
로바니에미
토르니오
모이라나
보덴
하파란다
케미
모셰엔
룰레오
요크모크
오울루
Oulu
벨로모르스크
노르웨이
NORWAY
스칸디나비아 산맥
Scandinavian Mts.
스칸디나비아 반도
Scandinavian Pen.
셸레프테오
카야니
보트니아 만
Gulf of Bothnia
남소스
우메오
코콜라
쿠오피오
레방에르
외스테르순드
외른셸스비크
바사
세이네요키
페트로자봇스크
Petrozavodsk
트론헤임
Trondheim
브레케
헤르뇌산드
핀란드
FINLAND
순스발
라도가 호
Ladoga L.
돔보스
스웨덴
SWEDEN
포리
탐페레
Tampere
라티
콧카
상트 페테르부르크
Sankt Peterburg
릴레함메르
모라
라우마
헬싱키
Helsinki
예블레
단네모라
투르쿠
Turku
에스포
Espoo
핀란드 만
Gulf of Finland
나르바
노브고로드
Novgorod
볼링에
웁살라
Uppsala
올란드 제도
Åland Is.
항코
오슬로
Oslo
드람멘
탈린
Tallinn
에스토니아
ESTONIA
러시아
RUSSIA
베스테로스
Västerås
카를스타드
스톡홀름
Stockholm
시엔
외레브로
Örebro
에스킬스투나
파르누
타르투
Tartu
프스코프
Pskov
노르셰핑
Norrköping
스카게라크 해협
Skagerrak Str.
린셰핑
Linköping
리가 만
Gulf of Riga
우데발라
베네른 호
Vänern L.
라트비아
LATVIA
리가
Riga
벨리키예루키
Velikije Luki
예테보리
Göteborg
옌셰핑
Jönköping
베테른 호
Vättern L.
비스뷔
벤츠필스
고틀란드 섬
Gotland I.
프레데릭스하운
리예파야
Liepaya
카테가트 해협
Kattegat Str.
서드비나 강
West Dvina R.
할름스타드
다우가프필스
Daugavpils
올보르
Ålborg
칼마르
욀란드 섬
Öland I.
샤울라이
Shaulyai
비텝스크
Vitebsk
오르후스
Århus
칼스크로나
리투아니아
LITHUANIA
헬싱보리
발트 해
Baltic Sea
클라이페다
Klaipeda
코펜하겐
Copenhagen
말뫼
Malmö
카우나스
Kaunas
빌뉴스
Vil'nius
오르샤
Orsha
모길료프
Mogilyov
트렐레보리
보른홀름 섬
Bornholm I.
쾨니히스베르크
Königsberg
[러시아]
동 유 럽 평 원
East European Plain
민스크
Minsk
오덴세
Odense
롤란드 섬
Loland I.
그디니아
Gdynia
사스니츠
그단스크
Gdańsk
엘블롱크
Elbląg
그로드노
Grodno
바라노비치
Baranovichi
보브루이스크
Bobruysk
킬
Kiel
코샬린
Koszalin
로스토크
Rostock
비아위스토크
Białystok
함부르크
Hamburg
폴란드
POLAND
벨로루시
BELORUS
슈체친
Szczecin
비드고슈치
Bydgoszcz
토룬
Toruń
프리피야트 강
Pripiat R.
엘베 강
Elbe R.
10° 20° 30° 40°
E F G H
60° 65° 55°
2 3 4 5

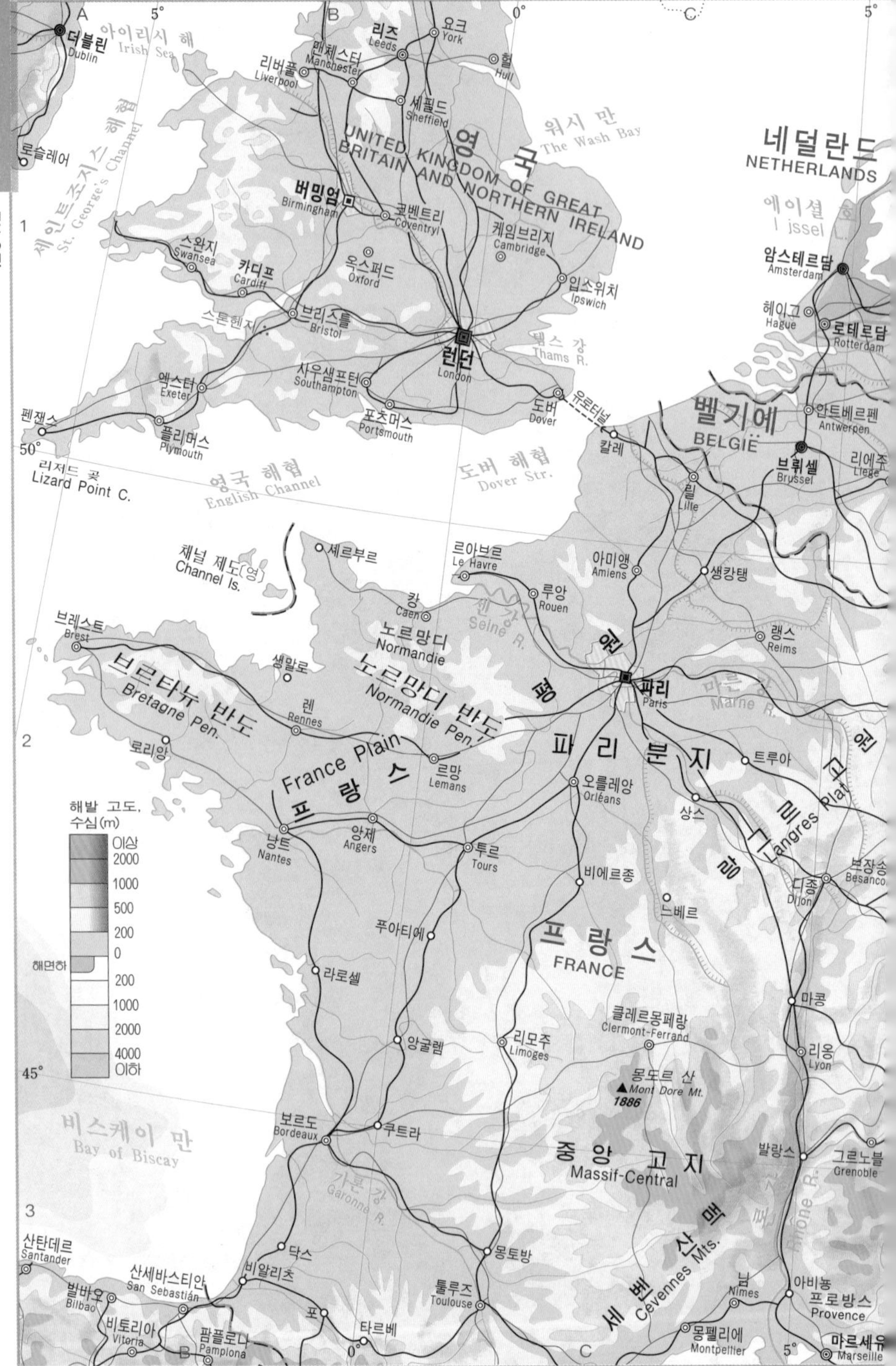
더블린
Dublin
아이리시 해
Irish Sea
리즈
Leeds
요크
York
맨체스터
Manchester
리버풀
Liverpool
헐
Hull
셰필드
Sheffield
세인트조지스 해협
St. George's Channel
로슬레어
영국
UNITED KINGDOM OF GREAT BRITAIN AND NORTHERN IRELAND
워시 만
The Wash Bay
네덜란드
NETHERLANDS
버밍엄
Birmingham
코벤트리
Coventry
케임브리지
Cambridge
에이셜 호
I jssel L.
스완지
Swansea
카디프
Cardiff
옥스퍼드
Oxford
입스위치
Ipswich
암스테르담
Amsterdam
헤이그
Hague
로테르담
Rotterdam
브리스틀
Bristol
런던
London
템스 강
Thams R.
엑스터
Exeter
사우샘프턴
Southampton
도버
Dover
유로터널
벨기에
BELGIË
안트베르펜
Antwerpen
펜잰스
플리머스
Plymouth
포츠머스
Portsmouth
칼레
브뤼셀
Brussel
리에주
Liège
리저드 곶
Lizard Point C.
영국 해협
English Channel
도버 해협
Dover Str.
릴
Lille
채널 제도(영)
Channel Is.
셰르부르
르아브르
Le Havre
아미앵
Amiens
생캉탱
루앙
Rouen
캉
Caen
센 강
Seine R.
브레스트
Brest
노르망디
Normandie
랭스
Reims
생말로
브르타뉴 반도
Bretagne Pen.
노르망디 반도
Normandie Pen.
파리
Paris
마른 강
Marne R.
렌
Rennes
로리앙
파리 분지
트루아
France Plain
프랑스 평원
르망
Lemans
오를레앙
Orléans
상스
랑그르 고원
Langres Plat.
해발 고도, 수심(m)
이상
2000
1000
500
200
0
해면하
200
1000
2000
4000
이하
낭트
Nantes
앙제
Angers
투르
Tours
비에르종
브장송
Besançon
디종
Dijon
느베르
푸아티에
프랑스
FRANCE
라로셸
마콩
클레르몽페랑
Clermont-Ferrand
앙굴렘
리모주
Limoges
리옹
Lyon
몽도르 산
Mont Dore Mt.
1886
비스케이 만
Bay of Biscay
보르도
Bordeaux
쿠트라
중앙 고지
Massif-Central
발랑스
그르노블
Grenoble
가론 강
Garonne R.
론 강
Rhone R.
산탄데르
Santander
닥스
몽토방
세벤 산맥
Cévennes Mts.
산세바스티안
San Sebastián
비알리츠
툴루즈
Toulouse
님
Nîmes
아비뇽
프로방스
Provence
빌바오
Bilbao
포
타르베
비토리아
Vitoria
팜플로나
Pamplona
몽펠리에
Montpellier
마르세유
Marseille
50°
45°
0°
5°

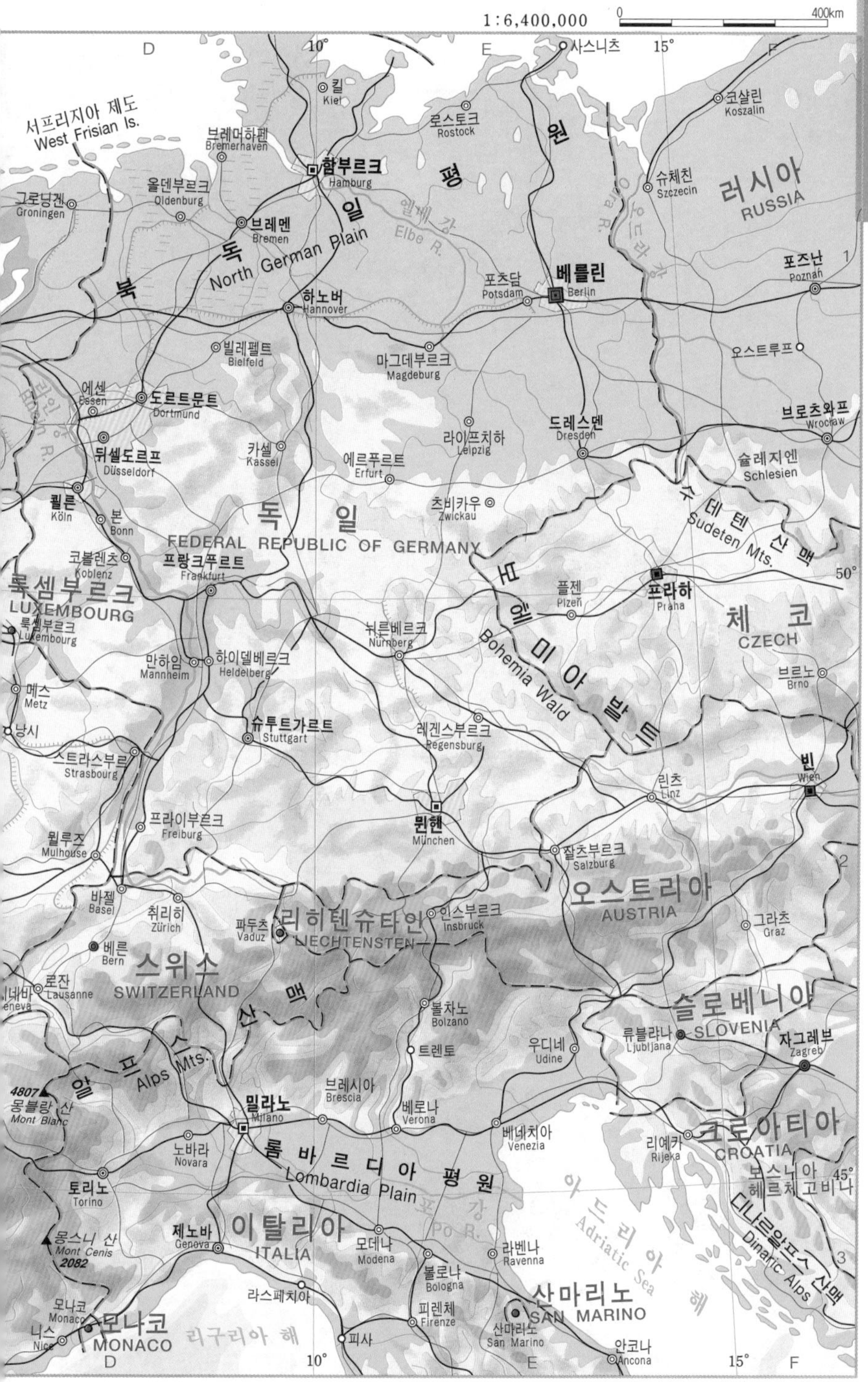
1:6,400,000
0
400km
D
10°
E
15°
F
사스니츠
킬
Kiel
코살린
Koszalin
서프리지아 제도
West Frisian Is.
브레머하펜
Bremerhaven
로스토크
Rostock
함부르크
Hamburg
슈체친
Szczecin
러시아
RUSSIA
올덴부르크
Oldenburg
그로닝겐
Groningen
브레멘
Bremen
북 독 일 평 원
North German Plain
엘베 강
Elbe R.
오데르 강
Oder R.
베를린
Berlin
포츠담
Potsdam
포즈난
Poznań
하노버
Hannover
빌레펠트
Bielfeld
마그데부르크
Magdeburg
오스트루프
에센
Essen
도르트문트
Dortmund
라인 강
Rhein R.
브로츠와프
Wrocław
라이프치히
Leipzig
드레스덴
Dresden
카셀
Kassel
에르푸르트
Erfurt
슐레지엔
Schlesien
뒤셀도르프
Düsseldorf
쾰른
Köln
본
Bonn
츠비카우
Zwickau
독 일
FEDERAL REPUBLIC OF GERMANY
수 데 텐 산 맥
Sudeten Mts.
코블렌츠
Koblenz
프랑크푸르트
Frankfurt
50°
룩셈부르크
LUXEMBOURG
룩셈부르크
Luxembourg
플젠
Plzeň
프라하
Praha
체 코
CZECH
보 헤 미 아 발 트
Bohemia Wald
뉘른베르크
Nürnberg
만하임
Mannheim
하이델베르크
Heidelberg
메스
Metz
브르노
Brno
낭시
슈투트가르트
Stuttgart
레겐스부르크
Regensburg
스트라스부르
Strasbourg
빈
Wien
린츠
Linz
프라이부르크
Freiburg
뮌헨
München
뮐루즈
Mulhouse
잘츠부르크
Salzburg
바젤
Basel
오스트리아
AUSTRIA
취리히
Zürich
인스부르크
Insbruck
파두츠
Vaduz
리히텐슈타인
LIECHTENSTEN
그라츠
Graz
베른
Bern
스위스
SWITZERLAND
로잔
Lausanne
알 프 스 산 맥
Alps Mts.
볼차노
Bolzano
슬로베니아
SLOVENIA
류블랴나
Ljubljana
자그레브
Zagreb
우디네
Udine
트렌토
4807
몽블랑 산
Mont Blanc
브레시아
Brescia
밀라노
Milano
베로나
Verona
베네치아
Venezia
크로아티아
CROATIA
리예카
Rijeka
노바라
Novara
롬 바 르 디 아 평 원
Lombardia Plain
보스니아 헤르체고비나
45°
토리노
Torino
포 강
Po R.
아 드 리 아 해
Adriatic Sea
디나르알프스 산맥
Dinaric Alps
몽스니 산
Mont Cenis
2082
제노바
Genova
이탈리아
ITALIA
모데나
Modena
라벤나
Ravenna
볼로냐
Bologna
라스페치아
피렌체
Firenze
산마리노
SAN MARINO
산마리노
San Marino
모나코
Monaco
모나코
MONACO
니스
Nice
리구리아 해
피사
안코나
Ancona
1
2
3

유럽(남부 · 동부 유럽)

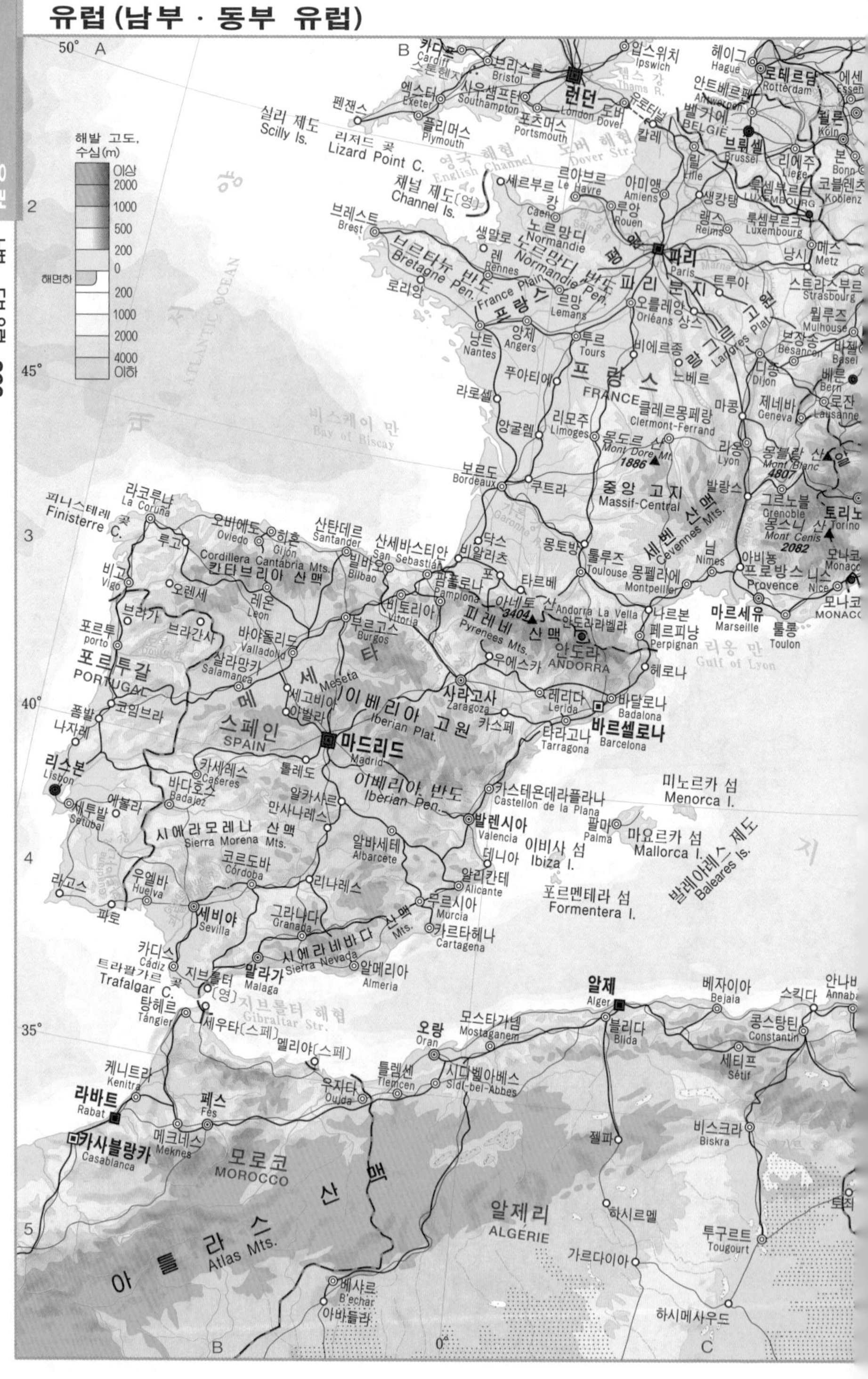
해발 고도, 수심(m)
이상
2000
1000
500
200
0
해면하
200
1000
2000
4000
이하
대서양
ATLANTIC OCEAN
비스케이 만
Bay of Biscay
영국 해협
English Channel
도버 해협
Dover Str.
런던
London
파리
Paris
프랑스
FRANCE
마드리드
Madrid
스페인
SPAIN
포르투갈
PORTUGAL
리스본
Lisbon
안도라
ANDORRA
모나코
MONACO
벨기에
BELGIË
룩셈부르크
LUXEMBOURG
모로코
MOROCCO
알제리
ALGÉRIE
알제
Alger
라바트
Rabat
카사블랑카
Casablanca
이베리아 반도
Iberian Pen.
이베리아 고원
Iberian Plat.
메세타
Meseta
피레네 산맥
Pyrenees Mts.
칸타브리아 산맥
Cordillera Cantábria Mts.
시에라모레나 산맥
Sierra Morena Mts.
시에라네바다 산맥
Sierra Nevada Mts.
아틀라스 산맥
Atlas Mts.
중앙 고지
Massif-Central
세벤 산맥
Cevennes Mts.
몽블랑 산
Mont Blanc
4807
몽도르 산
Mont Dore Mt.
1886
몽스니 산
Mont Cenis
2082
아네토 산
3404
지브롤터 해협
Gibraltar Str.
리옹 만
Gulf of Lyon
발레아레스 제도
Baleares Is.
미노르카 섬
Menorca I.
마요르카 섬
Mallorca I.
이비사 섬
Ibiza I.
포르멘테라 섬
Formentera I.
실리 제도
Scilly Is.
리저드 곶
Lizard Point C.
채널 제도(영)
Channel Is.
브르타뉴 반도
Bretagne Pen.
노르망디 반도
Normandie Pen.
파리 분지
프랑스 평원
France Plain
랑그르 고원
Langres Plat.
피니스테레 곶
Finisterre C.
트라팔가르 곶
Trafalgar C.
카디프
Cardiff
브리스틀
Bristol
입스위치
Ipswich
템스 강
Thams R.
헤이그
Hague
로테르담
Rotterdam
엑서터
Exeter
사우샘프턴
Southampton
도버
Dover
안트베르펜
Antwerpen
에센
Essen
펜잰스
플리머스
Plymouth
포츠머스
Portsmouth
칼레
쾰른
Köln
브뤼셀
Brussel
릴
Lille
리에주
Liege
본
Bonn
코블렌츠
Koblenz
르아브르
Le Havre
아미앵
Amiens
셰르부르
캉
Caen
루앙
Rouen
생캉탱
랭스
Reims
룩셈부르크
Luxembourg
브레스트
Brest
생말로
렌
Rennes
메스
Metz
낭시
트루아
스트라스부르
Strasbourg
로리앙
르망
Lemans
오를레앙
Orléans
뮐루즈
Mulhouse
낭트
Nantes
앙제
Angers
투르
Tours
비에르종
브장송
Besançon
바젤
Basel
디종
Dijon
베른
Bern
느베르
푸아티에
라로셸
마콩
제네바
Geneva
로잔
Lausanne
리모주
Limoges
클레르몽페랑
Clermont-Ferrand
앙굴렘
리옹
Lyon
보르도
Bordeaux
쿠트라
가론 강
Garonne R.
발랑스
그르노블
Grenoble
토리노
Torino
닥스
비아리츠
몽토방
툴루즈
Toulouse
님
Nimes
아비뇽
포
타르베
몽펠리에
Montpellier
프로방스
Provence
니스
Nice
나르본
마르세유
Marseille
툴롱
Toulon
안도라라벨라
Andorra La Vella
페르피냥
Perpignan
라코루냐
La Coruña
오비에도
Oviedo
히혼
Gijón
산탄데르
Santander
산세바스티안
San Sebastián
루고
빌바오
Bilbao
비고
Vigo
오렌세
레온
Leon
팜플로나
Pamplona
비토리아
Vitoria
브라가
브라간사
포르투
porto
바야돌리드
Valladolid
부르고스
Burgos
살라망카
Salamanca
우에스카
헤로나
세고비아
아빌라
사라고사
Zaragoza
레리다
Lerida
바달로나
Badalona
폼발
코임브라
나자레
카스페
타라고나
Tarragona
바르셀로나
Barcelona
톨레도
카세레스
Caseres
바다호스
Badajoz
에보라
세투발
Setubal
알카사르
만사나레스
카스테욘데라플라나
Castellon de la Plana
발렌시아
Valencia
팔마
Palma
알바세테
Albarcete
데니아
코르도바
Córdoba
우엘바
Huelva
라고스
파로
리나레스
알리칸테
Alicante
세비야
Sevilla
그라나다
Granada
무르시아
Murcia
카르타헤나
Cartagena
카디스
Cádiz
지브롤터
(영)
말라가
Malaga
알메리아
Almeria
탕헤르
Tángier
세우타(스페)
멜리야(스페)
오랑
Oran
모스타가넴
Mostaganem
블리다
Blida
베자이아
Bejaia
스킥다
안나바
Annaba
콩스탕틴
Constantin
세티프
Sétif
케니트라
Kenitra
틀렘센
Tlemcen
시디벨아베스
Sidi-bel-Abbes
우지다
Oujda
페스
Fes
메크네스
Meknes
젤파
비스크라
Biskra
하시르멜
투구르트
Tougourt
가르다이아
베샤르
B'echar
아바들라
하시메사우드
튀니
지중해
50°
45°
40°
35°
0°
A
B
C
2
3
4
5

1:12,000,000

0 400km

유럽(러시아와 그 주변 국가들)

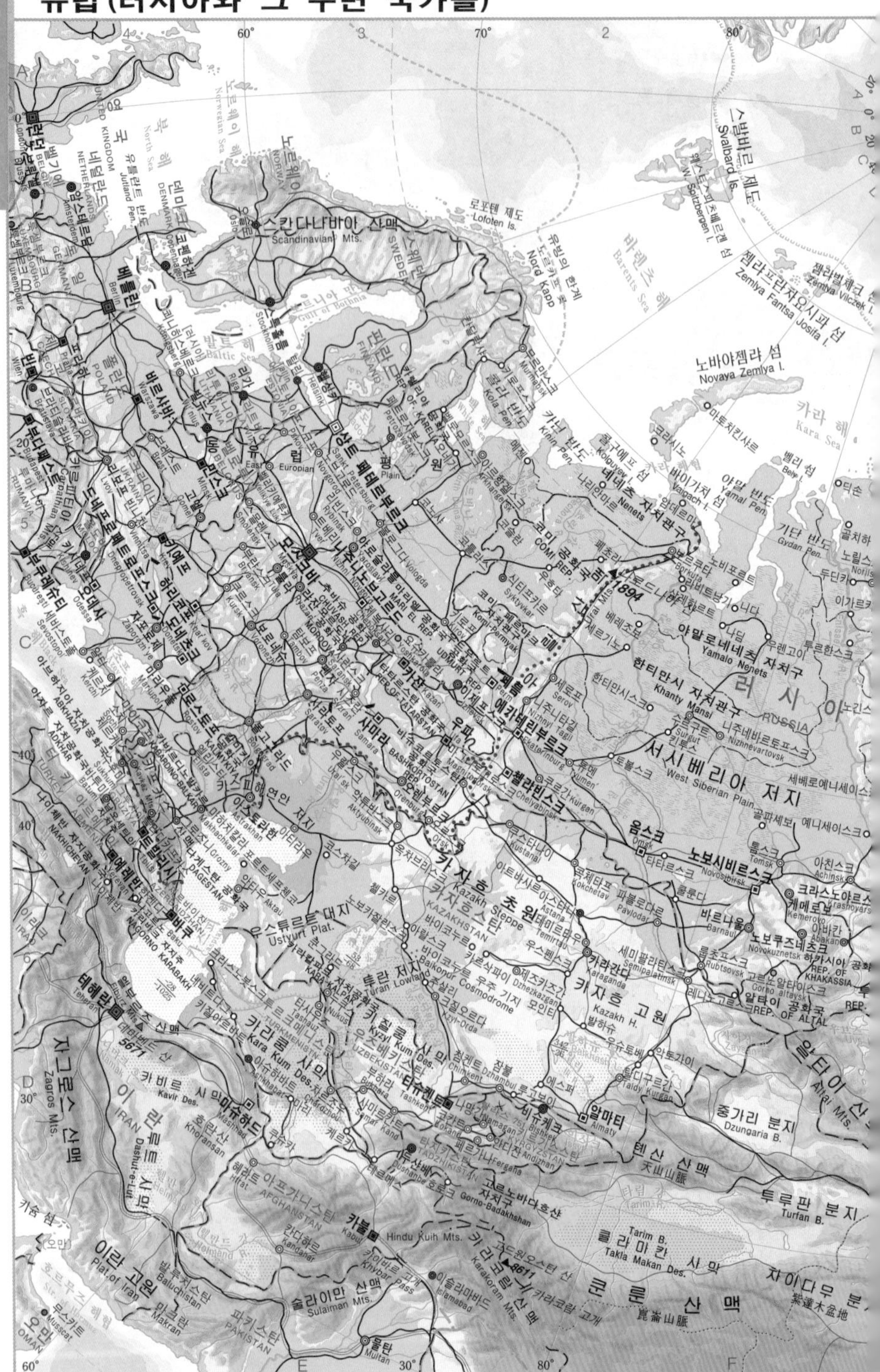

1:35,700,000

0 800km

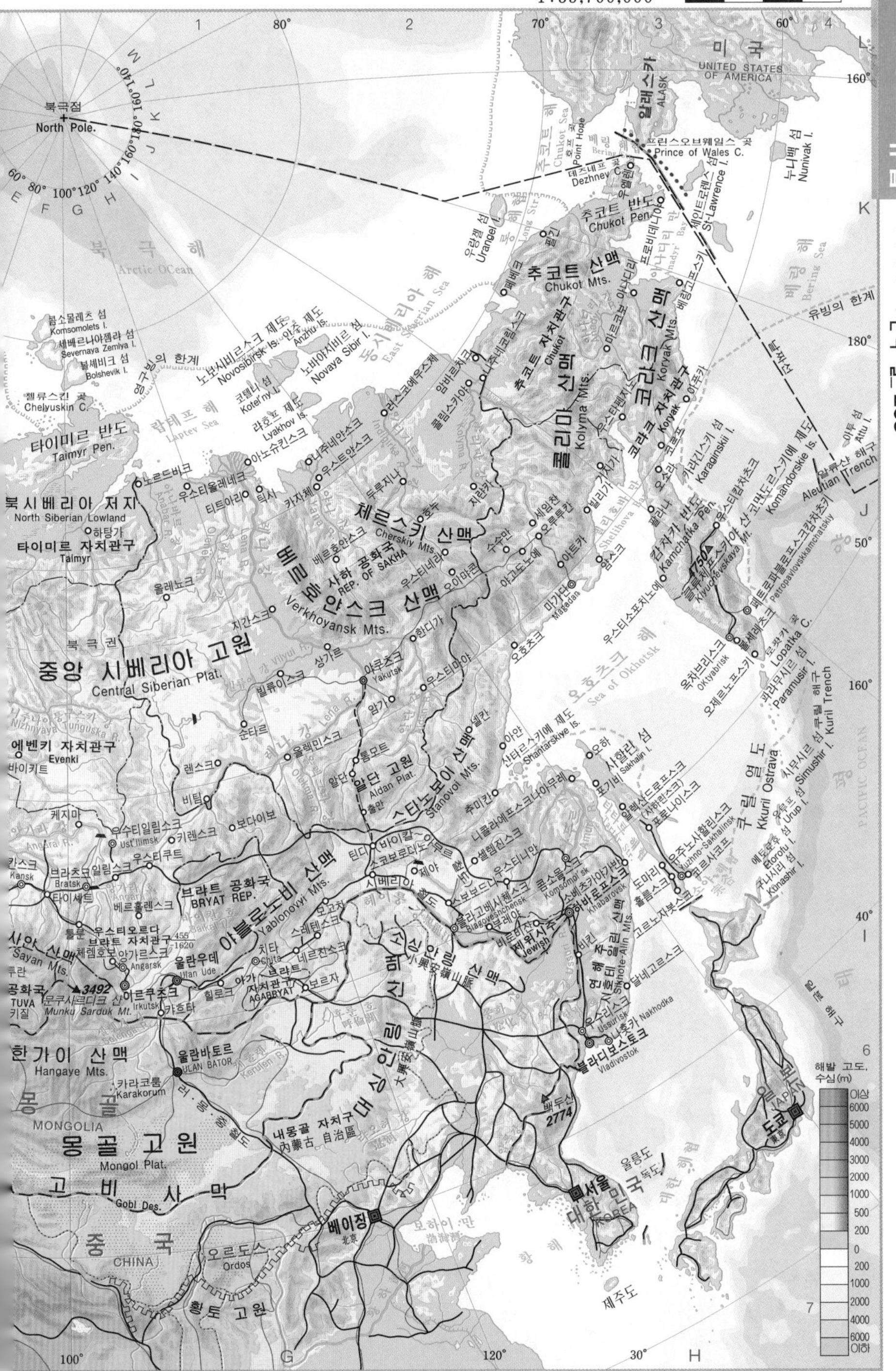
북극점
North Pole
북극해
Arctic Ocean
미국
UNITED STATES OF AMERICA
알래스카
ALASKA
프린스오브웨일스 곶
Prince of Wales C.
누니백 섬
Nunivak I.
세인트로렌스 섬
St. Lawrence I.
데즈네프 곶
Dezhnev C.
추코트 반도
Chukot Pen.
추코트 해
Chukot Sea
베링 해
Bering Sea
우랑겔 섬
Urangel I.
추코트 산맥
Chukot Mts.
추코트 자치관구
Chukot
아나디르
코랴크 산맥
Koryak Mts.
코랴크 자치관구
Koryak
동시베리아 해
East Siberian Sea
콤소몰레츠 섬
Komsomolets I.
세베르나야젬랴 섬
Severnaya Zemlya I.
볼셰비크 섬
Bolshevik I.
첼류스킨 곶
Chelyuskin C.
노보시비르스크 제도
Novosibirsk Is.
안주 제도
Anzhu Is.
노바야시비르 섬
Novaya Sibir I.
코텔니 섬
Kotel'ny I.
랴호프 제도
Lyakhov Is.
랍테프 해
Laptev Sea
유빙의 한계
타이미르 반도
Taimyr Pen.
북시베리아 저지
North Siberian Lowland
타이미르 자치관구
Taimyr
콜리마 산맥
Kolyma Mts.
카라긴스키 섬
Karaginskii I.
코만도르스키예 제도
Komandorskie Is.
알류샨 해구
Aleutian Trench
아투 섬
Attu I.
체르스키 산맥
Cherskiy Mts.
사하 공화국
REP. OF SAKHA
베르호얀스크 산맥
Verkhoyansk Mts.
캄차카 반도
Kamchatka Pen.
클류체프스카야 산
Klyuchevskaya Mt.
4750
페트로파블로프스크캄차츠키
Petropavlovskkamchatskiy
로팟카 곶
Lopatka C.
마가단
Magadan
오호츠크 해
Sea of Okhotsk
파라무시르 섬
Paramusir I.
쿠릴 해구
Kuril Trench
쿠릴 열도
Kuril Ostrava
북극권
중앙 시베리아 고원
Central Siberian Plat.
야쿠츠크
Yakutsk
레나 강
Lena R.
샨타르스키예 제도
Shantarskiye Is.
사할린 섬
Sakhalin I.
에벤키 자치관구
Evenki
알단 고원
Aldan Plat.
스타노보이 산맥
Stanovoi Mts.
바이칼-아무르 철도
유즈노사할린스크
Yuzhno-Sakhalinsk
시베리아 횡단 철도
브라트 공화국
BRYAT REP.
야블로노비 산맥
Yablonovyi Mts.
하바로프스크
Khabarovsk
유대인 자치주
Jewish
시호테알린 산맥
Sikhote-Alin Mts.
소싱안링 산맥
小興安嶺山脈
사얀 산맥
Sayan Mts.
이르쿠츠크
Irkutsk
울란우데
Ulan Ude
치타
Chita
3492
문쿠사르디크 산
Munku Sarduk Mt.
블라디보스토크
Vladivostok
한가이 산맥
Hangaye Mts.
울란바토르
ULAN BATOR
카라코룸
Karakorum
몽골
MONGOLIA
몽골 고원
Mongol Plat.
대싱안링 산맥
大興安嶺山脈
내몽골 자치구
內蒙古 自治區
백두산
2774
고비 사막
Gobi Des.
베이징
北京
중국
CHINA
오르도스
Ordos
황토 고원
보하이 만
渤海灣
황해
서울
대한민국
KOREA
울릉도
독도
동해
제주도
일본
JAPAN
도쿄
東京
태평양
PACIFIC OCEAN
해발 고도, 수심(m)
6000 이상
5000
4000
3000
2000
1000
500
200
0
200
1000
2000
4000
6000 이하

유럽 (러시아 주요부)

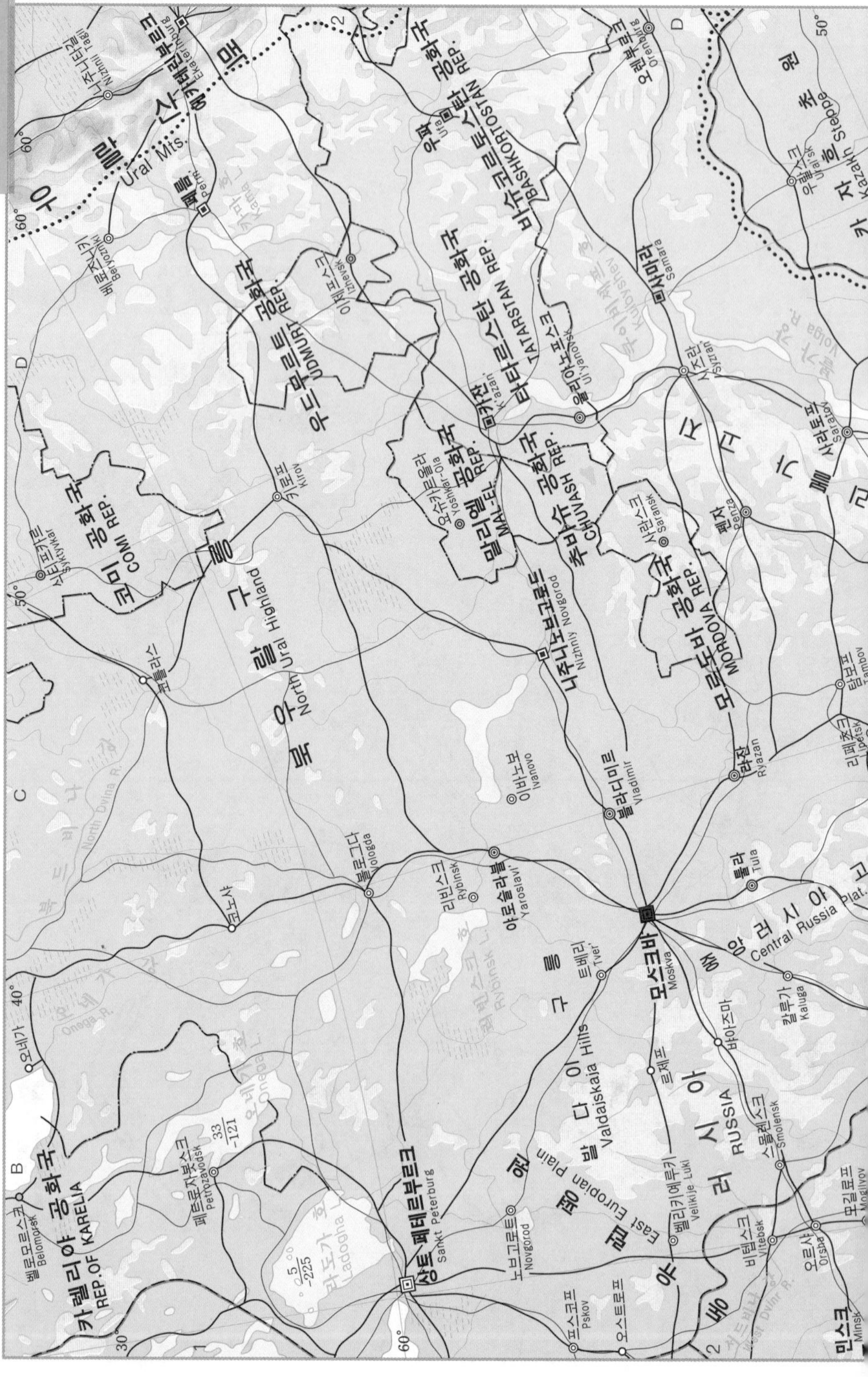

우랄 산맥 Ural Mts.
북우랄 구릉 North Ural Highland
발다이 구릉 Valdajskaja Hills
동유럽 평원 East European Plain
중앙 러시아 고원 Central Russia Plat.
카자흐 초원 Kazakh Steppe
러시아 RUSSIA
카렐리아 공화국 REP.OF KARELIA
코미 공화국 COMI REP.
우드무르트 공화국 UDMURT REP.
타타르스탄 공화국 TATARSTAN REP.
바슈코르토스탄 공화국 BASHKORTOSTAN REP.
마리엘 공화국 MAL-EL REP.
추바슈 공화국 CHUVASH REP.
모르도바 공화국 MORDOVA REP.
모스크바 Moskva
상트 페테르부르크 Sankt Peterburg
니주니노브고로드 Nizhniy Novgorod
카잔 K'azan
사마라 Samara
우파 Ufa
페름 Perm
예카테린부르크 Ekaterinburg
오렌부르크 Orenburg
니주니타길 Nizhnii Tagil
베료즈니키 Beryoznki
이제프스크 Izhevsk
키로프 Kirov
시티프카르 Syktyvkar
코틀라스
코노샤
볼로그다 Vologda
야로슬라블 Yaroslavl'
리빈스크 Rybinsk
이바노보 Ivanovo
블라디미르 Vladimir
랴잔 Ryazan
툴라 Tula
칼루가 Kaluga
트베리 Tver'
르제프
뱌즈마
스몰렌스크 Smolensk
벨리키예루키 Velikije Luki
노브고로드 Novgorod
프스코프 Pskov
오스트로프
비텝스크 Vitebsk
오르샤 Orsha
모길료프 Mogilyov
민스크 Minsk
페트로자보츠크 Petrozavodsk
벨로모르스크 Belomorsk
오네가 Onega
요슈카르올라 Yoshkar-Ola
사란스크 Saransk
울리야노프스크 Ul'yanovsk
시즈란 Syzran
펜자 Penza
사라토프 Saratov
탐보프 Tambov
리페츠크 Lipetsk
우랄스크 Ural'sk
볼가 강 Volga R.
북드비나 강 North Dvina R.
오네가 강 Onega R.
서드비나 강 West Dvina R.
카마 호 Kama L.
쿠이비셰프 호 Kuibyshev L.
리빈스크 호 Rybinsk L.
오네가 호 Onega L.
라도가 호 Ladogha L.

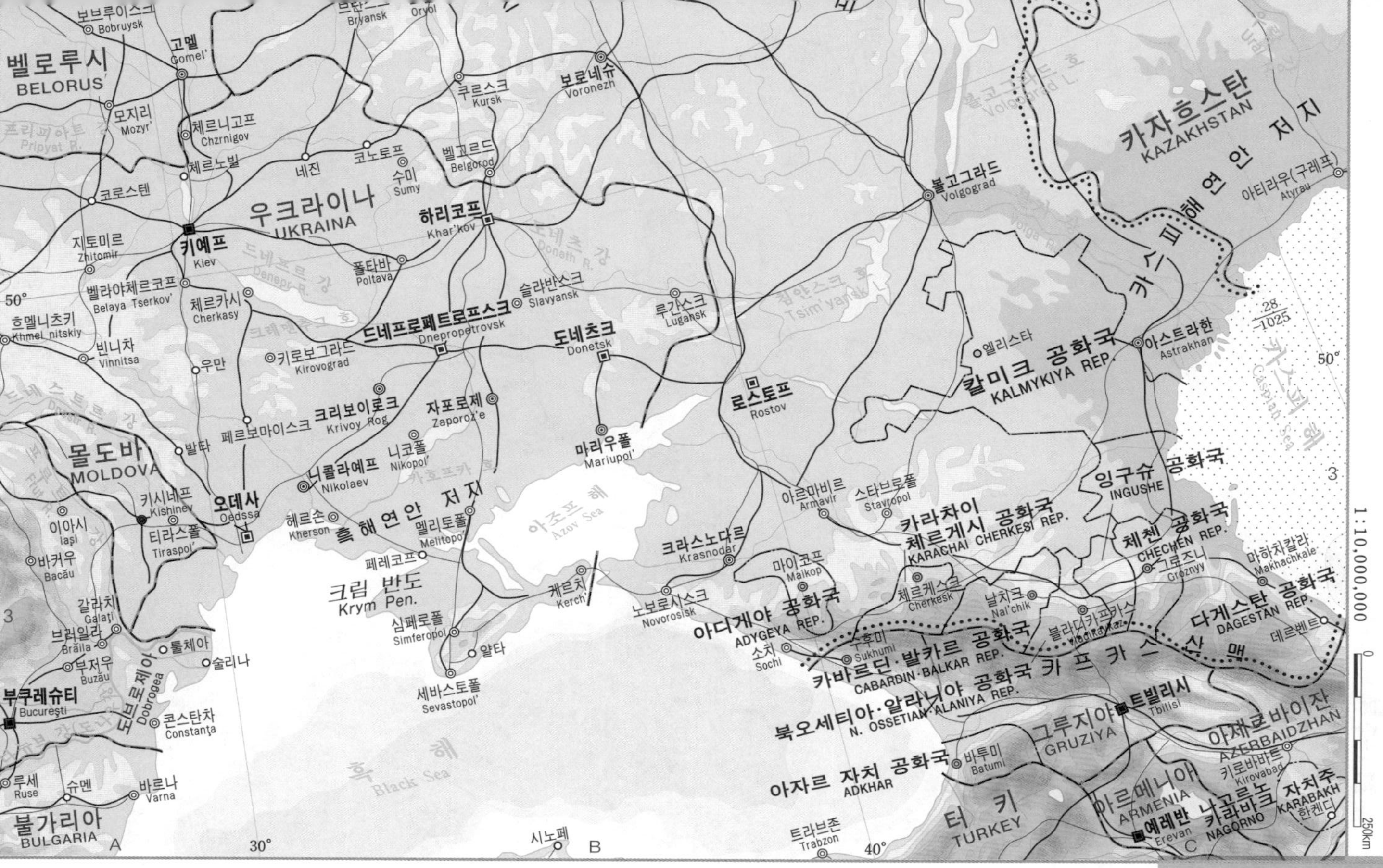
1:10,000,000
0
250km
벨로루시
BELORUS'
보브루이스크
Bobruysk
고멜
Gomel'
브랸스크
Bryansk
Oryol
모지리
Mozyr'
체르니고프
Chzrnigov
프리피아트 강
Pripyat R.
체르노빌
네진
코노토프
수미
Sumy
벨고르드
Belgorod
쿠르스크
Kursk
보로네슈
Voronezh
코로스텐
우크라이나
UKRAINA
하리코프
Khar'kov
지토미르
Zhitomir
키예프
Kiev
드네프르 강
Denepr R.
폴타바
Poltava
도네츠 강
Doneth R.
슬라반스크
Slavyansk
벨라야체르코프
Belaya Tserkov'
체르카시
Cherkasy
흐멜니츠키
Khmel nitskiy
50°
빈니차
Vinnitsa
우만
키로보그라드
Kirovograd
드네프로페트로프스크
Dnepropetrovsk
도네츠크
Donetsk
루간스크
Lugansk
침얀스크 호
Tsim'yansk L.
드네스트르 강
Dnestr R.
크리보이로크
Krivoy Rog
자포로제
Zaporoz'e
로스토프
Rostov
마리우폴
Mariupol'
몰도바
MOLDOVA
발타
페르보마이스크
니콜라예프
Nikolaev
니코폴
Nikopol'
카호프카 호
키시네프
Kishinev
이아시
Iaşi
오데사
Oedssa
헤르손
Kherson
흑 해 연 안 저 지
멜리토폴
Melitopol'
아조프 해
Azov Sea
티라스폴
Tiraspol'
바커우
Bacău
페레코프
크림 반도
Krym Pen.
케르치
Kerch'
크라스노다르
Krasnodar
갈라치
Galaţi
브러일라
Brăila
심페로폴
Simferopol
얄타
노보로시스크
Novorosisk
툴체아
부저우
Buzău
술리나
세바스토폴
Sevastopol'
도브로제아
Dobrogea
부쿠레슈티
Bucureşti
도나우 강
콘스탄차
Constanţa
흑 해
Black Sea
루세
Ruse
슈멘
바르나
Varna
불가리아
BULGARIA
A
30°
시노페
B
볼고그라드 호
Volgograd L.
볼고그라드
Volgograd
볼가 강
Volga R.
카자흐스탄
KAZAKHSTAN
카스피해연안 저지
아티라우(구례프)
Atyrau
우랄 강
Ural R.
28
−1025
아스트라한
Astrakhan
엘리스타
칼미크 공화국
KALMYKIYA REP.
카스피 해
Caspian Sea
50°
3
잉구슈 공화국
INGUSHE
아르마비르
Armavir
스타브로폴
Stavropol
카라차이 체르케시 공화국
KARACHAI CHERKESI REP.
체첸 공화국
CHECHEN REP.
그로즈니
Groznyy
마하치칼라
Makhachkale
마이코프
Maikop
체르케스크
Cherkesk
날치크
Nal'chik
블라디카프카스
Vladikavkaz
다게스탄 공화국
DAGESTAN REP.
데르벤트
아디게야 공화국
ADYGEYA REP.
수후미
Sukhumi
소치
Sochi
카바르딘·발카르 공화국
CABARDIN·BALKAR REP.
카 프 카 스 산 맥
북오세티아·알라니아 공화국
N. OSSETIAN·ALANIYA REP.
트빌리시
Tbilisi
그루지야
GRUZIYA
아제르바이잔
AZERBAIDZHAN
키로바바트
Kirovabad
바투미
Batumi
아자르 자치 공화국
ADKHAR
터키
TURKEY
아르메니아
ARMENIA
예레반
Erevan
나고르노 카라바흐 자치주
NAGORNO KARABAKH
한켄디
트라브존
Trabzon
40°
C

유럽(극동 러시아 주요부)

60° 1 100° A 110° B 120° C 130°
빌류이 강 Vilyui R.
빌류이스크
상가르
앙가라 강 Angara R.
케지마
순타르
렌스크
야쿠츠크 Yakutsk
100°
우스티일림스크 Ust'Ilimsk
비팀
레나 강 Lena R.
올렉민스크
브라츠크 Bratsk
일림스크
키렌스크
우스티쿠트
앙가라 호 Angara L.
보다이보
올료크마 강 Olekma R.
톰모트
알단
2
베르홀렌스크
우스티오르다 브랴트 자치관구
알단 고원 Aldan Plat.
러시아 RUSSIA
브랴트 공화국 BRYAT REP.
출만
체렘호보
앙가르스크 Angarsk
바이칼 호 Baikal L.
455
1620
스타노
이르쿠츠크 Irkutsk
야블로노비 산맥 Yablonovyi Mts.
틴디
(바이칼~아무르 철도)
울란우데 Ulan Ude
스코보로디노
모고차
카흐타
치타 Chita
스레텐스크
50°
힐로크
시베리아 철도
제야
모허
헤이룽 강 黑龍江
네르친스크
아가·브랴트 자치관구 AGABRYAT
다허
알탄블라크
이투리허
스보보드니
보르자
울란바토르 ULAN BATOR
쿠더헐
자거다치
블라고베시첸스크 Blagoveshchensk
후룬 호 呼倫湖
만저우리 滿州里
소싱안링 산맥 小興安嶺山脈
케룰렌 강 Kerulen R.
하이라얼 海拉爾
부레야
아이훈
초이발산 (케룰렌)
몽골 MONGOLIA
넌장
이얼스
3
탐삭블라크
이얼산
치치하얼 齊齊哈爾
이춘 伊春
사인샨타
다싱안링 산맥 大興安嶺山脈
다칭 大慶
자무쓰 佳木斯
몽·중 철도
내몽골 자치구 內蒙古 自治區
하얼빈 哈爾濱
쑹화 강 松化江
얼렌하오터
타오안
중국 CHINA
무단장 牧丹江
랴오허 강 遼河
110°
창춘 長春
지린 吉林
퉁랴오 通遼
바오터우 包頭
초펑 赤峰
쓰핑 四平
지닝 集寧
옌지 延吉
40°
선양 瀋陽
장자커우 張家口
훈장 渾江
창바이 산맥
백두산 2774
진저우 錦州
다퉁 大同
푸순 撫順
통화 通化
안산 鞍山
베이징 北京
4
잉커우 營口
타이위안 太原
압록강
톈진 天津
단둥 丹東
B 120° 신의주 C 함흥 130

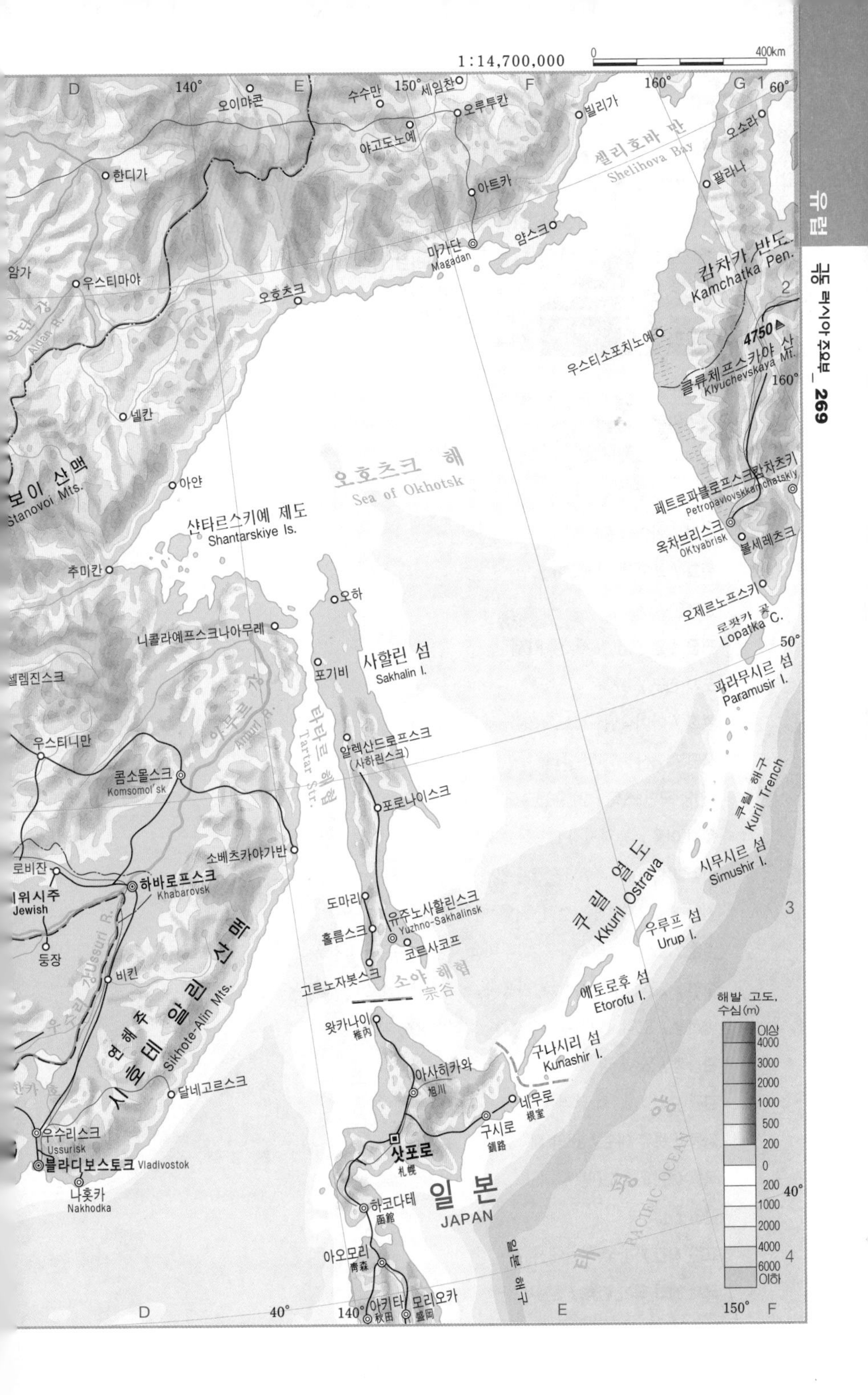
1:14,700,000
0
400km
D
E
F
G
1
2
3
4
140°
150°
160°
60°
50°
40°
오이먀콘
수수만
세임찬
오루투칸
야고도노예
빌리가
오스라
셀리호바 만
Shelihova Bay
팔라나
한디가
아트카
얌스크
마가단
Magadan
캄차카 반도
Kamchatka Pen.
암가
우스티마야
오호츠크
알단 강
Aldan R.
4750
우스티소포치노예
클류체프스카야 산
Klyuchevskaya Mt.
넬칸
보이 산맥
Stanovoi Mts.
아얀
오호츠크 해
Sea of Okhotsk
페트로파블로프스크캄차츠키
Petropavlovskkamchatskiy
샨타르스키예 제도
Shantarskiye Is.
옥차브리스크
OKtyabrisk
볼셰레츠크
추미칸
오하
오제르노프스키
로팟카 곶
Lopatka C.
니콜라예프스크나아무레
사할린 섬
Sakhalin I.
포기비
셀렘진스크
파라무시르 섬
Paramusir I.
아무르 강
Amur R.
타타르 해협
Tartar Str.
우스티니만
알렉산드로프스크
(사하린스크)
콤소몰스크
Komsomol'sk
쿠릴 해구
Kuril Trench
포로나이스크
소베츠카야가반
로비잔
하바로프스크
Khabarovsk
유대인 자치주
Jewish
쿠릴 열도
Kkuril Ostrava
시무시르 섬
Simushir I.
도마리
유주노사할린스크
Yuzhno-Sakhalinsk
홀름스크
코르사코프
우루프 섬
Urup I.
둥장
우수리 강
Ussuri R.
비킨
고르노자봇스크
소야 해협
宗谷
에토로후 섬
Etorofu I.
시호테알린 산맥
Sikhote-Alin Mts.
연해주
왓카나이
稚内
구나시리 섬
Kunashir I.
아사히카와
旭川
네무로
根室
달네고르스크
한카 호
구시로
釧路
우수리스크
Ussurisk
삿포로
札幌
블라디보스토크
Vladivostok
나홋카
Nakhodka
하코다테
函館
일본
JAPAN
태평양
PACIFIC OCEAN
일본 해구
아오모리
青森
아키타
秋田
모리오카
盛岡
해발 고도,
수심(m)
이상
4000
3000
2000
1000
500
200
0
200
1000
2000
4000
6000
이하

❀❀❀ 북부 · 서부 유럽 ❀❀❀

1. 아이슬란드

Republic of Iceland

수도 : 레이캬비크(11만 명)
면적 : 10.3만 ㎢
인구 : 29만 명
인구 밀도 : 3명/㎢

데이터

정체 / 공화제

민족 / 노르웨이와 덴마크의 이주민족

언어 / 아이슬란드 어

종교 / 프로테스탄트 교

문맹률 / 0%

평균 수명 / 남 78세, 여 81세

도시 인구 / 92%

통화 / 아이슬란드 크로나(Krona)

국민 총생산 / 79억 달러

1인당 국민 소득 / 27,960달러

토지 이용 / 농경지 0.1%, 목초지 22.1%, 삼림 1.2%, 기타 76.6%

산업별 인구 / 1차 8.3%, 2차 22.1%, 3차 69.6%

천연 자원 / 수산물, 수력, 지열, 규조토 등

수출 / 22억 달러(수산물, 알루미늄, 수산 가공물, 철강 등)

수입 / 23억 달러(기계류, 자동차, 석유제품, 식료품, 선박 등)

발전량 / 81억 kWh(수력 93.3%, 화력 0.2%, 지열 6.5%)

관광객 / 23만 명

관광 수입 / 2.1억 달러

자동차 보유 대수 / 18만 대

국방 예산 / 2,510만 달러

군인 / 130명

표준 시간 / 한국 시간에서 -9시간

국제 전화 국가 번호 / 354번

주요 도시의 기후

레이캬비크

월별	1월	2월	3월	4월	5월	6월	7월	8월	9월	10월	11월	12월	전년
기온(°C)	-0.5	0.4	0.5	2.9	6.3	9.0	10.5	10.3	7.4	4.4	1.2	-0.2	4.4
강수량(mm)	76	71	82	58	44	50	52	62	67	86	73	79	798

자 연

북대서양의 북극권에 인접한 세계 최북단의 나라이다. 국토는 화산과 빙하로 덮인 불모지가 80% 이상을 차지하고 있다. 현재도 200여 개의 화산이 활동을 하고 있으며 화산의 분출로 인해 눈이 녹아 큰 피해를 입기도 한다.

기후는 북동부의 툰드라 지역을 제외하면 난류인 북대서양 해류의 영향으로 겨울에도 비교적 따뜻한 서안 해양성 기후 지대를 이룬다.

역 사

870년부터 노르웨이 인들이 거주하기 시작하였고 930년에 독립하였으나 노르웨이와 덴마크의 지배를 거쳐 1944년에야 완전 독립하였다. 비무장 국가이지만 북대서양 조약 기구(NATO)에 가입하였다.

경 제

인구는 적으나 문화 수준이 높은 복지 국가이다. 수산업이 최대의 산업으로 대부분의 수산물은 수출되고 있다. 또 수력과 지열 발전으로 얻어지는 값싼 전력은 알루미늄 등의 공업 발달에 주요한 기초가 되고 있다.

관 광

간헐천과 온천, 화산과 빙하, 눈 덮인 자연 경관 등이 관광 자원이다.

2. 노르웨이

Kingdom of Norway

수도 : 오슬로(52만 명)
면적 : 32.4만 ㎢
인구 : 459만 명
인구 밀도 : 14명/㎢

데이터

정체 / 입헌 군주제

민족 / 노르웨이 족 87%, 스웨덴 족, 라프 족 등

언어 / 노르웨이 어

종교 / 프로테스탄트 교

문맹률 / 1%

평균 수명 / 남 76세, 여 81세

통화 / 노르웨이 크로네(Krone)

도시 인구 / 76%

주요 도시 / 베르겐, 트론헤임, 스타방에르 등

국민 총생산 / 1,758억 달러

1인당 국민 소득 / 38,730달러

토지 이용 / 농경지 2.8%, 목초지 0.4%, 삼림 25.7%, 기타 71.1%

산업별 인구 / 1차 3.9%, 2차 20.8%, 3차 75.3%

천연 자원 / 석유, 천연가스, 구리, 철광석, 니켈, 아연, 납, 수산물, 목재, 수력 등

수출 / 596억 달러(원유, 천연가스, 기계류, 알루미늄 등)

수입 / 349억 달러(기계류, 자동차, 선박, 철강, 식료품 등)

한국의 대(對) 노르웨이 수출 / 3.5억 달러

한국의 대(對) 노르웨이 수입 / 4억 달러

한국 교민 / 326명

발전량 / 1,286억 kWh(수력 99.3%, 화력 0.7%)

관광객 / 311만 명

관광 수입 / 27억 달러

자동차 보유 대수 / 236만 대

국방 예산 / 34억 달러

군인 / 2.7만 명

표준 시간 / 한국 시간에서 -8시간

국제 전화 국가 번호 / 47번

주요 도시의 기후

오슬로

월별	1월	2월	3월	4월	5월	6월	7월	8월	9월	10월	11월	12월	전년
기온(°C)	-7.2	-7.1	-2.3	2.8	9.3	14.1	15.1	13.9	9.2	4.6	-1.5	-5.8	3.8
강수량(mm)	59	49	53	48	61	73	77	89	98	100	90	65	861

자 연

스칸디나비아 반도 서부에 위치하며 국토의 대부분을 남북으로 달리는 스칸디나비아 산맥이 차지한다. 해안은 대표적인 피오르(빙식곡에 바닷물이 들어와서 생긴 좁고 깊은 연안) 해안을 이룬다. 국토의 3분의 1 이상이 북극권에 속하지만 북대서양 해류(난류)와 편서풍의 영향으로 겨울에도 따뜻한 서안 해양성 기후 지대를 이루고, 내륙부는 겨울이 추운 냉대 기후 지대를 이룬다.

역 사

9~11세기 덴마크와 함께 '바이킹'의 활동으로 알려졌다. 15세기에는 덴마크가 지배하였고 1814년부터 스웨덴의 지배를 거쳐 1905년 왕국으로 독립하였다. 북대서양 조약 기구(NATO)의 창설 회원국으로 유럽 자유 무역 연합(EFTA)에 가입하였다.

경 제

농목업은 미약하나 유럽 최대의 수산업 국가이다. 풍부한 수력 전기를 바탕으로 화학, 알루미늄, 펄프 등의 공업이 발달하였고, 세계적인 상선 보유국으로 해운업도 크게 발달하였다. 한편 1971년부터 시작한 북해 유전의 개발로 유럽 최대의 원유와 천연가스 수출국이다.

관 광

뛰어난 자연 경관과 피오르 해안, 산지 지역의 겨울 스포츠 등이 관광 자원이다.

3. 스웨덴
Kingdom of Sweden

수도 : 스톡홀름(76만 명)
면적 : 45.0만 ㎢
인구 : 900만 명
인구 밀도 : 20명/㎢

데이터

정체 / 입헌 군주제

민족 / 북방 게르만 계 스웨덴 족, 라프 족

언어 / 스웨덴 어, 기타 라프 어

종교 / 프로테스탄트 교

문맹률 / 1%

평균 수명 / 남 78세, 여 82세

통화 / 유로(Euro)

도시 인구 / 83%

주요 도시 / 예테보리, 말뫼, 웁살라 등

국민 총생산 / 2,318억 달러

1인당 국민 소득 / 25,970달러

토지 이용 / 농경지 6.2%, 목초지 1.3%, 삼림 62.2%, 기타 30.3%

산업별 인구 / 1차 2.3%, 2차 23.1%, 3차 74.6%

천연 자원 / 아연, 철광석, 납, 구리, 은, 우라늄, 목재, 수력 등

수출 / 811억 달러(기계류, 자동차, 종이, 철강 등)

수입 / 661억 달러(기계류, 자동차, 철강, 화학약품, 식료품 등)

한국의 대(對) 스웨덴 수출 / 3.9억 달러

한국 교민 / 1,070명

발전량 / 1,617억 kWh(수력 49.0%, 화력 6.1%, 원자력 44.6%, 지열 0.3%)

관광객 / 746만 명

관광 수입 / 42억 달러

자동차 보유 대수 / 447만 대

국방 예산 / 39억 달러

군인 / 2.8만 명

표준 시간 / 한국 시간에서 −8시간

국제 전화 국가 번호 / 46번

주요 도시의 기후

스톡홀름

월별	1월	2월	3월	4월	5월	6월	7월	8월	9월	10월	11월	12월	전년
기온(°C)	-2.9	-3.0	0.0	4.4	10.5	15.5	17.1	16.1	11.8	7.4	2.5	-1.3	6.5
강수량(mm)	37	26	26	30	31	47	71	64	53	50	53	46	535

자 연

스칸디나비아 반도의 동남부에 위치하며 북쪽에서 남쪽으로 가면서 산지-대지-평지-발트 해에 이른다. 남부 평지에는 베네른 · 베테른 등 빙하호가 수없이 발달하고 있다. 남부 지역은 따뜻한 서안 해양성 기후 지대를 이루고, 북부는 겨울이 춥고 긴 한대와 냉대 기후를 이루어 침엽수림 지대가 펼쳐진다.

역 사

14세기 말 덴마크에 병합되었다가 16세기에 이탈하였고, 19세기 초에는 현재의 핀란드를 러시아에 양도하고 노르웨이와 연합 왕국을 세웠으나 1905년 노르웨이가 분리 독립하였다. 1924년부터 복지 사회 건설을 시작하여 오늘날에는 세계 최고의 복지 국가를 실현하였다. 또 노벨상의 국가로 세계 최고의 권위와 명예를 자랑하고 있다. 1995년 유럽 연합(EU) 회원국이 되었다.

경 제

이 나라는 풍부한 삼림 자원, 수력 전기, 철광석 등을 바탕으로 철강, 금속, 기계, 자동차, 펄프 등의 공업이 발달한 세계 최고 수준의 공업국이다.

관 광

스톡홀름과 예테보리의 역사 유적, 산지와 해안의 휴양지, 북부의 황무지와 라프란드, 기타 역사 · 고고학적인 유적지 등이 주요 관광 자원이다.

4. 핀란드

Republic of Finland

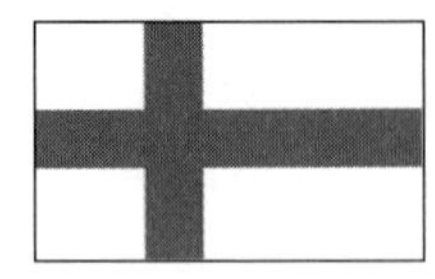

수도 : 헬싱키(55만 명)
면적 : 33.8만 ㎢
인구 : 522만 명
인구 밀도 : 15명/㎢

 데이터

정체 / 공화제

민족 / 핀 족 94%, 스웨덴 족, 라프 족 등

언어 / 스웨덴 어(공용어), 핀란드 어

종교 / 프로테스탄트 교

문맹률 / 0%

평균 수명 / 남 75세, 여 81세

통화 / 유로(Euro)

도시 인구 / 61%

국민 총생산 / 1,242억 달러

1인당 국민 소득 / 23,890달러

토지 이용 / 농경지 7.7%, 목초지 0.3%, 삼림 68.6%, 기타 23.4%

산업별 인구 / 1차 5.7%, 2차 26.0%, 3차 68.3%

천연 자원 / 구리, 아연, 철광석, 은, 목재 등

수출 / 447억 달러(종이, 기계류, 철강, 목재 등)

수입 / 336억 달러(기계류, 자동차, 화학약품, 철강, 식료품 등)

한국의 대(對) 핀란드 수출 / 5.2억 달러

한국의 대(對) 핀란드 수입 / 3.8억 달러

한국 교민 / 119명

발전량 / 745억 kWh(수력 17.7%, 화력 51.6%, 원자력 30.7%)

관광객 / 288만 명

관광 수입 / 16억 달러

자동차 보유 대수 / 288만 대

국방 예산 / 20억 달러

군인 / 2.7만 명

표준 시간 / 한국 시간에서 -6시간

국제 전화 국가 번호 / 358번

주요 도시의 기후

헬싱키

월별	1월	2월	3월	4월	5월	6월	7월	8월	9월	10월	11월	12월	전년
기온(°C)	-6.8	-6.8	-2.8	2.8	9.9	14.9	16.6	15.0	1.1	5.4	0.2	-4.2	4.5
강수량(mm)	41	31	34	37	34	43	72	78	73	73	71	57	645

자 연

스웨덴 동북부와 러시아 사이에 위치하며, 홍적세에 대륙 빙하로 덮였던 지역으로 '호수와 숲의 나라'로 불리운다. 전국이 북위 60~70° 사이에 위치하고 있으나 남부는 발트 해의 영향으로 겨울에도 따뜻한 편이다. 북부와 러시아 국경 지역은 겨울에 몹시 춥고 6개월간이나 눈이 쌓이고 두 달동안 밤이 계속되며, 여름에는 73일간이나 태양이 지지 않는 백야가 계속된다.

역 사

이 곳은 중앙 아시아로부터 이주해 온 핀 족의 터전이었다. 13세기 이후 500년간이나 스웨덴이 지배하였으며 19세기 초에는 러시아에 통합되었다. 1917년의 러시아 혁명을 계기로 독립을 선언하고 공화국이 되었으나, 제2차 세계 대전을 계기로 국토의 10% 이상을 소련에 양도하고 우호 관계를 회복하였다. 오늘날에는 유럽 연합(EU)의 가입국으로 활동하고 있으며, UN 평화 유지 활동에도 적극 참여하고 있다.

경 제

국토의 70%를 덮고 있는 풍부한 삼림 자원을 바탕으로 목재, 펄프, 제지, 가구 등의 공업이 일찍부터 발달하였다. 최근에는 금속 · 기계 · 전자 산업 등이 급속히 발달하여 이 나라 산업의 중심을 이루고 있다.

관 광

남부 호수 지방의 내륙 수로와 수려한 자연 경관, 끝없이 펼쳐진 침엽수림, 겨울 스포츠와 백야 등이 주요 관광 자원이다.

5. 덴마크
Kingdom of Denmark

수도 : 코펜하겐(50만 명)
면적 : 4.3만 ㎢
인구 : 540만 명
인구 밀도 : 125명/㎢

데이터

정체 / 입헌 군주제

민족 / 북게르만 계의 덴마크 인

언어 / 덴마크 어

종교 / 프로테스탄트 교

문맹률 / 1%

평균 수명 / 남 74세, 여 79세

통화 / 덴마크 크로네(Krone)

도시 인구 / 85%

주요 도시 / 오덴세, 올보르, 오르후스 등

국민 총생산 / 1,626억 달러

1인당 국민 소득 / 30,260달러

토지 이용 / 농경지 55.1%, 목초지 7.4%, 삼림 10.3%, 기타 27.2%

산업별 인구 / 1차 3.3%, 2차 25.6%, 3차 71.1%

천연 자원 / 석유, 천연가스, 수산물, 소금, 석회석 등

수출 / 558억 달러(기계류, 육류, 의약품, 수산물, 식료품 등)

수입 / 477억 달러(기계류, 자동차, 의류, 철강, 식료품 등)

한국의 대(對) 덴마크 수출 / 2.2억 달러

한국의 대(對) 덴마크 수입 / 3.3억 달러

한국 교민 / 282명

발전량 / 444억 kWh(수력 0.1%, 화력 90.0%, 지열 9.9%)

관광객 / 201만 명

관광 수입 / 58억 달러

자동차 보유 대수 / 230만 대

국방 예산 / 26억 달러

군인 / 2.3만 명

표준 시간 / 한국 시간에서 -7시간

국제 전화 국가 번호 / 45번

주요 도시의 기후

코펜하겐

월별	1월	2월	3월	4월	5월	6월	7월	8월	9월	10월	11월	12월	전년
기온(°C)	0.6	0.5	2.7	6.6	12.0	16.0	17.2	17.0	13.6	9.9	5.5	2.2	8.7
강수량(mm)	51	32	42	42	43	54	68	63	63	55	62	58	631

자 연

독일의 북부와 스칸디나비아 반도의 남부 사이에 위치한다. 유틀란트 반도와 발트 해의 퓐, 셸, 롤란 등 500여 개의 섬으로 이루어졌다. 전 국토가 빙하 시대의 퇴적물로 덮여 평탄한 지형을 이루고 있으며, 해안선은 복잡하며 사구와 석호가 발달해 있다. 전국이 따뜻한 서안 해양성 기후를 이루고 특히 겨울에 구름 낀 날이 많다. 해외 영토로는 북극권의 군사, 항공, 기상 관측 요지인 그린란드(본국 면적의 50배)를 영유하고 있다.

역 사

노르웨이와 함께 바이킹의 나라로 13세기에는 북유럽과 발트 해 연안 전체를 지배하는 큰 나라였다. 16세기부터 국력이 약화되면서 스웨덴이 분리되고 노르웨이를 양도하였다. 1884년 프로이센(독일)과의 전쟁에서 패하면서 국내로 눈을 돌려 사회 복지 국가로 출발하였다. 1944년 아이슬란드가 분리 독립하고 1973년에는 북대서양 조약 기구(NATO)에 가입하였으며 현재는 유럽 연합(EU) 회원국이다.

경 제

세계적인 낙농 왕국으로 경지 면적이 국토의 60%에 달한다. 이 나라의 낙농업은 협동 조합 조직과 농민들의 높은 교육 수준을 바탕으로 하고 있으며 그 제품은 세계적인 수출 상품이 되고 있다. 또 최근에는 중화학 공업의 발전에 따라 기계, 조선, 가구 등의 수출이 많으며, 발트 해와 북해의 요지에 자리잡은 코펜하겐을 중심으로 중계 무역과 항공 교통의 요지로서의 역할도 경제에 큰 활력소가 되고 있다.

관 광

코펜하겐과 역사 도시 오덴세, 해안의 휴양지 등이 관광 자원이다.

6. 영국
United Kingdom of Great Britain and Northern Ireland

수도 : 런던(717만 명)
면적 : 24.3만 ㎢
인구 : 5,967만 명
인구 밀도 : 246명/㎢

데이터

정체 / 입헌 군주제

민족 / 앵글로색슨 족, 켈트 족 등

언어 / 영어(공용어), 웨일스 어, 스코틀랜드 어

종교 / 영국 교회파 48%, 기타

문맹률 / 1%

평균 수명 / 남 75세, 여 80세

통화 / 파운드(Pound)

도시 인구 / 89%

주요 도시 / 버밍엄, 리즈, 글래스고, 셰필드, 리버풀, 에든버러, 맨체스터, 벨파스트 등

국민 총생산 / 15,108억 달러

1인당 국민 소득 / 25,510달러

토지 이용 / 농경지 24.5%, 목초지 45.3%, 삼림 10.2%, 기타 20.0%

산업별 인구 / 1차 1.4%, 2차 24.1%, 3차 74.5%

천연 자원 / 석탄, 석유, 천연가스, 아연, 철광석, 석고, 납, 수산물 등

수출 / 2,763억 달러(기계류, 자동차, 화학약품, 의료기, 식료품 등)

수입 / 3,355억 달러(기계류, 자동차, 의류, 화학약품, 식료품, 원료 등)

한국의 대(對) 영국 수출 / 40.9억 달러

한국의 대(對) 영국 수입 / 27.0억 달러

한국 교민 / 1,500명

발전량 / 3,858억 kWh(수력 1.7%, 화력 74.7%, 원자력 23.4%, 지열 0.2%)

관광객 / 2,418만 명

관광 수입 / 176억 달러

자동차 보유 대수 / 3,292만 대

국방 예산 / 352억 달러

군인 / 21만 명

표준 시간 / 한국 시간에서 -9시간

국제 전화 국가 번호 / 44번

주요 도시의 기후

런던

월별	1월	2월	3월	4월	5월	6월	7월	8월	9월	10월	11월	12월	전년
기온(°C)	4.4	4.4	6.4	8.2	11.6	14.5	17.1	16.8	13.9	10.7	7.0	5.3	10.9
강수량(mm)	84	52	60	51	50	59	43	53	63	79	76	83	751

자 연

유럽 대륙의 서북부에 위치하는 섬나라로 그레이트브리튼 섬 동남부의 잉글랜드(13.0만 ㎢), 북부의 스코틀랜드(7.9만 ㎢), 서부의 웨일스(2.1만 ㎢)와 북아일랜드(1.4만 ㎢)로 이루어진 입헌 군주제의 연합 왕국이다. 그레이트브리튼 섬의 서북부는 완만한 산지와 고지로, 동남부는 저지대로, 북아일랜드는 대지로 이루어져 있으며 호수가 많다.

이 나라는 북위 50~60°에 있지만 북대서양 해류(난류)와 편서풍의 영향으로 겨울에도 따뜻하고 비가 연중 고르게 내리는 서안 해양성 기후 지대를 이룬다.

역 사

원주민은 켈트 족으로 고대에는 로마가 지배하였으나, 5세기경부터 대륙에서 앵글로색슨 족들이 침입하여 7개의 왕국을 건설하고 켈트 족들을 웨일스와 스코틀랜드로 밀어냈으며, 8세기에는 잉글랜드 왕국을 건설하였다. 1284년에는 웨일스, 1707년에는 스코틀랜드, 1801년에는 아일랜드를 합병하여 연합 왕국을 이루었다. 16세기 스페인의 무적 함대 격파로 세계의 해상권을 잡으면서 17세기부터는 아시아, 아프리카, 신대륙에 걸친 식민지 개발로 '태양이 지지 않는 대제국'을 건설하였다.

제2차 세계 대전 후 대부분의 식민지가 독립하였으며, 많은 나라들과 영연방을 구성하여 협력 관계를 유지하고 있다. 영국은 북대서양 조약 기구(NATO)의 회원국으로 유럽 연합(EU)에도 가입한 대표적인 서방 자본주의 국가이다.

경 제

영국은 산업 혁명의 발상지로 세계에서 가장 먼저 근대 공업이 발달한 나라이다. 전 세계에 분포한 식민지로부터 도입된 원료를 바탕으로 기계, 자동차, 항공기, 조선, 화학 등의 공업이 크게 발달하였다. 그러나 제2차 세계 대전 후 식민지의 독립과 미국, 소련, 유럽, 일본 등지의 공업 발달로 공업의 상대적인 사양화가 나타났으나, 1980년부터 시작된 북해 유전의 개발로 새로운 활력을 얻고 있으며, 최근에는 첨단 산업 분야와 금융 · 서비스업이 크게 발달하고 있다.

한편 국토의 70% 이상을 농목업이 차지하고 있는데, 특히 과학화된 혼합 농업과 낙농업이 발달하였고 대도시 주변은 원예 농업이 크게 발달하고 있다.

관 광

스코틀랜드의 고지대, 웨일스의 시골 풍경과 성곽, 잉글랜드의 호수 지역 · 시골 풍경과 정원들, 런던의 박물관 · 교회 · 궁전 · 극장 · 쇼핑 · 템스 강 강변, 해안의 다양한 휴양지 등이 주요 관광 자원이다.

7. 아일랜드

Republic of Ireland

수도 : 더블린(100만 명)
면적 : 7.0만 ㎢
인구 : 406만 명
인구 밀도 : 58명/㎢

데이터

정체 / 공화제

민족 / 켈트 계 아일랜드 인

언어 / 아일랜드 어, 켈트 어, 영어

종교 / 가톨릭 교

문맹률 / 2%

평균 수명 / 남 74세, 여 79세

통화 / 유로(Euro)

도시 인구 / 59%

국민 총생산 / 903억 달러

1인당 국민 소득 / 23,030달러

토지 이용 / 농경지 18.7%, 목초지 43.7%, 삼림 4.6%, 기타 33.0%

산업별 인구 / 1차 7.0%, 2차 28.3%, 3차 64.7%

천연 자원 / 천연가스, 납, 아연, 구리, 석고, 은 등

수출 / 875억 달러(기계류, 화학약품, 의약품, 전자제품, 식료품 등)

수입 / 515억 달러(기계류, 화학약품, 자동차, 의류, 식료품 등)

한국의 대(對) 아일랜드 수출 / 5.7억 달러

한국의 대(對) 아일랜드 수입 / 7.4억 달러

한국 교민 / 199명

발전량 / 250억 kWh(수력 5.2%, 화력 94.4%, 지열 0.4%)

관광객 / 648만 명

관광 수입 / 31억 달러

자동차 보유 대수 / 171만 대

국방 예산 / 7.2억 달러

군인 / 1만 명

표준 시간 / 한국 시간에서 −9시간

국제 전화 국가 번호 / 353번

주요 도시의 기후

더블린

월별	1월	2월	3월	4월	5월	6월	7월	8월	9월	10월	11월	12월	전년
기온(°C)	5.1	5.1	6.3	8.0	10.6	13.5	15.3	15.0	13.2	10.8	7.1	6.0	9.7
강수량(mm)	70	51	55	51	55	5	50	71	71	70	64	76	740

자 연

영국의 서쪽에 위치하는 아일랜드 섬에서 영국령 북아일랜드를 제외한 지역으로, 국토의 대부분이 구릉 지대이며 중앙 저지는 호수와 습지가 발달하였다. 기후는 북대서양 해류(난류)와 편서풍의 영향으로 따뜻한 서안 해양성 기후 지대를 이룬다.

역 사

예로부터 켈트 계의 주민들이 거주하던 곳으로 12세기부터 영국의 지배를 받아오다가 1800년 영국에 합병되었다. 1847~1854년간 이상 기후로 주식인 감자 흉년이 계속되어 160만의 인구가 신대륙으로 이민하고 수많은 아사자를 내는 큰 재앙을 입었다. 그 후 오랜 독립 투쟁 끝에 1921년 영국과 조약을 맺고 32개 주중에서 북아일랜드 6개 주를 제외하고 자치령이 되었으며, 1949년에는 완전 독립하였다. 1973년 유럽 연합(EU)의 정식 회원국이 되었다.

경 제

농목업 지역이 국토의 65%에 달하며 소, 양, 돼지 등의 가축 사육이 많고, 공업은 식료품 공업이 중심을 이루고 있다. 그러나 최근에는 외자와 기술 도입 정책으로 새로운 분야의 공업이 발달하고 있으며 특히 정보 통신 산업의 발달은 세계적이다.

관 광

시골의 자연 경관, 역사 유적지, 다양한 문화 행사 등이 관광 자원이다.

8· 독일

Federal Republic of Germany

수도 : 베를린(339만 명)
면적 : 35.7만 ㎢
인구 : 8,256만 명
인구 밀도 : 231명/㎢

데이터

정체 / 연방 공화제

민족 / 게르만 족의 독일인

언어 / 독일어

종교 / 프로테스탄트 교, 가톨릭 교

문맹률 / 1%

평균 수명 / 남 75세, 여 81세

통화 / 유로(Euro)

도시 인구 / 87%

주요 도시 / 함부르크, 뮌헨, 쾰른, 프랑크푸르트, 에센, 도르트문트, 슈투트가르트 등

국민 총생산 / 18,763억 달러

1인당 국민 소득 / 22,740달러

토지 이용 / 농경지 33.7%, 목초지 14.8%, 삼림 30.0%, 기타 21.5%

산업별 인구 / 1차 2.6%, 2차 31.6%, 3차 65.8%

천연 자원 / 철광석, 갈탄, 칼륨, 우라늄, 구리, 천연가스, 소금, 니켈, 목재 등

수출 / 6,129억 달러(기계류, 자동차, 화학약품, 플라스틱 등)

수입 / 4,921억 달러(기계류, 자동차, 의류, 원유, 화학약품, 식료품 등)

한국의 대(對) 독일 수출 / 56.0억 달러

한국의 대(對) 독일 수입 / 68.2억 달러

한국 교민 / 30,492명

발전량 / 5,898억 kWh(수력 4.7%, 화력 65.9%, 원자력 29.3%, 지열 0.1%)

관광객 / 1,797만 명

관광 수입 / 192억 달러

자동차 보유 대수 / 4,822만 대

국방 예산 / 315억 달러

군인 / 28만 명

표준 시간 / 한국 시간에서 -8시간

국제 전화 국가 번호 / 49번

주요 도시의 기후

베를린

월별	1월	2월	3월	4월	5월	6월	7월	8월	9월	10월	11월	12월	전년
기온(°C)	−0.2	0.8	4.2	8.6	13.9	17.4	18.8	18.4	14.6	10.0	4.9	1.4	9.4
강수량(mm)	43	34	38	41	56	76	52	61	46	36	49	53	584

자 연

유럽 대륙의 중앙부에 위치하며 9개국과 국경을 접하고 있다. 전체적인 지형은 남고북저를 이룬다. 북부는 북해와 발트 해에 면하는 저지대로 빙하 시대의 퇴적물이 많다. 삼림으로 덮인 완만한 구릉 지대를 이루는 남부 지역은 알프스 산지로 연결된다. 한편 서부는 라인 강 지구대로 온화한 기후에 포도 재배 지역을 이룬다.

기후는 대체로 따뜻한 서안 해양성 기후 지대로 동남부 지역으로 갈수록 겨울 기온이 내려간다.

역 사

9세기 프랑크 왕국이 분열하여 동프랑크 왕국이 탄생하게 된 것이 독일의 기원이다. 10세기에는 신성 로마 제국으로 발전하여 19세기까지 이어졌고, 1870년의 보불 전쟁의 승리 이후 독일 제국이 탄생하였다. 그 후 제1차 세계 대전에 패배하였고 히틀러에 의한 제2차 세계 대전에서도 패배하였다. 제2차 세계 대전 후 미국, 영국, 프랑스의 점령지에는 독일 연방 공화국(서독)이, 소련이 점령한 지역에는 동독이 독립하였으며, 수도 베를린도 동서로 분할되었다. 그러나 1990년 베를린 장벽이 무너지면서 서독의 독일 연방 공화국이 동독을 전쟁 없이 흡수 통일하였다.

통일된 현재의 독일은 북대서양 조약 기구(NATO)의 가입국으로 유럽 연합(EU)의 정치, 경제, 통화 등의 통합에 프랑스와 함께 중심적인 역할을 하고 있는 대표적인 서방 자본주의 국가이다.

경 제

국토의 50% 이상이 농목업 지역으로 이용되는 유럽의 대표적인 낙농업과 상업적인 혼합 농업 국가이다. 근대 공업은 19세기 후반에 시작되었으며 두 차례에 걸친 세계 대전에서의 패배와 보상, 동서 독일의 분리 독립 및 통일과 같은 역경을 거치면서도 오늘날 미국, 일본과 함께 세계적인 경제 대국을 이룩한 선진 공업국이다.

철강, 기계, 자동차, 전기, 전자, 화학 등 각종 공업이 라인 강 하류 지역을 중심으로 전국에 확산 분포하고 있다. 특히 독일의 공업은 높은 기술력과 생산성으로 국제 경쟁력이 높기로 유명하다. 각종 산업에서 부족한 단순 인력은 터키, 유고슬라비아 등의 외국인 노동력(150만 명 이상)에 의존하고 있으며, 그 밖에 금융, 서비스 산업도 세계적인 경쟁력을 자랑하고 있다.

관 광

산지의 숲, 휴양지, 겨울 스포츠, 중세 도시들과 성곽, 라인 강 유역과 자연 경치, 뮌헨 · 베를린 · 드레스덴 · 쾰른 · 프랑크푸르트 등의 도시, 박물관, 문화 행사, 쇼핑 등이 주요 관광 자원이다.

9. 네덜란드

Kingdom of the Netherlands

수도 : 암스테르담(73만 명)
면적 : 4.2만 ㎢
인구 : 1,629만 명
인구 밀도 : 392명/㎢

데이터

정체 / 입헌 군주제

민족 / 게르만 계 네덜란드 인

언어 / 네덜란드 어

종교 / 가톨릭 교, 프로테스탄트 교 등

문맹률 / 1%

평균 수명 / 남 76세, 여 81세

통화 / 유로(Euro)

도시 인구 / 64%

주요 도시 / 로테르담, 헤이그, 위트레흐트, 에인트호벤 등

국민 총생산 / 3,776억 달러

1인당 국민 소득 / 23,390달러

토지 이용 / 농경지 23.2%, 목초지 25.7%, 삼림 8.6%, 기타 42.5%

산업별 인구 / 1차 2.8%, 2차 20.8%, 3차 76.4%

천연 자원 / 석유, 천연가스, 간척지, 비옥한 토양 등

수출 / 2,224억 달러(기계류, 화학약품, 자동차, 플라스틱, 식료품 등)

수입 / 1,937억 달러(기계류, 자동차, 화학약품, 원유, 식료품 등)

한국의 대(對) 네덜란드 수출 / 25.3억 달러

한국의 대(對) 네덜란드 수입 / 13.7억 달러

한국 교민 / 1,076명

발전량 / 935억 kWh(수력 0.1%, 화력 94.8%, 원자력 4.3%, 지열 0.8%)

관광객 / 960만 명

관광 수입 / 77억 달러

자동차 보유 대수 / 771만 대

국방 예산 / 73억 달러

군인 / 5만 명

표준 시간 / 한국 시간에서 -8시간

국제 전화 국가 번호 / 31번

주요 도시의 기후

암스테르담

월별	1월	2월	3월	4월	5월	6월	7월	8월	9월	10월	11월	12월	전년
기온(°C)	2.2	2.6	5.0	8.0	12.3	15.2	16.8	16.7	14.0	10.5	5.9	3.2	9.4
강수량(mm)	66	48	63	50	61	68	77	71	67	71	81	79	802

자 연

북해에 면하고 동쪽은 독일, 남쪽은 벨기에와 국경을 접하며 국토의 대부분은 라인 강과 마스 강의 삼각주와 폴더(간척지) 지역으로 이루어진다. 해면보다 낮은 저지가 국토의 25%에 이르고 전 국토의 평균 고도는 12m에 불과하다.

12세기부터 얕은 바다의 간척이 시작되었고 제방과 수로가 그물처럼 펼쳐지는 폴더 지역이 이 나라의 핵심 지역을 이룬다. 바닷물을 막는 제방의 총 연장이 2,400km에 달하며 에이셀 호의 제방만도 30km에 이른다. 이 나라는 북위 52~55°에 위치하지만 편서풍과 해류의 영향으로 겨울이 따뜻한 서안 해양성 기후 지대를 이룬다.

역 사

15세기에는 합스부르크가의 지배하에 있었으나 1555년 스페인 령이 되었다가 1648년 연방 공화국으로 독립하였다. 17~18세기에는 세계적인 해운과 상업국으로 번창하였으나 영국과의 경쟁에서 밀려 쇠퇴하였다. 1815년 왕국이 되었으며 1839년에는 벨기에가, 1890년에는 룩셈부르크가 각각 분리 독립하였다.

제2차 세계 대전에서는 중립을 지켰으나 독일에 점령되었으며, 전후에는 중립을 버리고 북대서양 조약 기구(NATO)에 가입하였다. 1960년에는 베네룩스 3국 경제 동맹을 맺었으며 현재는 유럽 연합(EU)의 중심 회원국으로 정치, 경제, 통화의 통합에 앞장서고 있다.

경 제

낙농업과 집약적인 원예 농업으로 대표되는 전통적인 농업국이었으나, 최근에는 세계적인 무역과 공업국으로 등장하고 있다. 낙농제품(버터, 치즈 등)과 꽃, 채소 등의 세계적인 수출국이며 폴더의 풍차와 낙농업, 원예 농업 지역은 관광 명소이기도 하다.

또한 편리한 수륙 교통과 기술, 자본을 바탕으로 조선, 화학, 전기, 기계, 다이아몬드 연마, 식품 등의 공업이 크게 발달하였고, 최근에는 북해 연안에서 천연가스가 개발되어 새로운 활력을 얻고 있으며 세계의 경제 강국으로 등장하고 있다.

관 광

암스테르담 · 헤이그 · 로테르담의 많은 미술 박물관, 도시들의 전통적인 건축물, 폴더 지역의 수로와 풍차, 원예 농업, 낙농업의 풍경 등이 주요 관광 자원이다.

10. 벨기에

Kingdom of Belgium

수도 : 브뤼셀(100만 명)
면적 : 3.1만 ㎢
인구 : 1,042만 명
인구 밀도 : 341명/㎢

데이터

정체 / 입헌 군주제

민족 / 네덜란드 계 58%, 프랑스 계 33% 등

언어 / 네덜란드 어(플랑드르 어), 프랑스 어(와론 어), 독일어

종교 / 가톨릭 교 88%, 프로테스탄트 교, 유대 교 등

문맹률 / 1%

평균 수명 / 남 75세, 여 81세

통화 / 유로(Euro)

도시 인구 / 97%

주요 도시 / 안트베르펜, 겐트, 리에주 등

국민 총생산 / 2,371억 달러

1인당 국민 소득 / 22,940달러

토지 이용 / 농경지 24.0%, 목초지 20.8%, 삼림 21.1%, 기타 34.1%

산업별 인구 / 1차 1.8%, 2차 25.5%, 3차 72.7%

천연 자원 / 석탄, 철광석, 천연가스 등

수출 / 2,135억 달러(자동차, 다이아몬드, 철강, 화학약품, 플라스틱, 식료품 등)

수입 / 1,960억 달러(기계류, 자동차, 다이아몬드, 화학약품, 식료품 등)

한국의 대(對) 벨기에 수출 / 7.6억 달러

한국의 대(對) 벨기에 수입 / 5.7억 달러

한국 교민 / 533명

발전량 / 816억 kWh(수력 2.0%, 화력 41.1%, 원자력 56.8%, 지열 0.1%)

관광객 / 672만 명

관광 수입 / 69억 달러

자동차 보유 대수 / 535만 대

국방 예산 / 34억 달러

군인 / 4.1만 명

표준 시간 / 한국 시간에서 −8시간

국제 전화 국가 번호 / 32번

주요 도시의 기후

브뤼셀

	1월	7월
월평균 기온(°C)	3.1	17.9
연강수량(mm)	858	

자 연

유럽 대륙 북서부의 북해 연안에 위치하며 북쪽은 네덜란드, 동쪽은 룩셈부르크와 독일, 서남쪽은 프랑스와 국경을 마주하고 있다. 국토는 남고북저(南高北低)로 남부에는 해발 300~600m의 아르덴 고원 지대가, 중부에는 구릉 지대가, 북부에는 낮은 평야 지대가 펼쳐진다. 대부분의 지역이 온화한 서안 해양성 기후 지대를 이루나 남부의 아르덴 고원 지대는 겨울이 춥고 눈이 내리는 기후를 나타낸다.

역 사

네덜란드의 지배에서 분리되어 1831년 왕국으로 독립하였다. 1893년 영세 중립국이 되었으나 제1차 세계 대전 후 중립을 포기하였고, 제2차 세계 대전 후 북대서양 조약 기구(NATO)에 가입하였다. 1960년 베네룩스 3국 경제 동맹에 참여하였고, 현재는 유럽 연합(EU) 회원국으로 수도 브뤼셀에는 NATO와 EU의 본부가 자리잡고 있다.

한편 이 나라는 국토를 남북으로 2등분하는 언어 경계선(북부는 네덜란드 어계의 플랑드르 어, 남부는 프랑스 어계의 와론 어)에 따라 복수 어족 국가를 형성하여 양어족 간의 대립이 커다란 문제로 남아 있다.

경 제

마스 강 유역의 석탄을 바탕으로 일찍부터 철강, 금속, 화학, 유리, 직물 등의 공업이 발달하였고, 최근에는 다이아몬드 연마, 기계 공업 등이 새롭게 발달하여 선진 공업 국가로 등장하였다.

농업은 혼합 농업과 원예 농업이 일찍부터 발달하여 유럽 최고의 생산성을 보이고 있으나 식료품과 농산물의 수입 비중은 높은 편이다.

관 광

해안의 휴양지, 아르덴 고원의 숲, 브뤼셀 등 도시 지역의 문화 센터와 문화 행사가 주요 관광 자원이다.

11. 룩셈부르크

Grand Duchy of Luxembourg

수도 : 룩셈부르크(8만 명)
면적 : 2,586㎢
인구 : 45만 명
인구 밀도 : 175명/㎢

데이터

정체 / 입헌 군주제

민족 / 독일계 룩셈부르크 인, 기타

언어 / 룩셈부르크 어, 독일어, 프랑스 어

종교 / 가톨릭 교

문맹률 / 0%

평균 수명 / 남 75세, 여 81세

통화 / 유로(Euro)

도시 인구 / 91%

국민 총생산 / 175억 달러

1인당 국민 소득 / 39,470달러

산업별 인구 / 1차 2.1%, 2차 24.6%, 3차 73.3%

수출 / 86억 달러(철강제품, 알루미늄, 유리 그릇, 고무제품 등)

수입 / 116억 달러(광물, 금속, 식료품, 소비재 등)

발전량 / 13억 kWh(수력 72.2%, 화력 25.3% 지열 2.5%)

관광객 / 79만 명

관광 수입 / 3.1억 달러

자동차 보유 대수 / 32만 대

국방 예산 / 2억 달러

군인 / 900명

표준 시간 / 한국 시간에서 −8시간

국제 전화 국가 번호 / 352번

주요 도시의 기후

룩셈부르크

월별	1월	2월	3월	4월	5월	6월	7월	8월	9월	10월	11월	12월	전년
기온(°C)	0.2	1.3	4.3	7.8	12.1	15.3	17.2	16.7	13.8	9.4	4.0	1.2	8.6
강수량(mm)	71	60	69	59	76	75	67	71	68	76	79	78	848

자 연

벨기에, 독일, 프랑스에 둘러싸인 작은 내륙국으로 삼림과 계곡 등 자연이 아름다운 나라이다. 기후는 따뜻한 서안 해양성 기후이다.

역 사

중세 이래 전략적인 요새 도시로 발전하여 왔으며 14세기 말 룩셈부르크 공국이 되었다. 1815년 네덜란드에 합병되었다가 1890년 분리 독립하였다. 두 차례의 세계 대전에서 독일에 점령되었으며 1960년 베네룩스 3국 경제 동맹에 가입하였다. 현재 UN, 북대서양 조약기구(NATO), 유럽 연합(EU)의 회원국으로 외교는 벨기에와 동일 보조를 취하고 있다.

경 제

철광석의 매장이 풍부하여 철강 생산이 주요 산업이었으나 최근에는 금융, 첨단 산업, 포도주 생산, 관광 등의 산업이 발달한 선진 산업 국가이다.

관 광

중세의 성과 온천, 산지의 하이킹, 도시의 문화 행사 등이 관광 자원이다.

12. 프랑스
French Republic

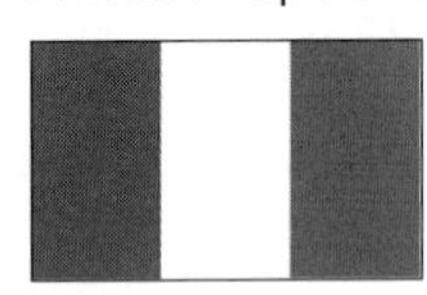

수도 : 파리(212만 명)
면적 : 55.2만 ㎢
인구 : 6,003만 명
인구 밀도 : 109명/㎢

데이터

정체 / 공화제

민족 / 라틴 계 프랑스 인, 기타 켈트 족 등

언어 / 프랑스 어, 기타

종교 / 가톨릭 교 81%, 프로테스탄트 교, 기타

문맹률 / 1%

평균 수명 / 남 75세, 여 82세

통화 / 유로(Euro)

도시 인구 / 76%

주요 도시 / 마르세유, 리옹, 니스, 툴루즈, 낭트, 스트라스부르, 칼레 등

국민 총생산 / 13,621억 달러

1인당 국민 소득 / 22,240달러

토지 이용 / 농경지 35.3%, 목초지 19.3%, 삼림 27.2%, 기타 18.2%

산업별 인구 / 1차 4.7%, 2차 25.6%, 3차 69.7%

천연 자원 / 석탄, 철광석, 아연, 보크사이트, 칼륨, 목재, 수산물 등

수출 / 3,100억 달러(기계류, 자동차, 항공기, 철강, 식료품 등)

수입 / 3,084억 달러(기계류, 자동차, 화학약품, 의류, 자동차, 식료품 등)

한국의 대(對) 프랑스 수출 / 17.6억 달러

한국의 대(對) 프랑스 수입 / 22.2억 달러

한국 교민 / 10,485명

발전량 / 5,627억 kWh(수력 14.7%, 화력 10.4%, 원자력 74.8%, 지열 0.1%)

관광객 / 701만 명

관광 수입 / 323억 달러

자동차 보유 대수 / 3,514만 대

국방 예산 / 380억 달러

군인 / 26만 명

표준 시간 / 한국 시간에서 -8시간

국제 전화 국가 번호 / 33번

주요 도시의 기후

파리

월별	1월	2월	3월	4월	5월	6월	7월	8월	9월	10월	11월	12월	전년
기온(˚C)	4.0	4.5	7.0	9.5	13.5	16.3	19.0	18.6	15.2	11.4	7.0	4.9	10.9
강수량(mm)	56	46	55	45	63	57	56	44	56	63	52	56	648

자 연

유럽 대륙의 중서부에 위치하는 유럽 최대의 면적을 갖는 나라이다. 국토는 육각형을 이루고 대서양과 지중해에 걸쳐 있으며 지중해의 코르시카 섬이 가장 큰 섬이다. 동남부의 이탈리아와 스위스의 국경 지대는 몽블랑(4,807m, 유럽 최고봉)을 비롯한 알프스 산맥과 쥐라 산맥이, 중부는 랑그르 고원과 중앙 고지가, 남서부의 스페인과의 국경 지대에는 피레네 산맥이, 북서부는 파리 분지를 비롯한 프랑스 평원이 펼쳐져 있다. 또 이들 지역 사이에는 센 강이 파리를 거쳐 도버 해협으로, 루와르 강과 가론 강이 대서양으로, 론 강이 지중해로 흐르면서 국토를 기름지게 하고 있다.

국토의 대부분이 서안 해양성 기후에 속하지만 남부의 지중해 연안은 겨울에도 따뜻하고 비가 많은 지중해성 기후 지대를 이룬다. 또 동부 산지는 대륙성 기후로 겨울이 춥고 눈이 많다.

역 사

기원전부터 켈트 족이 거주하였으며 로마의 지배하에 있다가 5세기에 왕조가 시작되었다. 영국과의 백년 전쟁(1338~1453) 후 국토가 통일되었고 17세기에 루이 14세가 절대 군주제를 확립하였다. 1789년의 프랑스 혁명 후 공화제가 되었고 나폴레옹의 제정을 거쳐 공화제가 부활되어 오늘날은 제5 공화국이다.

18세기부터 영국과 경쟁하면서 해외 식민지 개척에 뛰어들어 아시아, 아프리카 등에 많은 식민지를 유지하였으나 제2차 세계 대전 후 대부분의 지역이 독립하였다. 오늘날 프랑스는 북대서양 조약 기구(NATO)와 유럽 연합(EU)의 창설 국가로 유럽의 정치, 경제, 통화 등의 통합에 앞장서고 있는 대표적인 서방 선진 국가이다.

경 제

서부 유럽 최대의 농업 국가로 식량의 자급은 물론 밀, 우유, 포도주 등 질좋은 농산물을 수출하고 있다. 혼합 농업이 중심이지만 기후와 지역 특색에 따라 낙농업과 지중해식 농업도 성하다. 특히 고급 포도주와 코냑(증류주)의 생산은 세계적인 명성을 갖고 있다.

제철, 화학, 기계, 자동차, 식품, 섬유, 화장품, 잡화에서 우주, 항공기, 원자력에 이르기까지 각종 공업이 고르게 발달하고 있다. 또한 이 나라는 풍부한 관광 자원과 예술의 도시인 파리의 명성으로 관광 수입이 연간 300억 달러에 달하는 관광 대국이다.

관 광

파리의 박물관, 사원, 기념관, 센 강과 에펠 탑, 쇼핑, 지중해 연안의 휴양지, 산지의 겨울 스포츠, 온천 휴양지, 포도주와 전통 음식, 문화 행사 등이 주요 관광 자원이다.

13. 오스트리아

Republic of Austria

수도 : 빈(156만 명)
면적 : 8.4만 ㎢
인구 : 811만 명
인구 밀도 : 97명/㎢

데이터

정체 / 연방 공화제

민족 / 독일인 98%, 기타 슬로바키아 인, 마자르 인 등

언어 / 독일어

종교 / 가톨릭 교 89%, 프로테스탄트 교 등

문맹률 / 1%

평균 수명 / 남 76세, 여 82세

통화 / 유로(Euro)

도시 인구 / 66%

주요 도시 / 잘츠부르크, 그라츠, 린츠 등

국민 총생산 / 1,921억 달러

1인당 국민 소득 / 23,860달러

토지 이용 / 농경지 18.0%, 목초지 24.0%, 삼림 38.6%, 기타 19.4%

산업별 인구 / 1차 5.6%, 2차 29.0%, 3차 65.4%

천연 자원 / 철광석, 석탄, 석유, 마그네사이트, 납, 구리, 목재, 수력 등

수출 / 727억 달러(기계류, 자동차, 철강, 종이, 식료품 등)

수입 / 719억 달러(기계류, 자동차, 의류, 금속제품, 식료품 등)

한국의 대(對) 오스트리아 수출 / 2.2억 달러

한국의 대(對) 오스트리아 수입 / 2.8억 달러

한국 교민 / 1,610명

발전량 / 657억 kWh(수력 68.7%, 화력 31.3%)

관광객 / 1,861만 명

관광 수입 / 112억 달러

자동차 보유 대수 / 433만 대

국방 예산 / 17억 달러

군인 / 3.5만 명

표준 시간 / 한국 시간에서 -8시간

국제 전화 국가 번호 / 43번

주요 도시의 기후

빈

월별	1월	2월	3월	4월	5월	6월	7월	8월	9월	10월	11월	12월	전년
기온(°C)	-0.7	1.3	5.3	10.2	14.8	18.0	19.8	19.2	15.4	10.1	4.8	1.0	9.9
강수량(mm)	38	42	41	50	61	74	62	69	45	41	51	45	608

자 연

유럽 대륙의 중앙에 위치하는 내륙국으로 국토의 대부분이 동서로 뻗어 있는 알프스 산악 지대에 속하며, 북부를 동서로 지나는 다뉴브 강 유역과 빈 분지만이 좁은 평지를 이룬다. 인스부르크에서 알프스의 브렌네르 고개를 넘어 이탈리아로 통하는 도로와 철도가 서부의 교통 동맥을 이룬다. 기후는 내륙 지역으로 해양의 영향이 작지만 서안 해양성 기후를 이루고 서부의 산악 지대는 겨울이 춥고 눈이 많은 산악 기후가 나타난다.

역 사

13세기 합스부르크가의 영지였으나 1867년 오스트리아-헝가리 이중 제국을 형성하였고, 제1차 세계 대전에 패배하여 제국이 해체되면서 현재의 오스트리아 공화국이 되었다. 1938년 독일에 합병되었으나 제2차 세계 대전때 연합군에 점령되었고, 1955년 독일에서 분리 독립하여 영세 중립국이 되었다. 1995년 유럽 연합(EU)에 가입하여 서방 국가들과 우호 관계를 맺고 있다.

경 제

삼림, 광물, 수력 등의 풍부한 자원을 바탕으로 목재, 철강, 펄프, 기계, 화학, 섬유 등의 공업이 발달하였고, 농업은 빈 분지와 다뉴브 강 연안을 중심으로 곡물, 감자, 포도 등을 생산하며 알프스 산지에서는 이목이 성하다. 또 알프스 산, 다뉴브 강, 음악의 도시 빈 등이

주요 관광 자원으로 해마다 많은 관광객이 몰려 그 수입이 연간 110억 달러를 넘고 있다.

관 광

산지의 자연 경치와 겨울 스포츠, 음악의 도시 빈, 잘츠부르크의 예술 공연과 축제 등이 주요 관광 자원이다.

14. 리히텐슈타인

Principality of Liechtenstein

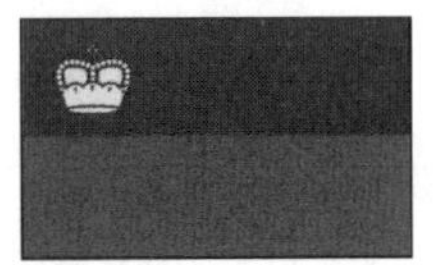

수도 : 파두츠(5천 명)
면적 : 160㎢
인구 : 3.4만 명
인구 밀도 : 203명/㎢

데이터

정체 / 입헌 군주제

민족 / 게르만 계 리히텐슈타인 인 95%, 이탈리아 인

언어 / 독일어

종교 / 가톨릭 교 80%, 프로테스탄트 교

문맹률 / 0%

평균 수명 / 남 67세, 여 73세

통화 / 스위스 프랑(Franc)

국민 총생산 / 16억 달러

1인당 국민 소득 / 50,000달러

토지 이용 / 농경지 25.0%, 목초지 37.5%, 삼림 18.8%, 기타 18.7%

수출 / 18억 달러(정밀 기계, 금속, 기계 등)

수입 / 8.6억 달러(식료품, 원료 등)

관광객 / 5.9만 명

표준 시간 / 한국 시간에서 −8시간

국제 전화 국가 번호 / 41+75번

자 연

스위스와 오스트리아로 둘러싸인 작은 나라로 국토의 대부분이 산지이고 라인 강 연안에

약간의 평지가 있다. 기후는 산악국으로 온화하고 비도 많은 편이며 겨울은 춥고 눈이 내린다.

역 사

18세기에 공국이 되었고 19세기에는 신성 로마 제국에 지배되었다. 그 후 독일과 오스트리아의 지배를 거쳐 1867년 영세 중립국이 되었으며, 제1, 2차 세계 대전에도 스위스와 함께 중립을 지켰고 외교는 스위스에 위임하고 있다.

경 제

관광과 은행업이 산업의 중심이며 정밀 기계, 금속 공업과 목축업도 성하다. 국민 소득은 세계 최고 수준이다.

관 광

산지의 경관, 수도 파두츠의 우표 박물관과 우표 판매 등이 관광 자원이다.

15. 스위스

Swiss Confederation

수도 : 베른(12.2만 명)
면적 : 4.1만 ㎢
인구 : 740만 명
인구 밀도 : 179명/㎢

데이터

정체 / 연방 공화제

민족 / 독일계 64%, 프랑스 계 19%, 이탈리아 계 등

언어 / 독일어, 프랑스 어, 이탈리아 어 등

종교 / 가톨릭 교, 프로테스탄트 교 등

문맹률 / 1%

평균 수명 / 남 77세, 여 83세

통화 / 스위스 프랑(Franc)

도시 인구 / 68%

주요 도시 / 취리히, 제네바, 로잔, 바젤 등

국민 총생산 / 2,637억 달러

1인당 국민 소득 / 36,170달러

토지 이용 / 농경지 10.5%, 목초지 27.8%, 삼림 30.3%, 기타 31.4%

산업별 인구 / 1차 4.3%, 2차 24.6%, 3차 71.1%

천연 자원 / 수력, 목재, 소금 등

수출 / 839억 달러(기계류, 의약품, 시계, 화학약품, 식료품 등)

수입 / 791억 달러(기계류, 자동차, 화학약품, 의약품, 식료품 등)

한국의 대(對) 스위스 수출 / 4.3억 달러

한국의 대(對) 스위스 수입 / 8.5억 달러

발전량 / 719억kWh(수력 59.3%, 화력 3.4%, 원자력 37.3%)

관광객 / 1,000만 명

관광 수입 / 76억 달러

자동차 보유 대수 / 403만 대

국방 예산 / 29억 달러

군인 / 3,300명

표준 시간 / 한국 시간에서 -8시간

국제 전화 국가 번호 / 41번

주요 도시의 기후

취리히

월별	1월	2월	3월	4월	5월	6월	7월	8월	9월	10월	11월	12월	전년
기온(°C)	-0.4	1.0	4.4	8.0	12.3	15.5	17.7	16.9	14.1	9.5	4.1	0.7	8.7
강수량(mm)	69	73	72	92	107	127	120	137	95	70	84	77	1,122

자 연

유럽 중앙부에 위치하는 내륙 산악 국가로 국토는 중남부에 알프스 산맥이, 북서부에 쥐라 산맥이, 중앙에 고원 지대가 펼쳐진다. 알프스 산맥 지역은 신기 조산대의 습곡 산맥 지역으로 4,000m가 넘는 산들이 솟아 있고 깊은 U자곡(빙하 지역)이 발달하여 주민들의 생활 중심지를 이루고 있다. 또 표고 500m 정도의 중앙 고원 지대에는 보덴 · 취리히 · 뇌샤텔 · 레만 호 등의 많은 빙하호들이 흩어져 절경을 이룬다.

기후는 서안 해양성 기후, 대륙성 기후, 고산 기후, 지중해성 기후 등의 점이 지대를 이루고, 봄철에 알프스 산맥을 넘어 불어오는 푄 바람은 눈을 녹여 포도 재배에 큰 도움을 주기도 한다.

역 사

11~13세기에는 신성 로마 제국과 합스부르크가의 지배를 받았으며, 1291년부터 각 주가

동맹을 결성하기 시작하여 1648년 정식으로 독립하였다. 1815년 나폴레옹 전쟁 후 빈 회의에서 영세 중립국이 되었다. 현재 25개 주가 연방을 구성하고 있으며, UN에 가입하지 않고 있으나 UN의 많은 전문 기관이 이 나라에 본부를 두고 있다.

경 제

춥고 긴 겨울을 갖는 내륙의 산악 국가로 자원이 빈약하지만 국민들의 노력으로 오늘날 세계에서 가장 소득이 높고 살기 좋은 나라가 되었다. 농업은 좁은 경지에서 생산성이 높은 작물 재배와 낙농업을 주로 하며 산록 지역에서는 이목이 성하다.

공업은 빈약한 자원과 불리한 교통을 극복하기 위하여 부가가치가 높고 고도의 기술을 필요로 하는 시계, 정밀 기계, 귀금속, 광학, 화학, 전기, 의약품 등의 고급 제품 생산이 주축을 이루고 이들 제품은 전 세계 시장으로 비싼 값에 수출된다. 국제 금융과 관광, 서비스 산업은 스위스의 대표적인 외화 획득 산업이다.

영세 중립국으로 많은 국제 기구의 본부가 있어서 끊임없는 국제 회의가 열리고 있다. 또한 세계의 부자들은 안전성이 높은 스위스 은행에 돈을 맡기고, 휴가는 알프스의 수려한 자연 속에서 정확하고 친절한 서비스를 받으며 보낸다.

관 광

산지와 호수의 자연 경관, 겨울 스포츠와 등산, 친절한 서비스, 도시의 건축물, 교회, 쇼핑 등이 주요 관광 자원이다.

✻✻✻ 남부 유럽 ✻✻✻

16. 그리스

Hellenic Republic of Greece

수도 : 아테네(75만 명)
면적 : 13.2만 ㎢
인구 : 1,100만 명
인구 밀도 : 83명/㎢

데이터

정체 / 공화제

민족 / 그리스 인 97%, 기타

언어 / 그리스 어

종교 / 그리스 정교

문맹률 / 2%

평균 수명 / 남 75세, 여 80세

통화 / 유로(Euro)

도시 인구 / 60%

국민 총생산 / 1,239억 달러

1인당 국민 소득 / 11,660달러

토지 이용 / 농경지 26.5%, 목초지 39.8%, 삼림 19.8%, 기타 13.9%

산업별 인구 / 1차 16.0%, 2차 22.0%, 3차 62.0%

천연 자원 / 갈탄, 보크사이트, 마그네사이트, 석유, 대리석 등

수출 / 103억 달러(의류, 과일, 채소, 석유제품, 섬유, 직물, 식료품 등)

수입 / 312억 달러(기계류, 식료품, 원유, 자동차, 섬유, 직물 등)

한국의 대(對) 그리스 수출 / 12.2억 달러

한국의 대(對) 그리스 수입 / 0.4억 달러

한국 교민 / 277명

발전량 / 484억 kWh(수력 6.9%, 화력 92.5%, 지열 0.6%)

관광객 / 1,418만 명

관광 수입 / 97억 달러

자동차 보유 대수 / 477만 대

국방 예산 / 62억 달러

군인 / 18만 명

표준 시간 / 한국 시간에서 −7시간

국제 전화 국가 번호 / 30번

주요 도시의 기후

아테네

월별	1월	2월	3월	4월	5월	6월	7월	8월	9월	10월	11월	12월	전년
기온(°C)	9.5	9.7	11.8	15.3	20.2	24.6	26.9	26.6	23.3	18.4	14.4	11.4	17.7
강수량(mm)	46	51	43	29	19	11	5	5	12	52	54	66	392

자 연

발칸 반도의 남부에 위치하며 국토는 반도와 에게 해의 크레타 섬을 중심으로 하는 3,000여 개의 섬으로 구성되어 복잡한 해안선을 이룬다. 산지와 구릉이 국토의 대부분을 차지하고 있으며 남북으로 핀두스 산맥이 달리며 최고봉은 올림포스 산(2,917m)이다. 또 최남단의 펠로폰네소스 반도는 코린트 지협(운하로 단절)으로 이어져 있다.

국토의 대부분이 여름은 고온 건조하고 겨울은 따뜻하고 비가 많은 지중해성 기후 지대를 이루며 내륙의 산간 지역은 겨울이 추운 온대성 기후를 보인다.

역 사

유럽 고대 문명의 발상지로 기원전 5세기경에 전성기를 이루었다. 그 후 로마의 지배와 15세기부터 시작된 오스만 제국(터키)의 500여 년간 지배를 거쳐 1829년 왕국으로 독립하였다. 그러나 정치적인 변동이 계속되었고 1973년 현재의 공화국으로 출발하였다. 1980년 북대서양 조약 기구(NATO)에 가입하였고, 1981년에는 유럽 연합(EU)의 회원국이 되었다.

경 제

농업국으로 지중해성 작물의 재배가 성하고 올리브, 무화과, 포도 등의 수출이 많다. 광업으로 보크사이트의 생산이 많고 공업은 섬유 등의 영세 공업이 많으나 최근에는 중화학 공업도 발달하고 있다. 이 나라는 전통적인 해양 국가로 해운업과 관광 산업이 크게 발달하여 외화 획득의 주요 원천이 되고 있다.

관 광

고대 유적과 박물관, 문화 행사, 해안과 섬의 겨울 휴양지 등이 관광 자원이다.

17. 키프로스

Republic of Kypros

수도 : 니코시아(20만 명)
면적 : 9,251㎢
인구 : 95만 명
인구 밀도 : 102명/㎢

데이터

정체 / 공화제

민족 / 그리스 계 80%, 터키 계 18%, 기타

언어 / 그리스 어, 터키 어, 영어

종교 / 그리스 정교, 이슬람 교

문맹률 / 3%

평균 수명 / 남 75세, 여 80세

통화 / 키프로스 파운드(Pound)

도시 인구 / 69%

국민 총생산 / 94억 달러

1인당 국민 소득 / 12,320달러

토지 이용 / 농경지 15.5%, 목초지 0.4%, 삼림 13.3%, 기타 70.8%

산업별 인구 / 1차 5.3%, 2차 22.3%, 3차 72.4%

천연 자원 / 구리, 황철광, 석면, 석고, 소금, 대리석, 목재 등

수출 / 8.4억 달러(식료품, 담배, 채소, 과일, 자동차, 석유제품, 기계류 등)

수입 / 41억 달러(기계류, 자동차, 담배, 의류, 전기 기계 등)

발전량 / 35억 kWh(화력 100%)

관광객 / 222만 명

관광 수입 / 17억 달러

자동차 보유 대수 / 39만 대

국방 예산 / 2.3억 달러

군인 / 1만 명

표준 시간 / 한국 시간에서 -7시간

국제 전화 국가 번호 / 357번

주요 도시의 기후

니코시아

월별	1월	2월	3월	4월	5월	6월	7월	8월	9월	10월	11월	12월	전년
기온(°C)	9.9	10.5	12.8	16.5	20.9	25.3	27.6	27.9	24.9	20.6	16.1	11.8	18.7
강수량(mm)	61	49	37	25	23	9	2	6	2	37	38	60	348

자 연

지중해 동쪽 터키의 남부에 위치하는 섬나라로, 남북부에 산지가 많고 중앙부는 평지를 이룬다. 기후는 전형적인 지중해성 기후로 여름은 고온 건조하며 겨울은 따뜻하고 비가 많다.

역 사

고대 그리스의 식민지였고 주민들은 그리스 정교를 믿고 있다. 1570년 오스만 제국의 식민지가 되었다가 1925년 영국의 직할 식민지를 거쳐 1959년 독립하였다. 그리스 정교를 믿는 그리스 계 주민과 이슬람 교를 믿는 터키 계 주민 간에 대립이 계속되자 1974년 터키 계 주민들의 보호를 목적으로 터키군이 상륙하여 국토의 40% 정도를 점령하였으며 1975년 키프로스-터키 연방을 선언하였다. 또한 1983년에 북키프로스-터키 공화국의 독립을 선언하여 이 나라는 사실상 분열 상태에 있다.

2004년 키프로스의 그리스 지역만 EU에 가입한 상태에 있다.

경 제

산업은 주로 지중해성 기후에서 재배되는 밀, 과일, 채소 등의 농산물 생산과 그 가공품의 수출이다. 그 밖에 양, 염소 등의 사육도 성하다.

관 광

해변의 모래사장, 고고학적인 유적지, 옛 성당 등이 관광 자원이다.

18. 이탈리아

Republic of Italy

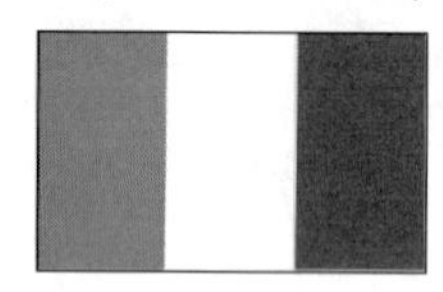

수도 : 로마(246만 명)
면적 : 30.1만 ㎢
인구 : 5,782만 명
인구 밀도 : 192명/㎢

데이터

정체 / 공화제

민족 / 이탈리아 인, 기타 독일계, 프랑스 계 등

언어 / 이탈리아 어

종교 / 가톨릭 교 90%, 프로테스탄트 교 등

문맹률 / 3%

평균 수명 / 남 76세, 여 82세

통화 / 유로(Euro)

도시 인구 / 67%

주요 도시 / 밀라노, 나폴리, 토리노, 팔레르모, 제네바, 베네치아, 피렌체 등

국민 총생산 / 11,007억 달러

1인당 국민 소득 / 19,080달러

토지 이용 / 농경지 37.0%, 목초지 15.0%, 삼림 22.5%, 기타 25.5%

산업별 인구 / 1차 5.6%, 2차 29.0%, 3차 65.4%

천연 자원 / 석유, 석탄, 칼륨, 유황, 수은, 대리석, 수산물 등

수출 / 2,533억 달러(기계류, 자동차, 의류, 섬유, 직물, 식료품 등)

수입 / 2,443억 달러(기계류, 자동차, 화학약품, 철강, 식료품 등)

한국의 대(對) 이탈리아 수출 / 25.6억 달러

한국의 대(對) 이탈리아 수입 / 23.8억 달러

한국 교민 / 4,888명

발전량 / 2,860억 kWh(수력 21.3%, 화력 76.7%, 지열 2.0%)

관광객 / 3,980만 명

관광 수입 / 269억 달러

자동차 보유 대수 / 3,768만 대

국방 예산 / 242억 달러

군인 / 20만 명

표준 시간 / 한국 시간에서 −8시간

국제 전화 국가 번호 / 39번

주요 도시의 기후

로마

월별	1월	2월	3월	4월	5월	6월	7월	8월	9월	10월	11월	12월	전년
기온(°C)	8.4	9.0	10.9	13.2	17.2	21.0	23.9	24.0	21.1	16.9	12.1	9.4	15.6
강수량(mm)	74	74	61	60	34	21	9	33	74	98	93	86	717

자 연

유럽 대륙에서 지중해로 뻗어 나온 장화 모양의 반도국이다. 국토는 반도 이외에 시칠리아 섬과 사르데냐 섬을 비롯한 많은 섬들로 구성된다. 북부는 험준한 알프스 산맥이 스위스, 오스트리아와의 국경을 이루고, 반도에는 남북으로 달리는 아펜니노 산맥이 있으며 그 사이에 포 강 유역을 중심으로 롬바르디아 평원이 펼쳐진다.

대부분의 지역이 여름은 덥고 건조하며 겨울은 따뜻하고 비가 많은 지중해성 기후 지대를 이루나, 알프스산 지역은 고산 기후를, 포 강 유역은 여름에 비가 많은 온대 습윤 기후를 이룬다. 또 남부 지역은 봄철에 사하라 사막으로부터 불어오는 시로코의 피해를 입기도 한다.

역 사

기원전 7세기경부터 시작된 로마 제국은 지금까지 수많은 변천을 겪은 나라이다. 5세기 서로마 제국의 몰락 이후부터 이민족의 지배를 받아왔으며, 11세기 말부터 작은 도시 국가가 난립하였고, 15~16세기에는 르네상스 문화를 꽃피웠다. 19세기부터 독립과 통일 운동이 시작되어 1870년 통일을 완성하였다.

제1차 세계 대전에서는 중립을 지켰으나 1922년 파시스트 정권이 탄생하였다. 1937년 독일, 일본과 동맹을 맺고 제2차 세계 대전에 참가하였으나 패전 후 1948년 공화국으로 새로운 출발을 하였다. 현재 북대서양 조약 기구(NATO)와 유럽 연합(EU)의 가맹국으로 유럽의 통합에 적극 참여하고 있다.

경 제

농업은 밀, 포도, 올리브, 오렌지 등을 재배하는 지중해식 농업이 중심을 이루고 있으며, 포도주, 피자, 스파게티, 마카로니 등은 세계적인 식품으로 널리 알려져 있다. 공업은 일찍부터 알프스의 수력 자원을 바탕으로 제노바, 토리노, 밀라노를 연결하는 3각 지대를 중심으로 발달하였으며, 철강, 기계, 자동차, 의류, 피혁 등의 공업이 중심을 이룬다. 특히 패션 의류, 가죽 제품은 관광 산업과 함께 외화 수입의 큰 몫을 차지하고 있다.

한편, 이 나라는 소득이 높고 선진 산업화된 북부 지역과 소득이 낮은 남부 농업 지역과의 격차가 커다란 사회 문제가 되고 있다.

관 광

역사 유적과 바티칸, 건축물과 문화 예술 행사, 해안과 산지의 자연 경관과 화산, 포도주, 전통 음식, 쇼핑 등이 주요 관광 자원이다.

19. 산마리노

Republic of San Marino

수도 : 산마리노(4,508만 명)
면적 : 61㎢
인구 : 2.6만 명
인구 밀도 : 426명/㎢

데이터

정체 / 공화제

민족 / 이탈리아 인

언어 / 이탈리아 어

종교 / 가톨릭 교

문맹률 / 4%

평균 수명 / 남 77세, 여 84세

통화 / 유로(Euro)

도시 인구 / 89%

국민 총생산 / 8.5억 달러

1인당 국민 소득 / 23,390달러

산업별 인구 / 1차 1.3%, 2차 40.2%, 3차 58.5%

수출 / 건축, 석재, 포도주, 직물, 도자기 등

수입 / 식료품, 소비재 등

관광객 / 53만 명

국제 전화 국가 번호 / 39번

자 연

이탈리아 반도의 중동부에 위치하는 작은 내륙 국가로 기후는 지중해성 기후를 이룬다.

역 사

4세기 로마의 박해를 피해 나온 기독교인들이 세운 공화국으로 1631년에 로마 교황으로

부터 독립을 승인받았다. 1862년부터 이탈리아와 우호 조약을 맺었으나 실제로는 이탈리아의 보호국에 가깝다.

경 제

관광 수입이 국가 재정 수입의 60%를 차지하고 그 밖에 우표 판매, 경공업 제품의 수출이 주요하다.

관 광

산지의 자연과 중세의 진지, 우표, 동전 수집 등이 관광 자원이다.

20. 바티칸

State of the City of Vatican

수도 : 바티칸
면적 : 0.44㎢
인구 : 1,000명
인구 밀도 : 2,273명/㎢

데이터

정체 / 종교 국가

민족 / 이탈리아 인 85%, 스위스 인 12%

언어 / 이탈리아 어, 라틴 어

종교 / 가톨릭 교

통화 / 유로(Euro)

표준 시간 / 한국 시간에서 −8시간

국제 전화 국가 번호 / 39+6번

자 연

이탈리아의 수도 로마 시내의 바티칸 구릉에 자리잡은 세계에서 가장 작은 독립 국가이다.

역 사

사도 베드로(초대 로마 교황)의 묘소에 4세기 산피에트로 사원이 창설되면서부터 시작되었으며, 1377년부터 교황의 성좌가 바티칸 궁에 설치되면서 교황청의 본거지가 되었다. 19세기 이탈리아의 근대 국가로의 통일로 모든 교황의 영토를 잃었으나 1929년 이탈리아와 라테란 조약을 맺고 독립국이 되었다.

경 제

자산의 운용, 입장료, 기념품 판매, 신자들의 헌금 등으로 운영되며, 연간 세출은 약 2억 달러이다.

관 광

베드로 광장의 교황 연설, 성바실리 사원과 그 광장, 전시관과 박물관의 많은 유물, 보물, 예술 작품 등이 관광 자원이다.

21. 몰타

Republic of Malta

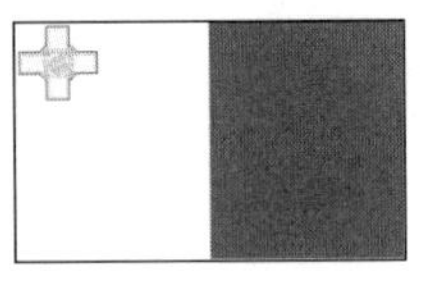

수도 : 발레타(7,212명)
면적 : 316㎢
인구 : 40만 명
인구 밀도 : 1,263명/㎢

데이터

정체 / 공화제

민족 / 몰타 인, 기타 서남 아시아 인, 아프리카 인

언어 / 몰타 어, 영어, 이탈리아 어

종교 / 가톨릭 교

문맹률 / 8%

평균 수명 / 남 76세, 여 81세

통화 / 몰타 리라(Lira)

도시 인구 / 91%

국민 총생산 / 37억 달러

1인당 국민 소득 / 9,260달러

산업별 인구 / 1차 2.5%, 2차 32.5%, 3차 65.0%

수출 / 21억 달러(기계류, 의류, 고무제품, 완구, 식료품 등)

수입 / 28억 달러(기계류, 자동차, 섬유, 직물, 석유제품, 식료품 등)

한국의 대(對) 몰타 수출 / 3.1억 달러

한국의 대(對) 몰타 수입 / 0.5억 달러

발전량 / 19억 kWh(화력 100%)

관광객 / 118만 명

관광 수입 / 6.6억 달러

자동차 보유 대수 / 25만 대

국방 예산 / 2,500만 달러

군인 / 2,140명

표준 시간 / 한국 시간에서 -8시간

국제 전화 국가 번호 / 356번

주요 도시의 기후

발레타

	1월	7월
월평균 기온(°C)	12.8	25.6
연강수량(mm)	578	

자 연

이탈리아의 남쪽 지중해의 중앙에 위치하며 국토는 수도가 있는 몰타 섬을 합한 3개의 섬으로 구성된다. 기후는 전형적인 지중해성 기후를 이루고 석회암 지대로 물이 부족한 나라이다.

역 사

예로부터 유럽과 아프리카를 연결하는 해상의 요지였으며, 1814년 영국령이 되었고 1964년 영연방내의 독립국이 되었다. 1971년 영국과의 방위 원조 협정이 파기되었고 1979년에는 영국군이 완전히 철수하였다. 2004년 EU의 회원국이 되었다.

경 제

영국의 군사 기지 시대부터 조선, 선박 수리 등의 공업이 성하였고 직물, 피혁 등의 공업도 발달하였다. 1979년 영국군 철수에 따른 경제적인 손실로 어려움을 겪고 있으며, 오늘날은 관광과 우표 판매 등이 주요 외화 획득원이 되고 있다.

관 광

역사 유적과 해안의 휴양지 등이 관광 자원이다.

22. 모나코

Principality of Monaco

수도 : 모나코(1,034명)
면적 : 1.95㎢
인구 : 3.3만 명
인구 밀도 : 16,923명/㎢

데이터

정체 / 입헌 군주제

민족 / 프랑스 인, 모나코 인, 이탈리아 인 등

언어 / 프랑스 어, 영어, 이탈리아 어

종교 / 가톨릭 교

통화 / 유로(Euro)

국민 총생산 / 8.3억 달러

1인당 국민 소득 / 25,200달러

관광객 / 28만 명

표준 시간 / 한국 시간에서 -8시간

국제 전화 국가 번호 / 377번

주요 도시의 기후

모나코

	1월	7월
월평균 기온(°C)	10.0	23.3
연강수량(mm)	758	

자 연

프랑스 남부 지중해 연안에 이탈리아와의 국경 지대에 위치하는 나라이다. 알프스 산지, 리비에라 해안, 지중해성 기후가 어우러진 풍광이 뛰어난 보양 · 휴양 도시 국가이다.

역 사

13세기부터 계속되어 온 작은 왕국으로 한때는 프랑스에 합병되기도 하였으나 1861년 다시 독립하였고, 1865년 프랑스와 관세 동맹을 맺고 프랑스의 보호를 받는 입헌 군주국이 되었다. 1962년 신헌법을 제정 · 공포하였고 1993년 UN에 가입하였다.

경 제

관광, 휴양, 금융, 은행, 카지노, 부동산 등이 이 나라의 주요 산업이며, 최근에는 의약, 전

자 산업도 발달하고 있다.

관 광

유명한 카지노와 자동차 경주장, 해안 휴양지와 산지 등이 관광 자원이다.

23. 안도라

Principality of Andorra

수도 : 안도라라벨랴(2만 명)
면적 : 468㎢
인구 : 7만 명
인구 밀도 : 147명/㎢

데이터

정체 / 입헌 군주제

민족 / 카탈로니아 계 60%, 기타 프랑스 인, 스페인 인 등

언어 / 카탈로니아 어(공용어), 프랑스 어, 스페인 어 등

종교 / 가톨릭 교

통화 / 유로(Euro)

도시 인구 / 92%

국민 총생산 / 13억 달러

1인당 국민 소득 / 19,368달러

토지 이용 / 농경지 2.2%, 목초지 55.6%, 삼림 22.2%, 기타 20.0%

천연 자원 / 수력, 광천수, 목재, 철광석 등

수출 / 6,320만 달러(기계류, 피혁, 인쇄물, 담배, 자동차 등)

수입 / 11억 달러(기계류, 의류, 직물, 자동차, 화학제품, 음료 등)

표준 시간 / 한국 시간에서 −8시간

국제 전화 국가 번호 / 376번

주요 도시의 기후

안도라라벨랴

	1월	7월
월평균 기온(°C)	2.1	18.8
연강수량(mm)	886	

자 연

프랑스와 스페인의 국경 피레네 산맥의 동쪽에 위치하는 산지 계곡의 작은 나라이다. 평균 해발 고도는 1,200m에 달하지만 지형이 남고북저(南高北低)를 이루어 일조량이 많아 겨울에도 따뜻한 온대성 기후를 이룬다.

역 사

예로부터 '안도라 중립 계곡'으로 불리던 자치 지역이다. 프랑스와 스페인이 영유권을 다투어 왔으나 1278년 양국의 공동 주권(프랑스 정부와 스페인 교회의 사제가 공동 통치) 하에 있다.

경 제

아름다운 자연 경관, 온천, 스키장, 무관세 상품, 값싼 휘발유 등의 매력 때문에 전 유럽에서 관광객이 모여들어 그 수입이 재정의 대부분을 차지한다. 그 밖에 전 유럽을 상대로 하는 광고 방송과 우표 수입도 재정의 큰 몫을 차지한다.

관 광

자연 경치, 겨울 스포츠, 면세 상품 등이 관광 자원이다.

24. 스페인

Kingdom of Spain

수도 : 마드리드(278만 명)
면적 : 50.6만 ㎢
인구 : 4,252만 명
인구 밀도 : 84명/㎢

데이터

정체 / 입헌 군주제

민족 / 스페인 인, 바스크 인, 카탈로니아 인 등

언어 / 스페인 어, 기타 카탈로니아 어 등

종교 / 가톨릭 교

문맹률 / 2%

평균 수명 / 남 75세, 여 82세

통화 / 유로(Euro)

도시 인구 / 76%

주요 도시 / 바르셀로나, 발렌시아, 세비야, 사라고사, 말라카, 빌바오 등

국민 총생산 / 5,965억 달러

1인당 국민 소득 / 14,580달러

토지 이용 / 농경지 39.8%, 목초지 21.1%, 삼림 31.9%, 기타 7.2%

산업별 인구 / 1차 6.4%, 2차 30.8%, 3차 62.8%

천연 자원 / 석탄, 철광석, 우라늄, 수은, 석고, 아연, 납, 텅스텐, 구리, 수력 등

수출 / 236억 달러(기계류, 자동차, 과일, 채소, 철강 등)

수입 / 1,636억 달러(자동차, 기계류, 화학약품, 원유, 식료품 등)

한국의 대(對) 스페인 수출 / 15.1억 달러

한국의 대(對) 스페인 수입 / 3.2억 달러

한국 교민 / 3,317명

발전량 / 2,376억 kWh(수력 18.5%, 화력 51.8%, 원자력 26.8%, 지열 2.9%)

관광객 / 5,175만 명

관광 수입 / 336억 달러

자동차 보유 대수 / 2,305만 대

국방 예산 / 83억 달러

군인 / 15만 명

표준 시간 / 한국 시간에서 -8시간

국제 전화 국가 번호 / 34번

주요 도시의 기후

마드리드

월별	1월	2월	3월	4월	5월	6월	7월	8월	9월	10월	11월	12월	전년
기온(°C)	6.1	7.4	10.0	12.2	16.0	20.7	24.4	23.8	20.4	14.8	9.4	6.4	14.3
강수량(mm)	46	46	33	53	41	27	13	9	31	45	65	52	461

자 연

유럽 대륙의 서남부에 위치하며, 남북으로 지중해와 대서양에 면하고 동서로 프랑스와 포르투갈에 국경을 접하고 있다. 국토는 북동부의 피레네, 북부의 칸타브리아, 남부의 시에라네바다와 시에라모레나 등의 4대 산맥으로 둘러 싸인 메세타 고원 지역이 대부분을 차지한다. 서북부 해안 지대는 대표적인 리아스식 해안을 이루며 아프리카와 마주 보고 있는 남부의 지브롤터(5.5㎢)는 지난 300년간 영국령으로 되어 있으나 스페인이 반환을 주장하고 있는 지역이다. 또 지중해의 발레아레스 제도와 대서양의 카나리아 섬이 이 나라의 영토에 속하며 겨울의 피한지와 여름의 피서지로 각광받고 있다.

기후는 '피레네 산맥을 넘으면 아프리카가 시작된다.'는 말이 있을 정도로 메세타 고원은 건조하고 한서의 차가 심한 스텝 기후를, 대서양 연안은 서안 해양성 기후를, 지중해 연안은 지중해성 기후 지대를 이룬다.

역 사

로마 제국의 속령이었으나 5세기에는 서고트 족의 지배를, 8~15세기에는 이슬람 교도인 무어 인들의 지배를 받았다. 1492년 국토 회복 운동의 결과로 가톨릭 왕국을 건설하였고 16세기에는 황금기를 맞아 라틴아메리카를 비롯한 전 세계에 식민지를 경영하였다. 그러나 1588년 무적 함대가 영국에 패배한 이후 세력이 쇠퇴하기 시작하였다. 1931년 공화제가 시작되었으나 내전을 거쳐 1939년부터 프랑코 총통의 독재 체제가 확립되었고, 1975년 프랑코 사망 후 왕제가 부활되었다. 현재 북대서양 조약 기구(NATO)와 유럽 연합(EU)에 가입한 서방 국가로 유럽 통합에 나서고 있다. 한편 북부의 빌바오 지역을 중심으로 독립을 요구하는 바스크 족들의 테러가 계속되어 커다란 문제가 되고 있다.

경 제

유럽에서는 산업이 뒤떨어진 지역이었으나 최근 새로운 공업국으로 등장하여 금속, 기계, 조선 등의 공업이 크게 발달하고 있다. 농업은 북부의 혼합 농업, 중부의 목축, 남부의 지중해식 농업이 성하고, 상품 작물로는 오렌지, 포도 등이 재배된다. 또 이 나라는 세계적인 관광 국가로 그 수입이 많으며, 프랑스와 독일 등에 인력도 수출하고 있다.

관 광

역사적인 유적지, 사원, 박물관, 투우와 문화 행사, 해안의 휴양지 등이 주요 관광 자원이다.

25. 포르투갈

Republic of Portugal

수도 : 리스본(81만 명)
면적 : 9.2만 ㎢
인구 : 1,047만 명
인구 밀도 : 114명/㎢

데이터

정체 / 공화제

민족 / 포르투갈 인(선주민들과의 혼혈)

언어 / 포르투갈 어

종교 / 가톨릭 교

문맹률 / 8%

평균 수명 / 남 73세, 여 80세

통화 / 유로(Euro)

도시 인구 / 53%

국민 총생산 / 1,091억 달러

1인당 국민 소득 / 10,720달러

토지 이용 / 농경지 31.4%, 목초지 10.8%, 삼림 35.7%, 기타 22.1%

산업별 인구 / 1차 12.6%, 2차 33.6%, 3차 53.8%

천연 자원 / 철광석, 대리석, 텅스텐, 우라늄, 코르크, 수산물 등

수출 / 255억 달러(의류, 섬유, 직물, 코르크, 신발, 기계류, 식료품 등)

수입 / 383억 달러(자동차, 기계류, 섬유, 직물, 철강, 식료품, 원유 등)

한국의 대(對) 포르투갈 수출 / 2.2억 달러

한국의 대(對) 포르투갈 수입 / 0.2억 달러

한국 교민 / 144명

발전량 / 465억 kWh(수력 30.9%, 화력 68.3%, 지열 0.8%)

관광객 / 1,167만 명

관광 수입 / 59억 달러

자동차 보유 대수 / 514만 대

국방 예산 / 29억 달러

군인 / 4.5만 명

표준 시간 / 한국 시간에서 -9시간

국제 전화 국가 번호 / 351번

주요 도시의 기후

리스본

월별	1월	2월	3월	4월	5월	6월	7월	8월	9월	10월	11월	12월	전년
기온(˚C)	11.4	12.2	13.3	15.0	17.4	19.9	22.3	22.6	21.2	18.3	14.1	11.6	16.6
강수량(mm)	120	122	74	61	41	23	4	6	28	90	94	106	769

자 연

유럽 대륙의 서남부 이베리아 반도의 서쪽에 위치한다. 국토는 메세타 고원의 연장으로 고원과 산지가 대부분이며 대서양 연안 지역은 평지를 이룬다. 기후는 따뜻하고 비가 많다.

역 사

1139년 왕국이 건설되었으며 15~16세기의 신항로의 개척 시대에는 스페인과 함께 세계 각 지역에서 식민지를 경영하였다. 그러나 브라질을 비롯한 식민지들이 독립하면서 국력이 쇠퇴하였다. 1910년 왕제에서 공화제로 되었으나 1932년부터 독재 정치가 계속되다가 1974년 공화제로 복귀하였다. 1996년 옛 식민지 국가들과 포르투갈 어 공동체를 창설하였고, 현재는 북대서양 조약 기구(NATO)와 유럽 연합(EU)의 회원국으로 활동하고 있다.

경 제

농업 중심 국가로 경제가 뒤떨어져 있다. 농업은 수목 재배와 관개에 의한 원예 농업이 중심을 이룬다. 포도, 올리브의 생산이 많고 남부는 세계 최대의 코르크 생산 지역이다. 최근에는 공업화 정책으로 기계, 화학, 포도주, 수산물 가공, 섬유 등의 공업이 발달하고 있다.

관 광

수도 리스본의 유적과 박물관, 서남부 해안의 휴양지, 대서양의 마데이라 섬과 아조레스 제도의 휴양지 등이 주요 관광 자원이다.

*** 동부 유럽 ***

26. 에스토니아

Republic of Estonia

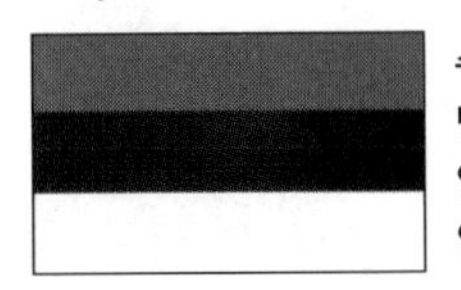

수도 : 탈린(40만 명)
면적 : 4.5만 ㎢
인구 : 135만 명
인구 밀도 : 30명/㎢

데이터

정체 / 공화제

민족 / 에스토니아 인 68%, 러시아 인 26%, 기타

언어 / 에스토니아 어(공용어), 러시아 어

종교 / 프로테스탄트 교

문맹률 / 0%

평균 수명 / 남 65세, 여 76세

통화 / 에스토니아 크론(Kroon)

도시 인구 / 69%

국민 총생산 / 57억 달러

1인당 국민 소득 / 4,190달러

토지 이용 / 농경지 25.4%, 목초지 6.9, 삼림 44.7%, 기타 23.0%

산업별 인구 / 1차 7.4%, 2차 30.9%, 3차 61.7%

천연 자원 / 유모혈암(오일셰일), 토탄, 인광석, 호박 등

수출 / 34억 달러(목재, 전기 · 기계, 자동차, 의류, 섬유, 직물, 식료품 등)

수입 / 48억 달러(자동차, 기계류, 석유제품, 섬유, 직물, 식료품 등)

발전량 / 85억 kWh(화력 100%)

관광객 / 136만 명

관광 수입 / 6억 달러

자동차 보유 대수 / 56만 대

국방 예산 / 9,300만 달러

군인 / 5,510명

표준 시간 / 한국 시간에서 −7시간

국제 전화 국가 번호 / 372번

주요 도시의 기후

탈린

	1월	7월
월평균 기온(°C)	-5.4	16.3
연강수량(mm)	648	

자 연

발트 해와 핀란드 만에 위치하는 발트 3국의 하나로 동부는 러시아, 남부는 라트비아와 국경을 접하고 있다. 지형은 평지와 구릉을 이루고 빙하호가 많은 삼림 지대가 많다. 기후는 대륙성 냉대 기후로 겨울이 길고 춥다.

역 사

기원전부터 이 지역에는 에스토니아 인들이 거주하였고 5~8세기에는 바이킹과 슬라브족들이 침입하였다. 1219년에 덴마크의 십자군이 침입하였으며, 14세기에는 독일의 기사단이 지배하면서 수도 탈린은 한자 동맹 도시로 번창하였다. 16세기에는 스웨덴의 지배를 받다가 1721년 러시아에 편입되었다. 1918년 독립하였으나 1939년 독일과 소련의 밀약에 의하여 1940년 러시아에 편입되었다가 1991년 독립하였다. 현재는 북유럽 및 발트 3국 등과 깊은 관계를 맺고 있으며 2004년 북대서양 조약 기구(NATO)와 유럽 연합(EU)에 가입하였다.

경 제

농업은 낙농과 원예 농업이 중심을 이루고 섬유, 식품 등의 경공업이 발달하였으며 목재와 펄프 등이 주요 수출품이다. 최근 동북부 지역에서는 유모혈암(오일셰일)의 매장이 확인되면서 새로운 관심을 모으고 있다.

관 광

해안의 휴양지와 겨울 스포츠, 자연 보호 구역, 수도 탈린과 타투의 역사 유적지 등이 관광 자원이다.

27. 라트비아

Republic of Latvia

수도 : 리가(75만 명)
면적 : 6.5만 ㎢
인구 : 231만 명
인구 밀도 : 36명/㎢

데이터

정체 / 공화제

민족 / 라트비아 인 52%, 러시아 인 34%, 기타

언어 / 라트비아 어(공용어), 러시아 어

종교 / 프로테스탄트 교

문맹률 / 0%

평균 수명 / 남 65세, 여 77세

통화 / 라트(Lats)

도시 인구 / 67%

국민 총생산 / 81억 달러

1인당 국민 소득 / 3,480달러

산업별 인구 / 1차 13.5%, 2차 23.9%, 3차 62.6%

천연 자원 / 호박, 토탄, 석회석, 백운암, 목재 등

수출 / 23억 달러(목재, 의류, 나무제품, 전기 기계, 식료품, 섬유, 직물 등)

수입 / 41억 달러(기계류, 석유제품, 자동차, 천연가스, 식료품 등)

발전량 / 43억 kWh(수력 66.3%, 화력 33.7%)

관광객 / 85만 명

관광 수입 / 1.6억 달러

자동차 보유 대수 / 70만 대

국방 예산 / 1억 달러

군인 / 5천 명

표준 시간 / 한국 시간에서 -7시간

국제 전화 국가 번호 / 371번

주요 도시의 기후

리가

	1월	7월
월평균 기온(°C)	-6.5	16.6
연강수량(mm)	662	

자 연

발트 해의 동쪽에 위치하는 발트 3국의 하나로 북쪽은 에스토니아, 남쪽은 리투아니아, 동쪽은 러시아와 국경을 접하고 있다. 국토는 서부가 호수와 삼림 지대를, 동부가 구릉 지대를 이루고, 서드비나 강이 중앙을 동서로 흐르고 있다. 기후는 서부의 서안 해양성 기후와 동부의 냉대 기후가 만나는 점이 지대를 이룬다.

역 사

기원전부터 발트 계의 주민들이 거주하였으며 13세기 독일이 정복하였고, 지금의 수도 리가는 한자 동맹 도시로 번창하였다. 그 후 리투아니아와 폴란드의 연합 왕국, 스웨덴, 러시아의 지배를 받았다. 1920년 독립하였으나 독일과 소련의 밀약으로 1940년 소련에 편입되었다가 소련이 해체되면서 1991년 독립하였다. 2004년 북대서양 조약 기구(NATO)와 유럽 연합(EU)에 가입하였다.

경 제

발트 3국 중에서 가장 공업이 발달한 나라로 전기 · 전자, 화학, 금속 등의 공업이 발달하였고, 농업은 목축과 낙농업이 중심을 이룬다.

관 광

발트 해 연안의 휴양지, 수도 리가의 중세 성곽, 예술적인 건축물, 겨울 스포츠 지역 등이 관광 자원이다.

28. 리투아니아

Republic of Lithuania

수도 : 빌뉴스(54만 명)
면적 : 6.5만 ㎢
인구 : 344만 명
인구 밀도 : 53명/㎢

데이터

정체 / 공화제

민족 / 리투아니아 인 84%, 러시아 인, 폴란드 인 등

언어 / 리투아니아 어(공용어), 러시아 어

종교 / 가톨릭 교, 기타

문맹률 / 0%

평균 수명 / 남 66세, 여 77세

통화 / 리타스(litas)

도시 인구 / 67%

국민 총생산 / 127억 달러

1인당 국민 소득 / 3,670달러

토지 이용 / 농경지 46.7%, 목초지 7.3%, 삼림 30.7%, 기타 15.3%

산업별 인구 / 1차 19.6%, 2차 24.0%, 3차 56.4%

천연 자원 / 토탄 등

수출 / 56억 달러(석유제품, 의류, 전기 · 기계, 섬유, 직물, 자동차, 식료품 등)

수입 / 78억 달러(자동차, 기계류, 원유, 섬유, 직물, 식료품 등)

발전량 / 147억 kWh(수력 4.8%, 화력 18.1%, 원자력 77.1%)

관광객 / 127만 명

관광 수입 / 3.8억 달러

자동차 보유 대수 / 143만 대

국방 예산 / 2.3억 달러

군인 / 1.3만 명

표준 시간 / 한국 시간에서 -7시간

국제 전화 국가 번호 / 370번

주요 도시의 기후

빌뉴스

	1월	7월
월평균 기온(°C)	-7.4	16.9
연강수량(mm)	620	

자 연

발트 해의 동부에 위치하는 발트 3국의 하나로 북쪽은 라트비아, 동남쪽은 벨로루시, 서남쪽은 폴란드와 국경을 접하고 있다. 지형은 비교적 평탄하며, 기후는 서안 해양성 기후와 대륙성 냉대 기후 지대의 점이 지대를 이룬다.

역 사

기원전부터 리투아니아 인들이 거주하였으며, 14세기에 국가를 형성하였으나 1569년 폴란드에 흡수 통합되었다. 18세기에는 폴란드의 분할로 러시아 령이 되었고, 1918년 독일의 점령으로 독립을 선언하였으나 1939년 독일과 소련의 밀약으로 소련에 편입되었다.

1991년 소련의 해체로 독립하였으며, 2004년 북대서양 조약 기구(NATO)와 유럽 연합(EU)에 가입하였다.

경 제

주요 산업은 목축이며 호박(황색광물로 장식품)의 세계적인 산지로 유명하다. 공업은 정밀 기계, 금속, 섬유, 제지 등이 발달하였다.

관 광

수도 빌뉴스와 카우나스의 역사적인 건물과 유적, 발트 해 연안의 휴양지와 온천 휴양지 등이 관광 자원이다.

29. 폴란드

Republic of Poland

수도 : 바르샤바(161만 명)
면적 : 32.3만 ㎢
인구 : 3,817만 명
인구 밀도 : 118명/㎢

데이터

정체 / 공화제

민족 / 폴란드 인 98%, 기타

언어 / 폴란드 어

종교 / 가톨릭 교 90%, 기타

문맹률 / 1%

평균 수명 / 남 70세, 여 78세

통화 / 즈로티(Zloty)

도시 인구 / 62%

주요 도시 / 우치, 크라쿠프, 브로츠와프, 포즈난, 그단스크 등

국민 총생산 / 1,766억 달러

1인당 국민 소득 / 4,570달러

토지 이용 / 농경지 45.3%, 목초지 12.5%, 삼림 27.2%, 기타 15.0%

산업별 인구 / 1차 19.1%, 2차 28.6%, 3차 52.3%

천연 자원 / 석탄, 유황, 구리, 은, 납, 소금, 천연가스 등

수출 / 274억 달러(기계류, 의류, 자동차, 가구, 식료품 등)

수입 / 459억 달러(기계류, 자동차, 섬유, 직물, 금속제품, 식료품 등)

한국의 대(對) 폴란드 수출 / 3.8억 달러

한국의 대(對) 폴란드 수입 / 0.7억 달러

발전량 / 1,456억 kWh(수력 2.9%, 화력 97.1%)

관광객 / 1,398만 명

관광 수입 / 45억 달러

자동차 보유 대수 / 1,230만 대

국방 예산 / 34억 달러

군인 / 16만 명

표준 시간 / 한국 시간에서 −7시간

국제 전화 국가 번호 / 48번

주요 도시의 기후

바르샤바

월별	1월	2월	3월	4월	5월	6월	7월	8월	9월	10월	11월	12월	전년
기온(°C)	−3.3	−2.1	2.0	7.8	13.4	16.6	17.7	17.3	13.3	8.4	3.2	−0.9	7.8
강수량(mm)	22	21	28	33	59	70	67	60	41	47	40	32	520

자 연

발트 해의 남부에 위치하며 국토의 대부분은 폴란드 평원으로 이루어져 있다. 북부는 대륙 빙하의 영향으로 모레인, 호수, 습지가 많고, 독일과의 국경을 이루는 오데르 강과 중앙을 흐르는 비슬라 강은 남부의 체코와 슬로바키아에서 발원하여 발트 해로 흐른다. 기후는 서안 해양성 기후와 대륙성 냉대 기후의 점이 지대를 이루고 동남쪽으로 갈수록 겨울이 춥다.

역 사

9세기 초 폴란드 왕국이 시작되어 11세기에는 동남부의 방대한 지역을 지배하였다. 18세기 후반 러시아, 독일, 오스트리아의 영토 분할로 멸망하였으나 제1차 세계 대전 후 공화국으로 탄생하였다. 1939년 소련과 독일에 의하여 국토가 다시 분할되었다가 제2차 세계 대전 후 인민 공화국으로 독립하였으며, 국토는 동부 지역을 소련에 병합당하는 대신 서부 지역의 오데르-나이세 강 동쪽의 독일 영토(국토의 약25%에 해당)를 편입시켰다. 1989년 헌법 개정으로 폴란드 공화국이 되었으며 1999년 북대서양 조약 기구(NATO)에, 2004년 유럽 연합(EU)에 가입하였다.

경제

전통적인 혼합 농업과 낙농업 국가로 밀, 감자, 사탕무, 아마 등의 재배와 가축의 사육이 성하다. 공업은 석탄, 철광석 등의 자원을 바탕으로 일찍부터 철강, 기계, 자동차, 화학, 조선, 섬유 등의 공업이 발달하였으며, 최근에는 유럽의 신흥 공업국으로 등장하고 있다.

관광

온천 휴양지, 숲과 자연 경관, 역사 유적과 건축물 등이 관광 자원이다.

30. 체코

Czech Republic

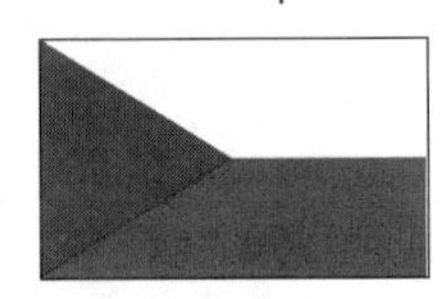

수도 : 프라하(116만 명)
면적 : 7.9만 ㎢
인구 : 1,020만 명
인구 밀도 : 129명/㎢

데이터

정체 / 공화제

민족 / 서슬라브 계 체코 인 94%, 기타

언어 / 체코 어

종교 / 가톨릭 교 40%, 프로테스탄트 교, 기타

문맹률 / 1%

평균 수명 / 남 72세, 여 78세

통화 / 코루나(Koruna)

도시 인구 / 74%

국민 총생산 / 560억 달러

1인당 국민 소득 / 5,480달러

토지 이용 / 농경지 42.9%, 목초지 11.3%, 삼림 33.3%, 기타 12.5%

산업별 인구 / 1차 4.7%, 2차 38.3%, 3차 57.0%

천연 자원 / 석탄, 점토, 원유, 천연가스 등

수출 / 384억 달러(기계류, 자동차, 철강, 금속제품, 식료품 등)

수입 / 408억 달러(기계류, 자동차, 철강, 섬유, 직물, 식료품 등)

한국의 대(對) 체코 수출 / 0.7억 달러

한국의 대(對) 체코 수입 / 1억 달러

발전량 / 746억 kWh(수력 3.3%, 화력 76.9%, 원자력 19.8%)

관광객 / 458만 명

관광 수입 / 29억 달러

자동차 보유 대수 / 410만 대

국방 예산 / 14억 달러

군인 / 5.7만 명

표준 시간 / 한국 시간에서 −8시간

국제 전화 국가 번호 / 42번

주요 도시의 기후

프라하

월별	1월	2월	3월	4월	5월	6월	7월	8월	9월	10월	11월	12월	전년
기온(°C)	−2.4	−0.9	3.0	7.7	12.7	15.9	17.5	17.0	13.3	8.3	2.9	−0.7	7.9
강수량(mm)	23	22	28	38	77	73	66	70	40	30	31	25	524

자 연

폴란드, 독일, 오스트리아에 둘러싸인 내륙국이다. 국토는 서부의 에르츠 산맥, 보헤미아발트, 북부의 슈데텐 산맥으로 둘러싸인 보헤미아 분지와 동남부의 모라비아 구릉이 대부분을 차지한다. 또 국토의 중앙에 수도 프라하가 있으며, 엘베 강이 이 곳에서 북으로 흘러 독일을 거쳐 북해로 들어간다. 기후는 대부분의 지역이 서안 해양성 기후 지대를 이루나 대륙성 기후의 영향도 받는다.

역 사

7세기부터 서슬라브 인들이 왕국을 건설하였고 9세기에는 모라비아 왕국이 번창하였다. 10세기 마자르 인의 침입으로 이후 1000년간이나 헝가리의 지배를 받았다. 1918년 체코슬로바키아 공화국이 성립되었으며, 1939년에는 독일의 보호국이 되었다가 1948년 인민공화국으로 독립하였다. 1968년 자유화를 위한 유명한 '프라하의 봄' 은 소련의 개입으로 진압되었다. 1989년 반체제 지식인 포럼이 결성되었고 1990년 자유 선거가 실시되었으며, 1993년 체코와 슬로바키아가 연방을 해체하고 각각 독립하였다. 1999년 북대서양 조약 기구(NATO)에 가입하였으며 2004년 유럽 연합(EU)에 가입하였다.

경 제

동구권에서는 생활 수준이 가장 높은 나라이다. 농업은 기계화와 집단화가 되어 있으며 협동 농장을 중심으로 밀, 감자, 사탕무 등을 생산한다. 공업은 원료를 수입 가공하고 있으며, 기계, 화학을 중심으로 가죽, 유리, 양조, 직물 등의 전통 공업도 크게 발달하였다.

관 광

산지의 자연과 겨울 스포츠, 프라하 등의 역사 도시와 성곽, 성당, 온천 등이 관광 자원이다.

31. 슬로바키아

Slovakia Republic

수도 : 브라티슬라바(43만 명)
면적 : 4.9만 ㎢
인구 : 538만 명
인구 밀도 : 110명/㎢

데이터

정체 / 공화제

민족 / 슬로바키아 인 86%, 마자르 인 10% 등

언어 / 슬로바키아 어

종교 / 가톨릭 교, 기타

평균 수명 / 남 69세, 여 77세

통화 / 슬로바키아 코로나(Koruna)

도시 인구 / 57%

국민 총생산 / 213억 달러

1인당 국민 소득 / 3,970달러

토지 이용 / 농경지 33.0%, 목초지 17.0%, 삼림 40.6%, 기타 9.4%

산업별 인구 / 1차 6.7%, 2차 34.9%, 3차 58.5%

천연 자원 / 석탄, 철광석, 구리, 망간, 소금 등

수출 / 145억 달러(자동차, 철강, 기계류, 의류, 식료품 등)

수입 / 175억 달러(기계류, 섬유, 직물, 원유, 자동차, 식료품 등)

발전량 / 320억 kWh(수력 16.0%, 화력 30.7%, 원자력 53.3%)

관광객 / 140만 명

관광 수입 / 7.2억 달러

자동차 보유 대수 / 178만 대

국방 예산 / 4.4억 달러

군인 / 2.2만 명

표준 시간 / 한국 시간에서 -8시간

국제 전화 국가 번호 / 42번

주요 도시의 기후

브라티슬라바

	1월	7월
월평균 기온(°C)	-3.0	19.8
연강수량(mm)	657	

자 연

유럽 대륙의 중동부 내륙에 위치하며 북쪽은 폴란드, 동쪽은 우크라이나, 남쪽은 헝가리, 서쪽은 오스트리아, 체코와 국경을 접하고 있다. 국토는 카르파티아 산맥의 서쪽을 차지하여 산지가 대부분이며, 슬로바키아, 오스트리아, 헝가리 3국이 만나는 다뉴브 강 유역과 그 지류가 있는 지역에 평지가 펼쳐져 생활의 중심지를 이룬다.

기후는 대체로 서쪽의 서안 해양성 기후 지대에서 동쪽으로 가면서 대륙성의 온대와 냉대 기후 지대로 변한다.

역 사

9세기에는 대 모라비아 왕국이 번영하였던 곳이다. 10세기에는 마자르 인들의 침입으로 이후 1000년간 헝가리의 지배를 받았다. 1918년 체코슬로바키아 공화국이 성립하였고, 1939년에는 체코로부터 분리 독립을 선언하였으나 이어서 독일의 보호령이 되었다. 제2차 세계 대전 후 체코슬로바키아 인민 공화국으로 독립하였고, 1993년 체코로부터 분리 독립하였다. 현재 외교는 주변 국가들과의 관계 안정에 노력하고 있으며, 2004년 북대서양 조약 기구(NATO)와 유럽 연합(EU)에 가입하였다.

경 제

체코와의 분리 독립 후 아직 경제적인 안정을 찾지 못하고 있다. 주요 산업은 농업과 목축업이지만 자급률이 떨어지며, 주요 수출품은 중간제품, 수송 장비, 기계 등이다.

관 광

스키, 겨울 휴양지, 건강 온천, 도시의 성곽과 역사 유적 등이 관광 자원이다.

32. 헝가리

Republic of Hungary

수도 : 부다페스트(175만 명)
면적 : 9.3만 ㎢
인구 : 1,008만 명
인구 밀도 : 108명/㎢

데이터

정체 / 공화제

민족 / 헝가리 인 98%, 기타

언어 / 헝가리 어

종교 / 가톨릭 교 67%, 프로테스탄트 교 25% 등

문맹률 / 1%

평균 수명 / 남 68세, 여 76세

통화 / 포린트(Forint)

도시 인구 / 64%

국민 총생산 / 537억 달러

1인당 국민 소득 / 5,290달러

토지 이용 / 농경지 53.5%, 목초지 12.3%, 삼림 19.0%, 기타 15.2%

산업별 인구 / 1차 6.2%, 2차 32.2%, 3차 61.6%

천연 자원 / 보크사이트, 석탄, 천연가스 등

수출 / 345억 달러(기계류, 자동차, 의류, 육류 등)

수입 / 378억 달러(기계류, 자동차, 섬유, 직물, 금속제품, 식료품 등)

한국의 대(對) 헝가리 수출 / 2.2억 달러

한국의 대(對) 헝가리 수입 / 1억 달러

한국 교민 / 405명

발전량 / 364억 kWh(수력 0.5%, 화력 60.7%, 원자력 38.8%)

관광객 / 301만 명

관광 수입 / 33억 달러

자동차 보유 대수 / 304만 대

국방 예산 / 11억 달러

군인 / 3.3만 명

표준 시간 / 한국 시간에서 -8시간

국제 전화 국가 번호 / 36번

주요 도시의 기후

부다페스트

월별	1월	2월	3월	4월	5월	6월	7월	8월	9월	10월	11월	12월	전년
기온(°C)	-0.4	2.1	6.6	11.9	16.9	20.0	21.7	21.1	17.2	11.7	5.8	1.6	11.4
강수량(mm)	41	38	35	42	62	69	45	57	40	35	59	48	570

자 연

유럽 대륙의 중동부에 위치하는 내륙국으로 알프스 산맥과 카르파티아 산맥으로 둘러싸인 다뉴브 강 중류의 비옥한 헝가리 분지가 국토의 대부분을 차지한다. 기후는 내륙국으로 해양의 영향이 적어 여름이 고온 건조한 대륙성 기후를 이루며 '푸스타' 라는 온대 초원이 넓게 펼쳐진다.

역 사

아시아 계의 마자르 인들이 이주하여 9세기에 왕국을 건설한 이후 오늘에 이르러 유럽 속의 '인종의 섬' 이라 부른다. 한때 오스만 제국의 지배를 받기도 하였으며, 1867년에는 오스트리아-헝가리 2중 국가를 형성하기도 하였으나 제1차 세계 대전 후 분리 독립하였다. 제2차 세계 대전 중에는 소련이 점령하였고 전후에 인민 공화국으로 독립하였다. 1956년에는 자유화를 위한 헝가리 의거가 일어났으나 소련에 의하여 진압되었다가, 1990년 자유 선거를 실시하고 완전한 공화국으로 되었다. 1999년 북대서양 조약 기구(NATO)에 가입하였으며 2004년 유럽 연합(EU)에 가입하였다.

경 제

국토의 70% 이상이 비옥한 농경지를 이루어 밀, 옥수수, 감자, 사탕무, 포도, 사과 등의 재배와 돼지, 소, 양 등을 사육하는 목축업이 발달하였으며, 농축산물의 수출이 많다. 공업은 보크사이트의 생산을 바탕으로 하는 알루미늄 공업과 식품, 기계, 섬유 등의 공업이 발달하였다.

관 광

부다페스트의 역사 · 문화 유적과 축제, 바라톤 호의 스포츠 시설, 온천 등이 관광 자원이다.

33. 루마니아

Romania

수도 : 부쿠레슈티(200만 명)
면적 : 23.8만 ㎢
인구 : 2,167만 명
인구 밀도 : 91명/㎢

데이터

정체 / 공화제

민족 / 라틴 계 루마니아 인 90%, 기타

언어 / 루마니아 어(공용어), 헝가리 어 등

종교 / 동방 정교

문맹률 / 2%

평균 수명 / 남 68세, 여 75세

통화 / 레이(Lei), 류(Leu)

도시 인구 / 55%

국민 총생산 / 417억 달러

1인당 국민 소득 / 1,870달러

토지 이용 / 농경지 41.6%, 목초지 20.4%, 삼림 28.0%, 기타 10.0%

산업별 인구 / 1차 41.3%, 2차 25.4%, 3차 33.3%

천연 자원 / 석유, 석탄, 철광석, 소금, 목재 등

수출 / 139억 달러(의류, 철강, 기계류, 가구, 신발, 식료품 등)

수입 / 179억 달러(기계류, 섬유, 직물, 원유, 가죽, 식료품 등)

한국의 대(對) 루마니아 수출 / 1.2억 달러

한국의 대(對) 루마니아 수입 / 0.3억 달러

발전량 / 539억 kWh(수력 27.7%, 화력 62.2%, 원자력 10.1%)

관광객 / 320만 명

관광 수입 / 6.1억 달러

자동차 보유 대수 / 393만 대

국방 예산 / 10억 달러

군인 / 10만 명

표준 시간 / 한국 시간에서 -7시간

국제 전화 국가 번호 / 40번

주요 도시의 기후

부쿠레슈티

월별	1월	2월	3월	4월	5월	6월	7월	8월	9월	10월	11월	12월	전년
기온(˚C)	-1.6	0.5	5.5	11.9	17.1	20.7	22.2	21.4	17.7	1.0	5.9	0.9	11.2
강수량(mm)	45	40	40	47	75	74	59	67	47	45	54	45	638

자 연

유럽의 동남부에 위치하며 국토는 전체적으로 원형을 이룬다. 서북부는 카르파티아 산맥과 트란실바니아 산맥의 산지 지역을 이루고, 남동부는 다뉴브 강 하류-흑해-러시아에 이어지는 비옥한 흑토 지대를 이룬다.

국토의 대부분은 대륙의 영향을 받는 온대 기후 지대를 이루어 여름은 덥고 겨울은 춥다. 그러나 서북부의 산지 지역은 냉대 기후 지대를 이룬다.

역 사

2세기경부터 로마의 영토가 되면서 주민의 대부분은 로마 인과 원주민인 다키아 인 간의 혼혈로 이루어진 라틴 계의 루마니아 인들이다. 따라서 '슬라브의 바다에 뜬 라틴 섬' 으로 불리며 국명 루마니아도 '로마 인의 땅' 이란 의미이다. 1859년 최초의 루마니아 국가가 오스만 제국에서 독립하였고 제2차 세계 대전 후 인민 공화국이 되었다가 1990년에는 총선을 실시하여 공화국으로 신헌법을 채택하였다. 1996년 헝가리와 우호 조약을 체결하고 우방국들과의 관계를 개선하였다. 2004년 북대서양 조약 기구(NATO)에 가입하였으며, 유럽 연합(EU) 가입도 추진하고 있다.

경 제

농업이 이 나라 경제의 중심을 이루고 있으며, 밀, 옥수수, 포도, 해바라기 등의 재배와 양, 소, 돼지 등의 사육이 성하다. 공업은 식품 · 섬유 공업에서 기계, 철강, 화학 등의 중화학 공업으로 발전하고 있으나 원료, 기술, 자본의 부족으로 어려움을 겪고 있다.

관 광

흑해 휴양지와 온천, 산지의 자연 경관, 드라큘라 궁전의 유적과 성곽 등이 관광 자원이다.

34. 불가리아

Republic of Bulgaria

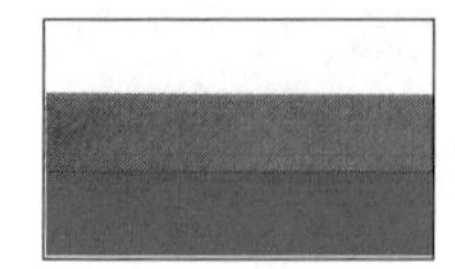

수도 : 소피아(110만 명)
면적 : 11.1만 ㎢
인구 : 778만 명
인구 밀도 : 70명/㎢

데이터

정체 / 공화제

민족 / 남슬라브 계 불가리아 인 84%, 터키 인, 기타

언어 / 불가리아 어

종교 / 동방 정교, 기타

문맹률 / 1%

평균 수명 / 남 68세, 여 75세

통화 / 레브(Lev)

도시 인구 / 69%

국민 총생산 / 141억 달러

1인당 국민 소득 / 1,770달러

토지 이용 / 농경지 38.0%, 목초지 16.2%, 삼림 35.0%, 기타 10.8%

산업별 인구 / 1차 26.6%, 2차 27.2%, 3차 46.2%

천연 자원 / 보크사이트, 구리, 납, 아연, 석탄, 목재 등

수출 / 57억 달러(철강, 의류, 화학약품, 기계류, 섬유, 직물, 식료품 등)

수입 / 80억 달러(기계류, 화학약품, 철강, 자동차, 식료품 등)

발전량 / 440억 kWh(수력 4.9%, 화력 50.6%, 원자력 44.5%)

관광객 / 343만 명

관광 수입 / 13억 달러

자동차 보유 대수 / 221만 대

국방 예산 / 3.8억 달러

군인 / 5.1만 명

표준 시간 / 한국 시간에서 -7시간

국제 전화 국가 번호 / 359번

주요 도시의 기후

소피아

월별	1월	2월	3월	4월	5월	6월	7월	8월	9월	10월	11월	12월	전년
기온(°C)	−1.5	1.0	4.9	10.2	14.4	17.7	20.0	19.8	16.3	10.6	5.1	0.6	9.9
강수량(mm)	28	36	36	50	65	68	51	48	35	33	48	45	543

자 연

발칸 반도의 동부에 위치하여 흑해에 면하고 있다. 발칸 산맥이 동서로 뻗어 국토를 이등분하고 있으며, 북부에는 산록, 다뉴브 강 연안에는 저지대가 펼쳐지고 남부에는 산지 지역에 분지가 발달하였다. 기후는 북부가 대륙성 기후 지대를, 남부가 지중해성 기후 지대를 이루고 겨울에도 따뜻한 흑해 연안은 휴양지로 유명하다.

역 사

6세기부터 슬라브 인들이 거주하였으며 1908년 독립하기 전까지 약 500년간 오스만 제국의 지배를 받았다. 제2차 세계 대전 중에는 소련에 점령되었고 1947년 인민 공화국이 되었다. 1989년부터 자유화를 추진하여 1990년에는 자유 선거를 실시하였으며 국명을 불가리아 공화국으로 하였다. 2004년 북대서양 조약 기구(NATO)에 가맹하였으며, 유럽 연합(EU) 가입을 추진하는 한편 러시아, 동구권 국가들과도 우호 관계를 유지하고 있다.

경 제

동구권 국가들 중에서는 식량 생산이 가장 많은 전통적인 농업 국가로 밀, 옥수수, 감자, 해바라기, 사탕무, 포도 등의 재배와 그 가공업이 발달하였다. 기계, 전기 · 전자 등의 공업이 발달하였고 흑해 연안을 중심으로 많은 관광객이 모이고 있다.

관 광

흑해의 휴양지, 산지의 자연 경관과 사원, 수도 소피아와 도시들의 문화 유적 등이 관광 자원이다.

35. 슬로베니아

Republic of Slovenia

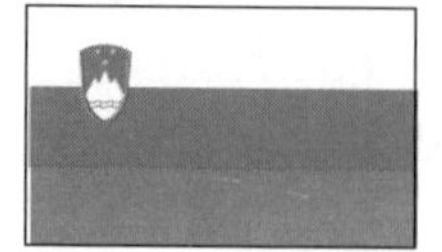

수도 : 류블랴나(25만 명)
면적 : 2.0만 ㎢
인구 : 200만 명
인구 밀도 : 99명/㎢

데이터

정체 / 공화제

민족 / 슬로베니아 인 83%, 기타 크로아티아 인 등

언어 / 슬로베니아 어, 세르비아 어 등

종교 / 가톨릭 교

문맹률 / 1%

평균 수명 / 남 72세, 여 80세

통화 / 톨라(Tolar)

도시 인구 / 51%

국민 총생산 / 204억 달러

1인당 국민 소득 / 10,370달러

토지 이용 / 농경지 14.1%, 목초지 24.8%, 삼림 54.0%, 기타 7.1%

산업별 인구 / 1차 10.8%, 2차 36.9%, 3차 52.3%

천연 자원 / 갈탄, 납, 아연, 수은, 우라늄, 은 등

수출 / 95억 달러(자동차, 기계류, 가구, 의류, 식료품 등)

수입 / 109억 달러(기계류, 자동차, 철강, 의류, 식료품 등)

발전량 / 145억 kWh(수력 26.3%, 화력 37.4%, 원자력 36.3%)

관광객 / 130만 명

관광 수입 / 11억 달러

자동차 보유 대수 / 98만 대

국방 예산 / 3.1억 달러

군인 / 6,550명

표준 시간 / 한국 시간에서 -8시간

국제 전화 국가 번호 / 386번

주요 도시의 기후

루블랴나

	1월	7월
월평균 기온(°C)	-4.0	22.0
연강수량(mm)	1,383	

자 연

오스트리아 남부에 위치하며 이탈리아, 헝가리, 크로아티아 등과 국경을 접하고 있다. 북부는 알프스 산맥의 동쪽 끝으로 다뉴브 강의 지류가 흐르고 남부는 카르스트 지형을 이룬다. 기후는 대부분의 지역이 지중해성 기후 지대를 이룬다.

역 사

6~7세기에 남하한 슬라브 계의 슬로베니아 인들은 서구 문화권에 진입하였으며 10세기에는 신성 로마 제국, 14세기에는 오스트리아의 지배를 받았다. 1918년 세르비아-크로아티아-슬로베니아 왕국을 이루었고 1929년 국명을 유고슬라비아로 개칭하였으며, 제2차 세계 대전 후 유고슬라비아 연방 인민 공화국이 되었다. 1989년 유고 연방을 이탈하여 자유 선거를 실시하고 1991년 독립하였다. 2004년 북대서양 조약 기구(NATO)와 유럽 연합(EU)에 가입하였다.

경 제

유고 연방의 해체에 따라 원료 공급원과 제품의 시장을 잃어 경제적인 어려움을 겪었으나 현재는 차츰 안정을 찾고 있다. 풍부한 전력, 편리한 교통, 우수한 인력을 바탕으로 기계, 섬유, 화학 등의 공업과 관광 산업이 발달하고 있다.

관 광

수도 류블랴나의 역사적인 건축물, 로마의 유적지, 성곽, 스키 리조트 등이 관광 자원이다.

36. 크로아티아

Republic of Croatia

수도 : 자그레브(69만 명)
면적 : 5.7만 ㎢
인구 : 443만 명
인구 밀도 : 78명/㎢

데이터

정체 / 공화제

민족 / 크로아티아 인 90%, 세르비아 인 등

언어 / 크로아티아 어(공용어), 세르비아 어

종교 / 가톨릭 교 76%, 동방 정교 등

문맹률 / 2%

평균 수명 / 남 69세, 여 76세

통화 / 크로아티아 쿠나(Kuna)

도시 인구 / 58%

국민 총생산 / 203억 달러

1인당 국민 소득 / 4,540달러

토지 이용 / 농경지 21.6%, 목초지 19.3%, 삼림 37.1%, 기타 22.0%

산업별 인구 / 1차 14.5%, 2차 26.9%, 3차 58.6%

천연 자원 / 석유, 석탄, 천연가스, 보크사이트, 철광석, 칼슘 등

수출 / 49억 달러(선박, 의류, 기계류, 석유제품, 식료품 등)

수입 / 107억 달러(기계류, 자동차, 원유, 의류, 식료품 등)

발전량 / 122억 kWh(수력 54.1%, 화력 45.9%)

관광객 / 694만 명

관광 수입 / 38억 달러

자동차 보유 대수 / 145만 대

국방 예산 / 5.2억 달러

군인 / 2.1만 명

표준 시간 / 한국 시간에서 −8시간

국제 전화 국가 번호 / 385번

주요 도시의 기후

자그레브

	1월	7월
월평균 기온(°C)	0.8	20.1
연강수량(mm)	858	

자 연

아드리아 해 북동 연안에 위치하며, 국토는 비옥한 다뉴브 강 지류의 평야 지역, 해안을 따라 남북으로 달리는 디나르알프스 산맥 지역, 길고 복잡한 달마치아 해안 지역으로 이루어진다. 기후는 대부분의 지역이 지중해성 기후 지대를 이루나 내륙 지역은 온대 습윤 기후 지대를 이룬다.

역사

6~7세기에 남하한 슬라브 계의 주민들이 10세기에 크로아티아 국가를 세웠으나 12세기에 헝가리에 병합되었다. 1918년에는 세르비아-크로아티아-슬로베니아 왕국을 이루었고 1929년 국명을 유고슬라비아로 개칭하였다. 제2차 세계 대전 후 유고슬라비아 연방이 되었다가 1991년 연방을 탈퇴하고 자유 선거를 거쳐 독립하였다. 독립 후 세르비아 계 주민들과의 내전으로 많은 희생자를 내고 신유고슬라비아와의 관계를 정상화하였다.

경제

유고 연방 중에서 공업이 발달한 선진 지역이었으나 독립 후 내전과 혼란 속에서 모든 산업 생산이 위축되었다. 그러나 주변국들과의 관계가 정상화되면서 최근에는 경제가 안정을 찾고 있다.

관광

아드리아 해 연안과 섬들, 해변의 휴양지가 관광 자원이다.

37. 보스니아헤르체고비나

Bosnia Herzegovina

수도 : 사라예보(38만 명)
면적 : 5.1만 ㎢
인구 : 389만 명
인구 밀도 : 76명/㎢

데이터

정체 / 공화제

민족 / 슬라브 계 이슬람 교도 44%, 세르비아 인 31%, 크로아티아 인 17% 등

언어 / 세르비아 어, 크로아티아 어

종교 / 이슬람 교, 동방 정교, 가톨릭 교

평균 수명 / 남 70세, 여 76세

통화 / 마르카(Marka)

도시 인구 / 43%

국민 총생산 / 54억 달러

1인당 국민 소득 / 1,310달러

토지 이용 / 농경지 15.6%, 목초지 23.5%, 삼림 39.1%, 기타 21.8%

천연 자원 / 석탄, 철광석, 보크사이트, 구리, 망간, 목재 등

수출 / 10억 달러(목재, 종이, 철강, 전력, 금속제품, 전기 기계 등)

수입 / 41억 달러(목재, 식료품, 종이, 전력 등)

발전량 / 104억 kWh(수력 48.8%, 화력 51.2%)

관광객 / 16만 명

관광 수입 / 1.1억 달러

국방 예산 / 1.8억 달러

군인 / 2만 명

표준 시간 / 한국 시간에서 -8시간

국제 전화 국가 번호 / 387번

주요 도시의 기후

사라예보

	1월	7월
월평균 기온(°C)	-0.3	19.1
연강수량(mm)	892	

자 연

북서부는 크로아티아, 동부는 세르비아몬테네그로와 국경을 접하고 있으며, 국토는 서남부의 디나르알프스 산맥 산지 지역이 대부분을 차지하고, 북부의 다뉴브 강 지류 지역에 좁은 평지가 있다. 기후는 서쪽에서 동쪽으로 가면서 지중해성 기후에서 온대 기후 지역으로 바뀐다.

역 사

7세기에 남하한 슬라브 계 주민들이 정착하였으며 장기간에 걸쳐 터키의 지배를 받아 주민들은 이슬람 교를 믿게 되었다. 1482년 보스니아-헤르체고비나라는 오스만 제국의 영토가 되었고, 1878년에는 행정권이 오스트리아-헝가리 제국으로 넘어갔다. 1914년 사라예보에서 오스트리아의 황태자가 암살되어 제1차 세계 대전이 발발하였으며, 제2차 세계 대전 후 유고슬라비아 연방 인민 공화국이 되었다. 1992년 연방이 해체되면서 이슬람 교도와 크로아티아 인들이 국민 투표로 독립을 선언하자, 세르비아 인들이 북부에 보스니아-세르비아 공화국 수립을 선언하면서 내전이 시작되었다. 1993년 NATO가 개입하여 평화 협정을 조인하고 내전의 종식을 보았다.

경 제

장기간의 내전과 인종간의 알력으로 경제는 파탄 상태이다. 국제 사회의 원조로 수습되고 있으나 높은 실업률로 개인 소득은 전전의 반에도 못 미치고 있는 상태이다.

관 광

미개발 상태임

38. 세르비아몬테네그로(유고슬라비아)

Serbia and Montenegro

수도 : 베오그라드(158만 명)
면적 : 10.2만 ㎢
인구 : 1,070만 명
인구 밀도 : 105명/㎢

데이터

정체 / 연방 공화국

민족 / 세르비아 인 63%, 알바니아 인 16%, 몬테네그로 인 등

언어 / 세르비아 어(공용어), 알바니아 어 등

종교 / 동방 정교(세르비아 정교) 65%, 이슬람 교 19%, 가톨릭 교 4%, 기타

문맹률 / 2%

평균 수명 / 남 70세, 여 75세

통화 / 신 디나르(New Dinar)

도시 인구 / 52%

국민 총생산 / 116억 달러

1인당 국민 소득 / 1,400달러

토지 이용 / 농경지 40.0%, 목초지 20.7%, 삼림 26.4%, 기타 12.9%

산업별 인구 / 1차 5.0%, 2차 41.0%, 3차 54.0%

천연 자원 / 석유, 천연가스, 석탄, 안티몬, 구리, 납, 아연, 금, 크롬, 목재 등

수출 / 17억 달러(철강, 목재, 구리, 채소, 과일, 알루미늄, 식료품 등)

수입 / 37억 달러(기계류, 섬유, 직물, 원유, 화학약품, 식료품 등)

발전량 / 318억 kWh(수력 36.5%, 화력 63.5%)

관광객 / 45만 명

관광 수입 / 7,700만 달러

국방 예산 / 7.1억 달러

군인 / 7만 명

표준 시간 / 한국 시간에서 −8시간

국제 전화 국가 번호 / 381번

주요 도시의 기후

베오그라드

월별	1월	2월	3월	4월	5월	6월	7월	8월	9월	10월	11월	12월	전년
기온(˚C)	0.4	2.7	7.1	12.3	17.2	20.1	21.6	21.3	17.7	12.5	7.0	2.2	11.8
강수량(mm)	49	44	50	59	68	90	67	51	50	42	55	58	684

자 연

중 · 동부 유럽의 중심부에 위치하며 북부는 다뉴브 강과 그 지류가 만나는 지역으로 넓은 평야 지대, 동부는 석회암 지대의 산지와 분지, 남부는 몬테네그로 산지 지역과 아드리아해의 해안 지대를 이룬다. 북동부는 겨울이 춥고 여름은 고온 다습한 대륙성 기후를, 남부는 지중해성 기후 지대를 이룬다.

역 사

6~7세기에 남하한 남슬라브 인들이 로마 제국의 지배를 받다가 12세기 왕조를 건설하였고, 14세기에는 보스니아에서 에게 해에 이르는 대 세르비아 왕국을 건설하였다. 그 후 오스만 제국의 지배에 들어갔으나, 1878년 세르비아몬테네그로가 왕국으로 독립하였고, 1918년에는 세르비아–크로아티아–슬로베니아 왕국이 설립되어 1929년 국명을 유고슬라비아로 개칭하였다. 제2차 세계 대전 후 유고슬라비아 연방 인민 공화국(보스니아–헤르체고비나, 몬테네그로, 마케도니아를 합함)을 형성하였다.

1980년 종신 대통령인 티토가 사망하고 집단 지도 체제에 들어갔으나, 1991~1992년에 슬로베니아, 크로아티아, 보스니아헤르체고비나, 남부의 코소보 자치주 등이 독립을 선언하자 연방군이 개입하면서 국제적인 분쟁으로 비화하자, 1999년 NATO가 군대를 진주하면서 내전이 일단락되었다. 2000년 자유 선거를 실시하고, 2003년 국명은 유고슬라비아 연방에서 세르비아–몬테네그로 공화국으로 개칭하였다.

경 제

전통적인 농업국으로 각종 작물의 재배와 목축이 발달하였다. 풍부한 지하 자원을 바탕으로 중진 공업국으로 발전하였으나, 10여 년간의 내전과 NATO의 공습 등으로 모든 산업이 파탄 상태에 있다.

관 광

박물관, 모스크 수도원과 역사 유적지, 해안과 산간의 아름다운 촌락 등이 관광 자원이다.

39. 마케도니아

Republic of Macedonia

수도 : 스코페(47만 명)
면적 : 2.6만 ㎢
인구 : 204만 명
인구 밀도 : 79명/㎢

데이터

정체 / 공화제

민족 / 마케도니아 인 66%, 알바니아 인, 터키 인 등

언어 / 마케도니아 어, 알바니아 어

종교 / 동방 정교 67%, 이슬람 교 30%

문맹률 / 9%

평균 수명 / 남 70세, 여 75세

통화 / 데날(Demar)

도시 인구 / 59%

국민 총생산 / 35억 달러

1인당 국민 소득 / 1,710달러

토지 이용 / 농경지 25.7%, 목초지 24.7%, 삼림 38.9%, 기타 10.7%

산업별 인구 / 1차 16.5%, 2차 35.8%, 3차 47.7%

천연 자원 / 크롬, 납, 아연, 망간, 텅스텐, 니켈, 철광석, 유황, 목재 등

수출 / 11억 달러(의류, 철강, 담배, 섬유, 직물, 과일, 채소, 식료품 등)

수입 / 19억 달러(자동차, 기계류, 원유, 의류, 식료품 등)

발전량 / 64억 kWh(수력 9.8%, 화력 90.2%)

관광객 / 10만 명

관광 수입 / 2,300만 달러

국방 예산 / 9,600만 달러

군인 / 1.3만 명

표준 시간 / 한국 시간에서 −8시간

국제 전화 국가 번호 / 389번

주요 도시의 기후

스코페

	1월	7월
월평균 기온(°C)	0.3	22.9
연강수량(mm)	498	

자 연

발칸 반도의 내륙국이며 분지와 계곡이 많은 산지 지역으로 국토의 중앙을 지나 그리스에 이르는 바르다르 강이 이 나라를 동서로 2등분한다. 또 서남부 국경에는 세 개의 큰 호수가 국경을 이루고 있다. 기후는 대륙성 기후로 여름과 가을은 덥고 건조하며 겨울은 춥고 눈이 많다.

역 사

6~7세기부터 남하한 남슬라브 인들의 지역으로 동로마 제국, 세르비아, 오스만 제국의 지배를 받아 왔다. 1918년 세르비아-크로아티아-슬로베니아 왕국의 일부가 되었고, 제2차 세계 대전 후 유고슬라비아 연방 인민 공화국의 한 공화국이 되었다. 1991년 연방이 해체되면서 국민 투표를 거쳐 독립하였다. 코소보 자치주를 중심으로 하는 유고슬라비아 내전을 겪고 나서 현재는 주변국들과의 관계 정상화에 노력하고 있다.

경 제

전통적인 농업 중심국으로 사탕무, 담배, 밀, 우유제품 등을 생산하며, 섬유, 화학, 금속 공업 등이 발달하고 있으나 내전의 피해가 겹쳐 경제적인 발전이 정체된 상태이다.

관 광

산지의 자연 경관이 관광 자원이다.

40. 알바니아
Republic of Albania

수도 : 티라나(34만 명)
면적 : 2.9만 ㎢
인구 : 323만 명
인구 밀도 : 112명/㎢

데이터

정체 / 공화제

민족 / 알바니아 인 98%, 그리스 인 등

언어 / 알바니아 어

종교 / 이슬람 교 70%, 동방 정교 20%, 가톨릭 교 10%

문맹률 / 6%

평균 수명 / 남 71세, 여 77세

통화 / 레크(Lek)

도시 인구 / 42%

국민 총생산 / 46억 달러

1인당 국민 소득 / 1,450달러

토지 이용 / 농경지 24.4%, 목초지 14.7%, 삼림 36.5%, 기타 24.4%

산업별 인구 / 1차 54.8%, 2차 22.5%, 3차 22.7%

천연 자원 / 크롬, 석유, 천연가스, 석탄, 구리 등

수출 / 3.3억 달러(의류, 가죽제품, 크롬, 약용 식물, 담배, 식료품 등)

수입 / 15억 달러(기계류, 곡물, 자동차, 의류, 섬유, 직물 등)

발전량 / 37억 kWh(수력 96.3%, 화력 3.7%)

관광객 / 3.4만 명

관광 수입 / 5억 달러

국방 예산 / 1.1억 달러

군인 / 2.2만 명

표준 시간 / 한국 시간에서 −8시간

국제 전화 국가 번호 / 355번

주요 도시의 기후

티라나

월별	1월	2월	3월	4월	5월	6월	7월	8월	9월	10월	11월	12월	전년
기온(°C)	5.9	7.2	9.7	13.5	17.8	21.6	23.8	23.4	20.1	15.8	12.1	8.0	14.9
강수량(mm)	161	138	141	95	106	85	52	54	54	82	191	204	1,361

자 연

발칸 반도의 남서부에 위치하며, 국토의 대부분은 산지와 구릉으로 이루어져 있고 해안을 따라 좁은 평지가 있다. 대부분의 지역이 지중해성 기후 지대로 여름에는 덥고 건조하며 겨울에는 따뜻하고 비가 많다.

역 사

알바니아 인들은 로마 제국, 비잔티움 제국, 세르비아 · 불가리아 · 오스만 제국 등의 지배를 거쳐 1912년 독립하였다. 제1, 2차 세계 대전 중에는 그리스, 이탈리아에 점령되었다가 1946년 인민 공화국으로 독립하였다. 독립 후 소련보다는 중국과 깊은 관계를 유지하였으며 1991년에 알바니아 공화국이 되었다.

1999년의 코소보 자치주 사건과 NATO의 공습으로 대량의 난민이 유입하여 어려움을 겪었으며, 현재는 NATO에 가입을 추진하고 있다.

경 제

전통적인 농업 국가로 밀, 옥수수, 사탕무 등의 재배와 염소, 양의 사육이 많으며, 광업은 크롬의 생산이 세계적이다. 인민 공화국 시절에는 철저한 중앙 집권적인 사회주의 경제 정책을 실시하였으며, 현재 동부 유럽에서 경제가 가장 낙후된 후진국이다.

관 광

주요 도시들, 고고학 유적지, 로마의 원형 경기장 등이 관광 자원이다.

41. 러시아

Russian Federation

수도 : 모스크바(1,013만 명)
면적 : 1,707.5만 ㎢
인구 : 14,411만 명
인구 밀도 : 8명/㎢

데이터

정체 / 연방 공화제

민족 / 러시아 인 80%, 타타르 인 4%, 우크라이나 인 2%, 기타 100여 종족

언어 / 러시아 어, 타타르 어 등

종교 / 러시아 정교, 이슬람 교 등

문맹률 / 1%

평균 수명 / 남 60세, 여 72세

통화 / 루블(Ruble)

도시 인구 / 73%

주요 도시 / 상트페테르부르크, 니주니노브고르드, 로스토프, 에카테린부르크, 첼랴빈스크, 옴스크, 이르쿠츠크, 하바로프스크, 블라디보스토크 등

국민 총생산 / 3,066억 달러

1인당 국민 소득 / 2,130달러

토지 이용 / 농경지 7.7%, 목초지 5.1%, 삼림 44.9%, 기타 42.3%

산업별 인구 / 1차 11.8%, 2차 26.8%, 3차 61.4%

천연 자원 / 석유, 천연가스, 철광, 석탄, 금, 은, 구리, 우라늄, 호박, 목재, 수산물 등

수출 / 1,064억 달러(원유, 천연가스, 석유제품, 목재, 금속, 화학 등)

수입 / 462억 달러(기계류, 소비재, 의약품, 곡물, 육류, 설탕 등)

한국의 대(對) 러시아 수출 / 16.6억 달러

한국의 대(對) 러시아 수입 / 25.2억 달러

한국 교민 / 156,650명

발전량 / 8,913억 kWh(수력 19.7%, 화력 64.9%, 원자력 15.4%)

관광객 / 794만 명

관광 수입 / 42억 달러

국방 예산 / 480억 달러

군인 / 96만 명

표준 시간 / 한국 시간에서 -6시간~+4시간(11개 시간대)

국제 전화 국가 번호 / 7번

주요 도시의 기후

모스크바

월별	1월	2월	3월	4월	5월	6월	7월	8월	9월	10월	11월	12월	전년
기온(°C)	-7.5	-6.7	-1.4	6.4	12.8	17.1	18.4	16.5	10.8	5.0	-1.6	-5.5	5.3
강수량(mm)	47	36	33	39	53	86	90	80	67	66	59	50	705

이르쿠츠크

월별	1월	2월	3월	4월	5월	6월	7월	8월	9월	10월	11월	12월	전년
기온(°C)	-18.2	-15.1	-7.1	2.1	9.6	15.2	17.8	15.6	9.0	1.4	-7.9	-15.2	0.6
강수량(mm)	12	8	12	19	32	71	114	87	54	25	21	18	472

블라디보스토크

월별	1월	2월	3월	4월	5월	6월	7월	8월	9월	10월	11월	12월	전년
기온(°C)	-13.2	-10.6	-2.3	4.3	9.6	13.0	17.3	19.4	15.3	8.1	-1.4	-9.7	4.2
강수량(mm)	12	18	24	66	68	113	143	156	127	55	30	15	827

딕손

월별	1월	2월	3월	4월	5월	6월	7월	8월	9월	10월	11월	12월	전년
기온(°C)	-26.1	-25.9	-23.0	-17.3	-7.9	0.0	4.3	4.9	1.2	-8.6	-18.6	-22.8	-11.7
강수량(mm)	35	28	22	20	19	33	35	46	41	34	22	31	365

자 연

유라시아 대륙의 북부에 위치하는 세계 최대의 면적을 갖는 나라이다. 지형은 전체적으로 남쪽이 높고 북쪽이 낮으며 크게 세 지역으로 구분된다. 우랄 산맥 서쪽의 동유럽 평원(러시아 평원) 지역에는 중앙에 모스크바가 자리잡고 북으로 라도가 · 오네가 호 등 수천 개의 빙식호와 습지가 분포한다. 북드비나 강과 페초라 강이 북해로, 돈 강은 아조프 해로, 볼가 강은 카스피 해로 흘러든다.

우랄 산맥에서 중앙 시베리아 고원 사이의 서시베리아 저지 지역에는 오브 강과 예니세이 강이 북극해로 흘러들며 평균 고도는 10m에 불과하다. 또 오브 강의 하류는 대습지 지대를 이루고 북쪽은 영구 동토 지역을 이룬다.

중앙 시베리아 고원에서 베링 해협에 이르는 방대한 고원과 산지 지역은 바이칼 호에서 시작하는 레나 강이 북극해로, 중국과의 국경을 흐르는 아무르(헤이룽) 강은 오호츠크 해로 흘러든다. 또 이 지역에는 야블로노이 · 스타노보이 · 베르호얀스크 · 콜리마 등의 산맥이 달리고 캄차카 반도와 쿠릴 열도는 일본 열도에 이어지는 환태평양 조산대를 이루며 그 안쪽에 사할린 섬이 자리한다.

기후는 북에서 남으로 가면서 빙설-툰드라-냉대 습윤-스텝-온대 습윤 등의 기후로 다양하나 냉대 기후 지역이 넓게 차지한다. 또 서부는 대서양의 영향으로 비교적 따뜻하나 동쪽으로 갈수록 여름과 겨울의 기온 차가 큰 대륙성 기후의 특색이 강하고 내륙은 세계의 극한 지역을 이룬다.

역 사

7~8세기 카르파티아 지방에서 슬라브 족이 이주해 루시(Rus)라는 이름으로 드네프르 강

유역에 거주하였고, 지중해 지역과 발트 해 지역 간의 교역 통로인 이 지역에 노르만 무장 상인들이 들어와 슬라브 인들을 지배하였다. 9세기에는 루시 인들 최초의 국가가 성립되어 키예프 대공국으로 발전하였다. 13세기에는 몽골의 정복이 있었고 15세기에는 모스크바 공국이 독립하여 영토 확장에 들어갔다. 18세기 표트르 대제가 러시아 제국을 건설하여 유럽 문화를 받아들이면서 영토를 발트 해, 시베리아, 극동으로 확장하였다.

1917년 러시아 혁명이 일어나 레닌의 볼셰비키 파가 최초의 사회주의 국가를 건설하였고 1922년에는 소비에트 사회주의 공화국 연방(소련)을 수립하였다. 그 후 스탈린은 동구권과 세계 각 지역에 위성 국가들을 거느리며 중공업과 군수 산업 중심의 계획 경제로 급속한 산업 발전을 이룩하여 제2차 세계 대전 후에는 미국과 함께 세계 초강대 국가로 등장하였다. 1985년 고르바초프 정권이 탄생하면서 개혁 · 개방 정책을 추진하였고 1989년 지중해의 몰타에서 고르바초프 서기장과 미국 부시 대통령이 회담한 이후 동서 간의 냉전 종식을 선언하였다.

1990년 고르바초프는 헌법 개정으로 대통령이 되었고 1991년 옐친은 러시아 공화국의 대통령이 되었다. 뒤이어 고르바초프 소련 대통령은 공산당의 해체를 선언하고 사임하여 소련이 소멸되면서 독립 국가 연합(CIS)이 창설되었다. 현재의 러시아 푸틴 대통령은 '강한 러시아'의 부활을 다짐하고 있으나 체첸 인들의 테러와 경제적 난관 등에 부딪치고 있다.

경 제

모든 산업이 그 동안의 사회주의 계획 경제 체재에서 자본주의 시장 경제 체재로 전환되고 있으나 과도기적인 혼란이 아직도 계속되고 있다.

농업 지역은 자연 조건에 따라 형성되어 있으나 작물 생산은 가뭄과 냉해 등의 기후 조건 변화에 크게 영향을 받는다. 과거의 국영 농장과 집단 농장 제도는 주식 회사와 협동 조합으로 개편하여 효율을 높이고 있다. 또 이 나라는 세계적인 수산업 국가로 수산물의 생산과 가공업이 발달하고 있다.

공업은 풍부한 지하 자원과 에너지 자원을 바탕으로 원료, 에너지, 수송, 노동력 등의 입지 조건을 중심으로 지역별 콤비나트를 형성, 운영하고 있다. 첨단 산업과 군수 산업은 세계적인 수준에 있으나 민간 부문은 약한 편이다. 외화 수입은 에너지와 지하 자원의 수출에 의존하는 문제를 안고 있다.

관 광

교회와 사원, 박물관, 옛 건축물, 볼가 강의 뱃놀이, 눈과 숲으로 덮인 자연과 겨울 스포츠 등이 관광 자원이다.

연방내의 21개 공화국과 자료

	공화국 이름	면적(만 ㎢)	인구(만 명)		공화국 이름	면적(만 ㎢)	인구(만 명)
1	바슈코르토스탄	14.4	411	12	모르도바	2.6	94
2	부랴트	35.1	104	13	북오세티아	0.8	66
3	체첸	1.9	78	14	타타르스탄	6.8	378
4	잉구슈	0.36	32	15	투바	17.1	31
5	추바슈	1.8	136	16	우드무르트	4.2	163
6	다게스탄	5.0	212	17	사하	310.3	100
7	카발디노	1.3	79	18	아도이게	0.7	45
8	칼미키야	7.6	32	19	알타이	9.3	20
9	카렐리야	17.2	77	20	카라차이	1.4	43
10	코미	41.6	115	21	하카시아	6.2	58
11	마리엘	2.3	76				

42. 벨로루시

Republic of Belarus

수도 : 민스크(170만 명)
면적 : 20.8만 ㎢
인구 : 980만 명
인구 밀도 : 47명/㎢

데이터

정체 / 공화제

민족 / 벨로루시 인 81%, 러시아 인 11% 등

언어 / 벨로루시 어(공용어), 러시아 어 등

종교 / 러시아 정교

문맹률 / 0%

평균 수명 / 남 62세, 여 74세

통화 / 벨로루시 루블(Ruble)

도시 인구 / 70%

주요 도시 / 고멜, 브레스트, 모길료프 등

국민 총생산 / 135억 달러

1인당 국민 소득 / 1,360달러

토지 이용 / 농경지 30.5%, 목초지 14.1%, 삼림 33.7%, 기타 21.7%

산업별 인구 / 1차 21.2%, 2차 34.1%, 3차 44.7%

천연 자원 / 삼림, 갈탄, 석유, 천연가스 등

수출 / 81억 달러(기계, 수송 장비, 화학, 식료품 등)

수입 / 90억 달러(원료와 연료, 천연가스, 섬유, 설탕, 식료품 등)

발전량 / 250억 kWh(수력 0.1%, 화력 99.9%)

관광객 / 6만 명

관광 수입 / 2억 달러

국방 예산 / 19억 달러

군인 / 7.3만명

표준 시간 / 한국 시간에서 -7시간

국제 전화 국가 번호 / 375번

주요 도시의 기후

민스크

	1월	7월
월평균 기온(°C)	-5.2	17.5
연강수량(mm)	663	

자 연

폴란드와 러시아의 중간에 위치한다. 지형은 중앙부에 구릉이 있고 북부는 서드비나 강 유역에 수천 개의 빙식호와 습지가 있으며, 남부는 드네프르 강의 지류 일대가 대 습지 지역을 이룬다. 이 나라는 옛날부터 수운이 편리한 곳이다.

기후는 대서양과 대륙의 영향을 함께 받는 중간 지대로 냉대 습윤 기후를 이루어 겨울은 춥고 눈이 많으며 여름은 따뜻하고 비가 내린다.

역 사

예로부터 슬라브 인들이 거주하였으며 11~12세기에는 많은 도시가 발달하여 발트 해 연안국들과의 교역이 성하였다. 13세기부터 벨로루시(백러시아)라고 불렀으며, 16세기에는 폴란드의 지배를 받다가 18세기 폴란드의 분할로 러시아 령이 되었다. 1922년 소련 연방에 들어갔으며 1945년 UN에 가입하였다. 1991년 소련의 해체로 독립하여 독립 국가 연합(CIS)의 창설 국가가 되었다. 현재는 러시아와 친밀한 외교 관계를 맺고 서방 국가들과도 교류를 확대하고 있다.

경 제

농업은 맥류, 감자, 사탕무, 야채 등의 재배가 성하고 소, 돼지 등의 사육도 많으나, 1986

년의 우크라이나의 체르노빌 원전 사고로 인한 피해를 입고 있다.

공업은 농기계, 수송 장비, 전자, 섬유 등이 발달하였다.

관 광

민스크의 박물관, 역사 유적지, 호수 지역의 산책과 수상 스포츠, UN 생태 보전 습지와 강 등이 유명한 관광 자원이다.

43. 우크라이나

Ukraina

수도 : 키예프(261만 명)
면적 : 60.4만 ㎢
인구 : 4,743만 명
인구 밀도 : 78명/㎢

데이터

정체 / 공화제

민족 / 우크라이나 인 78%, 러시아 인 17% 등

언어 / 우크라이나 어(공용어), 러시아 어

종교 / 동방 정교, 가톨릭 교 등

문맹률 / 1%

평균 수명 / 남 63세, 여 74세

통화 / 그리분야(Hryvnya)

도시 인구 / 67%

주요 도시 / 드네프로페트로프스크, 하리코프, 도네츠크, 오데사, 얄타 등

국민 총생산 / 379억 달러

1인당 국민 소득 / 780달러

토지 이용 / 농경지 56.9%, 목초지 12.4%, 삼림 17.1%, 기타 13.6%

산업별 인구 / 1차 27.6%, 2차 24.5%, 3차 47.9%

천연 자원 / 석탄, 철광석, 티타늄, 망간, 천연가스, 석유, 유황, 마그네슘 등

수출 / 180억 달러(금속, 화학, 기계, 수송 장비, 식료품 등)

수입 / 170억 달러(에너지, 기계와 부품, 수송 장비, 화학, 플라스틱, 고무 등)

한국의 대(對) 우크라이나 수출 / 1.7억 달러

한국의 대(對) 우크라이나 수입 / 1.9억 달러

한국 교민 / 8,958명

발전량 / 1,730억 kWh(수력 7.1%, 화력 48.9%, 원자력 44.0%)

관광객 / 633만 명

관광 수입 / 30억 달러

국방 예산 / 47억 달러

군인 / 30만 명

표준 시간 / 한국 시간에서 -7시간

국제 전화 국가 번호 / 7번

주요 도시의 기후

키예프

월별	1월	2월	3월	4월	5월	6월	7월	8월	9월	10월	11월	12월	전년
기온(°C)	-5.4	-4.2	0.7	8.7	15.2	18.2	19.2	18.6	13.9	8.2	2.1	-2.2	7.8
강수량(mm)	46	47	37	47	52	70	86	67	43	35	50	44	624

오데사

월별	1월	2월	3월	4월	5월	6월	7월	8월	9월	10월	11월	12월	전년
기온(°C)	-1.4	-1.0	2.7	9.1	15.1	19.3	21.5	21.2	16.8	11.2	5.8	1.4	10.1
강수량(mm)	43	42	29	33	39	42	44	34	37	29	42	47	462

자 연

흑해 북쪽에 위치하여 러시아, 벨로루시, 폴란드, 루마니아, 몰도바 등과 국경을 접하고 있다. 서쪽은 카르파티아 산맥의 고지대가 이어지고, 남부는 크림 반도가 흑해에 돌출해 있다. 국토의 중앙에는 흑해로 유입되는 드네프르 강이 흐르며 넓고 비옥한 체르노젬(부식물이 많은 흑토) 지대를 이룬다.

기후는 북부와 서부가 여름이 따뜻하고 겨울이 추운 대륙성 냉대 습윤 기후를, 흑해 연안은 여름이 덥고 비가 적은 스텝 기후 지대를 이룬다. 얄타를 중심으로 하는 크림 반도는 바다의 영향으로 쾌적한 기후 환경을 이루어 옛날부터 보양 휴양지로 유명하다.

역 사

4~6세기 슬라브 인들이 이주하여 9~12세기에는 키예프 공국을 건설하였고 드네프르 강 유역을 중심으로 교역이 번창하였다. 13세기에는 몽골의 침입을 받았으며 14세기에는 리투아니아의 지배를 받기도 하였다. 16세기 폴란드의 영토가 되었다가 18세기 러시아의 영토가 되었다. 1917년 독립 정부가 출범하였으나 1922년 소련의 연방 공화국이 되었다. 1986년에는 체르노빌 원전 사고로 많은 피해를 입었고, 1991년 소련의 해체로 독립하면서 독립 국가 연합(CIS)을 창설, 가입하였다. 현재는 주변국들과의 우호 관계를 증진하고

있으며, 2004년 혁명으로 민주화가 진행중이다.

경 제

드네프르 강 유역의 비옥한 흑토 지대는 유럽의 곡창 지대로 밀, 감자, 사탕무, 채소, 포도, 해바라기 등의 생산이 많고 목축업도 성하다. 풍부한 석탄, 철광석 등의 지하 자원과 편리한 수륙 교통을 바탕으로 철강, 금속, 기계, 화학 등의 중화학 공업이 발달하여 독립 국가 연합 국가들 중에서는 러시아에 이은 최대 공업 국가이다.

관 광

흑해 연안의 보양 휴양지, 오데사와 키예프의 교회, 박물관, 역사 유적지, 바로크와 르네상스의 건축 양식 등이 관광 자원이다.

44. 몰도바

Republic of Moldova

수도 : 키시네프(66만 명)
면적 : 3.4만 ㎢
인구 : 420만 명
인구 밀도 : 124명/㎢

데이터

정체 / 공화제

민족 / 루마니아 계 몰도바 인 64%, 우크라이나 인 14%, 러시아 인 13% 등

언어 / 몰도바 어(공용어), 러시아 어

종교 / 동방 정교, 가톨릭 교 등

문맹률 / 1%

평균 수명 / 남 64세, 여 71세

통화 / 몰도바 레이(Leu)

도시 인구 / 46%

주요 도시 / 벨치, 티라스폴 등

국민 총생산 / 17억 달러

1인당 국민 소득 / 460달러

토지 이용 / 농경지 64.7%, 목초지 12.9%, 삼림 12.5%, 기타 9.9%

산업별 인구 / 1차 50.9%, 2차 12.0%, 3차 37.1%

천연 자원 / 갈탄, 인산염, 석고 등

수출 / 5.7억 달러(식료품, 담배, 섬유, 기계, 신발 등)

수입 / 9.0억 달러(연료, 기계, 식료품, 소비재 등)

발전량 / 36억 kWh(수력 2.0%, 화력 98.0%)

관광객 / 1.8만 명

관광 수입 / 4,700만 달러

국방 예산 / 1.5억 달러

군인 / 6,910명

표준 시간 / 한국 시간에서 -7시간

국제 전화 국가 번호 / 373번

주요 도시의 기후

키시네프

	1월	7월
월평균 기온(°C)	-4.3	21.4
연강수량(mm)	527	

자 연

루마니아와 우크라이나 사이에 위치하는 내륙국으로 국토의 대부분이 구릉 지대를 이룬다. 기후는 대륙성 냉대 습윤 기후를 이루나 바다의 영향으로 여름은 덥고 겨울은 따뜻한 편이다.

역 사

14세기 몰도바 공국이 성립하였으며 16세기에는 오스만 제국이 지배하였다. 1812년 러시아의 남하 정책으로 러시아 령이 되었다가 제1차 세계 대전 후 루마니아에 편입되었다. 1924년 몰도바 자치 공화국으로 탄생하였다가 1940년 소련의 연방 공화국이 되었다. 1991년 몰도바 공화국으로 독립하여 독립 국가 연합(CIS)에 가입하고, 1992년에는 UN에 가입하였다. 오늘날은 러시아, 루마니아, 우크라이나 등의 민족 문제와 공산당의 부활로 어려움을 겪고 있다.

경 제

농업 중심 국가로 밀, 포도, 채소, 사탕무, 담배 등의 재배와 농기구, 섬유, 식품 가공 등의 공업이 발달하였고 특히 포도주 생산이 유명하다.

관 광

자연 경관과 수도의 시가지가 관광 자원이다.

북아메리카편

국가별 데이터와 해설 »

1. 캐나다 2. 미국 3. 멕시코 4. 벨리즈 5. 과테말라
6. 온두라스 7. 엘살바도르 8. 니카라과 9. 코스타리카
10. 파나마 11. 쿠바 12. 바하마 13. 자메이카
14. 아이티 15. 도미니카공화국 16. 세인트킷츠네비스
17. 앤티가바부다 18. 도미니카연방 19. 세인트루시아
20. 바베이도스 21. 세인트빈센트그레나딘 22. 그레나다
23. 트리니다드토바고

북아메리카의 여러 나라

북극해
ARCTIC OCEAN
러시아
RUSSIA
베링 해협
Bering Str.
호프 곶
Hope Point
베링 해
Bering Sea
알류샨 열도
Aleutian Is.
미국
UNITED STATES OF AMERICA
알래스카
Alaska
배로 곶
Barrow C.
배로
매킨리 산
Mckinley Mt.
6194
알래스카 산맥
Alaska Mts.
앵커리지
Anchorage
알래스카 반도
Alaska Pen.
코디액 섬
Kodiak I.
알래스카 만
Gulf of Alaska
로건 산
Logan Mt.
5959
주노
Juneau
화이트호스
Whitehorse
영구빙의 한계
뱅크스 섬
Banks I.
퀸엘리자베스 제도
Queen Elizabeth Is.
빅토리아 섬
Victoria I.
부시아 반도
Boothia Pen.
이누비크
코퍼마인
매켄지 강
Mackenzie R.
옐로나이프
Yellowknife
포트리아드
우드버펄로공원
Wood Bufalo
그레이트베어 호
Great Bear L.
허드슨 만
Hudson Ba
캐나다
CANADA
린레이크
처칠
프린스루퍼트
롭슨 산
Robson Mt.
3954
에드먼턴
Edmonton
존스턴 해협
Johnston Str.
환드퓨카 해협
Juan de Fuca Str.
밴쿠버
Vancouver
빅토리아
Victoria
캘거리
Calgary
리자이나
Regina
위니펙
Winnipeg
시애틀
Seattle
스포캔
Spokane
포틀랜드
Portland
선더베이
Thunder Bay
슈피리어 호
Superior L.
보이시
Boise
캐스케이드 산맥
Cascade Mts.
미국
UNITED STATES OF AMERICA
세인트폴
St. Paul
밀워키
Milwaukee
오그덴
새크라멘토
Sacramento
로키 산맥
Rocky Mts.
샤이엔
오마하
Omaha
시카고
Chicago
디트로이트
Detroit
샌프란시스코
San Francisco
그레이트솔트 호
대분지
Great Basin
솔트레이크시티
Salt Lake City
그레이트플레인스
Great Plains
프레리
Prairies
중앙 평원
콜로라도 고원
Colorado Plat.
세인트루이스
St. Louis
로스앤젤레스
Los Angeles
샌타페
오클라호마시티
Oklahoma City
멤피스
Memphis
시에라네바다 산맥
샌디에이고
San Diego
피닉스
Phoenix
애팔래치아 산맥
티후아나
Tijuana
멕시칼리
Mexicali
엘패소
El Paso
댈러스
Dallas
애틀랜타
Atlanta
태평양
PACIFIC OCEAN
시우다드후아레스
Ciudad Juarez
휴스턴
Houston
뉴올리언스
New Orleans
치와와
Chihuahua
샌안토니오
San Antonio
캘리포니아 반도
California Pen.
시에라마드레옥시덴탈 산맥
Sierra Madre Occidental Mts.
멕시코 고원
Mexico Plat.
플로리다 반도
Florida Pen.
멕시코 만
Gulf of Mexico
몬테레이
Monterrey
북회귀선
아바나
Habana
탐피코
Tampico
메리다
Merida
산루카스 곶
San Lucas C.
캄페체 만
Gulf of Campeche
과달라하라
Guadalajara
유카탄 반도
Yucatan Pen.
소코로 섬
Socorro I.
멕시코
MEXICO
멕시코시티
Mexico City
베라크루스
Vera Cruz
벨리즈
BELIZE
포포카테페틀 산
Popocatepetl Mt.
5452
벨모판
Belmopan
온두라스
HONDU
아카풀코
Acapulco
과테말라
Guatemala
테구시갈파
Tegucigalpa
과테말라
GUATEMALA
니카라과
NICARA
산살바도르
San Salvador
마나과
Managua
엘살바도르
EL SALVADOR
산호세
San José
코스타리카
COSTA RICA
코코 섬
Coco I.

1:45,000,000
0 1500km

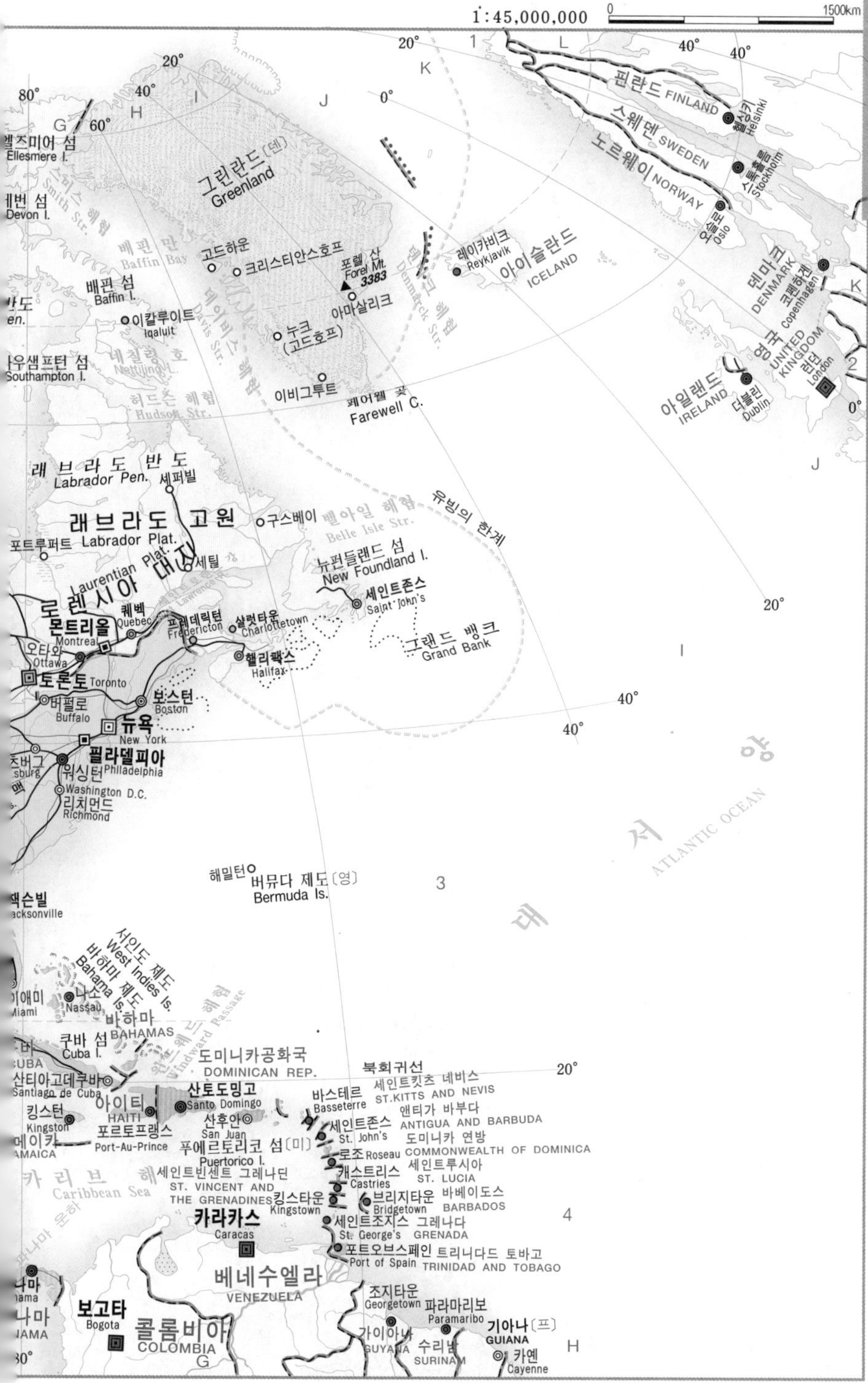
그린란드〔덴〕
Greenland
엘즈미어 섬
Ellesmere I.
데번 섬
Devon I.
배핀 만
Baffin Bay
배핀 섬
Baffin I.
이칼루이트
Iqaluit
네틸링 호
Nettiling L.
사우샘프턴 섬
Southampton I.
허드슨 해협
Hudson Str.
데이비스 해협
Davis Str.
고드하운
크리스티안스호프
포렐 산
Forel Mt.
3383
아마살리크
누크
(고드호프)
이비그투트
페어웰 곶
Farewell C.
덴마크 해협
Denmark Str.
레이캬비크
Reykjavik
아이슬란드
ICELAND
핀란드 FINLAND
헬싱키
Helsinki
스웨덴 SWEDEN
스톡홀름
Stockholm
노르웨이 NORWAY
오슬로
Oslo
덴마크
DENMARK
코펜하겐
Copenhagen
영국
UNITED KINGDOM
런던
London
아일랜드
IRELAND
더블린
Dublin
래브라도 반도
Labrador Pen.
셰퍼빌
래브라도 고원
Labrador Plat.
구스베이
벨아일 해협
Belle Isle Str.
유빙의 한계
포트루퍼트
세틸
로렌시아 대지
Laurentian Plat.
세인트로렌스 강
뉴펀들랜드 섬
New Foundland I.
세인트존스
Saint John's
그랜드 뱅크
Grand Bank
퀘벡
Quebec
몬트리올
Montreal
오타와
Ottawa
프레데릭턴
Fredericton
샬럿타운
Charlottetown
핼리팩스
Halifax
토론토 Toronto
버펄로
Buffalo
보스턴
Boston
뉴욕
New York
필라델피아
Philadelphia
워싱턴
Washington D.C.
리치먼드
Richmond
대서양
ATLANTIC OCEAN
해밀턴
버뮤다 제도〔영〕
Bermuda Is.
잭슨빌
Jacksonville
서인도 제도
West Indies Is.
바하마 제도
Bahama Is.
마이애미
Miami
나소
Nassau
바하마
BAHAMAS
윈드워드 해협
Windward Passage
쿠바 섬
Cuba I.
도미니카공화국
DOMINICAN REP.
북회귀선
산티아고데쿠바
Santiago de Cuba
아이티
HAITI
산토도밍고
Santo Domingo
킹스턴
Kingston
포르토프랭스
Port-Au-Prince
산후안
San Juan
푸에르토리코 섬〔미〕
Puertorico I.
바스테르
Basseterre
세인트키츠 네비스
ST.KITTS AND NEVIS
세인트존스
St. John's
앤티가 바부다
ANTIGUA AND BARBUDA
로조 Roseau
도미니카 연방
COMMONWEALTH OF DOMINICA
캐스트리스
Castries
세인트루시아
ST. LUCIA
카리브 해
Caribbean Sea
세인트빈센트 그레나딘
ST. VINCENT AND THE GRENADINES
킹스타운
Kingstown
브리지타운
Bridgetown
바베이도스
BARBADOS
카라카스
Caracas
세인트조지스
St. George's
그레나다
GRENADA
포트오브스페인
Port of Spain
트리니다드 토바고
TRINIDAD AND TOBAGO
파나마 운하
베네수엘라
VENEZUELA
조지타운
Georgetown
파라마리보
Paramaribo
기아나〔프〕
GUIANA
가이아나
GUYANA
수리남
SURINAM
카옌
Cayenne
보고타
Bogota
콜롬비아
COLOMBIA

북아메리카(캐나다 · 알래스카)

1:27,300,000

0
600km
북 극 해
ARCTIC OCEAN
그린란드 (덴)
Greenland
액슬하이베르크 섬
Axel Heiberg I.
에타
퀸엘리자베스 제도
Queen Elizabeth Is.
엘즈미어 섬
Ellesmere I.
툴레
스미스 해협
Smith Str.
스코레즈비순
3383 포렐 산
Forel Mt.
아마살리크
덴마크 해협
Denmark Str.
아이슬란드
ICELAND
레이카비크
Reykjavik
북 극 권
배서스트 섬
Bathurst I.
데번 섬
Devon I.
배핀 만
Baffin Bay
서머싯 섬
Somerset I.
고드하운
크리스티안스호프
프린스오브웨일스 섬
Prince of Wales I.
부시아 반도
Boothia Pen.
멜빌 반도
Melville Pen.
배핀 섬
Baffin I.
이칼루이트
Iqaluit
누크 (고드호프)
데이비스 해협
Davis Str.
이비그투트
페어웰 곶
Farewell C.
프린스찰스 섬
Prince Charles I.
프로비셔베이
웨이저베이
누나부트 준주
Nunavut Territories
사우샘프턴 섬
Southampton I.
래브라도 해
Labrador Sea.
허드슨 해협
Hudson Str.
체스터필드
코츠 섬
Coats I.
맨슬 섬
Mansel I.
나인
포트치모
허드슨 만
Hudson Bay
래브라도 반도
Labrador Pen.
뉴펀들랜드
New Foundland
벨아일 해협
Belle Isle Str.
처칠
벨처 제도
Belcher Is.
세퍼빌
고원
구스베이
요크팩트리
매니토바
Manitoba
포트세븐
위니스크
래브라도
Labrador Plat.
뉴펀들랜드 섬
New Foundland I.
세인트존스
Saint John's
간더
제임스 만
James Bay
포트조지
밍건
노르웨이하우스
세틸
애티코스티 섬
Anticosti I.
코너브룩
온타리오
Ontario
포트루퍼트
프린스에드워드아일랜드
Prince Edward Island
미켈론 섬 (프)
Miquelon I.
무스니
퀘벡
Quebec
Laurentian Plat.
로렌시아 대지
배서스트
뉴브런즈윅
New Brunswick
샬럿타운
Charlottetown
시드니
위니펙
Winnipeg
나키나
캐나다태평양철도
커노라
퀘벡
Quebec
프레데릭턴
Fredericton
핼리팩스
Halifax
노바스코샤
Nova Scotia
선더베이
Thunder Bay
몬트리올
Montreal
세인트존
Saint John
노바스코샤 반도
Nova Scotia Pen.
184
-307
슈피리어 호
Superior L.
노스베이
수세인트마리
오타와
Ottawa
오거스타
서드베리
Sudbury
포틀랜드
미니애폴리스
Minneapolis
세인트폴
St. Paul
휴런 호
Huron L.
토론토
Toronto
75
-225
시러큐스
Syracuse
보스턴
Boston
177
-223
해밀턴
Hamilton
메디슨
Madison
177
-265
로체스터
Rochester
하트퍼드
Hartford
프로비덴스
Providence
수폴스
Sioux Falls
Prairies
밀워키
Milwaukee
디트로이트
Detroit
버펄로
Buffalo
뉴헤이번
New Haven
뉴욕
New York
클리블랜드
Cleveland
80°
70°
60°
40°
20°
100°
50°
J
I
H
G
F
E
2
3
4

북아메리카 (미국)

130° 120° 110° 100° 50° 40° 30°
A B C
1 2 3 4

브리티시컬럼비아 BRITISH COLUMBIA
워딩턴 산 Wadington Mt. 4042
로브슨 산 Robson Mt. 3954
재스퍼 국립 공원 Jasper N.P.
에드먼턴 Edmonton
스미스
프린스앨버트 국립 공원 Prince Albert N.P.
플린플론
앨버타 산 Alberta Mt. 3619
위태스키윈
버밀리언
빅리버
서패스
컬럼비아 산 Columbia Mt. 3747
코트니
릴루에트
레드디어
프린스앨버트
윌키
허드슨베이
밴쿠버 섬 Bancouver I.
밴프 국립 공원 Banff N.P.
서스캐처원 강 Saskatchewan R.
캠루프스
레블스토크
헤나
멜퍼트
커노라
밴쿠버 Bancouver
빅토리아 Victoria
후안데푸카 해협 Juan de Fuca Str.
캘거리 Calgary
새스커툰 Saskatoon
위니페고시스 호 Winnipegosis L.
가디너 댐 Gardiner Dam
요크턴
라이딩마운틴 국립 공원 Riding Mt. N.P.
도핀
넬슨
베이커 산 Baker Mt. 3285
올림포스 산 Olympus Mt. 2428
워싱턴 WASHINGTON
치프조세프 댐
레스브리지
메디신햇
무스조
스위프트커런트
리자이나 Regina
시애틀 Seattle
컬럼비아 분지 Columbia B.
그랜드쿨리 댐 Grand Coulee Dam
워터턴글레이셔 국립 공원 Waterton Glacier N.P.
걸레이크
웨이번
브랜던
올림피아 Olympia
타코마 Tacoma
레이니어 산 Rainier Mt.
트로이
셸비
에스터반
애스토리아
리칠랜드
스포캔 Spokane
해버
글래스고
마이놋
포틀랜드 Portland
월라월라
비터루트 산맥 Bitterroot Range
미주리 강 Missouri R.
포트펙 댐 Ft. Peck Dam
윌리스턴
럭비
세일럼 Salem
캐스케이드 산맥 Cascade Range
펜들턴
라그랜디
미줄라
그레이트폴스
헬레나 Helena
몬태나 MONTANA
글랜다이브
노스다코타 NORTH DAKOTA
유진 Eugene
뷰트
빌링스
옐로스톤 강 Yellowstone R.
마일스시티
디킨슨
맨댄
비즈마크 Bismarck
제임스타운
벤드
오리건 OREGON
컬럼비아 고원 Columbia Plat.
베이커
로즈버그
그랜츠패스
크레이터레이크 국립 공원 Crater Lake N.P.
스콧 산 Scott Mt. 2721
번스
아이다호 IDAHO
리빙스턴
하딘
레먼
모브리지
사우스다코타 SOUTH DAKOTA
애버딘
메드퍼드
클래머스폴스
남파
보이시 Boise
옐로스톤 국립 공원 Yellowstone N.P.
셰리든
클라우드 산 Cloud Peak 4017
하니 산 Harney Peak 2207
레드필드
유리카
위드
섀스타 산 Shasta Mt. 4317
앨투러스
아이다호폴스
그랜드티턴 국립 공원 Grand Teton N.P.
뉴캐슬
래피드시티
피어 Pierre
스네이크 강 Snake R.
블랙록 사막 Black Rock Des.
루퍼트
포커텔로
윈드 동굴 국립 공원 Wind Cave N.P.
코스트 산맥 Coast Range
래슨 화산 국립 공원 Lassen Vocanic N.P.
래슨 산 Lassen Mt. 3187
와이오밍 WYOMING
캐스퍼
유카이어
위네머카
엘코
그레이트솔트 호 Great Salt L.
로건
크로퍼드
포트랜댈 댐
그레인저
얼라이언스
리노 Reno
카린
웰스
오그던
네브래스카 NEBRASKA
록스프링스
롤린스
새크라멘토 Sacramento
그레이트솔트레이크 사막 Great Salt Lake Des.
솔트레이크시티 Salt Lake City
래러미
샤이엔 Cheyenne
노스플랫
버클리 Berkeley
오클랜드 Oakland
스톡턴 Stockton
카슨시티 Carson City
네바다 NEVADA
프로보
롱스 산 Longs Peak 1625
그랜드아일랜드
샌프란시스코 San Francisco
일리
유리카
로키 산맥 Rocky Mts.
로키 산 국립 공원 Rocky Mountain N.P.
볼더
플랫 강 Platte R.
새너제이 San Jose
모데스토 Modesto
그레이트베이슨 Great B.
토너파
요세미티 국립 공원 Yosemite N.P.
유타 UTAH
와새치 산맥 Wasatch Range
그랜드정크션
덴버 Denver
그레이트플레인스 Great Plains
캔자스 KANSAS
몬터레이
시에라네바다 산맥 Sierra Nevada
프레즈노 Fresno
킹스캐니언 국립 공원 Kings Canyon N.P.
필모어
그린리버
레드클리프
콜로라도 COLORADO
콜로라도스프링스 Colorado Springs
도지시티
캘리포니아 CALIFORNIA
캘리엔티
몬티셀로
델타
시더시티
자이언 국립 공원 Zion N.P.
푸에블로 Pueblo
시러큐스
캔자스 강 Kansas R.
죽음의 계곡 Deth Valley
라스베이거스 Las Vegas
내바호 산 Navajo Mt. 3166
블랭카 산 Blanca Peak 4372
글렌캐니언 댐
메사베르데 국립 공원 Mesa Verde N.P.
베이커즈필드 Bakersfield
그랜드캐니언 국립 공원 Grand Canyon N.P.
콜로라도 고원 Colorado Plat.
두랑고
라헌타
모하비 사막 Mojave Des.
후버 댐
트리니대드
리버럴
샌타마리아
모하비
로스앨러모스
보이시시티 Boise City
가이먼
샌타바버라
바스토
킹먼
험프리스 산 Humphreys Peak 3862
샌타페 Santa Fe
댈허트
우드워드
로스앤젤레스 Los Angeles
샌버너디노 San-Bernardino
니들스
윌리엄스
윈즐로
갤럽
오클라호마 OKLAHOMA
롱비치 Long Beach
리버사이드 River Side
캐나디언 강 Canadian R.
그랜츠
앨버커키 Albuquerque
샌타로자
애머릴로 Amarillo
클린턴
샌디에이고 San Diego
임피리얼 계곡 Imperial Valley
프레스콧
피닉스 Phoenix
애리조나 ARIZONA
마그달레나
뉴멕시코 NEW MEXICO
메사 Mesa
클로비스
티후아나 Tijuana
유마
멕시칼리 Mexicali
로즈웰
쿠와나
위치토폴스 Wichita Falls
엔세나다 Ensenada
캐사그랜디
실버시티
러벅 Lubbock
투손 Tucson
칼즈배드 동굴 국립 공원 Carlsbad Caverns N.P.
텍사스 TEXAS
태평양
라스크루서스
스위트워터
애빌린 Abilene
산킨틴
푸에르토피나스코
빅스비
더글라스
엘패소 El Paso
과달루페 산지 Guadalupe Mts.
빅스프링
산펠리페
노갈레스 Nogales
시우다드후아레스 Ciudad Juárez
미들랜드
샌앤젤로
로사리오
카보르카
마그달레나
시에라블랑카
페이커스
페커스 강 Pecos R.
과달루페 섬 Guadalupe I.
캘리포니아 반도 California Pen.
앙겔데라과르다 섬 Angel de la Guarda I.
벤자민힐
카사스그란데
밴혼
에드워즈 고원 Edwards Plat.
세드로스 섬 Cedros I.
티부론 섬 Tiburón I.
에르모시요 Hermoshillo
시에라마드레옥시덴탈 산맥 Sierra Madre Occidental
리오그란데 강 Rio Grande R.
앨파인
빅벤드 국립 공원 Bigbend N.P.
델리오
유발데
치와와 Chihuahua
멕시코 고원 Mexico Plat.
이글패스
샌안토니오 San Antonio
과이마스
피에드라스네그라스
캘리포니아 만 Gulf of California
산타로살리아
시우다드오브레곤 Ciudad Obregon
멕시코 MEXICO
커툴라
로레토
로스모치스 Los Mochis
누에보라레도 Nuevo Laredo
라레도 Laredo

1:17,800,000

0 500km

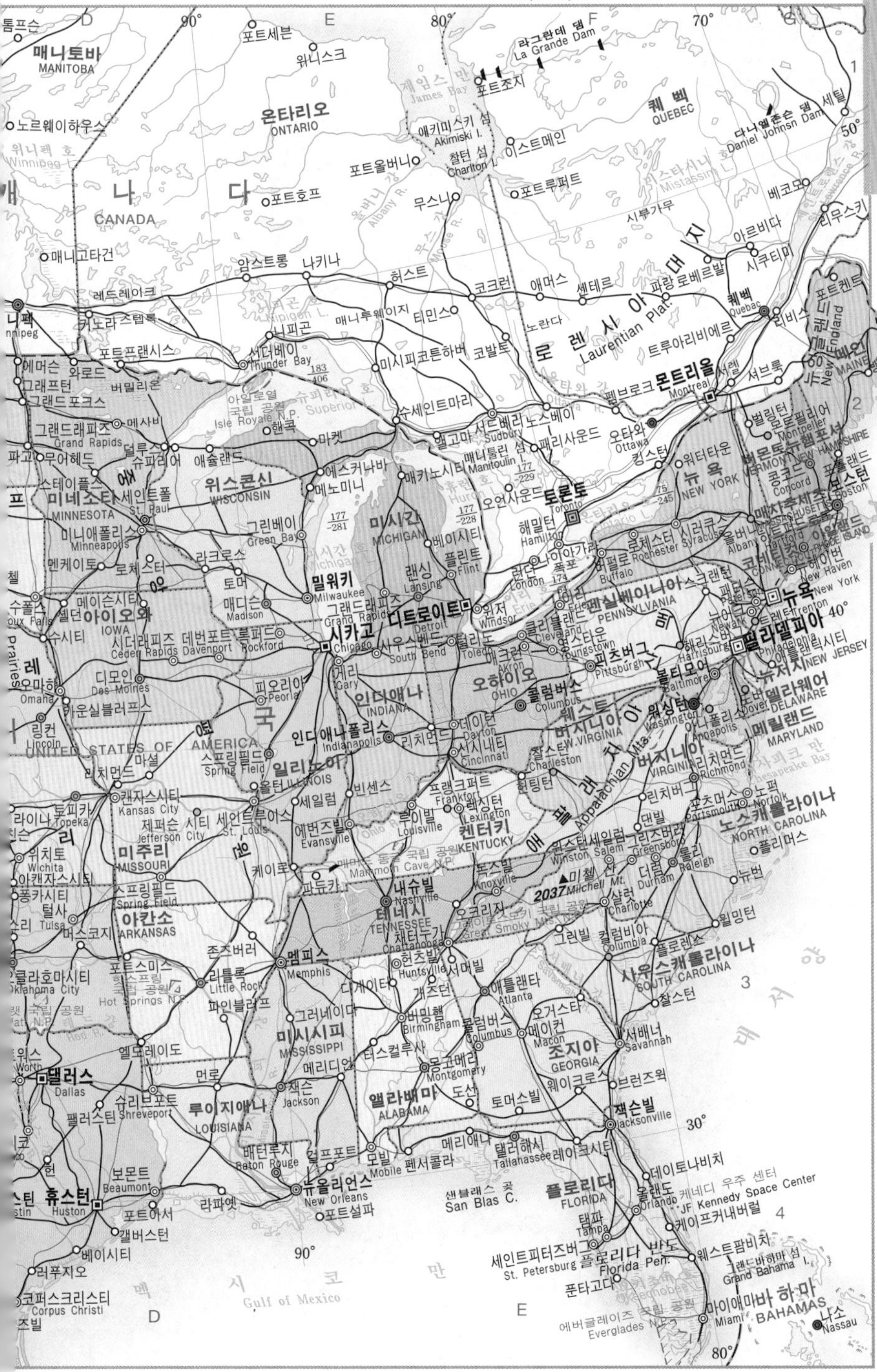

매니토바 MANITOBA
온타리오 ONTARIO
퀘벡 QUEBEC
캐나다 CANADA
제임스 만 James Bay
라그란데 댐 La Grande Dam
다니엘존슨 댐 Daniel Johnson Dam
애키미스키 섬 Akimiski I.
찰턴 섬 Charlton I.
위니펙 호 Winnipeg L.
미스타시니 호 Mistassini L.
니피곤 호 Nipigon L.
로렌시아 대지 Laurentian Plat.
슈피리어 호 Superior L.
아일로열 국립 공원 Isle Royale N.P.
휴런 호 Huron L.
미시간 호 Michigan L.
이리 호 Erie L.
온타리오 호 Ontario L.
매니툴린 섬 Manitoulin I.
세인트로렌스 강 St. Lawrence R.
톰프슨
포트세번
위니스크
포트조지
노르웨이하우스
이스트메인
포트올버니
포트호프
포트루퍼트
무스니
세틸
베코모
시부가무
아르비다
시쿠티미
리무스키
매니고타건
암스트롱
나키나
허스트
코크런
애머스
센테르
파랑
로베르발
퀘벡 Quebec
포트켄트
레드레이크
케노라
스텝록
매니투웨이지
티민스
노란다
트루아리비에르
리비스
위니펙 Winnipeg
포트프랜시스
니피곤
선더베이 Thunder Bay
미시피코튼하버
코발트
몬트리올 Montreal
셔브룩
뱅고어
에머슨
와로드
버밀리온
183/406
수세인트마리
서드베리 Sudbury
노스베이
펨브로크
그래프턴
그랜드포크스
멜고마
패리사운드
오타와 Ottawa
벌링턴
몬트필리어 Montpelier
그랜드래피즈 Grand Rapids
메사비
핸콕
마켓
킹스턴
워터타운
파고
무어헤드
덜루스
슈피리어
애슐랜드
에스커나바
매키노시티
177/229
오언사운드
토론토 Toronto
콩코드 Concord
포틀랜드
보스턴 Boston
스테이플스
세인트폴 St. Paul
메노미니
177/281
177/228
75/245
미네소타 MINNESOTA
위스콘신 WISCONSIN
미시간 MICHIGAN
뉴욕 NEW YORK
버몬트 VERMONT
뉴햄프셔 NEW HAMPSHIRE
메인 MAINE
뉴잉글랜드 New England
매사추세츠 MASSACHUSETTS
로드아일랜드 RHODE ISLAND
코네티컷 CONNECTICUT
미니애폴리스 Minneapolis
그린베이 Green Bay
베이시티
해밀턴 Hamilton
나이아가라 폭포
로체스터 Rochester
시러큐스 Syracuse
올버니 Albany
하트퍼드 Hartford
뉴헤이번 New Haven
멘케이토
로체스터
라크로스
플린트 Flint
런던 London
174/64
버펄로 Buffalo
스크랜턴
토머
밀워키 Milwaukee
랜싱 Lansing
패터슨 Paterson
뉴욕 New York
수폴스 Sioux Falls
메이슨시티
매디슨 Madison
그랜드래피즈 Grand Rapids
디트로이트 Detroit
윈저 Windsor
이리 Erie
펜실베이니아 PENNSYLVANIA
뉴어크 Newark
트렌턴 Trenton
40°
셀던
아이오와 IOWA
수시티
시더래피즈 Cedar Rapids
데븐포트 Davenport
록퍼드 Rockford
시카고 Chicago
사우스벤드 South Bend
털리도 Toledo
클리블랜드 Cleveland
영스타운 Youngstown
해리스버그 Harrisburg
필라델피아 Philadelphia
애틀랜틱시티
뉴저지 NEW JERSEY
디모인 Des Moines
게리 Gary
애크런 Akron
피츠버그 Pittsburgh
볼티모어 Baltimore
오마하 Omaha
카운실블러프스
피오리아 Peoria
인디애나 INDIANA
오하이오 OHIO
콜럼버스 Columbus
워싱턴 Washington
도버 Dover
델라웨어 DELAWARE
메릴랜드 MARYLAND
아나폴리스 Annapolis
링컨 Lincoln
인디애나폴리스 Indianapolis
리치먼드
데이턴 Dayton
웨스트버지니아 W.VIRGINIA
애팔래치아 산맥 Appalachian Mts.
미국 UNITED STATES OF AMERICA
마셜
스프링필드 Spring Field
일리노이 ILLINOIS
신시내티 Cincinnati
찰스턴 Charleston
버지니아 VIRGINIA
리치먼드 Richmond
체서피크 만 Chesapeake Bay
리치먼드
캔자스시티 Kansas City
올턴
빈센스
프랭크퍼트 Frankfort
헌팅턴
린치버그
포츠머스 Portsmouth
노퍽 Norfolk
토피카 Topeka
제퍼슨 시티 Jefferson City
세인트루이스 St. Louis
세일럼
루이빌 Louisville
렉싱턴 Lexington
대빌
노스캐롤라이나 NORTH CAROLINA
위치토 Wichita
미주리 MISSOURI
에번즈빌 Evansville
켄터키 KENTUCKY
윈스턴세일럼 Winston Salem
그린즈버러 Greensboro
롤리 Raleigh
플리머스
아캔자스시티
케이로
매머드 동굴 국립 공원 Mammoth Cave N.P.
녹스빌 Knoxville
미첼 산 2037 Mitchell Mt.
더럼 Durham
뉴번
폰카시티
스프링필드 Spring Field
퍼듀카
내슈빌 Nashville
샬럿 Charlotte
털사 Tulsa
아칸소 ARKANSAS
테네시 TENNESSEE
그레이트스모키 국립 공원 Great Smoky Mts. N.P.
윌밍턴
머스코지
존즈버러
채터누가 Chattanooga
그린빌
컬럼비아 Columbia
플로렌스
오클라호마시티 Oklahoma City
포트스미스
핫스프링 국립 공원 Hot Springs N.P.
리틀록 Little Rock
멤피스 Memphis
헌츠빌 Huntsville
서머빌
디케이터
개즈던
애틀랜타 Atlanta
사우스캐롤라이나 SOUTH CAROLINA
찰스턴
3
대서양
파인블러프
그러네이다
버밍햄 Birmingham
오거스타
콜럼버스 Columbus
메이컨 Macon
서배너 Savannah
레드 강 Red R.
미시시피 MISSISSIPPI
터스컬루사
엘도레이도
몽고메리 Montgomery
조지아 GEORGIA
포트워스 Worth
댈러스 Dallas
먼로
메리디언
웨이크로스
브런즈윅
슈리브포트 Shreveport
잭슨 Jackson
앨라배마 ALABAMA
도선
토머스빌
팰러스틴
루이지애나 LOUISIANA
잭슨빌 Jacksonville
30°
배턴루지 Baton Rouge
걸프포트
모빌 Mobile
펜서콜라
메리애나
탤러해시 Tallahassee
레이크시티
데이토나비치
보몬트 Beaumont
뉴올리언스 New Orleans
라파엣
샌블래스 곶 San Blas C.
플로리다 FLORIDA
올랜도 Orlando
케네디 우주 센터 JF Kennedy Space Center
휴스턴 Huston
포트아서
포트설파
케이프커내버럴
4
갤버스턴
탬파 Tampa
베이시티
90°
세인트피터즈버그 St. Petersburg
플로리다 반도 Florida Pen.
웨스트팜비치
그랜드바하마 섬 Grand Bahama I.
러푸지오
멕시코 만 Gulf of Mexico
푼타고다
오키초비 호 Okeechobee L.
코퍼스크리스티 Corpus Christi
에버글레이즈 국립 공원 Everglades N.P.
마이애미 Miami
바하마 BAHAMAS
나소 Nassau
80°
D E F G
1 2 3 4

북아메리카(미국 동북부)

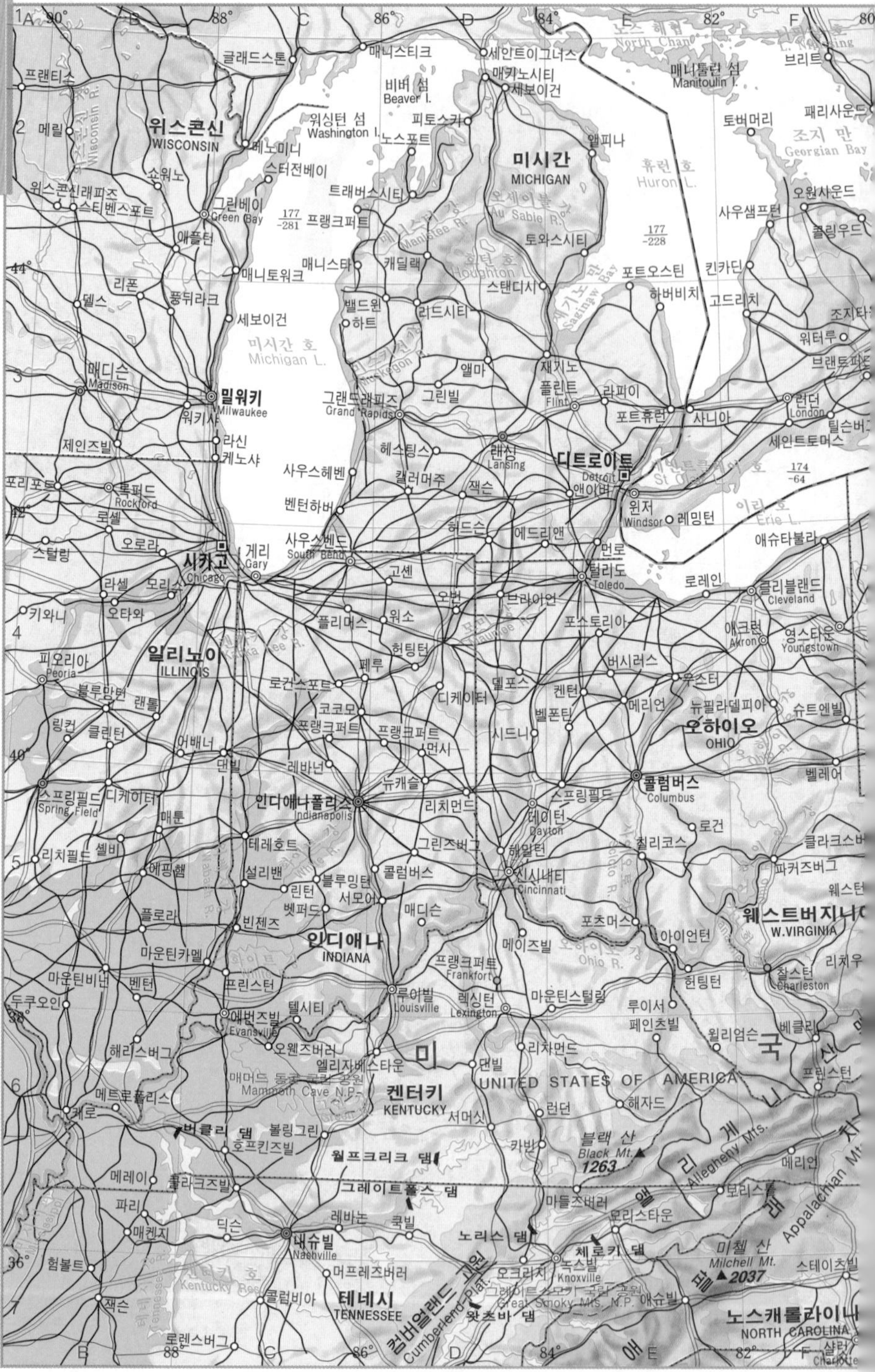

위스콘신 WISCONSIN
미시간 MICHIGAN
일리노이 ILLINOIS
인디애나 INDIANA
오하이오 OHIO
켄터키 KENTUCKY
테네시 TENNESSEE
웨스트버지니아 W.VIRGINIA
노스캐롤라이나 NORTH CAROLINA
미국 UNITED STATES OF AMERICA

미시간 호 Michigan L.
휴런 호 Huron L.
이리 호 Erie L.
조지 만 Georgian Bay
노스 해협 North Chan.
새기노 만 Saginaw Bay
매니툴린 섬 Manitoulin I.
비버 섬 Beaver I.
워싱턴 섬 Washington I.
오하이오 강 Ohio R.
켄터키 호 Kentucky Res.
매머드 동굴 국립 공원 Mammoth Cave N.P.
그레이트스모키 국립 공원 Great Smoky Mts. N.P.
컴버랜드 고원 Cumberland Plat.
애팔래치아 산맥 Appalachian Mts.
앨리게니 산맥 Allegheny Mts.
블랙 산 Black Mt. 1263
미첼 산 Mitchell Mt. 2037

밀워키 Milwaukee
시카고 Chicago
디트로이트 Detroit
인디애나폴리스 Indianapolis
콜럼버스 Columbus
신시내티 Cincinnati
루이빌 Louisville
내슈빌 Nashville
클리블랜드 Cleveland
톨리도 Toledo
그랜드래피즈 Grand Rapids
랜싱 Lansing
매디슨 Madison
그린베이 Green Bay
록퍼드 Rockford
피오리아 Peoria
스프링필드 Spring Field
게리 Gary
사우스벤드 South Bend
데이턴 Dayton
렉싱턴 Lexington
프랭크퍼트 Frankfort
에번즈빌 Evansville
녹스빌 Knoxville
찰스턴 Charleston
런던 London
윈저 Windsor
플린트 Flint
애크런 Akron
영스타운 Youngstown
샬럿 Charlotte

177/-281 177/-228 174/-64

1:6,650,000 0 200km

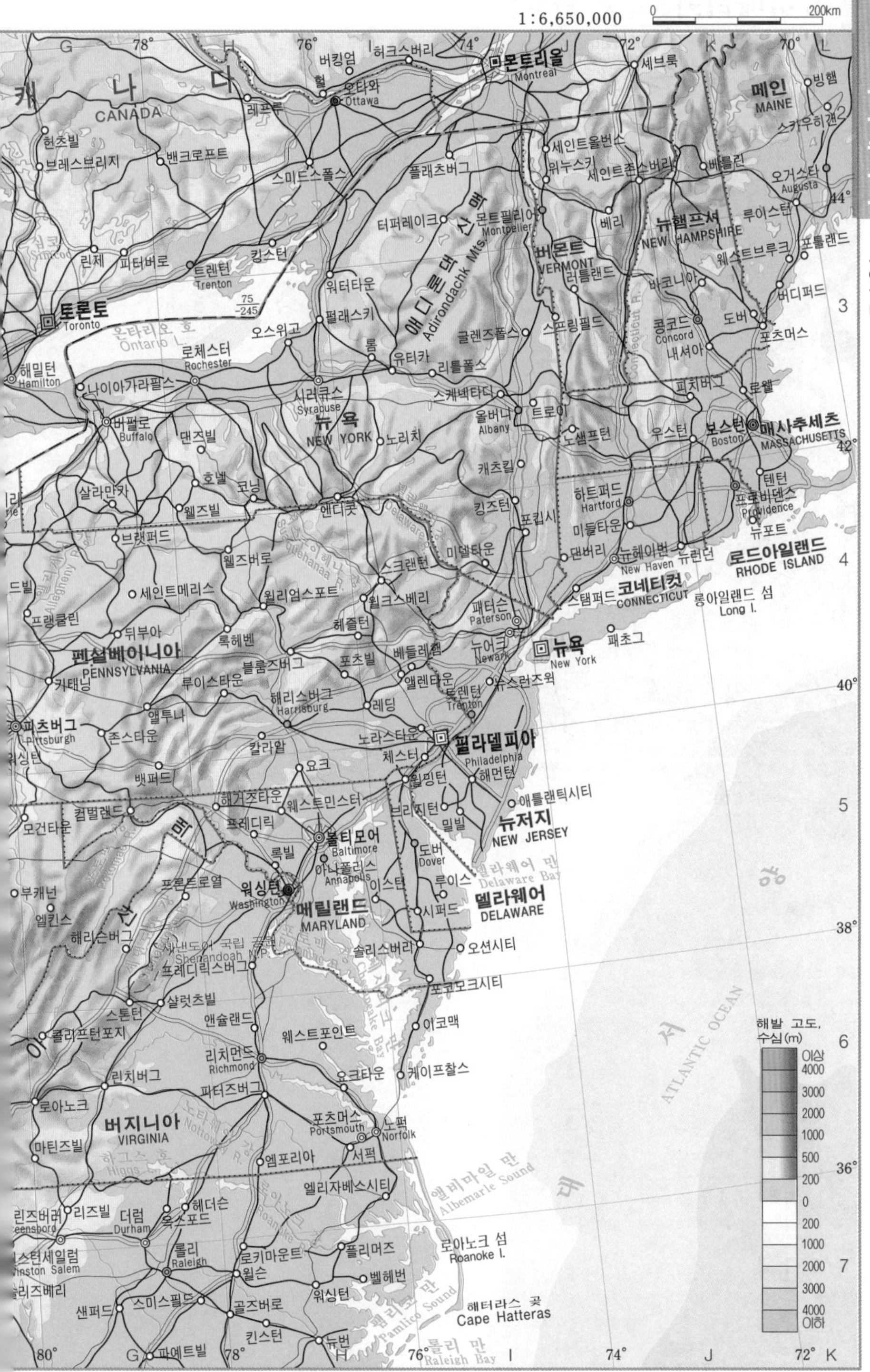

북아메리카(미국 남부)

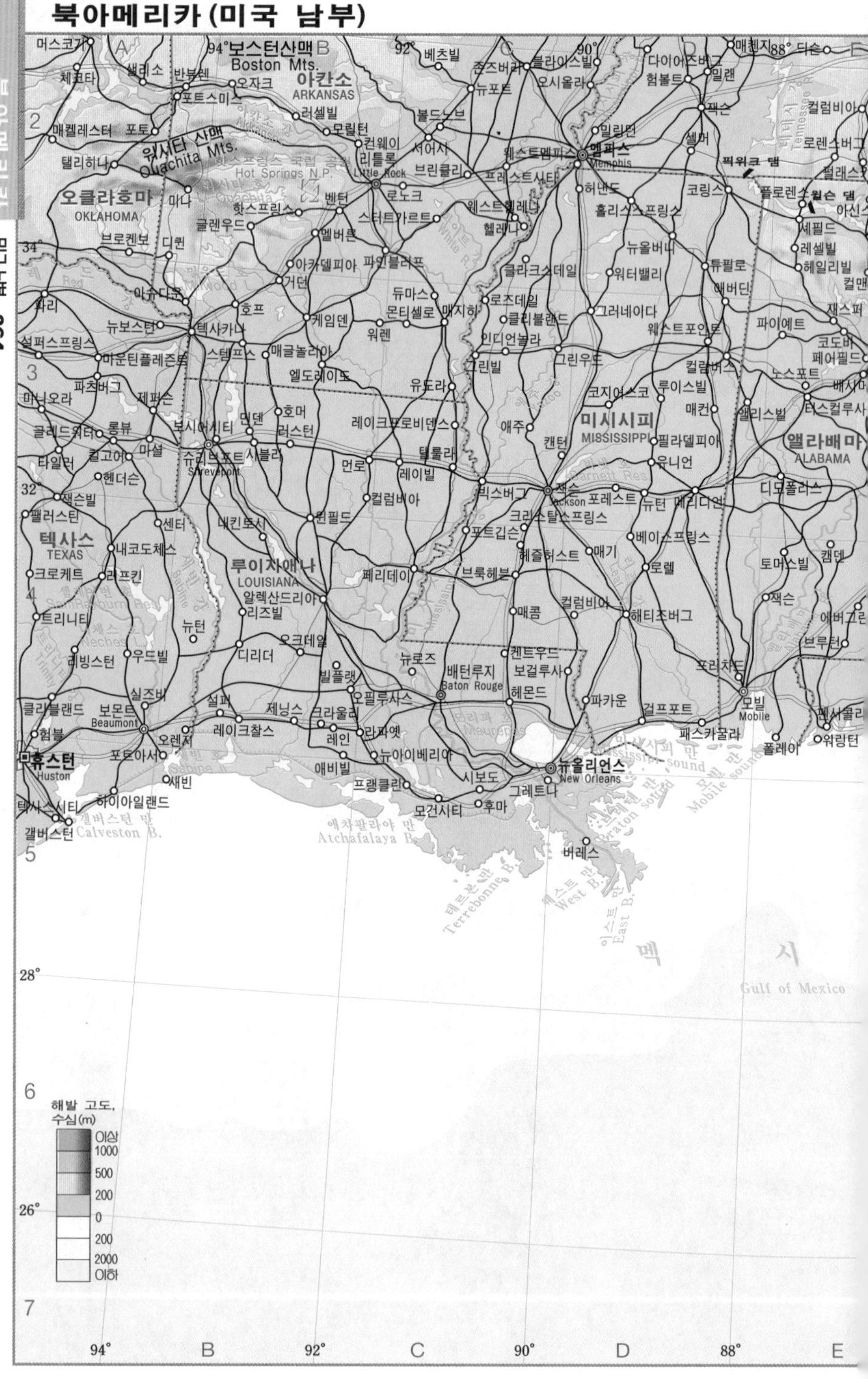
보스턴산맥
Boston Mts.
아칸소
ARKANSAS
워시타 산맥
Ouachita Mts.
핫스프링스 국립 공원
Hot Springs N.P.
오클라호마
OKLAHOMA
리틀록
Little Rock
멤피스
Memphis
미시시피
MISSISSIPPI
앨라배마
ALABAMA
루이지애나
LOUISIANA
텍사스
TEXAS
슈리브포트
Shreveport
잭슨
Jackson
배턴루지
Baton Rouge
뉴올리언스
New Orleans
모빌
Mobile
휴스턴
Huston
보몬트
Beaumont
갤버스턴
갤버스턴 만
Galveston B.
애차팔라야 만
Atchafalaya B.
테르본 만
Terrebonne B.
웨스트 만
West B.
이스트 만
East B.
미시시피 만
Mississippi sound
모빌 만
Mobile sound
멕시코 만
Gulf of Mexico
머스코기
체코타
샐리소
반뷰렌
오자크
포트스미스
러셀빌
모릴턴
컨웨이
매켈레스터
포토
탈리히나
마나
핫스프링스
벤턴
글렌우드
멜버른
브로켄보
디퀸
아카델피아
파인블러프
스터트가르트
로노크
브린클리
서어시
베츠빌
존즈버러
블라이스빌
뉴포트
오시올라
다이어즈버그
험볼트
밀랜
잭슨
매켄지
딕슨
컬럼비아
로렌스버그
펄래스키
플로렌스
셰필드
아신스
레셀빌
헤일리빌
컬맨
재스퍼
코도바
페어필드
노스포트
배시머
터스컬루사
밀링턴
셀머
코링스
웨스트멤피스
포레스트시티
웨스트헬레나
헬레나
허낸도
홀리스프링스
뉴올버니
튜펄로
애버딘
워터밸리
클라크스데일
로즈데일
클리블랜드
인디어놀라
그린빌
그린우드
그러네이다
웨스트포인트
컬럼버스
스타크빌
코지어스코
루이스빌
매컨
엘리스빌
필라델피아
유니언
메리디언
디모폴리스
캔턴
포레스트
뉴턴
야주
빅스버그
크리스탈스프링스
포트깁슨
브룩헤븐
매콤
헤즐허스트
매기
로렐
베이스프링스
해티즈버그
컬럼비아
켄트우드
보걸루사
파카운
걸프포트
패스카굴라
프리처드
토머스빌
캠덴
잭슨
에버그린
브루턴
펜서콜라
워링턴
폴레이
헤몬드
뉴로즈
빌플랫
오펄루사스
라파옛
크라울리
제닝스
레인
뉴아이베리아
애비빌
프랭클린
모건시티
후마
시보도
그레트나
버레스
레이크찰스
설퍼
오렌지
포트아서
새빈
하이아일랜드
텍사스시티
험블
클리블랜드
실즈비
리빙스턴
우드빌
트리니티
크로케트
러프킨
내코도체스
센터
팰러스틴
잭슨빌
헨더슨
칼고어
마셜
타일러
롱뷰
클레드워터
미니오라
파츠버그
제퍼슨
마운틴플레즌트
설퍼스프링스
뉴보스턴
파리
텍사카나
아슈다운
호프
스템프스
매글놀리아
엘도레이도
캠덴
거던
호머
민덴
러스턴
보시어시티
시블리
먼로
레이빌
탈룰라
레이크프로비덴스
유도라
컬럼비아
윈필드
내킨토시
알렉산드리아
리즈빌
뉴턴
디리더
오크데일
페리데이
듀마스
몬티셀로
맥지히
워렌
케임덴
픽위크 댐
윌슨 댐
해발 고도, 수심(m)
이상
1000
500
200
0
200
2000
이하
94°
92°
90°
88°
34°
32°
28°
26°
A
B
C
D
E
2
3
4
5
6
7

1:6,650,000
0
200km
내슈빌
Nashville
프랭클린
머프레즈버러
셸비빌
테네시
TENNESSEE
털라호마
쿡빌
오크리지
컴벌랜드 고원
Cumberland Plat.
체로키 댐
녹스빌
Knoxville
메리빌
왓츠바 댐
미첼 산
Mitchell Mt.
2037
리노어
모갠턴
스테이츠빌
윈스턴세일럼
Winston Salem
그린즈버러
Greensboro
더럼
Durham
롤리
Raleigh
윌슨
웨인즈빌
그레이트스모키 국립 공원
Great Smoky Mts. N.P.
애슈빌
노스캐롤라이나
NORTH CAROLINA
솔리즈버리
애슈버러
샌퍼드
스미스필드
앨비말
콩코드
샬럿
Charlotte
공즈버러
던
파예트빌
헨더슨빌
채터누가
Chattanooga
클리블랜드
애팔래치아 산맥
Appalachian Mts.
헌츠빌
Huntsville
라파옛
돌턴
건터스빌 댐
토코아
이슬리
그린빌
가프니
스파턴버그
록힐
몬로
햄릿
로린버그
케이프피어 강
Cape Fear R.
유니언
체스터
랭커스터
포트페인
서머빌
앤더슨
그린우드 댐
클린턴
딜런
럼버튼
건터스빌
롬
게인즈빌
그린우드
뉴베리
캠던
플로렌스
멀린스
윌밍턴
34°
사우스포트
개즈던
시더타운
매리타
애비빌
컬럼비아
머레이 호
Murray L.
콘웨이
롱 만
Long Bay
애틀랜타
Atlanta
디케이터
에센스
에이컨
사우스캐롤라이나
SOUTH CAROLINA
레이크시티
버밍햄
Birmingham
애니스턴
탤라디가
캐롤턴
칼레지파크
커밍턴
뉴넌
오거스타
서배너 강
Savannah R.
앤드류스
조지타운
실라코가
로아노크
스파타
그리핀
조지아
GEORGIA
웨인즈버러
뱀버그
세인트조지
알렉산더시티
라그렌지
라넷
햄프턴
찰스턴
토마스턴
메이컨
Macon
포트밸리
오번
피닉스시티
컬럼버스
Columbus
리질랜드
마틴 호
Martin L.
더스키기
더블린
스테이지버러
보퍼트
몽고메리
Montgomery
리치랜드
비델리아
32°
서배너
Savannah
그린빌
트로이
에폴라
아메리커스
코딜
브런디지
애시버러
헤즐허스트
올버니
피츠제럴드
새펠로 섬
앤달루지아
오자크
제수프
옵
티프턴
더글라스
도선
몰트리
브런즈윅
제네바
에델
웨이크로스
토머스빌
폴크스턴
크레스트뷰
베인브리지
컴벌랜드 섬
메리애나
밸도스타
채타후체
나이스빌
퀸시
재스퍼
잭슨빌리치
포트월턴비치
탤러해시
Tallahassee
매디슨
리브오크
잭슨빌
Jacksonville
파나마시티
레이크시티
30°
페리
세인트오거스틴
캐라벨
포트세인트조
하이스프링스
게인즈빌
샌블래스 곶
San Blas C.
애팔래치콜라
애팔래치 만
Apalachee Bay
팰레트카
크로스시티
버넬
플로리다
FLORIDA
조지 호
George L.
데이토나비치
시더키
오칼라
디랜드
뉴심리나비치
크리스탈리버
샌퍼드
인버네스
리즈버그
멕시코 만
브룩빌
올랜도
Orlando
윈터파크
메리트아일랜드
케네디 우주 센터
JF Kennedy Space Center
레이클랜드
멜버른
28°
클리어워터
탬파
Tampa
윈터헤번
세인트피터즈버그
St. Petersburg
바토
베로비치
탬파 만
Tampa Bay
세브링
포트피어스
브레덴턴
새라소타
플로리다 반도
Florida Pen.
펀타고다
오키초비 호
Okeechobee L.
벨글레드
웨스트팜비치
그랜드바하마 섬
Grand Bahama I.
포트마이어스
라벨
프리포트시티
델레이비치
바하마
BAHAMAS
네플스
폼패노비치
26°
홀리우드
에버글레즈
마이애미
Miami
홈스테드
에버글레이즈 국립 공원
Everglades N.P.
키라고
86°
84°
82°
80°
78°
F
G
H
I
2
3
4
5
6
7

북아메리카(미국 서부)

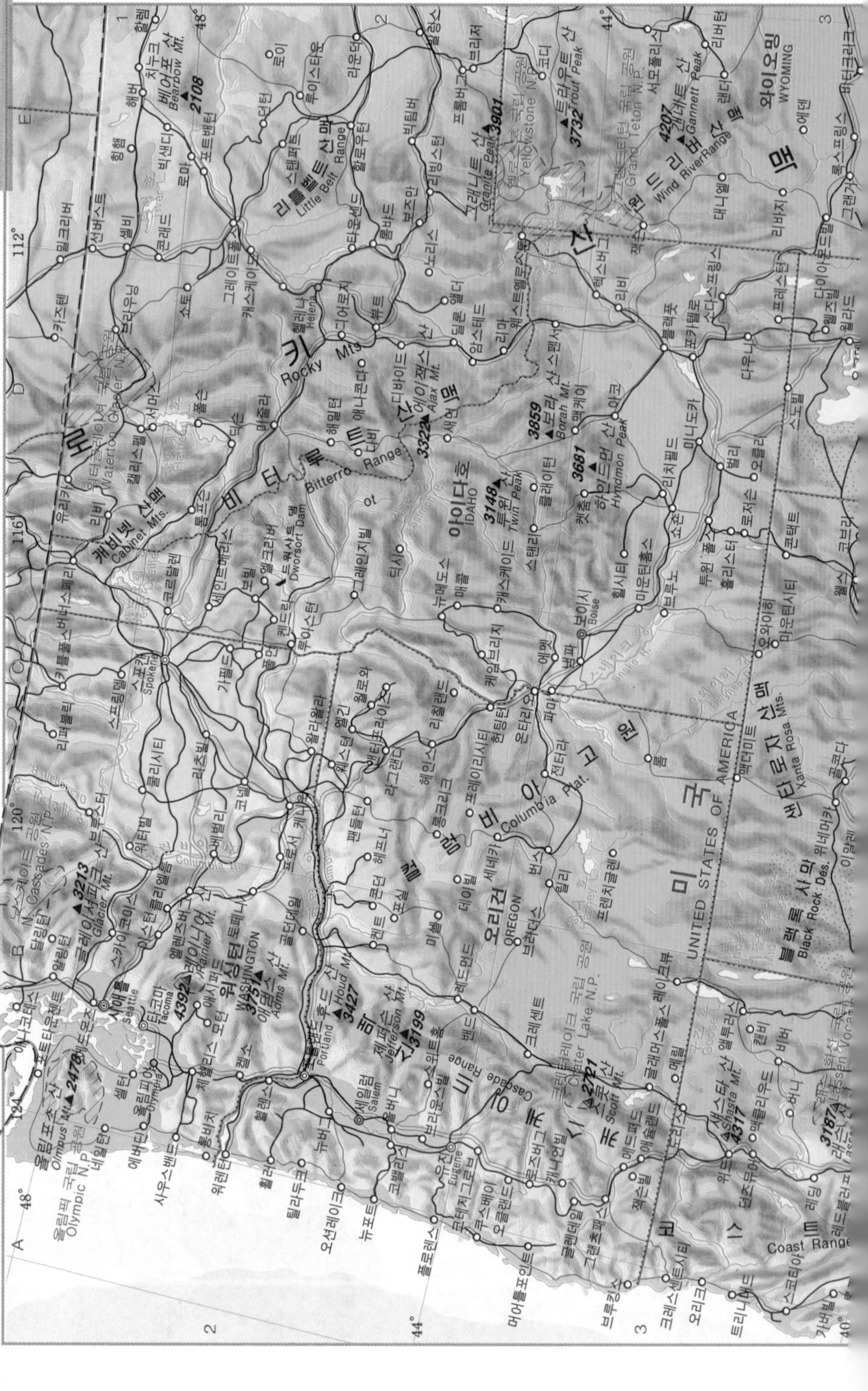
로키 산맥
Rocky Mts.
아이다호
IDAHO
오리건
OREGON
워싱턴
WASHINGTON
와이오밍
WYOMING
미국
UNITED STATES OF AMERICA
Columbia Plat.
Cascade Range
Coast Range
시애틀
Seattle
타코마
Tacoma
포틀랜드
Portland
세일럼
Salem
유진
Eugene
보이시
Boise
스포캔
Spokane
헬레나
Helena
Yellowstone N.P.
Grand Teton N.P.
Crater Lake N.P.
Olympic N.P.
Glacier Mt.
Rainier Mt.
Adams Mt.
Hood Mt.
Jefferson Mt.
Scott Mt.
Shasta Mt.
Borah Mt.
Hyndmon Peak
Twin Peak
Granite Peak
Trout Peak
Gannett Peak
Bearpaw Mt.
Ajax Mt.
Cabinet Mts.
Little Belt Range
Wind River Range
Black Rock Des.
Snake R.

1:7,500,000
0
200km
네바다 NEVADA
유타 UTAH
콜로라도 COLORADO
애리조나 ARIZONA
뉴멕시코 NEW MEXICO
캘리포니아 CALIFORNIA
시에라 네바다 산맥 Sierra Nevada
그레이트솔트레이크 사막 Great Salt Lake Des.
그레이트베이슨 Great B.
모하비 사막 Mojave Des.
콜로라도 고원 Colorado Plat.
페인티드 사막 Painted Des.
샌타루시아 산맥 Santa Lucia Range
그랜드캐니언 국립 공원 Grand Canyon N.P.
데스밸리 Death Valley
라스베이거스 Las Vegas
피닉스 Phoenix
로스앤젤레스 Los Angeles
샌프란시스코 San Francisco
샌디에이고 San Diego
새크라멘토 Sacramento
솔트레이크시티 Salt Lake City
티후아나 Tijuana
태평양 PACIFIC OCEAN
콘셉시온 곶 Concepcion C.
휘트니 산 Whitney Mt. 4418
해발 고도, 수심(m)
4000 이상
3000
2000
1500
1000
500
200
0
200
2000
4000 이하
해면하

북아메리카(멕시코 · 중앙 아메리카)

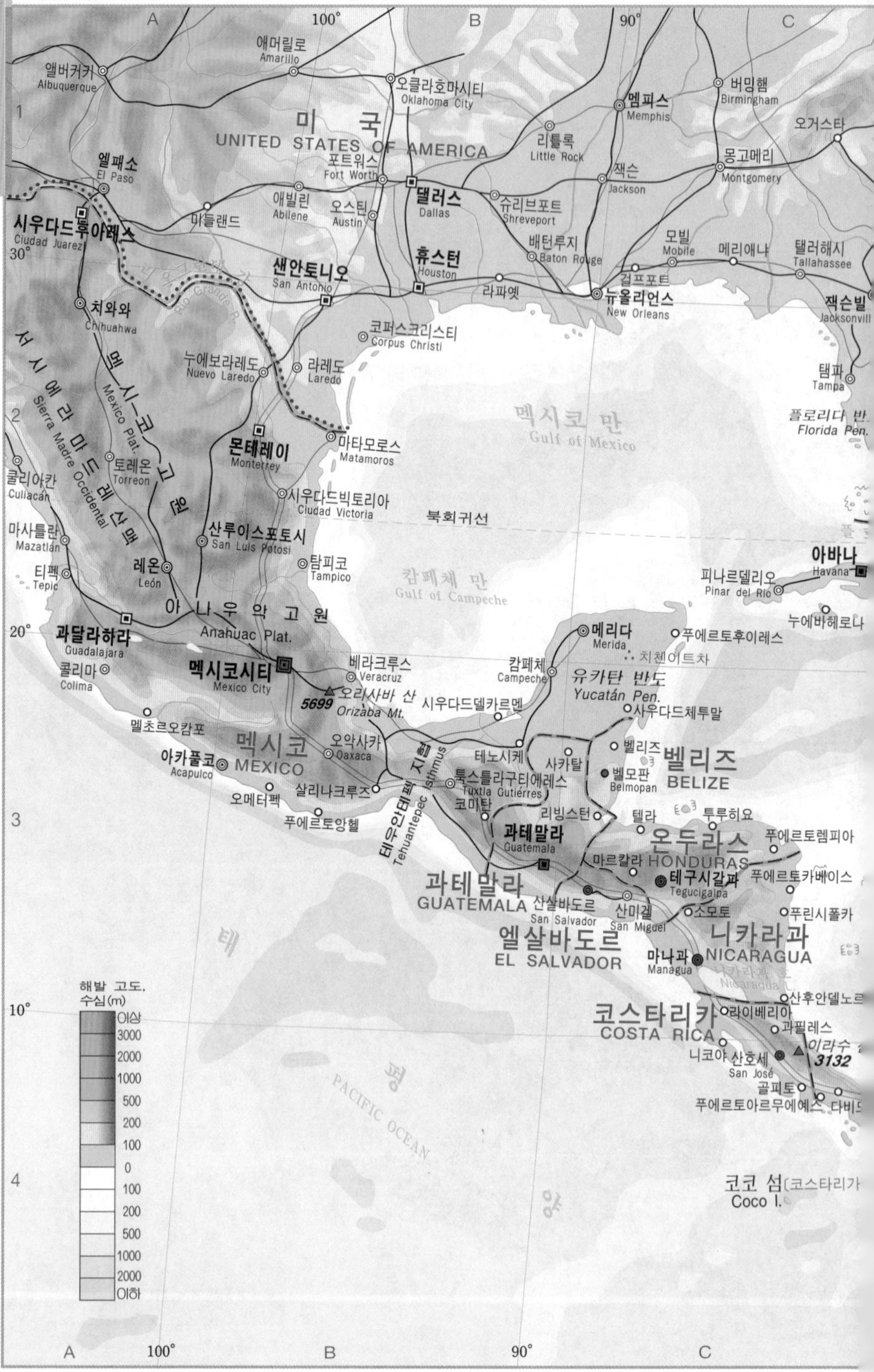

A
100°
B
90°
C
1
2
3
4
20°
30°
10°

앨버커키
Albuquerque
애머릴로
Amarillo
오클라호마시티
Oklahoma City
멤피스
Memphis
버밍햄
Birmingham
미 국
UNITED STATES OF AMERICA
리틀록
Little Rock
오거스타
엘패소
El Paso
포트워스
Fort Worth
몽고메리
Montgomery
잭슨
Jackson
애빌린
Abilene
댈러스
Dallas
슈리브포트
Shreveport
오스틴
Austin
마들랜드
시우다드후아레스
Ciudad Juarez
배턴루지
Baton Rouge
모빌
Mobile
메리애나
탤러해시
Tallahassee
샌안토니오
San Antonio
휴스턴
Houston
Rio Grande R.
라파옛
걸프포트
뉴올리언스
New Orleans
잭슨빌
Jacksonvill
치와와
Chihuahwa
코퍼스크리스티
Corpus Christi
누에보라레도
Nuevo Laredo
라레도
Laredo
탬파
Tampa
시에라마드레옥시덴탈 산맥
Sierra Madre Occidental
멕시코 고원
Mexico Plat.
멕시코 만
Gulf of Mexico
플로리다 반도
Florida Pen.
몬테레이
Monterrey
마타모로스
Matamoros
토레온
Torreon
쿨리아칸
Culiacán
시우다드빅토리아
Ciudad Victoria
북회귀선
마사틀란
Mazatlán
산루이스포토시
San Luis Potosi
아바나
Havana
티펙
Tepic
레온
León
탐피코
Tampico
캄페체 만
Gulf of Campeche
피나르델리오
Pinar del Rio
누에바헤로나
아나우악 고원
Anahuac Plat.
과달라하라
Guadalajara
메리다
Merida
푸에르토후이레스
치첸이트차
콜리마
Colima
멕시코시티
Mexico City
베라크루스
Veracruz
캄페체
Campeche
유카탄 반도
Yucatán Pen.
오리사바 산
Orizaba Mt.
5699
시우다드델카르멘
사우다드체투말
멜초르오캄포
벨리즈
멕시코
MEXICO
오악사카
Oaxaca
테노시케
사카탈
벨리즈
BELIZE
아카풀코
Acapulco
테우안테펙 지협
Tehuantepec Isthmus
툭스틀라구티에레스
Tuxtla Gutiérres
벨모판
Belmopan
살리나크루즈
오메터펙
코미탄
리빙스턴
텔라
투루히요
푸에르토앙헬
과테말라
Guatemala
온두라스
HONDURAS
푸에르토렘피아
마르칼라
테구시갈파
Tegucigalpa
푸에르토카베이스
과테말라
GUATEMALA
산살바도르
San Salvador
산미겔
San Miguel
소모토
푸린시폴카
엘살바도르
EL SALVADOR
니카라과
NICARAGUA
마나과
Managua
니카라과 호
Nicaragua L.
태평양
PACIFIC OCEAN
산후안델노르
코스타리카
COSTA RICA
라이베리아
과필레스
이라수
3132
니코야
산호세
San José
골피토
푸에르토아르무에예스
다비드
코코 섬(코스타리카)
Coco I.

해발 고도, 수심(m)
이상
3000
2000
1000
500
200
100
0
100
200
500
1000
2000
이하

1:21,000,000
0
500km
80°
70°
60°
D
E
F
1
2
3
4
30°
20°
10°
윌밍턴
컬럼비아
Columbia
찰스턴
서배너
Savannah
대
서
ATLANTIC OCEAN
양
케네디 우주 센터
웨스트팜비치
그랜드바하마 섬
Grand Bahama I.
안드로스 섬
Andros I.
바하마 제도
Bahama Is.
나소
Nassau
Florida Str.
바하마
BAHAMAS
북회귀선
산타클라라
Santa Clara
상크티스피리투스
Cienfuegos
쿠바
CUBA
카마구에이
Camaguey
카이코스 제도(영)
Caicos Is.
산티아고데쿠바
Santiago de Cuba
아이티
HAITI
도미니카공화국
DOMINCAN REP.
자메이카 섬
Jamaica I.
포르토프랭스
Port-Au-Prince
산토도밍고
Santo Domingo
보미카오
산후안
San Juan
버진 군도(영 · 미)
Virgin Is.
자메이카
JAMAICA
킹스턴
Kingston
푸에르토리코 섬
Puerto Rico I.
바스테르
Basseterre
세인트킷츠 네비스
ST.KITTS AND NEVIS
세인트존스
St. John's
앤티가 바부다
ANTIGUA AND BARBUDA
대
앤
틸
리
스
제
도
Greater Antilles Is.
과델르프 섬
로조
Roseau
도미니카 연방
COMMONWEALTH OF DOMINICA
마르티니크 섬
카리브 해
Caribbean Sea
캐스트리스
Castries
세인트루시아
ST. LUCIA
세인트빈센트 그레나딘
ST. VINCENT AND THE GRENADINES
킹스타운
Kingstown
브리지타운
Bridgetown
바베이도스
BARBADOS
세인트조지스
St. George's
그레나다
GRENADA
산타마르타
Santa Marta
마라카이보
Maracaibo
바랑키야
Barranquilla
파나마 운하
카비마스
Cabimas
발렌시아
Valencia
카라카스
Caracas
쿠마나
Cumana
포트오브스페인
Port of Spain
트리니다드 토바고
TRINIDAD AND TOBAGO
콜론
Colón
카르타헤나
Cartagena
마라카이보 호
Maracaibo L.
바르키시메토
Barquisimeto
바르셀로나
Barcelona
오리노코 강
Orinoco R.
파나마
Panama
치리과나
엘솜브레로
몬테리아
Monteria
메리다 Merida
엘티그레
시우다드과야나
Ciudad Guayana
라팔마
파나마
PANAMA
쿠쿠타
Cucuta
산크리스토발
San Cristóbal
산페르난도데아푸레
시우다드볼리바르
Ciudad Bolivar
쿠피카
메데인
Medellín
부카라망가
Bucaramanga
조지타운
Georgetown
톨리마 산
Tolima Mt.
퉁하
트리니다드
엘도라도
5215
야
노
스
Llanos
메타 강
Meta R.
푸에르토아야쿠초
뉴암스테르담
보고타
Bogota
베네수엘라
VENEZUELA
가이아나
GUYANA
수리남
SURINAM
부에나벤투라
Buenaventura
마니살레스
Manizales
콜롬비아
COLOMBIA
칼리
Cali
카라카라이
기
아
나
고
지
아레치팔
다다나와
네이바
Neiva
포파얀
Popayán
카케타 강
Caqueta R.
산타로사
보아비스타
Boavista
이세르턴
Guiana Highland
투마코
Tumaco
폴로렌시아
파스토
Pasto
산카를로스
로라이마
RORAIMA

1. 캐나다

Canada

수도 : 오타와(83만 명)
면적 : 997.1만 ㎢
인구 : 3,189만 명
인구 밀도 : 3명/㎢

데이터

정체 / 입헌 군주제(영연방)

민족 / 영국계 39%, 프랑스 계 20%, 독일계 3%, 기타 이탈리아 계, 중국계 등

언어 / 영어, 프랑스 어(공용어)

종교 / 가톨릭 교 41%, 프로테스탄트 교, 유대 교 등

문맹률 / 3%

평균 수명 / 남 77세, 여 82세

통화 / 캐나다 달러(Canadian Dollar)

도시 인구 / 79%

주요 도시 / 몬트리올, 캘거리, 토론토, 위니펙, 에드먼턴, 밴쿠버, 퀘벡, 핼리팩스 등

국민 총생산 / 7,020억 달러

1인당 국민 소득 / 22,390달러

토지 이용 / 농경지 4.6%, 목초지 2.8%, 삼림 49.5%, 기타 43.1%

산업별 인구 / 1차 2.9%, 2차 21.9%, 3차 75.2%

천연 자원 / 원유, 천연가스, 석탄, 철광, 금, 구리, 납, 니켈, 어류, 원목 등

수출 / 2,524억 달러(자동차, 기계, 종이, 목재, 석유, 천연가스, 통신 장비 등)

수입 / 2,220억 달러(자동차, 화학약품, 원유, 기계, 소비재, 통신 장비 등)

한국의 대(對) 캐나다 수출 / 28.7억 달러

한국의 대(對) 캐나다 수입 / 24.4억 달러

한국 교민 / 140,896명

발전량 / 5,881억 kWh(수력 59.5%, 화력 27.4%, 원자력 13.0%, 지열 0.1%)

관광객 / 2,006만 명

관광 수입 / 97억 달러

자동차 보유 대수 / 1,827만 대

국방 예산 / 78억 달러

군인 / 5.2만 명

표준 시간 / 한국 시간에서 −13시간 ~ −18시간(6개 시간대)

국제 전화 국가 번호 / 1번

주요 도시의 기후

토론토

월별	1월	2월	3월	4월	5월	6월	7월	8월	9월	10월	11월	12월	전년
기온(°C)	-6.8	-6.1	-0.8	6.0	12.3	17.4	20.5	19.5	8.9	3.2	3.2	-3.5	7.2
강수량(mm)	46	46	57	64	66	69	77	85	64	70	70	65	782

위니펙

월별	1월	2월	3월	4월	5월	6월	7월	8월	9월	10월	11월	12월	전년
기온(°C)	-18.4	-15.1	-7.1	3.7	11.6	16.9	19.8	18.3	12.4	5.7	-4.8	-14.7	2.4
강수량(mm)	19	15	23	36	60	84	72	76	52	29	22	19	505

밴쿠버

월별	1월	2월	3월	4월	5월	6월	7월	8월	9월	10월	11월	12월	전년
기온(°C)	3.0	4.7	6.3	8.8	12.1	15.1	17.2	17.4	14.3	10.0	6.0	3.4	9.9
강수량(mm)	150	123	109	76	62	46	36	38	64	115	170	178	1,167

자 연

북아메리카 대륙의 북부에 위치하며 남부는 북위 49° 선-오대호-세인트로렌스 강을 따라 미국과 국경을 접하고, 동쪽은 대서양, 서쪽은 미국의 알래스카 주와 태평양, 북쪽은 북극해에 면하고 있다.

동부는 구릉 지대로 래브라도 반도, 세인트로렌스 강의 동부, 뉴펀들랜드 섬 등으로 이루어져 있고, 남부는 세인트로렌스 강 유역과 오대호 지역에 걸친 넓은 구릉 지대로 이루어져 있으며 이 나라 인구의 60% 이상이 거주하는 중심 지역이다. 중앙부는 캐나다 순상지로 대평원을 이루고, 서부는 로키 산맥과 해안 산맥의 습곡 산지가 펼쳐져 있으며, 북부는 북극해의 섬들과 허드슨 만 저지로 툰드라 지대를 이루고 있다.

기후는 국토가 고위도에 위치하여 대부분의 지역이 겨울은 춥고 여름은 서늘한 대륙성의 냉대와 한대 기후 지대를 이룬다. 그러나 북극해 연안은 툰드라 기후를, 태평양 연안은 편서풍과 난류의 영향으로 따뜻한 서안 해양성 기후 지대를 이룬다. 또 대서양 연안은 한류와 난류가 만나는 지역으로 안개가 많다.

역 사

16세기 전반부터 유럽 인들의 진출이 시작되었고 17세기 초 프랑스가 노바스코샤와 퀘벡에 식민지를 건설하였다. 17~18세기에는 프랑스와 영국의 식민지 쟁탈전이 계속되었고 이 전쟁에서 승리한 영국은 1867년 동부의 퀘벡, 온타리오, 뉴브런즈윅, 노바스코샤의 4개 주를 통합하여 영국 자치령 캐나다를 건설하였다. 그 후 동부에서 서부에 이르는 10개

주와 북부의 3개 준주를 합하여 1949년 완전 독립하였다. 오늘날 주민의 80%가 프랑스계인 동부의 퀘벡 주는 독립을 요구하고 있으나 아직 뜻을 이루지 못하고 있다.
외교는 미국과의 협력을 주축으로 북대서양 조약 기구(NATO)와 UN 등에서 적극적인 활동을 하고 있다.

경 제

농목업은 기계화를 바탕으로 대규모 경영의 곡물 생산과 목축을 하고 있다. 또 풍부한 지하 자원, 삼림 자원, 수산 자원의 개발과 공업 발달로 세계적인 경제 규모를 자랑하고 있다. 공업은 초기의 자원 의존형 구조에서 자동차, 기계, 화학, IT 등의 첨단 기술 산업으로 구조가 변화되고 있다.

관 광

동남부의 퀘벡, 오타와, 몬트리올, 토론토 등의 도시와 나이아가라 폭포의 자연 경관, 뛰어난 경치의 대서양 연안 지역, 서부의 로키 산맥 지역과 밴쿠버를 비롯한 해안 지역의 자연 등이 주요 관광 자원이다.

2. 미국

United States of America

수도 : 워싱턴 D.C.(57만 명)
면적 : 962.9만 ㎢
인구 : 29,363만 명
인구 밀도 : 30명/㎢

데이터

정체 / 연방 공화국

민족 / 백인 75%, 흑인 12%, 히스페닉 12%, 아시아 태평양계 4% 등

언어 / 영어, 스페인 어, 기타

종교 / 프로테스탄트 교 32%, 가톨릭 교 23%, 기타

문맹률 / 3%

평균 수명 / 남 74세, 여 80세

통화 / 미국 달러(US$)

도시 인구 / 79%

주요 도시 / 뉴욕, 로스앤젤레스, 시카고, 샌프란시스코, 시애틀, 솔트레이크시티, 덴버,

디트로이트, 보스턴, 필라델피아, 애틀란타, 댈러스, 휴스턴, 뉴올리언스, 마이애미 등

국민 총생산 / 102,070억 달러

1인당 국민 소득 / 35,400달러

토지 이용 / 농경지 20.1%, 목초지 25.5%, 삼림 31.6%, 기타 23.8%

산업별 인구 / 1차 2.4%, 2차 21.6%, 3차 76.0%

천연 자원 / 광물 자원(석탄, 철광석, 구리, 우라늄, 석유, 천연가스), 목재, 지열, 수산물 등

수출 / 6,939억 달러(기계, 자동차, 항공기, 화학약품, 곡물 등)

수입 / 12,024억 달러(기계, 자동차, 의류, 원유, 소비재, 전자제품 등)

한국의 대(對) 미국 수출 / 342.2억 달러

한국의 대(對) 미국 수입 / 248.1억 달러

한국 교민 / 2,133,167명

발전량 / 37,506억 kWh(수력 5.9%, 화력 72.9%, 원자력 20.5%, 지열 0.7%)

관광객 / 4,189만 명

관광 수입 / 665억 달러

자동차 보유 대수 / 22,545만 대

국방 예산 / 3,296억 달러

군인 / 142만 명

표준 시간(본토) / 한국 시간에서 −14 ~ −17시간(4개 시간대)

국제 전화 국가 번호 / 1번

주요 도시의 기후

워싱턴

월별	1월	2월	3월	4월	5월	6월	7월	8월	9월	10월	11월	12월	전년
기온(˚C)	1.4	3.0	8.3	13.4	19.0	23.9	26.3	35.5	21.8	15.3	9.8	4.1	14.3
강수량(mm)	69	69	81	69	94	86	96	99	84	76	79	79	982

뉴욕

월별	1월	2월	3월	4월	5월	6월	7월	8월	9월	10월	11월	12월	전년
기온(˚C)	−0.2	0.7	5.3	10.8	16.6	21.7	24.7	24.1	20.1	14.1	8.6	2.5	12.4
강수량(mm)	77	73	92	96	96	91	103	95	86	77	97	86	1,069

마이애미

월별	1월	2월	3월	4월	5월	6월	7월	8월	9월	10월	11월	12월	전년
기온(˚C)	20.1	20.6	22.4	24.2	26.3	27.8	28.6	28.5	28.0	26.1	23.7	21.1	24.8
강수량(mm)	50	50	57	81	136	204	132	193	205	165	81	51	1,403

시카고

월별	1월	2월	3월	4월	5월	6월	7월	8월	9월	10월	11월	12월	전년
기온(°C)	-5.6	-2.8	3.0	9.0	15.1	20.4	23.4	22.4	18.0	11.4	4.3	-2.2	9.7
강수량(mm)	46	41	70	93	88	91	908	116	86	71	77	62	931

덴버

월별	1월	2월	3월	4월	5월	6월	7월	8월	9월	10월	11월	12월	전년
기온(°C)	-1.3	0.5	3.9	9.0	14.0	19.4	23.0	21.9	16.8	10.8	3.9	-0.7	10.1
강수량(mm)	13	15	33	44	61	46	48	39	32	25	22	16	392

로스앤젤레스

월별	1월	2월	3월	4월	5월	6월	7월	8월	9월	10월	11월	12월	전년
기온(°C)	12.3	12.9	14.0	15.1	16.6	18.9	20.9	21.4	20.3	18.2	15.7	13.4	16.7
강수량(mm)	78	84	70	26	11	2	0	1	4	17	30	66	387

자 연

북아메리카 대륙의 중앙부에 위치하며 북쪽은 캐나다, 남쪽은 멕시코, 동쪽은 대서양, 서쪽은 태평양에 접하고 있다. 본토에서 떨어져 있는 미국의 영토로는 캐나다 북서부와 북극해 연안에 위치하는 알래스카, 태평양의 하와이 제도, 괌, 사이판, 사모아 섬, 카리브 해의 자치령 푸에르토리코 등이 있다.

지형은 동부, 중부, 서부의 3개 지역으로 구분된다. 동부는 고기 조산대인 애팔래치아 산맥이 북동에서 남서로 뻗어 있고 그 서쪽은 세계적인 석탄 산지를 이루고 있으며, 동쪽은 피드몬트 대지와 해안 평야가 펼쳐져 있다. 중부는 애팔래치아 산맥과 로키 산맥의 중간 저지대로 북에는 오대호, 남에는 멕시코 만이 자리잡고 있으며 그 사이를 미시시피 강과 그 지류들이 흐르고 있다. 또 중앙 대평원은 로키 산맥의 동쪽에서부터 그레이트플레인스, 프레리, 미시시피 강 연안, 중앙 평원을 이룬다. 서부는 환태평양 조산대에 속하는 신기 습곡 산지로 내륙의 로키 산맥에서 태평양쪽으로 캐스케이드-시에라네바다 산맥과 해안 산맥이 나란히 남북으로 뻗어 있고, 그 사이에 거대한 고원성의 내륙 분지인 그레이트베이슨이 자리잡고 있으며 그 남쪽에는 콜로라도 강이 침식하여 이루어진 그랜드캐니언이 있다.

기후는 서경 100° 선을 중심으로 동부는 습윤 지역, 서부는 건조 지역으로 구분된다. 동부 습윤 지역은 다시 남에서 북으로 가면서 열대-아열대-온대-냉대-한대 기후가 분포하고, 서부 건조 지역은 내륙이 스텝과 사막 기후를, 태평양 연안은 남에서 북으로 가면서 지중해성 기후와 서안 해양성 기후 지대를 이룬다.

역 사

아메리카 대륙의 원주민은 인디오이지만 1492년 콜럼버스의 서인도 제도 상륙 이후 유럽인들의 진출이 시작되었다. 16세기 초 스페인이 플로리다와 남서부 지역에 세력을 확장하였고 프랑스는 세인트로렌스 강에서 오대호, 미시시피 강을 따라 남하하였다. 16세기 말 영국은 동북부 해안에 진출하였으며, 북부 뉴잉글랜드에는 청교도들이 정착하여 자급 농업을 하였고 남부 버지니아에서는 담배의 플랜테이션이 이루어졌다. 1776년 13개 주로 독립하였으며, 1861~1865년의 남북 전쟁 후 근대적인 통일 국가 체제가 확립되었다.

제1, 2차 세계 대전을 통해 세계 최대의 자본주의 국가로 발전하였으며, 1990년대 초반에는 소련과의 냉전이 끝나면서 세계 최강의 지위를 확보하였다. 2001년에는 무역 센터와 국방성에 대한 이슬람 과격 세력의 테러가 있은 후 테러와의 전쟁을 선포하고 아프가니스탄을 침공하였고, 이어서 이라크를 침공하여 민주화를 확산하고 있다.

경 제

미국은 농업, 목축업, 광업, 공업, 서비스업, 무역, 금융 등 모든 분야에서 세계 최고 · 최대의 산업 국가이다. 농목업은 기계화, 대규모화, 기업화, 상업화로 자연 조건을 기초로 한 적지적작(適地適作)주의로 전문화되어 세계 농산물 시장을 좌우하고 있다.

공업은 풍부한 지하 자원, 에너지, 자본, 기술, 합리적인 생산 조직, 넓은 국내외 시장을 바탕으로 세계적인 다국적 기업이 발달하였다. 철강, 석유 화학, 자동차, 항공기, 우주 산업, 생명 공학, 정보 통신 산업, 의약품 등의 분야에서 세계의 공업을 주도하고 있다.

관 광

동북부의 역사 유적지와 건축물, 대도시의 박물관, 기념관, 전시장과 다양한 문화 행사, 쇼핑, 태평양, 대서양, 멕시코 만의 해변 휴양지, 요세미티 · 그랜드캐니언 등 수많은 국립 공원의 풍부한 자연 경관과 휴양 시설, 나이아가라 폭포, 자유의 여신상, 금문교 등이 주요 관광 자원이다.

행정 구역(50개 주, 1특별구)과 자료

	주명	면적 (만㎢)	인구 (만명)	백인 (%)	흑인 (%)	기타 (%)		주명	면적 (만㎢)	인구 (만명)	백인 (%)	흑인 (%)	기타 (%)
북동부 지역							남동부 지역						
1	메인(ME)	8.7	128	96.9	0.5	2.6		워싱턴 D.C.	0.017	57	30.8	60.0	9.2
2	뉴햄프셔(NH)	2.4	124	96.0	0.7	3.3	10	델라웨어(DE)	0.6	748	74.6	19.2	6.2
3	버몬트(VT)	2.5	61	96.8	0.5	2.7	11	메릴랜드(MD)	3.2	530	64.0	27.9	8.1
4	매사추세츠(MA)	2.4	635	84.5	5.4	10.1	12	버지니아(VA)	11.0	708	72.3	19.6	8.1
5	로드아일랜드(RI)	0.3	105	85.0	4.5	10.5	13	웨스트버지니아(WW)	6.3	181	95	3.2	1.8
6	코네티컷(CT)	1.4	341	81.6	9.1	9.3	14	노스캐롤라이나(NC)	13.6	805	72.1	21.6	6.3
7	뉴욕(NY)	14.0	1,898	67.9	15.9	16.2	15	사우스캐롤라이나(SC)	8.1	401	67	29.5	3.5
8	뉴저지(NJ)	2.1	841	72.6	13.6	13.8	16	조지아(GA)	15.3	819	65.1	28.7	6.2
9	펜실베이니아(PA)	11.9	1,228	85.4	10.0	4.6	17	플로리다(FL)	15.5	1,598	78.0	14.6	7.4

	주명	면적 (만㎢)	인구 (만명)	백인 (%)	흑인 (%)	기타 (%)
북서부 지역						
18	오하이오(OH)	11.6	1,135	85.0	115	3.5
19	인디애나(IN)	9.4	608	87.5	8.4	4.1
20	일리노이(IL)	15.0	1,242	73.5	15.1	11.4
21	미시간(MI)	25.0	994	80.2	14.2	5.6
22	위스콘신(WI)	17.0	536	88.9	5.7	5.4
23	미네소타(MN)	22.5	492	89.4	13.5	7.1
24	아이오와(IA)	14.6	293	93.9	2.1	4.0
25	미주리(MO)	18.1	560	84.9	11.2	3.9
26	노스다코다(ND)	18.3	64	92.4	0.6	7.0
27	사우스다코다(SD)	20.0	76	88.7	0.6	10.7
28	네브래스카(NE)	20.0	171	89.6	4.0	6.4
29	캔자스(KS)	21.3	269	86.1	5.7	8.2
남서부 지역						
30	켄터키(KY)	10.5	4045	90.1	7.3	2.6
31	테네시(TN)	10.9	69	80.2	16.4	3.4
32	앨라배마(AL)	13.5	448	71.1	26.0	2.9
33	미시시피(MS)	12.5	285	61.4	36.3	2.3
34	아칸소(AR)	13.8	267	80.0	15.7	4.3
35	루이지애나(LA)	12.9	447	63.9	32.5	3.6
36	오클라호마(OK)	18.1	345	76.2	7.6	16.2
37	텍사스(TX)	69.2	2,085	71.0	11.5	17.5
산지 지역						
38	몬태나(MT)	38.1	90	90.6	0.3	9.1
39	아이다호(ID)	21.6	129	91.0	0.4	8.6
40	와이오밍(WY)	25.3	49	92.1	0.8	7.1
41	콜로라도(CO)	27.0	430	82.8	3.8	13.4
42	뉴멕시코(NM)	31.0	182	66.8	1.9	31.3
43	애리조나(AZ)	29.5	513	75.5	3.1	21.4
44	유타(UT)	22.0	223	89.2	0.8	10.0
45	네바다(NV)	28.6	200	75.2	6.8	18.2
태평양 연안 지역						
46	워싱턴(WA)	18.3	589	81.8	3.2	15.0
47	오리건(OR)	25.2	342	86.6	1.6	11.8
48	캘리포니아(CA)	41.1	3,387	59.5	6.7	33.8
49	알래스카(AK)	159.3	63	69.3	3.5	27.2
50	하와이(HI)	1.7	121	24.3	1.8	73.9

3. 멕시코

United Mexican States

수도 : 멕시코시티(860만 명)
면적 : 195.8만 ㎢
인구 : 10,620만 명
인구 밀도 : 54명/㎢

데이터

정체 / 연방 공화국

민족 / 메스티소(백인과 인디오 혼혈) 60%, 인디오 25%, 스페인 계 백인 15%

언어 / 스페인 어

종교 / 가톨릭 교

문맹률 / 9%

평균 수명 / 남 69세, 여 75세

통화 / 뉴 패소(New Peso)

도시 인구 / 75%

주요 도시 / 티후아나, 시우다드후아레스, 몬테레이, 과달라하라, 메리다, 아카풀코 등

국민 총생산 / 5,970억 달러

1인당 국민 소득 / 5,920달러

토지 이용 / 농경지 12.6%, 목초지 38.0%, 삼림 24.9%, 기타 24.5%

산업별 인구 / 1차 18.1%, 2차 25.4%, 3차 56.5%

천연 자원 / 원유, 천연가스, 석탄, 철광석, 금, 은, 구리, 납, 목재 등

수출 / 1,607억 달러(기계, 자동차, 의류, 원유 등)

수입 / 1,687억 달러(기계, 자동차, 금속제품, 화학약품 등)

한국의 대(對) 멕시코 수출 / 24.6억 달러

한국의 대(對) 멕시코 수입 / 3.3억 달러

한국 교민 / 19,500명

발전량 / 2,267억 kWh(수력 12.6%, 화력 81.1%, 원자력 3.8%, 지열 2.5%)

관광객 / 1,967만 명

관광 수입 / 89억 달러

자동차 보유 대수 / 1,888만 대

국방 예산 / 53억 달러

군인 / 19.3만 명

표준 시간 / 한국 시간에서 -15시간

국제 전화 국가 번호 / 52번

주요 도시의 기후

멕시코시티

월별	1월	2월	3월	4월	5월	6월	7월	8월	9월	10월	11월	12월	전년
기온(°C)	13.7	14.9	17.5	18.5	18.9	17.0	16.5	16.5	16.6	16.0	14.9	13.8	16.3
강수량(mm)	8	18	10	52	114	229	371	213	157	77	6	13	1,266

자 연

북아메리카 대륙의 남부에 위치하며 북쪽은 미국, 남쪽은 과테말라, 동쪽은 멕시코 만과 카리브 해, 서쪽은 태평양에 접하고 있다. 국토의 대부분이 고원과 산지로 이루어져 있으며 해안과 유카탄 반도에 평지가 있다. 동서 시에라마드레 산맥이 남북으로 뻗어 있고 그 사이에 멕시코 고원이 펼쳐져 있으며, 태평양 연안에는 산지성의 캘리포니아 반도가 남북으로 뻗어 있다. 전국이 환태평양 조산대에 속하는 지역으로 화산과 지진 활동의 피해를 자주 입는다.

기후는 해안 지역과 유카탄 반도는 열대 기후로 고온 다습한 편이지만, 내륙의 고원과 산

지 지역은 온대 초원과 고산 기후로 건기와 우기가 나타나며, 북부 미국과의 접경 지대는 사막과 스텝 기후 지대가 나타난다.

역 사

원주민인 인디오들에 의한 마야와 아스텍 문명이 번창했던 지역이다. 16세기 스페인의 식민지가 되었고 1821년 독립하였다. 1845~1848년 미국과의 영토 전쟁에서 국토의 절반에 가까운 캘리포니아, 네바다, 유타, 애리조나를 잃었다. 1910~1917년에는 멕시코 혁명을 겪고 국가가 안정되었다. 현재 외교는 미국과 중남미 국가들과 긴밀한 관계를 맺고 있다.

경 제

농업은 옥수수, 밀, 사탕수수, 면화, 커피, 사이잘삼 등을 재배하고 있다. 지하 자원이 풍부한 나라로 구리, 은, 금, 석유, 천연가스 등의 세계적인 생산국이며, 풍부한 자원을 바탕으로 자본과 기술을 도입하여 식품, 섬유 등의 경공업에서 철강, 기계, 자동차, 석유 화학 등의 중화학 공업으로 발전하고 있는 신흥 공업 국가이다. 1994년 캐나다, 미국과 3국이 북미 자유 무역 협정(NAFTA)을 체결하여 경제 발전에 박차를 가하고 있다.

관 광

아카풀코 등의 해안 모래사장과 휴양 시설, 아스텍과 마야의 역사 유적, 산지의 자연 경관, 원주민들의 생활, 쇼핑, 먹거리 등이 관광 자원이다.

4. 벨리즈

Belize

수도 : 벨모판(8천 명)
면적 : 2.3만 ㎢
인구 : 28만 명
인구 밀도 : 12명/㎢

데이터

정체 / 입헌 군주제(영연방)

민족 / 흑인 60%, 물라토(흑인과 백인 혼혈) 등

언어 / 영어(공용어), 스페인 어

종교 / 프로테스탄트 교

문맹률 / 30%

평균 수명 / 남 72세, 여 75세

통화 / 벨리즈 달러(BZ$)

도시 인구 / 48%

국민 총생산 / 8억 달러

1인당 국민 소득 / 2,970달러

토지 이용 / 농경지 2.5%, 목초지 2.1%, 삼림 91.5%, 기타 3.9%

산업별 인구 / 1차 22.7%, 2차 17.1%, 3차 60.2%

천연 자원 / 삼림, 동식물, 어류 등

수출 / 1.8억 달러(설탕, 바나나, 의류, 수산물 등)

수입 / 5.2억 달러(석유제품, 기계류, 자동차 등)

발전량 / 1.5억 kWh(수력 66.7%, 화력 33.3%)

관광객 / 16만 명

관광 수입 / 9,900만 달러

자동차 보유 대수 / 2.5만 대

국방 예산 / 1,700만 달러

군인 / 1천 명

표준 시간 / 한국 시간에서 −15시간

국제 전화 국가 번호 / 501번

주요 도시의 기후

벨모판

	1월	7월
월평균 기온(°C)	23.7	27.6
연강수량(mm)	1,942	

자 연

유카탄 반도의 동남부 해안에 위치하며 남부는 산지가 많고 저습지와 호수가 많은 미개척지이다. 국토의 대부분이 열대 기후에 속하며 2~3월이 건기이다.

역 사

콜럼버스의 발견 이후 스페인의 식민지였으나 1862년 영국의 식민지가 되었다. 1973년 지역 이름을 영국령 온두라스에서 벨리즈로 고쳤으며, 1981년 영연방 국가로 독립하였다. 그러나 1975년 이후 영유권을 주장하는 과테말라와의 분쟁이 계속되어 영국군이 주둔하고 있다.

경 제

주요 산업은 사탕수수, 바나나 등의 열대 작물 재배와 목재의 생산이다.

관 광

열대 밀림과 동식물이 풍부한 열대의 생태 관광, 유네스코 세계 유산인 산호초 보호 구역, 마야 문명의 유적, 중남미에서 유일한 영어 사용권 등이 관광 자원이다.

5. 과테말라

Republic of Guatemala

수도 : 과테말라(102만 명)
면적 : 10.9만 ㎢
인구 : 1,266만 명
인구 밀도 : 116명/㎢

데이터

정체 / 공화제

민족 / 인디오 56%, 메스티소(백인과 인디오 혼혈) 36%, 백인 8%

언어 / 스페인 어(공용어), 마야 계 언어

종교 / 가톨릭 교, 프로테스탄트 교

문맹률 / 31%

평균 수명 / 남 61세, 여 67세

통화 / 쾌잘(Quetzal)

도시 인구 / 45%

국민 총생산 / 210억 달러

1인당 국민 소득 / 1,760달러

토지 이용 / 농경지 17.5%, 목초지 23.9%, 삼림 53.4%, 기타 5.2%

산업별 인구 / 1차 48.9%, 2차 17.5%, 3차 33.6%

천연 자원 / 석유, 니켈, 원목, 치클(껌의 원료), 어류 등

수출 / 22억 달러(커피, 설탕, 바나나, 향료, 의약품 등)

수입 / 61억 달러(기계, 철강, 자동차, 석유제품 등)

한국의 대(對) 과테말라 수출 / 4.7억 달러

한국의 대(對) 과테말라 수입 / 1.5억 달러

한국 교민 / 5,456명

발전량 / 59억 kWh(수력 32.9%, 화력 67.1%)

관광객 / 88만 명

관광 수입 / 6.1억 달러

자동차 보유 대수 / 21만 대

국방 예산 / 1.8억 달러

군인 / 3.1만 명

표준 시간 / 한국 시간에서 -15시간

국제 전화 국가 번호 / 502번

주요 도시의 기후

과테말라

월별	1월	2월	3월	4월	5월	6월	7월	8월	9월	10월	11월	12월	전년
기온(°C)	16.9	17.7	19.2	20.2	20.1	19.3	19.3	19.2	18.8	18.6	17.6	17.1	18.7
강수량(mm)	6	6	8	24	111	231	174	168	240	103	25	8	1,104

자 연

중앙 아메리카의 북서부에 위치하며 카리브 해와 태평양에 면하고 있다. 국토의 대부분은 고원을 이루며 화산과 지진 활동이 많고 북부 저지대에는 화산호가 많다. 연안과 저지대는 열대 기후를, 고원 지대는 고산 기후를 이루고 우기는 5~10월이다.

역 사

마야 문명이 번창했던 지역으로 16세기에는 스페인 령이 되었다가 1821년 독립하였으나 곧 멕시코에 병합되었다. 1824년 중미 연방 공화국에 가입하였다가 1838년 독립하였으나 대지주와 미국 자본의 독점적인 지배를 받아왔다. 1966년 신헌법에 의한 선거로 정권이 교체되었고, 1982~1983년의 쿠데타 이후 1986년 민정으로 이양되었으나 군부 극우파와 좌파 간의 알력과 테러 속에 국경 분쟁까지 겹쳐 정치적 혼란이 계속되고 있다.

경 제

커피, 면화, 설탕, 바나나 등을 재배하고 수출하는 열대 농업국이다. 그러나 정치적인 불안이 산업 발전에 큰 영향을 주고 있으며 빈곤층이 국민의 80%를 넘고 있다.

관 광

티탈의 마야 유적, 수도 과테말라, 자연 경관 등이 관광 자원이다.

6. 온두라스
Republic of Honduras

수도 : 테구시갈파(82만 명)
면적 : 11.2만 ㎢
인구 : 703만 명
인구 밀도 : 63명/㎢

데이터

정체 / 공화제

민족 / 메스티소(백인과 인디오 혼혈) 91%, 인디오 6%, 흑인 2%, 백인 1%

언어 / 스페인 어

종교 / 가톨릭 교

문맹률 / 28%

평균 수명 / 남 63세, 여 69세

통화 / 렘피라(Lempira)

도시 인구 / 44%

국민 총생산 / 63억 달러

1인당 국민 소득 / 930달러

토지 이용 / 농경지 18.1%, 목초지 13.7%, 삼림 53.5%, 기타 14.7%

산업별 인구 / 1차 32.8%, 2차 20.6%, 3차 46.6%

천연 자원 / 원목, 어류, 지하 자원(금, 은, 구리, 납, 철광석, 안티몬 등)

수출 / 13억 달러(커피, 바나나, 수산물, 식물성 유지, 과일 등)

수입 / 30억 달러(기계류, 자동차, 석유제품, 곡물 등)

한국 교민 / 461명

발전량 / 40억 kWh(수력 73.2%, 화력 26.8%)

관광객 / 55만 명

관광 수입 / 3.4억 달러

자동차 보유 대수 / 11만 대

국방 예산 / 1.1억 달러

군인 / 1.2만 명

표준 시간 / 한국 시간에서 -15시간

국제 전화 국가 번호 / 504번

주요 도시의 기후

테구시갈파

월별	1월	2월	3월	4월	5월	6월	7월	8월	9월	10월	11월	12월	전년
기온(°C)	19.2	20.2	21.8	23.2	23.3	22.5	22.0	22.3	22.1	21.5	20.3	19.6	21.5
강수량(mm)	7	4	17	34	147	151	74	85	181	123	39	82	868

자 연

중앙 아메리카에 위치하며 과테말라, 니카라과, 엘살바도르와 국경을 접하고 카리브 해와 태평양에 면하고 있다. 국토의 대부분은 산지를 이루고 해안 지대에는 좁은 평지가 있다. 대부분의 지역이 열대 기후를 이루나 내륙은 건기와 우기가 있는 온대 기후를 이룬다.

역 사

16세기에 스페인의 영토가 되었으며 1821년 과테말라와 함께 독립하였으나 곧 멕시코에 편입되었다. 1824년 중미 연방 공화국을 구성하였다가 1838년 단독으로 독립하였다. 독립 후 주변국들과 국경 분쟁이 잦았으나, 엘살바도르와는 1992년 국제 사법 재판소의 판결로 해결을 보았다. 현재는 미국과의 외교를 중심으로 중남미 국가들과 우호 관계를 유지하고 있다.

경 제

주요 산업은 바나나, 커피, 설탕 등 열대 작물의 생산과 수산물의 수출이다. 중남미 최빈국 중의 하나로 빈곤층이 80%에 달하며 대외 채무가 40억 달러에 육박하고 있다.

관 광

마야의 유적 도시 코판(Copan), 해수욕장, 낚시, 뱃놀이 등이 주요 관광 자원이다.

7. 엘살바도르

Republic of El Salvador

수도 : 산살바도르(48만 명)
면적 : 2.1만 ㎢
인구 : 671만 명
인구 밀도 : 319명/㎢

데이터

정체 / 공화제

민족 / 메스티소(백인과 인디오 혼혈) 84%, 백인 10%, 인디오 6%

언어 / 스페인 어

종교 / 가톨릭 교

문맹률 / 20%

평균 수명 / 남 68세, 여 74세

통화 / 코론(Colon)

도시 인구 / 58%

국민 총생산 / 136억 달러

1인당 국민 소득 / 2,110달러

토지 이용 / 농경지 34.7%, 목초지 29.0%, 삼림 4.9%, 기타 31.4%

산업별 인구 / 1차 22.1%, 2차 24.6%, 3차 53.3%

천연 자원 / 수력, 지열, 석유 등

수출 / 12억 달러(커피, 섬유, 직물, 종이, 의약품, 설탕 등)

수입 / 39억 달러(기계, 자동차, 석유제품, 철강 등)

한국 교민 / 307명

발전량 / 39억 kWh(수력 29.7%, 화력 45.7%, 지열 24.6%)

관광객 / 95만 명

관광 수입 / 3.4억 달러

자동차 보유 대수 / 51만 대

국방 예산 / 1.6억 달러

군인 / 1.6만 명

표준 시간 / 한국 시간에서 -15시간

국제 전화 국가 번호 / 503번

주요 도시의 기후

산살바도르

월별	1월	2월	3월	4월	5월	6월	7월	8월	9월	10월	11월	12월	전년
기온(˚C)	22.2	22.7	23.9	24.7	24.2	23.2	23.4	23.2	22.7	22.8	22.5	22.2	23.1
강수량(mm)	8	4	26	46	149	292	328	320	334	212	35	12	1,763

자 연

중앙 아메리카의 중앙부에 위치하며 태평양에 면하고 있는 작은 나라이다. 산지가 많고 태평양 연안은 비옥한 저지대를 이루며 화산과 지진 활동이 많다. 기후는 연안이 열대 사바나 기후를, 내륙 지역은 온대성 기후 지대를 이룬다.

역 사

1524년 스페인 령이 되었으며 1821년 과테말라의 일부로 독립하여 중미 연합 공화국이 되었다가 1841년 분리 독립하였다. 20세기 초에는 10여 가족으로 대표되는 부유층의 지배를 받았으며, 1970년대부터 좌익 게릴라 활동이 심해지고 1979년의 쿠데타가 겹쳐 내전 상태가 계속되었다. 1992년 UN의 중재로 평화 협정이 체결되어 내전의 종결을 보았다. 1998년에는 19세기부터 끌어오던 온두라스와의 국경 분쟁을 종식하고 협정을 맺으면서 평온을 맞고 있다.

경 제

커피, 면화, 사탕수수 재배 중심의 인구 과잉 열대 농업국이다. 내전 중 미국으로 이주한 약 100만 명의 송금이 농산물, 경공업품 수출에 이어 제3의 외화 획득원이다. 한편, 심한 남벌로 급속하게 사라져 가는 열대림 문제가 국제적인 관심사로 등장하고 있다.

관 광

태평양의 모래 해안, 마야의 유적, 자연 경관과 화산 활동 등이 주요 관광 자원이다.

8. 니카라과

Republic of Nicaragua

수도 : 마나과(115만 명)
면적 : 13.0만 ㎢
인구 : 563만 명
인구 밀도 : 43명/㎢

데이터

정체 / 공화제

민족 / 메스티소(백인과 인디오 혼혈) 69%, 백인 17%, 흑인 9%, 인디오 5%

언어 / 스페인 어

종교 / 가톨릭 교

문맹률 / 46%

평균 수명 / 남 65세, 여 70세

통화 / 콜도바(Cordoba)

도시 인구 / 56%

국민 총생산 / 38억 달러

1인당 국민 소득 / 710달러

토지 이용 / 농경지 9.8%, 목초지 42.3%, 삼림 24.6%, 기타 23.3%

산업별 인구 / 1차 43.5%, 2차 14.5%, 3차 42.0%

천연 자원 / 금, 은, 구리, 텅스텐, 납, 원목, 어류, 지열 등

수출 / 6억 달러(커피, 수산물, 설탕, 육류, 채소 등)

수입 / 18억 달러(기계, 자동차, 원유, 곡물 등)

발전량 / 25억 kWh(수력 15.9%, 화력 60.3%, 지열 23.8%)

관광객 / 47만 명

관광 수입 / 1.2억 달러

자동차 보유 대수 / 15만 대

국방 예산 / 3,100만 달러

군인 / 1.4만 명

표준 시간 / 한국 시간에서 -15시간

국제 전화 국가 번호 / 505번

주요 도시의 기후

마나과

	1월	7월
월평균 기온(°C)	26.1	26.8
연강수량(mm)	1,208	

자 연

중앙 아메리카의 지협(좁은 목)에 위치하는 화산과 지진이 많은 국가로 온두라스, 코스타리카, 카리브 해, 태평양에 접하고 있다. 지형은 카리브 해 연안은 낮은 습지를, 태평양 연안은 고원 지대를 이룬다. 기후는 국토의 대부분이 열대 기후를 이루고 있으며 고원 지대는 온대성 기후 지대를 이룬다.

역 사

콜럼버스의 발견 이후 스페인의 식민지였으나 1821년 독립하여 중미 연방에 가입하였고 1838년 분리 독립하였다. 1909년 이후 미국의 군사 개입으로 1932년까지 미국에 점령당하였다. 1936년 쿠데타로 소모사의 독재 정권이 시작되었고 1979년 반소모사 폭동과 좌익 게릴라 활동으로 새 정권이 탄생하였다. 1984년부터 반정부 게릴라(콘트라)의 공세로 내전이 시작되었고 1990년 대통령 선거를 통해 내전이 종식되었다.

경 제

커피, 바나나, 면화, 사탕수수를 재배하는 열대 농업 국가로 목축업도 성하다. 그러나 내

전, 미국의 경제적 제재, 정치적 혼란 등으로 경제는 더욱 궁핍해졌으며 외채가 60억 달러를 넘는 빈곤 채무국이다.

관 광

해안, 산지, 습지 등 쾌적한 자연이 좋은 관광 자원이다.

9. 코스타리카

Republic of Costa Rica

수도 : 산호세(31만 명)
면적 : 5.1만 ㎢
인구 : 422만 명
인구 밀도 : 83명/㎢

데이터

정체 / 공화제

민족 / 백인(메스티소 포함) 95%, 흑인 3%, 인디오 2%

언어 / 스페인 어(공용어), 영어

종교 / 가톨릭 교

문맹률 / 4%

평균 수명 / 남 73세, 여 78세

통화 / 코론(Colon)

도시 인구 / 59%

국민 총생산 / 161억 달러

1인당 국민 소득 / 4,070달러

토지 이용 / 농경지 10.4%, 목초지 45.8%, 삼림 30.7%, 기타 13.1%

산업별 인구 / 1차 15.6%, 2차 22.1%, 3차 62.3%

천연 자원 / 수력, 금광, 지열, 삼림, 수산물 등

수출 / 53억 달러(과일, 바나나, 의류, 커피, 전기 기계 등)

수입 / 72억 달러(기계류, 자동차, 종이, 석유제품 등)

한국 교민 / 385명

발전량 / 69억 kWh(수력 81.5%, 화력 1.6%, 지열 16.9%)

관광객 / 111만 명

관광 수입 / 11억 달러

자동차 보유 대수 / 49만 대

치안 예산 / 8,900만 달러

준 군인 / 8,400명

표준 시간 / 한국 시간에서 -15시간

국제 전화 국가 번호 / 506번

주요 도시의 기후

산호세

월별	1월	2월	3월	4월	5월	6월	7월	8월	9월	10월	11월	12월	전년
기온(°C)	18.8	18.7	19.6	20.3	20.6	20.4	19.9	19.8	19.8	19.8	19.5	19.0	19.7
강수량(mm)	14	10	9	55	221	300	208	290	372	304	141	44	1,966

자 연

중앙 아메리카에 위치하며 니카라과, 파나마, 카리브 해, 태평양과 접하고 있다. 국토는 중앙을 달리는 산맥을 경계로 카리브 해 연안 지역과 태평양 연안 지역으로 구분된다. 기후는 카리브 해 연안이 연중 비가 많은 열대 우림 기후를, 태평양 연안은 건기가 있는 열대 사바나 기후를 이룬다. 이 나라의 풍부한 자연은 동식물의 보고를 이루어 국토의 25%가 국립 공원으로 자연 보호 구역이다.

역 사

1502년 콜럼버스의 상륙 이후 스페인의 식민지가 되었다. 1821년 독립을 선언하고 1823년 중미 연방 공화국에 가입하였다가 1848년 독립하였다. 1949년 헌법으로 군대를 폐지하였으며 1983년 '영구 비무장 중립'을 선언하고 사회 보장 제도를 실시하였다. 퇴직자에 대한 과세를 금지하여 미국인들의 은둔 생활자가 많다. 외교는 미국과의 관계를 축으로 UN 활동에 적극 참여하고 있다.

경 제

커피, 바나나, 옥수수, 사탕수수, 과일 등을 재배하는 열대 농업 국가이며 농산물의 수출과 관광이 주요 외화 획득 산업이다.

관 광

많은 국립 공원과 생태 보호 구역을 중심으로 하는 생태 관광, 태평양 연안의 해안과 화산 등이 주요 관광 자원이다.

10. 파나마
Republic of Panama

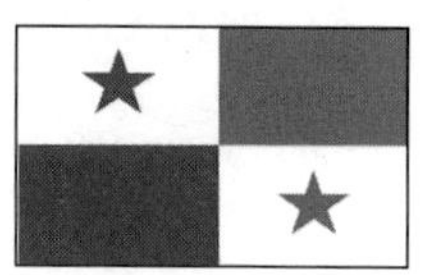

수도 : 파나마(48만 명)
면적 : 7.6만 ㎢
인구 : 317만 명
인구 밀도 : 42명/㎢

데이터

정체 / 공화제

민족 / 메스티소(백인과 인디오 혼혈) 65%, 흑인 13%, 백인 11%, 인디오 10% 등

언어 / 스페인 어

종교 / 가톨릭 교 85%, 프로테스탄트 교, 이슬람 교 등

문맹률 / 8%

평균 수명 / 남 72세, 여 77세

통화 / 발보아(Balboa)

도시 인구 / 56%

국민 총생산 / 118억 달러

1인당 국민 소득 / 4,020달러

토지 이용 / 농경지 8.8%, 목초지 19.5%, 삼림 43.2%, 기타 28.5%

산업별 인구 / 1차 17.4%, 2차 17.5%, 3차 65.1%

천연 자원 / 구리, 원목(마호가니), 수력, 수산물 등

수출 / 8.5억 달러(수산물, 바나나 ,설탕, 석유제품, 커피, 섬유 등)

수입 / 30억 달러(자동차, 기계류, 원유, 석유제품 등)

한국의 대(對) 파나마 수출 / 17.1억 달러

한국의 대(對) 파나마 수입 / 1.4억 달러

한국 교민 / 315명

발전량 / 52억 kWh(수력 74.1%, 화력 25.9%)

관광객 / 53만 명

관광 수입 / 6.8억 달러

자동차 보유 대수 / 28만 대

국방 예산 / 1.3억 달러

군인 / 1.2만 명

표준 시간 / 한국 시간에서 -14시간

국제 전화 국가 번호 / 507번

주요 도시의 기후

파나마

	1월	7월
월평균 기온(˚C)	26.1	27.2
연강수량(mm)	1,770	

자 연

중앙 아메리카의 최남단에 위치하며 동쪽은 남미의 콜롬비아, 서쪽은 코스타리카, 북쪽은 카리브 해, 남쪽은 태평양과 접하고 있다. 국토는 동서로 길게 뻗어 있고 중앙에 파나마 운하가 지나고 있다. 지형은 대부분이 산악 지대를 이루고 운하가 있는 지협부 만이 호수와 저지대이다. 기후는 열대 기후 지대를 이루고 건기는 1~4월이다.

역 사

1502년 콜럼버스의 상륙 후 스페인의 영토가 되었으며 1821년에는 콜롬비아 공화국의 한 주로 되었다. 1903년 파나마 운하 건설을 프랑스로부터 넘겨받은 미국의 협조로 독립하였고 1914년 운하가 개통되었다. 1977년 미국에 의한 운하의 독점 운영권을 인정한 조약을 개정하여 1999년 말 운하를 반환받고 미국의 군사 기지도 철수하였다.

현재 파나마의 외교는 미국과의 우호 관계를 중심으로 중앙 아메리카의 통합을 추진하고 있다.

경 제

바나나, 사탕수수, 커피 등의 수출용 열대 농산물의 재배와 연안의 새우잡이가 성하고, 공업은 식품 가공, 석유 정제 등이 있다. 그 밖의 주요 산업은 운하의 운영과 운하의 북쪽 항구 도시 콜론 자유 무역 지구(홍콩 다음으로 세계 2위)의 무역과 금융 산업이다.

관 광

수도 파나마, 연안 휴양지, 콜론 자유 무역항 등이 주요 관광 자원이다.

11. 쿠바

Republic of Cuba

수도 : 아바나(219만 명)
면적 : 11.1만 ㎢
인구 : 1,127만 명
인구 밀도 : 102명/㎢

데이터

정체 / 공화제

민족 / 백인(스페인 계) 66%, 물라토(흑인과 백인 혼혈) 22%, 흑인 12%

언어 / 스페인 어

종교 / 가톨릭 교

문맹률 / 3%

평균 수명 / 남 73세, 여 77세

통화 / 쿠바 페소(Peso)

도시 인구 / 75%

국민 총생산 / 276억 달러

1인당 국민 소득 / 2,445달러

토지 이용 / 농경지 30.4%, 목초지 26.8%, 삼림 23.5%, 기타 19.3%

산업별 인구 / 1차 24.4%, 2차 22.6%, 3차 53.0%

천연 자원 / 코발트, 니켈, 구리, 철광석, 석유, 목재, 연안의 산호초 등

수출 / 17억 달러(설탕, 니켈, 수산물, 담배, 의약품 등)

수입 / 48억 달러(석유제품, 곡물, 기계, 원유 등)

발전량 / 153억 kWh(수력 0.5%, 화력 99.5%)

관광객 / 166만 명

관광 수입 / 16억 달러

자동차 보유 대수 / 4.7만 대

국방 예산 / 10억 달러

군인 / 4.6만 명

표준 시간 / 한국 시간에서 -14시간

국제 전화 국가 번호 / 53번

주요 도시의 기후

아바나

월별	1월	2월	3월	4월	5월	6월	7월	8월	9월	10월	11월	12월	전년
기온(°C)	21.6	21.6	23.0	24.5	25.3	25.9	26.9	27.1	26.5	25.4	23.6	22.1	24.5
강수량(mm)	76	70	36	44	83	173	119	89	144	189	67	58	1,146

자 연

미국의 플로리다 반도와 멕시코의 유카탄 반도 사이의 카리브 해상에 위치하는 섬나라로, 국토는 낮은 구릉과 평지가 대부분이며 해안에는 산호초가 발달하고 있다. 기후는 건기와 우기가 있는 열대 사바나 기후 지대를 이루고, 초가을에는 허리케인(태풍과 같은 열대성 저기압)의 피해를 자주 입는다.

역 사

1492년 콜럼버스의 발견 이후 스페인의 영토가 되었으며 1898년 미국과 스페인의 전쟁 후 미국의 군정을 거쳐 독립하였다. 1959년 카스트로의 쿠바 혁명이 성공하여 1961년 중남미 최초의 사회주의 국가가 탄생하였다. 미국과는 국교를 단절하고 미국 자본의 플랜테이션 농장은 국유화하였다. 소련과 긴밀한 관계를 맺고 미사일 도입을 시도하다가 '쿠바 위기'를 맞기도 하였다. 현재는 소련의 붕괴로 중국, 베트남과 협력하고 있으나 많은 난민을 유출시키고 있다.

경 제

사탕수수를 재배하여 설탕을 수출하는 농업국이다. 그 밖에 담배, 옥수수, 감자 등이 재배되고 있으며 니켈, 코발트, 석유 등의 지하 자원도 개발되고 있다. 공업은 식품 가공, 금속, 기계 등이 발달하고 있다.

관 광

희귀한 열대의 동식물(세계에서 가장 작은 새인 벌새 등)과 해안의 휴양지가 주요 관광 자원이다.

12. 바하마

Commonwealth of the Bahamas

수도 : 나소(21만 명)
면적 : 1.4만 ㎢
인구 : 32만 명
인구 밀도 : 23명/㎢

데이터

정체 / 입헌 군주제(영연방)

민족 / 흑인 85%, 백인 15%

언어 / 영어, 크레올 어

종교 / 프로테스탄트 교, 가톨릭 교

문맹률 / 6%

평균 수명 / 남 65세, 여 73세

통화 / 바하마 달러(Dollar)

도시 인구 / 88%

국민 총생산 / 48억 달러

1인당 국민 소득 / 14,960달러

토지 이용 / 농경지 0.7%, 목초지 0.1%, 삼림 23.3%, 기타 75.9%

산업별 인구 / 1차 3.8%, 2차 14.6%, 3차 81.6%

천연 자원 / 소금, 목재, 연안의 모래사장 등

수출 / 6.2억 달러(수산물, 기계류, 소금 등)

수입 / 16억 달러(식료품, 기계류, 수송 기계, 식료품, 석유제품 등)

발전량 / 17억 kWh(화력 100%)

관광객 / 154만 명

관광 수입 / 14억 달러

자동차 보유 대수 / 12만 대

국방 예산 / 2,500만 달러

군인 / 860명

표준 시간 / 한국 시간에서 −14시간

국제 전화 국가 번호 / 1+242번

주요 도시의 기후

나소

	1월	7월
월평균 기온(°C)	21.5	28.0
연강수량(mm)	1,375	

자 연

미국 플로리다 반도의 동남쪽 80km에 위치하며 국토는 3,000여 개의 작은 산호초와 암초로 이루어진 섬나라이다. 기후는 건기(9~10월)와 우기(5~6월)가 있는 열대 사바나 기후 지대를 이루고 초가을에는 허리케인의 피해를 자주 입는다.

역 사

1492년 콜럼버스의 최초의 신대륙 발견지(산살바도르 섬)로 1783년부터 정식으로 영국의 영토가 되었다. 미국 독립 후 영국인들이 많은 흑인 노예들을 데리고 이주하였으며 1973년 영연방 국가로 독립하였다. 현재는 미국, 영국과의 관계를 중심으로 카리브 해 공동체와 공동 시장의 주요 국가로 활동하고 있다.

경 제

농업은 과일, 채소가 생산되며 수산업과 소금 제조업이 성하다. 무엇보다도 이 나라의 가장 주요한 산업은 관광과 금융업이다. 미국에 인접한 위치, 수려한 자연, 세금 면제 정책 등의 혜택으로 연간 160만 명(국가 인구는 30만 명)에 가까운 관광객이 모여들고 있다. 수도 나소에는 세계 최대의 유람선들이 드나들고 외국 은행, 투자 회사들이 모여 카리브 해의 국제 관광, 쇼핑, 금융의 중심지를 이루고 있다.

관 광

해안의 모래사장과 휴양지, 물고기와 홍학, 수상 스포츠, 골프, 쇼핑, 카지노 등이 주요 관광 자원이다.

13. 자메이카

Jamaica

수도 : 킹스턴(58만 명)
면적 : 1만 ㎢
인구 : 264만 명
인구 밀도 : 240명/㎢

데이터

정체 / 입헌 군주제(영연방)

민족 / 흑인 77%, 물라토(흑인과 백인 혼혈) 15%, 인도 인 3%, 백인 1%

언어 / 영어

종교 / 프로테스탄트 교, 가톨릭 교 등

문맹률 / 13%

평균 수명 / 남 73세, 여 77세

통화 / 자메이카 달러(J$)

도시 인구 / 52%

국민 총생산 / 63억 달러

1인당 국민 소득 / 2,440달러

토지 이용 / 농경지 19.9%, 목초지 23.4%, 삼림 16.8%, 기타 39.9%

산업별 인구 / 1차 21.0%, 2차 17.6%, 3차 61.4%

천연 자원 / 보크사이트, 석회암, 석고 등

수출 / 11억 달러(보크사이트, 알루미나, 의류, 설탕, 과일, 채소, 당밀 등)

수입 / 35억 달러(석유제품, 자동차, 기계, 의류, 식료품 등)

발전량 / 67억 kWh(수력 2.3%, 화력 97.7%)

관광객 / 127만 명

관광 수입 / 12억 달러

자동차 보유 대수 / 42만 대

국방 예산 / 3,500만 달러

군인 / 2,830명

표준 시간 / 한국 시간에서 -14시간

국제 전화 국가 번호 / 1+809번

주요 도시의 기후

킹스턴

월별	1월	2월	3월	4월	5월	6월	7월	8월	9월	10월	11월	12월	전년
기온(°C)	25.9	25.8	26.3	26.9	27.7	28.5	28.8	28.7	28.2	27.8	27.1	26.6	27.4
강수량(mm)	16	17	22	31	69	68	29	75	129	150	81	36	723

자 연

쿠바의 남쪽에 위치하는 카리브 해의 섬나라로, 국토는 최고봉 블루마운틴(2,256m)을 중심으로 산지가 많고 해안에 좁은 평지가 있다. 기후는 열대 사바나 기후로 건기와 우기가 있으며 초가을에는 허리케인의 피해를 입기도 한다.

역 사

1492년 콜럼버스의 발견 이후 스페인의 영토가 되었다가 1670년부터 영국의 지배를 받았으며, 1962년 영연방 국가로 독립하였다. 사탕수수 농장에서 일하던 흑인 노예의 후손들이 인구의 대부분을 차지하고 있다. 현재 자메이카는 카리브 해 공동체와 공동 시장의 중심 국가로 활약하고 있다.

경 제

수출 작물로 사탕수수, 바나나, 고급 커피(블루마운틴) 등을 생산하며 세계적인 보크사이트 생산국이다. 그 밖에 외화 획득원은 관광 산업이다.

관 광

아름다운 해안의 풍경과 산호초, 블루마운틴을 중심으로 하는 열대 국립 공원의 자연 경관 등이 주요 관광 자원이다.

14. 아이티

Republic of Haiti

수도 : 포르토프랭스(99만 명)
면적 : 2.8만 ㎢
인구 : 811만 명
인구 밀도 : 292명/㎢

데이터

정체 / 공화제

민족 / 흑인 90%, 물라토(흑인과 백인 혼혈) 10%

언어 / 프랑스 어(공용어), 크리올 어

종교 / 가톨릭 교 85%, 아프리카 토속 신앙 등

문맹률 / 51%

평균 수명 / 남 49세, 여 55세

통화 / 굴드(Gourde)

도시 인구 / 36%

국민 총생산 / 36억 달러

1인당 국민 소득 / 440달러

토지 이용 / 농경지 32.8%, 목초지 17.8%, 삼림 5.0%, 기타 44.4%

산업별 인구 / 1차 57.3%, 2차 7.6%, 3차 35.1%

수출 / 3억 달러(의류, 채소, 과일, 커피, 향료 등)

수입 / 11억 달러(식료품, 기계류, 광물 연료 등)

발전량 / 5.5억 kWh(수력 40.6%, 화력 59.4%)

관광객 / 14만 명

관광 수입 / 5,400만 달러

자동차 보유 대수 / 15만 대

치안 예산 / 3,100만 달러

준 군인 / 30명

표준 시간 / 한국 시간에서 −14시간

국제 전화 국가 번호 / 509번

주요 도시의 기후

포르토프랭스

월별	1월	2월	3월	4월	5월	6월	7월	8월	9월	10월	11월	12월	전년
기온(˚C)	25.4	25.5	26.4	27.2	27.7	28.3	28.8	28.7	28.1	27.5	26.9	25.9	27.2
강수량(mm)	30	40	70	160	180	114	66	145	169	161	73	50	1,256

자 연

카리브 해에 위치하는 히스파니올라 섬 서쪽 3분의 1을 차지하며 동쪽의 도미니카와 국경을 접하고 있다. 국토의 대부분이 산지이고, 기후는 열대 사바나 기후로 건기와 우기가 있다.

역 사

1492년 콜럼버스의 상륙 이후 스페인 령이었으나 1697년 프랑스 령을 거쳐 1804년 세계 최초의 흑인국이면서 중남미 최초의 독립국이 되었다. 1822년 현재의 도미니카를 합병하였다가 1844년에 다시 분리 독립하였다. 1915~1934년에는 미국의 점령 하에 있었으며 1957년 이래 독재와 쿠데타의 연속으로 정치적 불안이 가중되어 왔으며 2004년에는 시민 혁명을 이루었다. 1999년 카리브 해 공동체와 공동 시장에 가입하고 미국과의 관계를 바탕으로 주변국들과 우호 관계를 유지하고 있다.

경 제

커피, 바나나, 사탕수수, 사이잘삼 등의 열대 작물을 재배하고 수출하는 농업국이며, 광업으로 보크사이트의 생산이 많다. 그러나 정치 · 군사적인 혼란으로 빈부 격차가 심해 이 지역 최빈국 중의 하나이다.

관 광

해안의 자연 경치와 휴양지, 수도 포르토프랭스 등이 주요 관광지이다.

15. 도미니카공화국

Dominican Republic

수도 : 산토도밍고(268만 명)
면적 : 4.9만 ㎢
인구 : 882만 명
인구 밀도 : 182명/㎢

데이터

정체 / 공화제

민족 / 물라토(흑인과 백인 혼혈) 73%, 백인 16%, 흑인 11%

언어 / 스페인 어(공용어), 영어

종교 / 가톨릭 교

문맹률 / 16%

평균 수명 / 남 70세, 여 73세

통화 / 도미니카 페소(Peso)

도시 인구 / 58%

국민 총생산 / 200억 달러

1인당 국민 소득 / 2,320달러

토지 이용 / 농경지 30.4%, 목초지 43.1%, 삼림 12.3%, 기타 14.2%

산업별 인구 / 1차 19.9%, 2차 24.3%, 3차 55.8%

천연 자원 / 금, 은, 보크사이트, 니켈 등

수출 / 8.3억 달러(식료품, 니켈, 설탕, 커피, 금, 과일 등)

수입 / 60억 달러(원유, 석유제품, 곡물 등)

한국의 대(對) 도미니카 수출 / 1.3억 달러

한국의 대(對) 도미니카 수입 / 0.4억 달러

한국 교민 / 588명

발전량 / 105억 kWh(수력 7.2%, 화력 92.8%)

관광객 / 281만 명

관광 수입 / 27억 달러

자동차 보유 대수 / 58만 대

국방 예산 / 1.1억 달러

군인 / 2.5만 명

표준 시간 / 한국 시간에서 −13시간

국제 전화 국가 번호 / 1+809번

주요 도시의 기후

산토도밍고

월별	1월	2월	3월	4월	5월	6월	7월	8월	9월	10월	11월	12월	전년
기온(°C)	24.5	24.5	25.0	25.8	26.3	26.9	27.1	27.1	27.1	26.6	26.0	25.1	26.0
강수량(mm)	60	61	56	70	162	131	149	196	179	174	92	77	1,406

자 연

카리브 해에 위치하는 히스파니올라 섬의 동쪽 3분의 2를 차지하며 서쪽의 아이티와 국경을 접하고 있다. 국토는 산지가 많으며 북부와 동부는 비옥한 평지를 이룬다. 기후는 해양성의 열대 사바나 기후로 북동 무역풍의 영향을 받아 북부와 동부는 여름에 비가 많다.

역 사

1492년 콜럼버스의 발견 이후 스페인의 영토가 되었으나 그 후 프랑스 령, 아이티의 정복을 거쳐 1844년 독립하였다. 1861년 다시 스페인 령이 되었다가 독립을 회복하였으며 1916~1924년에는 미국에 점령되기도 하였다. 1965년 내전에 돌입하였으나 미국과 UN의 개입으로 수습되었고, 현재는 미국과 중남미 국가들과의 관계를 중심으로 오랜 역사의 수난에서 안정을 찾고 있다.

경 제

동부와 북부의 평지를 중심으로 사탕수수, 커피, 바나나, 카카오 등의 열대 작물의 재배가 성하며, 지하 자원으로는 보크사이트, 니켈 등의 생산이 많다. 이 나라의 최대 외화 수입원은 관광과 미국에 거주하는 동포들의 송금이지만 외채는 50억 달러에 육박하고 있다.

관 광

바다 낚시, 수상 스포츠, 스페인의 식민 통치 유적과 자연 경치 등이 관광 자원이다.

16. 세인트키츠네비스
Federation of Saint Kitts and Nevis

수도 : 바스테르(1.3만 명)
면적 : 261㎢
인구 : 4.7만 명
인구 밀도 : 180명/㎢

데이터

정체 / 입헌 군주제(영연방)

민족 / 흑인, 물라토(흑인과 백인 혼혈)

언어 / 영어(공용어)

종교 / 가톨릭 교, 프로테스탄트 교

문맹률 / 3%

평균 수명 / 남 68세, 여 71세

통화 / 동 카리브 달러(EC$)

도시 인구 / 33%

국민 총생산 / 3억 달러

1인당 국민 소득 / 6,540달러

토지 이용 / 농경지 38.9%, 목초지 2.8%, 삼림 16.7%, 기타 41.6%

수출 / 3,100만 달러(설탕, 기계류, 음료 등)

수입 / 1.9억 달러(기계류, 석유제품, 자동차 등)

발전량 / 1억 kWh(화력 100%)

관광객 / 9.3만 명

관광 수입 / 7,600만 달러

자동차 보유 대수 / 1.2만 대

표준 시간 / 한국 시간에서 -13시간

국제 전화 국가 번호 / 1+809

자 연

카리브 해의 소앤틸리스 제도 북서부에 위치하며 동쪽으로는 앤티가바부다가 있다. 국토는 화산섬 세인트크리스토퍼 섬과 네비스 섬으로 이루어지고 해안에는 산호초가 발달해 있다. 기후는 열대 기후 지대를 이루지만 북동 무역풍의 영향으로 쾌적한 편이다.

역 사

1493년 콜럼버스가 발견하였고 1623년 이후 영국의 지배를 받아왔으며 1983년 독립하여 미주 기구에 가입하였다.

경 제

사탕수수, 담배 등을 재배하는 열대 농업 국가로 설탕은 이 나라 수출의 50% 이상을 차지한다.

관 광

해안의 쾌적한 자연, 자연 생태계, 수상 스포츠와 리조트 등이 관광 자원이다.

17. 앤티가바부다

Antigua and Barbuda

수도 : 세인트존스(2.5만 명)
면적 : 442㎢
인구 : 7.6만 명
인구 밀도 : 172명/㎢

데이터

정체 / 입헌 군주제(영연방)

민족 / 흑인(대다수), 기타 영국인, 포르투갈 인

언어 / 영어(공용어)

종교 / 프로테스탄트 교, 가톨릭 교 등

문맹률 / 87%

평균 수명 / 남 72세, 여 77세

통화 / 동 카리브 달러(EC$)

도시 인구 / 37%

국민 총생산 / 7억 달러

1인당 국민 소득 / 9,720달러

토지 이용 / 농경지 18.2%, 목초지 9.1%, 삼림 11.4%, 기타 61.3%

산업별 인구 / 1차 3.9%, 2차 17.2%, 3차 78.9%

수출 / 3,800만 달러(기계, 수송 장비, 연료와 원료 등)

수입 / 4.1억 달러(기계, 수송 기계, 식료품, 원료 등)

발전량 / 9,900만 kWh(화력 100%)

관광객 / 23만 명

관광 수입 / 2.6억 달러

자동차 보유 대수 / 2.5만 대

국방 예산 / 400만 달러

군인 / 170명

표준 시간 / 한국 시간에서 -13시간

국제 전화 국가 번호 / 1+809번

자 연

동카리브 해의 리워드 제도 중부에 위치하는 앤티가, 바부다, 레돈다 등 3개의 화산섬으로 이루어진 작은 섬나라로, 해양성의 열대 기후를 이루고 우기는 5~11월이다.

역 사

1493년 콜럼버스의 도착 이후 스페인, 프랑스의 지배를 받다가 1667년 영국의 식민지가 되었으며 1981년 독립하였다. 미국과 긴밀한 관계를 유지하고 있으며 미국에 군사 시설과 공군 기지를 제공하고 있다.

경 제

가장 주요한 산업은 관광이며 사탕수수, 면화 등의 재배도 성하다. 최근에는 경공업도 발달하고 있다.

관 광

해안 지대의 풍부한 모래사장과 휴양 시설, 수상 스포츠, 축제, 야생 동식물 등이 관광 자원이다.

18. 도미니카연방

Commonwealth of Dominica

수도 : 로조(2.4만 명)
면적 : 751㎢
인구 : 6.9만 명
인구 밀도 : 92명/㎢

데이터

정체 / 공화제

민족 / 흑인과 혼혈

언어 / 영어(공용어), 프랑스 어의 방언 등

종교 / 가톨릭 교

문맹률 / 6%

평균 수명 / 남 73세, 여 78세

통화 / 동 카리브 달러(EC$)

도시 인구 / 71%

국민 총생산 / 2억 달러

1인당 국민 소득 / 3,000달러

토지 이용 / 농경지 22.7%, 목초지 2.7%, 삼림 66.7%, 기타 7.9%

산업별 인구 / 1차 25.2%, 2차 19.3%, 3차 55.5%

수출 / 4,200만 달러(바나나, 비누, 화학약품, 식료품 등)

수입 / 1.1억 달러(기계류, 자동차, 석유제품 등)

발전량 / 8,100만 kWh(수력 33.3%, 화력 66.7%)

관광객 / 6.6만 명

관광 수입 / 3,800만 달러

자동차 보유 대수 / 1.3만 대

표준 시간 / 한국 시간에서 -13시간

국제 전화 국가 번호 / 1+809번

주요 도시의 기후

로즈

	1월	7월
월평균 기온(°C)	24.2	22.2
연강수량(mm)	1,956	

자 연

카리브 해의 윈드워드 제도 북부에 위치하며 동쪽은 대서양, 서쪽은 카리브 해에 면하고 있다. 국토는 화산섬으로 산지가 많으며, 기후는 해양성의 열대 기후로 비가 많고 허리케인의 피해도 자주 입는다.

역 사

1493년 콜럼버스의 도착 이후 프랑스와 영국의 영유권 분쟁이 있었으나 1805년 영국의 식민지가 되었다. 1978년 영연방 가입국으로 독립하였으며, 외교는 미국을 중심으로 카리브 해 공동체 국가들과 긴밀한 관계를 유지하고 있다.

경제

열대 농업국으로 바나나, 코코넛, 과일 등의 생산이 많다. 최근에는 식품 가공, 비누 제조 등의 경공업이 발달하였고 관광 산업의 육성에도 적극적이다.

관광

유람선 관광, 야생 동식물, 관찰 여행 등이 주요 관광 상품이다.

19. 세인트루시아

Saint Lucia

수도 : 캐스트리스(2,301 명)
면적 : 539㎢
인구 : 16만 명
인구 밀도 : 304명/㎢

데이터

정체 / 입헌 군주제(영연방)

민족 / 흑인과 혼혈 97%, 백인 3%

언어 / 영어

종교 / 가톨릭 교

문맹률 / 33%

평균 수명 / 남 69세, 여 74세

통화 / 동 카리브 달러(EC$)

도시 인구 / 29%

국민 총생산 / 6억 달러

1인당 국민 소득 / 3,750달러

토지 이용 / 농경지 29.0% ,목초지 4.8%, 삼림 12.9%, 기타 53.3%

산업별 인구 / 1차 43.4%, 2차 17.7%, 3차 38.9%

천연 자원 / 삼림, 지열, 부석(pumice) 등

수출 / 6,200만 달러(바나나, 음료, 의류, 기계 등)

수입 / 3.1억 달러(기계류, 석유제품, 자동차, 육류 등)

발전량 / 2.9억 kWh(화력 100%)

관광객 / 25만 명

관광 수입 / 2.9억 달러

자동차 보유 대수 / 2.5만 대

군인(치안 요원) / 300명

표준 시간 / 한국 시간에서 -13시간

국제 전화 국가 번호 / 1+758번

자 연

동카리브 해의 윈드워드 제도의 북부에 위치하는 작은 섬나라이다. 지형은 화산섬으로 산지가 많고 섬의 서남부에는 유황천이 솟아 나고 있다. 기후는 해양성의 열대 기후 지역을 이루고 기온과 강수량은 고도에 따라 차이가 크다.

역 사

1502년 콜럼버스가 도착하여 세인트루시아로 명명하였으며, 그 후 영국과 프랑스의 쟁탈전을 거쳐 1814년 영국의 식민지로 되었다가 1979년 영연방 독립국이 되었다.

경 제

주요 산업은 바나나, 코코넛, 망고 등을 재배하는 열대 농업과 수려한 자연을 이용한 관광 산업이다.

관 광

유황 온천, 해안의 모래사장, 열대 밀림과 자연 생태계, 세계적인 희귀종인 모자 앵무새 등이 주요 관광 자원이다.

20. 바베이도스

Barbados

수도 : 브리지타운(9.8만 명)
면적 : 430㎢
인구 : 25.6만 명
인구 밀도 : 595명/㎢

데이터

정체 / 입헌 군주제(영연방)

민족 / 흑인 80%, 물라토(흑인과 백인 혼혈) 16%, 백인 4%

언어 / 영어

종교 / 프로테스탄트 교, 가톨릭 교

문맹률 / 3%

평균 수명 / 남 74세, 여 79세

통화 / 바베이도스 달러(bds$)

도시 인구 / 50%

국민 총생산 / 24억 달러

1인당 국민 소득 / 8,790달러

토지 이용 / 농경지 37.2%, 목초지 4.7%, 삼림 11.6%, 기타 46.5%

산업별 인구 / 1차 4.2%, 2차 19.9%, 3차 75.9%

천연 자원 / 어류, 석유, 천연가스 등

수출 / 2.1억 달러(설탕, 전기 기계, 음료, 금속제품, 종이 등)

수입 / 10억 달러(기계류, 자동차, 석유제품, 금속제품 등)

발전량 / 8.3억 kWh(화력 100%)

관광객 / 51만 명

관광 수입 / 7억 달러

자동차 보유 대수 / 9.9만 대

국방 예산 / 1,200만 달러

군인 / 610명

표준 시간 / 한국 시간에서 -13시간

국제 전화 국가 번호 / 1+246번

주요 도시의 기후

브리지타운

	1월	7월
월평균 기온(˚C)	24.4	26.7
연강수량(mm)	1,275	

자 연

서인도 제도의 동쪽 끝자락에 위치하며 국토는 산호초로 이루어진 작은 섬나라이다. 기후는 해양성의 열대 기후로 건기와 우기를 갖는다.

역 사

1536년 포르투갈 인이 상륙하였으며 1627년부터 영국의 진출로 그 식민지가 되었다. 1958년 자메이카 등과 서인도 연방을 구성하였으나 1966년 서인도 연방을 해체하고 영연방으로 독립하였다. 카리브 해 공동체와 공동 시장의 창설 국가로 미국, 서구 등과 긴밀한 관계를 유지하고 있다.

경 제

사탕수수 재배를 중심으로 하는 열대 농업과 관광이 대표적인 산업이다.

관 광

아름다운 해안과 휴양 휴양지, 각종 스포츠 시설 등이 관광 자원이다.

21. 세인트빈센트그레나딘

Saint vincent and the Grenadines

수도 : 킹스타운(1.4만 명)
면적 : 388㎢
인구 : 11.0만 명
인구 밀도 : 284명/㎢

데이터

정체 / 입헌 군주제(영연방)

민족 / 흑인(아프리카 계), 기타 혼혈

언어 / 영어

종교 / 프로테스탄트 교, 가톨릭 교

문맹률 / 4%

평균 수명 / 남 71세, 여 74세

통화 / 동 카리브 달러(EC$)

도시 인구 / 54%

국민 총생산 / 3억 달러

1인당 국민 소득 / 2,820달러

토지 이용 / 농경지 28.2%, 목초지 5.1%, 삼림 35.9%, 기타 30.8%

산업별 인구 / 1차 25.7%, 2차 15.6%, 3차 58.7%

수출 / 3,800만 달러(바나나, 식료품, 기계 등)

수입 / 1.7억 달러(곡물, 기계류, 자동차, 육류 등)

발전량 / 8,500만 kWh(수력 25.9%, 화력 74.1%)

관광객 / 6.7만 명

관광 수입 / 7,400만 달러

자동차 보유 대수 / 1.2만 대

표준 시간 / 한국 시간에서 -13시간

국제 전화 국가 번호 / 1+809번

자 연

카리브 해의 소앤틸리스 제도 중 윈드워드 제도에 위치하며, 국토는 세인트빈센트 섬과 남쪽의 그레나딘 섬으로 이루어지고 화산 활동으로 큰 피해를 입기도 한다. 기후는 해양성의 열대 기후를 이루고 연중 고온 다습하며 북동 무역풍의 영향으로 여름에 비가 많다.

역 사

1498년 콜럼버스가 도착하였고 1762년부터 영국의 식민지, 영국령 서인도 연방을 거쳐 1979년 독립하였다. 외교는 주변국들과의 우호 관계를 중요시하고 있다.

경 제

바나나, 코코아 등의 열대 농업과 관광이 주요 산업이다.

관 광

해안의 풍요로운 자연과 모래사장, 수상 요트 시설, 휴양 시설 등이 관광 자원이다.

22. 그레나다

Grenada

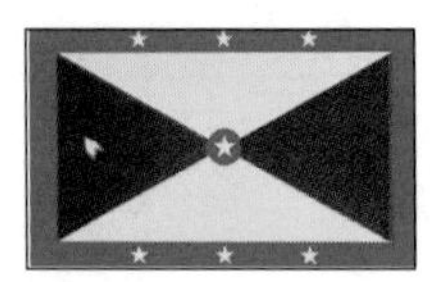

수도 : 세인트조지스(3.9만 명)
면적 : 344㎢
인구 : 10.6만 명
인구 밀도 : 308명/㎢

데이터

정체 / 입헌 군주제(영연방)

민족 / 흑인 85%, 혼혈, 인디오 등

언어 / 영어

종교 / 가톨릭 교, 프로테스탄트 교

문맹률 / 2%

평균 수명 / 남 71세, 여 73세

통화 / 동 카리브 달러(EC$)

도시 인구 / 38%

국민 총생산 / 4억 달러

1인당 국민 소득 / 3,530달러

토지 이용 / 농경지 32.4%, 목초지 2.9%, 삼림 8.8%, 기타 55.9%

산업별 인구 / 1차 14.3%, 2차 16.7%, 3차 69.0%

수출 / 3,800만 달러(향신료, 수산물, 곡물, 카카오 등)

수입 / 2.0억 달러(기계류, 자동차, 석유제품 등)

발전량 / 1.2억 kWh(화력 100%)

관광객 / 12만 명

관광 수입 / 5,900만 달러

표준 시간 / 한국 시간에서 −13시간

국제 전화 국가 번호 / 1+809번

자 연

소앤틸리스 제도 중의 윈드워드 제도에 위치하며 산지가 많은 화산섬이다. 기후는 해양성의 열대 기후 지역을 이루고 우기인 여름에는 많은 비가 내린다.

역 사

1498년 콜럼버스가 도착하였고 1783년 영국의 식민지가 되었다. 1967년 서인도 연합을 결성하였다가 1974년 독립하였다. 독립 후 쿠데타와 정변이 잇달았으나 미국과 중미 국가들의 도움으로 안정을 찾았으며, 현재는 카리브 해 공동체와 공동 시장에 참여하고 있다.

경 제

향신료, 바나나, 카카오 등을 재배하는 열대 농업과 관광이 주요 산업이다. 특히 향신료의 섬으로 불릴 정도로 향료의 생산은 유명하다.

관 광

열대 해안, 산지의 폭포와 숲, 유람선 등이 주요 관광 자원이다.

23. 트리니다드토바고
Republic of Trinidad and Tobago

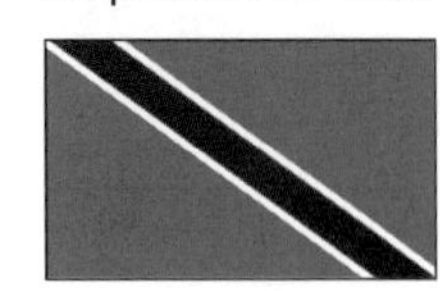

수도 : 포트오브스페인(4.9만 명)
면적 : 5,130㎢
인구 : 131.5만 명
인구 밀도 : 256명/㎢

데이터

정체 / 공화제

민족 / 흑인 40%, 인도 인 40%, 혼혈 18% 등

언어 / 영어(공용어)

종교 / 가톨릭 교, 힌두 교, 프로테스탄트 교, 이슬람 교

문맹률 / 2%

평균 수명 / 남 68세, 여 73세

통화 / 트리니다드토바고 달러(TT$)

도시 인구 / 74%

국민 총생산 / 64억 달러

1인당 국민 소득 / 4,980달러

토지 이용 / 농경지 23.8%, 목초지 2.1%, 삼림 45.8%, 기타 28.3%

산업별 인구 / 1차 8.1%, 2차 26.9%, 3차 65.0%

천연 자원 / 석유, 천연가스, 아스팔트 등

수출 / 39억 달러(석유제품, 원유, 화학약품, 화학 비료, 철강 등)

수입 / 36억 달러(기계류, 원유, 자동차, 철강, 식료품 등)

발전량 / 55억 kWh(화력 100%)

관광객 / 38만 명

관광 수입 / 2.2억 달러

자동차 보유 대수 / 28만 대

국방 예산 / 6,400만 달러

군인 / 2,700명

표준 시간 / 한국 시간에서 -13시간

국제 전화 국가 번호 / 1+809번

주요 도시의 기후

포트오브스페인

	1월	7월
월평균 기온(°C)	25.6	26.1
연강수량(mm)	1,631	

자 연

카리브 해의 소앤틸리스 제도 남단과 베네수엘라의 오리노코 강 하구 사이에 위치하는 두 개의 섬으로 된 국가이다. 기후는 열대 기후 지역을 이루어 연중 덥고 여름에 비가 많으며 겨울은 건조하다.

역 사

1498년 콜럼버스의 도착 이후 스페인의 영토가 되었다가 1814년 영국의 식민지가 되었다. 1962년 영연방 국가로 독립하였다가 1976년 공화국이 되었으며, 외교는 영국 · 미국과의 관계를 중심으로 카리브 해 공동체와 공동 시장의 중심 국가로 활약하고 있다. 한편 흑인과 인도 계 주민 간의 대립이 해소되지 않는 등 문제를 안고 있다.

경 제

카리브 해의 산유국으로 원유와 천연가스를 생산 수출하고 있으며 최근에는 해저 유전의 개발로 경제의 활력이 높아지고 있다. 그 밖에 수출 지향적인 공업과 관광 산업의 육성에 전력하고 있다.

관 광

해안과 산지의 자연 경관, 야생 생태계, 휴양 시설, 카리브 해의 문화 축제 등이 관광 자원이다.

* 남아메리카편

국가별 데이터와 해설 »

1. 콜롬비아 2. 베네수엘라 3. 가이아나 4. 수리남

5. 에콰도르 6. 페루 7. 볼리비아 8. 브라질 9. 칠레

10. 파라과이 11. 우루과이 12. 아르헨티나

남아메리카의 여러 나라

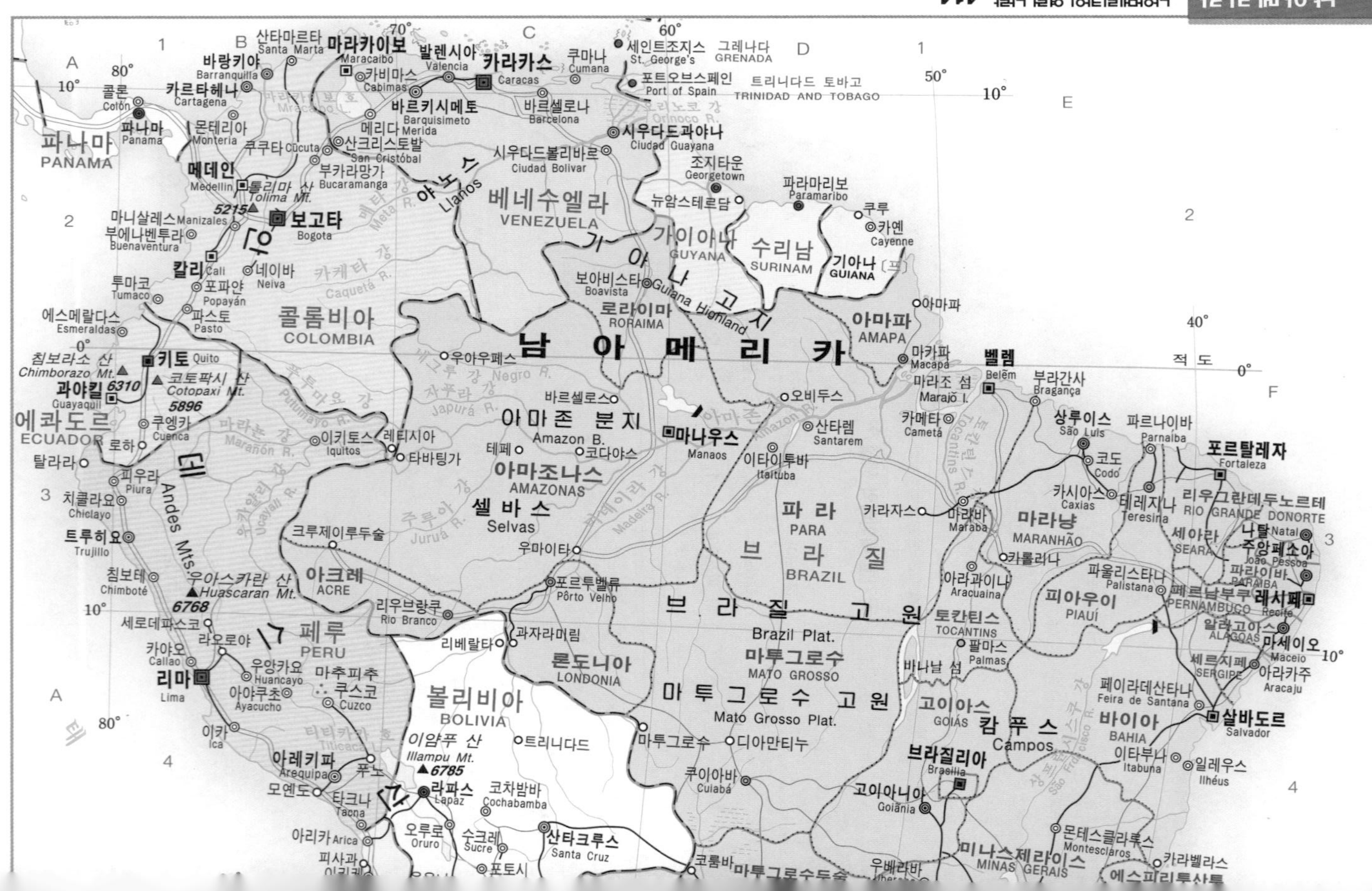
남아메리카
브라질
BRAZIL
베네수엘라
VENEZUELA
콜롬비아
COLOMBIA
에콰도르
ECUADOR
페루
PERU
볼리비아
BOLIVIA
가이아나
GUYANA
수리남
SURINAM
기아나
GUIANA
파나마
PANAMA
그레나다
GRENADA
트리니다드 토바고
TRINIDAD AND TOBAGO
카라카스
Caracas
보고타
Bogota
키토
Quito
리마
Lima
라파스
Lapaz
브라질리아
Brasilia
마나우스
Manaos
벨렘
Belém
살바도르
Salvador
포르탈레자
Fortaleza
레시페
Recife
파라마리보
Paramaribo
조지타운
Georgetown
카옌
Cayenne
포트오브스페인
Port of Spain
세인트조지스
St. George's
아마존 분지
Amazon B.
셀바스
Selvas
기아나 고지
Guiana Highland
브라질 고원
Brazil Plat.
마투그로수 고원
Mato Grosso Plat.
Andes Mts.
적도
침보라소 산
Chimborazo Mt.
코토팍시 산
Cotopaxi Mt.
5896
우아스카란 산
Huascaran Mt.
6768
이얌푸 산
Illampu Mt.
6785
톨리마 산
Tolima Mt.
5215
과야킬
Guayaquil
6310
산타크루스
Santa Cruz
코차밤바
Cochabamba
수크레
Sucre
쿠스코
Cuzco
아레키파
Arequipa
이키토스
Iquitos
칼리
Cali
메데인
Medellin
바랑키야
Barranquilla
카르타헤나
Cartagena
마라카이보
Maracaibo
발렌시아
Valencia
시우다드볼리바르
Ciudad Bolivar
시우다드과야나
Ciudad Guayana
상루이스
São Luís
테레지나
Teresina
나탈
Natal
고이아니아
Goiânia
쿠이아바
Cuiabá
포르투벨류
Pôrto Velho
산타렘
Santarem
마카파
Macapa
아마파
AMAPA
로라이마
RORAIMA
아마조나스
AMAZONAS
파라
PARA
마라냥
MARANHÃO
피아우이
PIAUÍ
바이아
BAHIA
고이아스
GOIÁS
마투그로수
MATO GROSSO
론도니아
LONDONIA
아크레
ACRE
토칸틴스
TOCANTINS
미나스제라이스
MINAS GERAIS

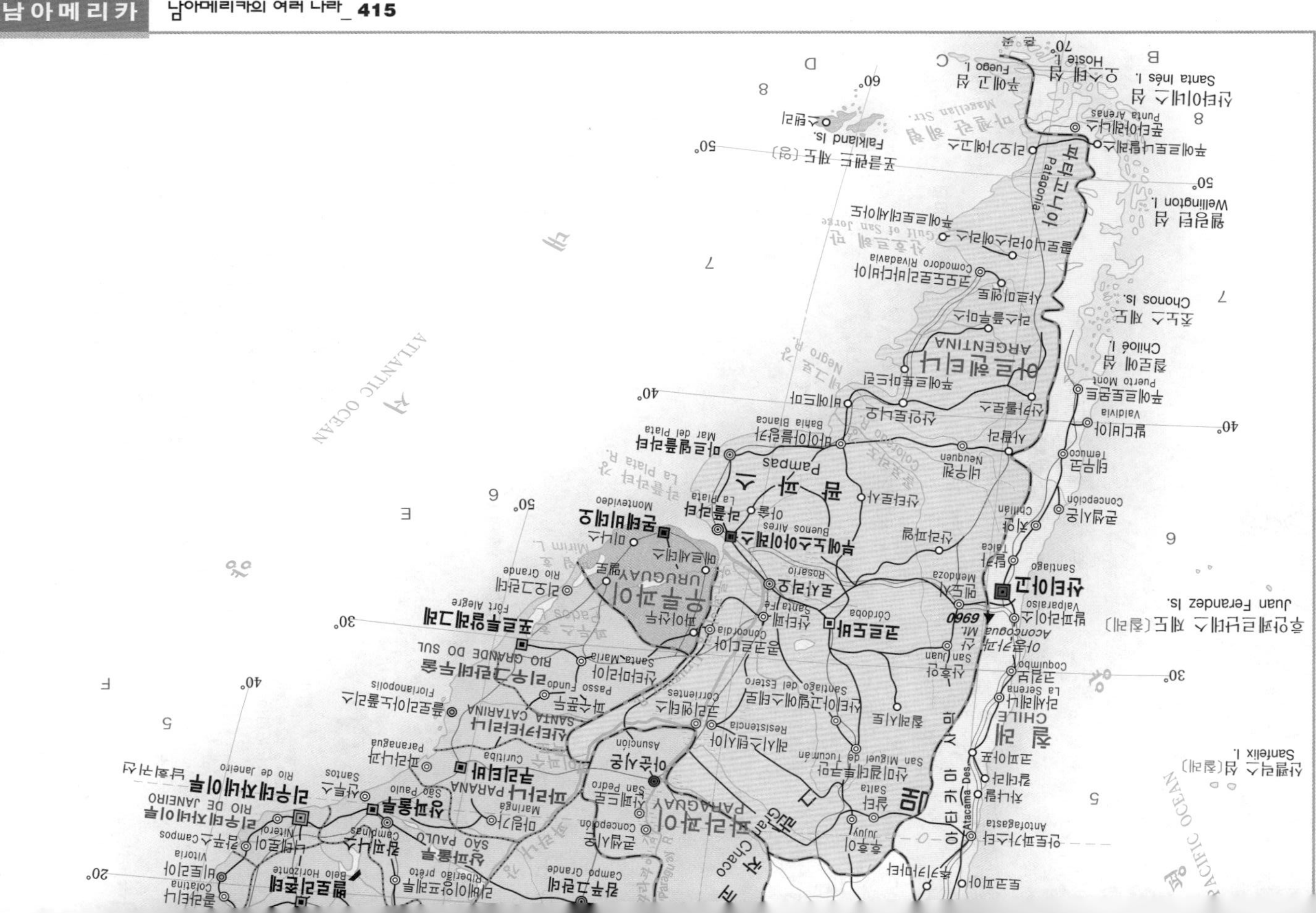
1:29,000,000
0
1000km
칠레
CHILE
산티아고
Santiago
아르헨티나
ARGENTINA
부에노스아이레스
Buenos Aires
우루과이
URUGUAY
몬테비데오
Montevideo
파라과이
PARAGUAY
아순시온
Asunción
상파울루
SÃO PAULO
리우데자네이루
Rio de Janeiro
RIO DE JANEIRO
쿠리치바
Curitiba
포르투알레그레
Pôrto Alegre
RIO GRANDE DO SUL
SANTA CATARINA
PARANA
코르도바
Córdoba
로사리오
Rosario
산타페
Santa Fe
라플라타
La Plata
마르델플라타
Mar del Plata
바이아블랑카
Bahia Blanca
팜파스
Pampas
멘도사
Mendoza
발파라이소
Valparaiso
아콩카과 산
Mt. Aconcagua
6960
코킴보
Coquimbo
라세레나
La Serena
안토파가스타
Antofagasta
아타카마 사막
Atacama Des.
콘셉시온
Concepción
테무코
Temuco
발디비아
Valdivia
푸에르토몬트
Puerto Mont
칠로에 섬
Chiloé I.
초노스 제도
Chonos Is.
웰링턴 섬
Wellington I.
산타이네스 섬
Santa Inés I.
푼타아레나스
Punta Arenas
푸에고 섬
Fuego I.
오스테 섬
Hoste I.
마젤란 해협
Magellan Str.
포클랜드 제도(영)
Falkland Is.
파타고니아
Patagonia
코모도로리바다비아
Comodoro Rivadavia
산호르헤 만
Gulf of San Jorge
네그로 강
Negro R.
라플라타 강
La Plata R.
미림 호
Mirim L.
파투스 호
Patos
후안페르난데스 제도(칠레)
Juan Ferandez Is.
산펠릭스 섬(칠레)
Sanfelix I.
PACIFIC OCEAN
태평양
ATLANTIC OCEAN
대서양
남회귀선
30°
40°
50°
60°
70°
20°

남아메리카 (남아메리카 중 · 북부)

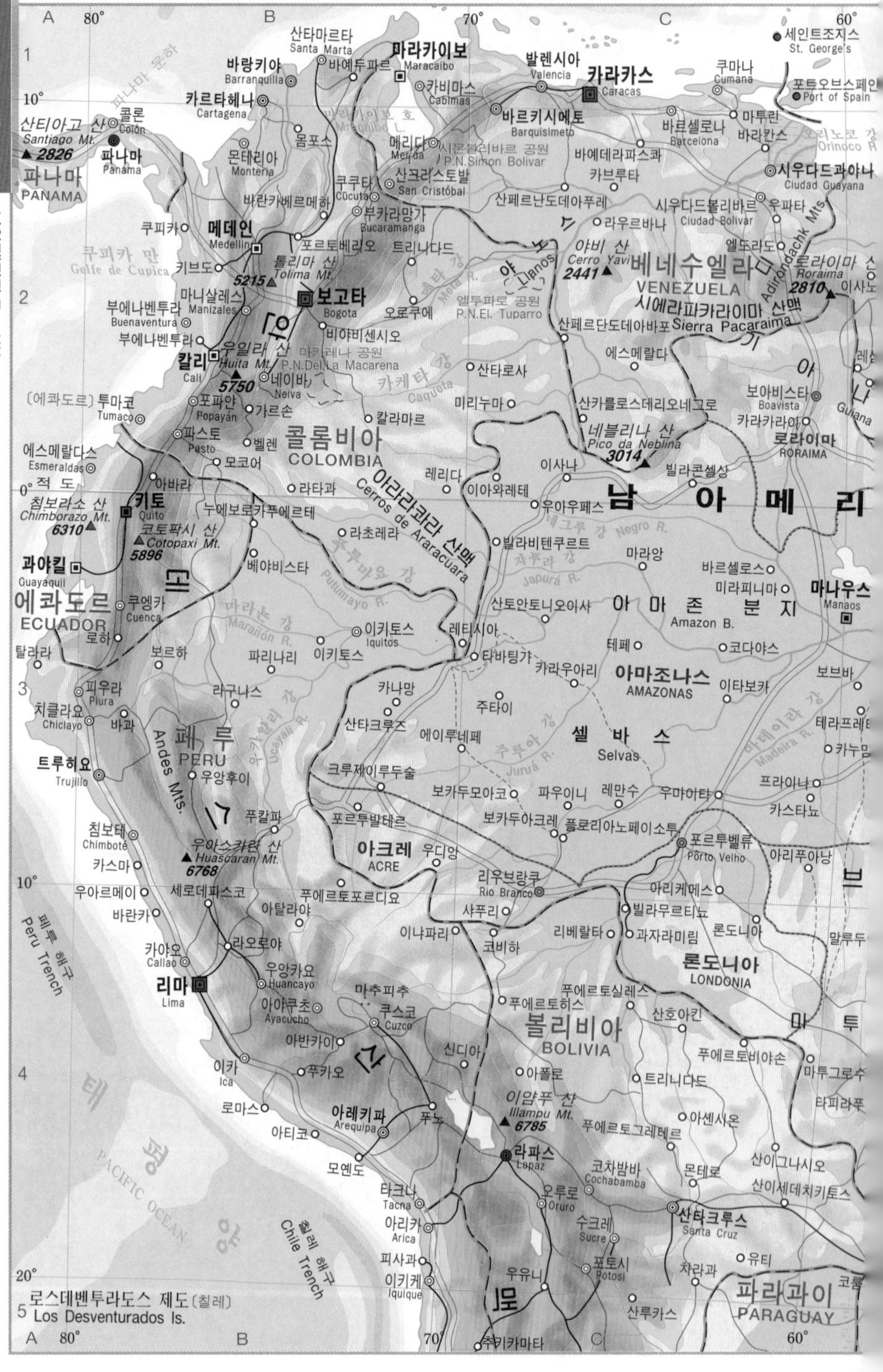

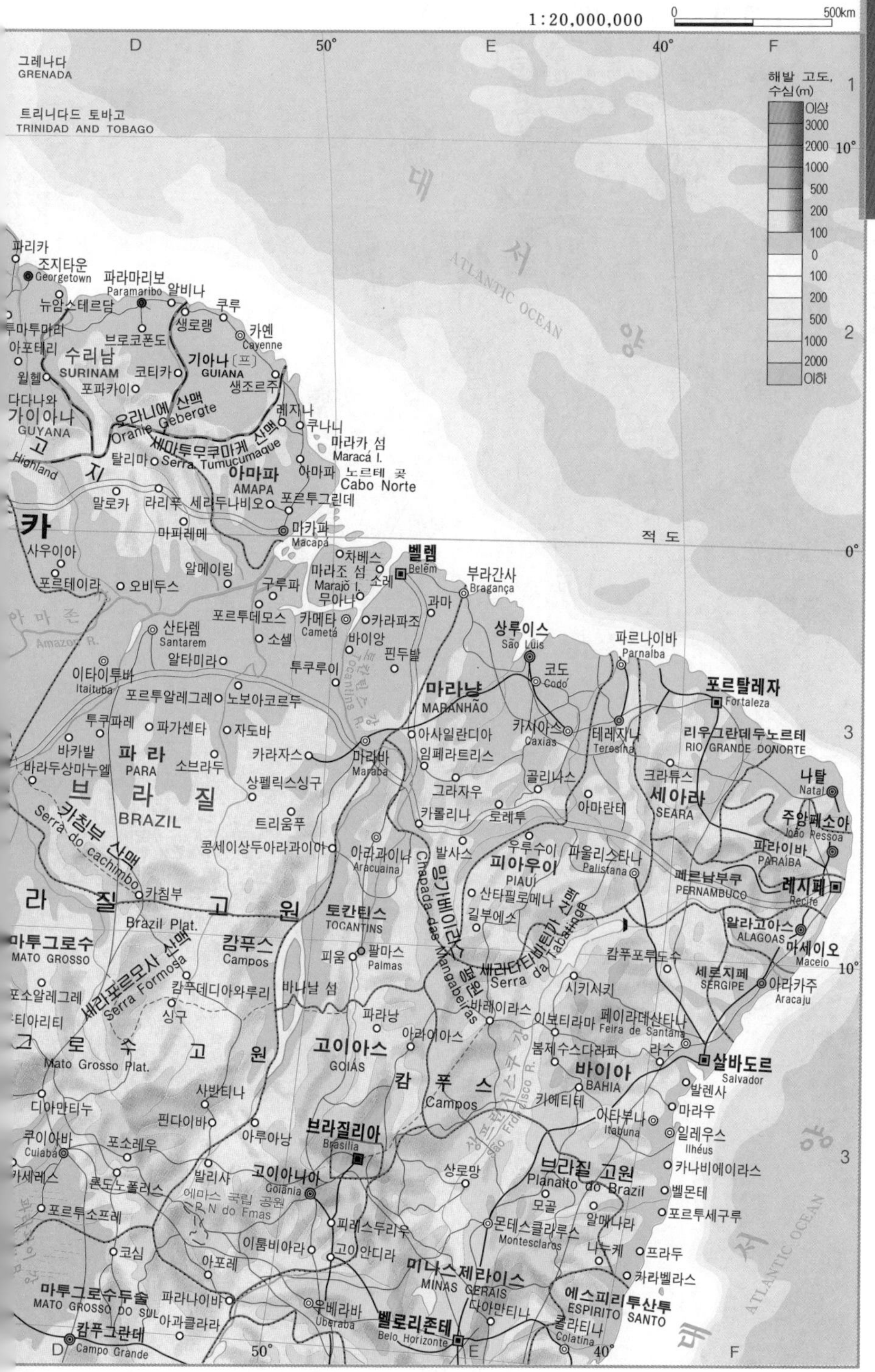
1:20,000,000
0
500km
해발 고도, 수심(m)
이상
3000
2000
1000
500
200
100
0
100
200
500
1000
2000
이하
D
E
F
50°
40°
10°
0°
1
2
3
그레나다
GRENADA
트리니다드 토바고
TRINIDAD AND TOBAGO
대서양
ATLANTIC OCEAN
파리카
조지타운
Georgetown
파라마리보
Paramaribo
알비나
뉴암스테르담
쿠루
생로랭
카옌
Cayenne
브로코폰도
수리남
SURINAM
코티카
기아나(프)
GUIANA
월헬
포파카이
생조르주
가이아나
GUYANA
오라니에 산맥
Oranje Gebergte
세마투무쿠마케 산맥
Serra Tumucumaque
레지나
쿠나니
마라카 섬
Maracá I.
탈리마
아마파
AMAPA
노르테 곶
Cabo Norte
말로카
라리푸
세리두나비오
포르투그란데
마피레메
마카파
Macapá
적도
사우이아
차베스
벨렘
Belém
부라간사
Bragança
알메이링
마라조 섬
Marajó I.
소레
포르테이라
오비두스
구루파
무아나
과마
아마존 강
Amazon R.
포르투데모스
카메타
Cametá
카라파조
산타렘
Santarem
소셀
바이앙
상루이스
São Luís
파르나이바
Parnaíba
알타미라
핀두발
이타이투바
Itaituba
투쿠루이
코도
Codó
포르탈레자
Fortaleza
토칸틴스 강
Tocantins R.
포르투알레그레
노보아코르두
마라냥
MARANHÃO
투쿠파레
파가센타
자도바
카시아스
Caxias
테레지나
Teresina
리우그란데두노르테
RIO GRANDE DO NORTE
바카발
파라
PARA
카라자스
마라바
Marabá
아사일란디아
임페라트리스
바라두상마누엘
소브라두
크라튜스
나탈
Natal
상펠릭스싱구
그라자우
골리나스
세아라
SEARA
아마란테
브라질
BRAZIL
카롤리나
로레투
주앙페소아
João Pessoa
트리움푸
카침부 산맥
Serra do Cachimbo
콩세이상두아라과이아
아라과이나
Araguaína
발사스
우루수이
파울리스타나
Palistana
파라이바
PARAÍBA
피아우이
PIAUÍ
페르남부쿠
PERNAMBUCO
레지페
Recife
망가베이라스 산맥
Chapada das Mangabeiras
산타필로메나
카침부
길부에스
타바치가 산맥
Serra da Tabatinga
브라질 고원
Brazil Plat.
토칸틴스
TOCANTINS
알라고아스
ALAGOAS
마세이오
Maceio
마투그로수
MATO GROSSO
캄푸스
Campos
피움
팔마스
Palmas
캄푸포르무두수
세르지페
SERGIPE
아라카주
Aracaju
세리포르모사 산맥
Serra Formosa
캄푸데디아와루리
바나날 섬
세라다 바레이라스
바레이라스
시키시키
포소알레그레
싱구
이보티라마
페이라데산타나
Feira de Santana
티아리티
파라낭
아라이아스
봄제수스다라파
라수
마투그로수 고원
Mato Grosso Plat.
고이아스
GOIÁS
캄푸스
Campos
살바도르
Salvador
바이아
BAHIA
상프란시스쿠 강
São Francisco R.
사반티나
카에티테
발렌사
디아만티누
핀다이바
이타부나
Itabuna
마라우
쿠이아바
Cuiabá
아루아낭
브라질리아
Brasília
일레우스
Ilhéus
포소레우
카나비에이라스
카세레스
발리사
론도노폴리스
고이아니아
Goiânia
상로망
브라질 고원
Planalto do Brazil
벨몬테
에마스 국립 공원
P. N do Emas
모골
알메나라
포르투소프레
피레스두리우
몬테스클라루스
Montesclaros
포르투세구루
이룸비아라
고이안디라
나누케
프라두
코심
아포레
카라벨라스
미나스제라이스
MINAS GERAIS
마투그로수두술
MATO GROSSO DO SUL
파라나이바
우베라바
Uberaba
다이아만티나
에스피리투산투
ESPIRITO SANTO
아과클라라
벨로리존테
Belo Horizonte
콜라티나
Colatina
캄푸그란데
Campo Grande

남아메리카 (남아메리카 남부)

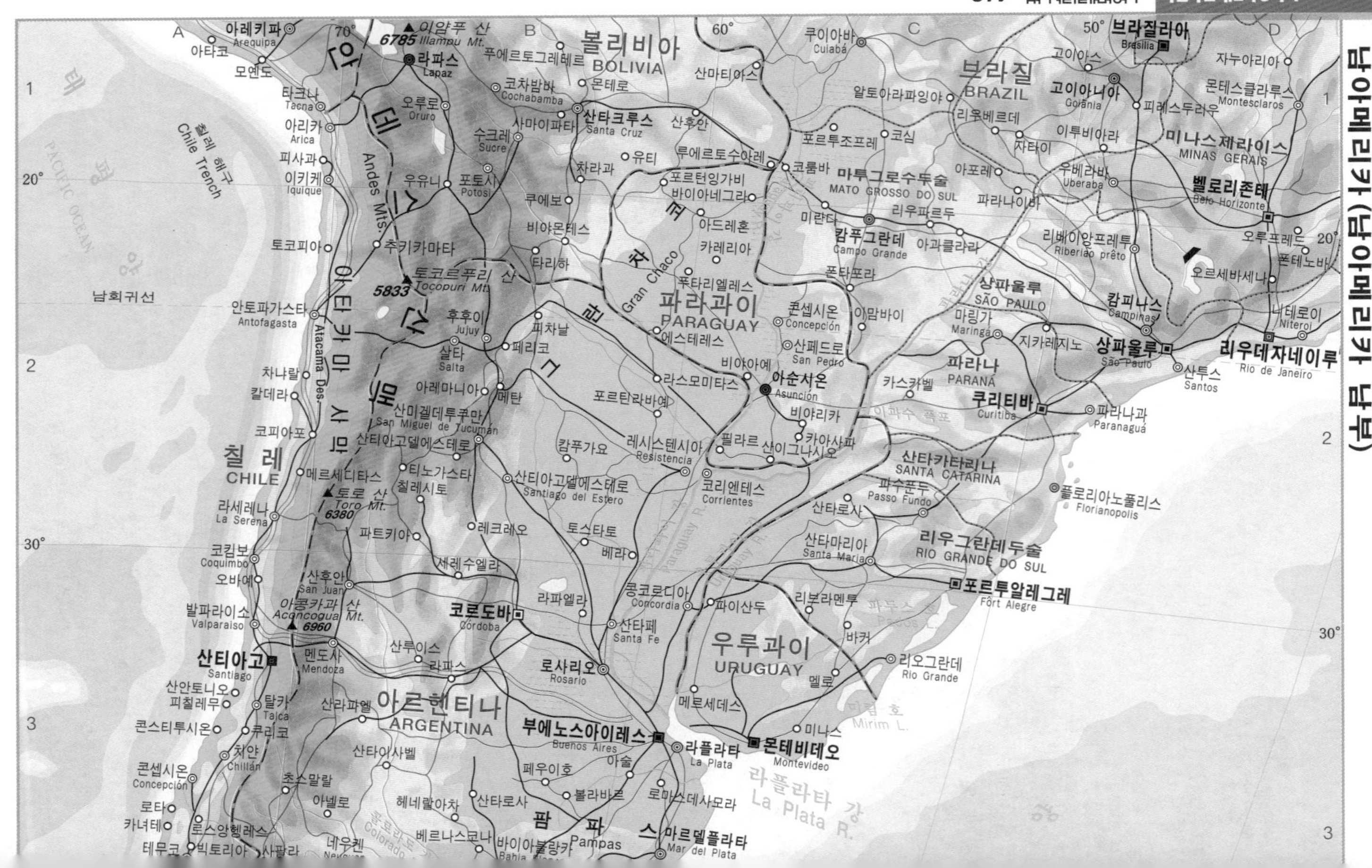

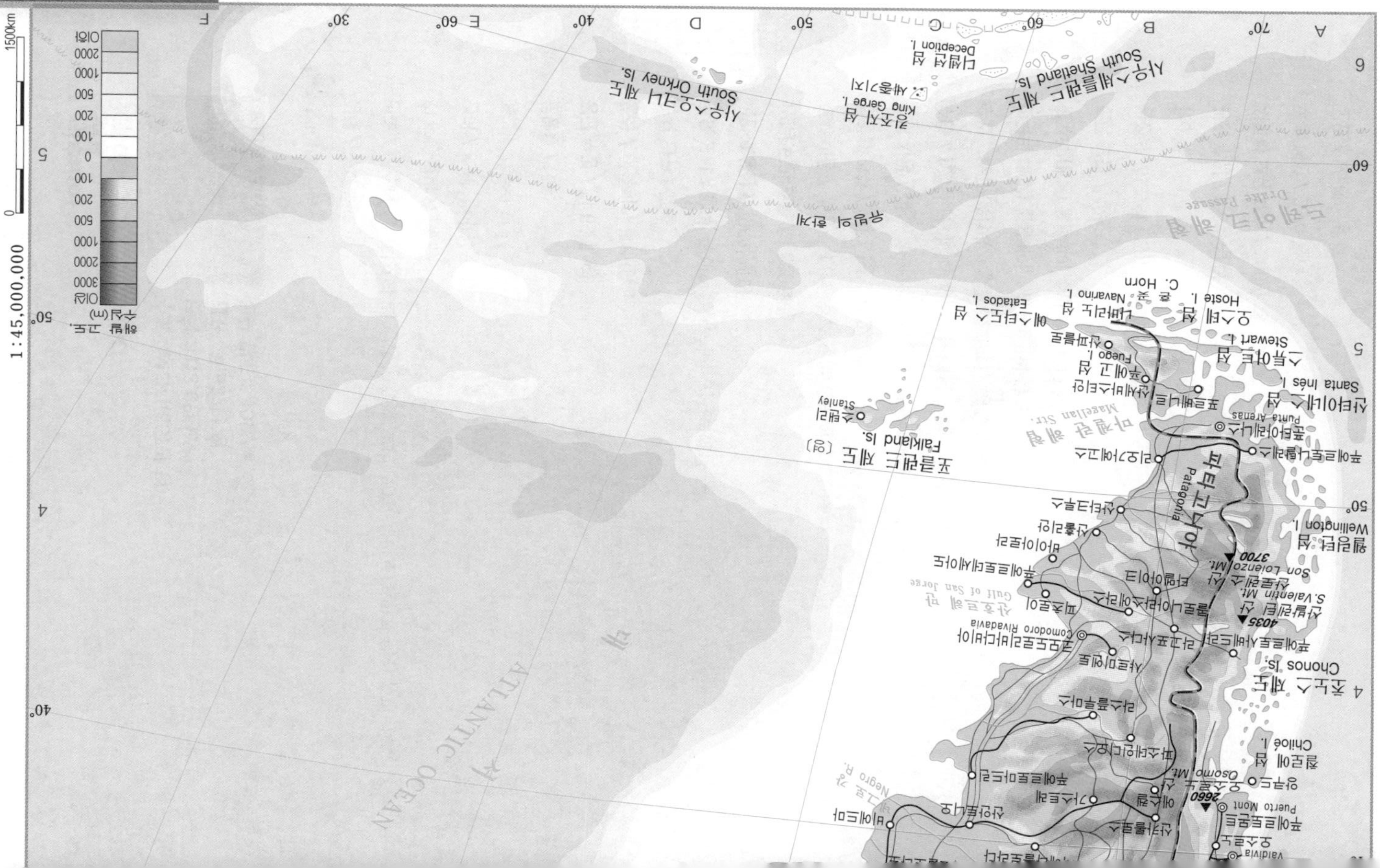
1:45,000,000
0
1500km
해발 고도, 수심(m)
이상
3000
2000
1000
500
200
100
0
100
200
500
1000
2000
이하
ATLANTIC OCEAN
대 서 양
오소르노
푸에르토몬트
Puerto Mont
양쿠드
칠로에 섬
Chiloé I.
초노스 제도
Chonos Is.
푸에르토아이센
산발렌틴 산
S.Valentin Mt.
4035
산로렌소 산
San Lorenzo Mt.
3700
웰링턴 섬
Wellington I.
푸에르토나탈레스
푼타아레나스
Punta Arenas
산타이네스 섬
Santa Inés I.
스튜어트 섬
Stewart I.
오스테 섬
Hoste I.
혼 곶
C. Horn
나바리노 섬
Navarino I.
푸에고 섬
Fuego I.
포르베니르
산세바스티안
산파블로
에스타도스 섬
Eatados I.
마젤란 해협
Magellan Str.
파타고니아
Patagonia
리오가예고스
산타크루스
산훌리안
바이아로라
푸에르토데세아도
피츠로이
산호르헤 만
Gulf of San Jorge
코모도로리바다비아
Comodoro Rivadavia
사르미엔토
라스플루마스
파소데인디오스
가스트레
푸에르토마드린
산안토니오
비에드마
네그로 강
Negro R.
산카를로스
에스켈
오소르노 산
Osorno Mt.
2660
포클랜드 제도 (영)
Falkland Is.
스탠리
Stanley
유빙의 한계
드레이크 해협
Drake Passage
사우스셰틀랜드 제도
South Shetland Is.
킹조지 섬
King Gerge I.
세종기지
디셉션 섬
Deception I.
사우스오크니 제도
South Orkney Is.
A
B
C
D
E
F
4
5
6
40°
50°
60°
70°
30°

1. 콜롬비아
Republic of Colombia

수도 : 보고타(657만 명)
면적 : 113.9만 ㎢
인구 : 4,532만 명
인구 밀도 : 40명/㎢

데이터

정체 / 공화제

민족 / 메스티소(인디오와 백인 혼혈) 58%, 백인 20%, 물라토(흑인과 백인 혼혈) 14%, 흑인 4%, 인디오 1% 등

언어 / 스페인 어(공용어)

종교 / 가톨릭 교

문맹률 / 8%

평균 수명 / 남 69세, 여 75세

통화 / 콜롬비아 페소(Peso)

도시 인구 / 75%

주요 도시 / 칼리, 메데인, 바랑키야, 카르타헤나 등

국민 총생산 / 796억 달러

1인당 국민 소득 / 1,820달러

토지 이용 / 농경지 4.8%, 목초지 35.6%, 삼림 43.9%, 기타 15.7%

산업별 인구 / 1차 1.1%, 2차 24.9%, 3차 74.0%

천연 자원 / 석유, 천연가스, 석탄, 니켈, 에메랄드, 금 등

수출 / 120억 달러(식료품, 원유, 커피, 석탄, 바나나 등)

수입 / 127억 달러(기계류, 화학약품, 자동차, 곡물 등)

한국의 대(對) 콜롬비아 수출 / 2.2억 달러

한국의 대(對) 콜롬비아 수입 / 0.4억 달러

한국 교민 / 428명

발전량 / 437억 kWh(수력 72.8%, 화력 27.2%)

관광객 / 54만 명

관광 수입 / 9.6억 달러

자동차 보유 대수 / 306만 대

국방 예산 / 28억 달러

군인 / 20.0만 명

표준 시간 / 한국 시간에서 -14시간

국제 전화 국가 번호 / 57번

주요 도시의 기후

보고타

월별	1월	2월	3월	4월	5월	6월	7월	8월	9월	10월	11월	12월	전년
기온(°C)	12.7	13.0	13.6	13.7	13.7	13.3	13.0	12.9	13.0	13.2	13.1	12.8	13.2
강수량(mm)	32	37	60	104	88	65	40	41	62	111	89	45	772

자 연

남아메리카 대륙의 북서부에 위치하며 북쪽은 카리브 해, 서쪽은 태평양에 접하고 있다. 국토의 서부는 안데스 산맥 지역으로 기복이 심하고, 동부는 대지와 저지대를 이루며, 오리노코 강과 아마존 강 상류는 야노스(사바나형의 초원)와 셀바스(열대 우림) 지역을 이룬다.

기후는 안데스 산지를 제외한 모든 지역이 열대 우림과 열대 사바나 기후 지대를 이루고 안데스 산지는 고도에 따라 온대 기후와 고산 기후를 이룬다. 이 나라의 주요 도시와 인구는 모두 고도 1,000~3,000m의 산지에 자리잡고 있다.

역 사

1500년 콜럼버스 일행이 도착한 후 스페인의 식민지가 되었다가 1810년 독립을 선언하고 1819년에는 스페인군을 격퇴시켰다. 그 후 지금의 베네수엘라, 에콰도르, 파나마를 포함하는 대 콜롬비아 공화국을 건설하였으나 1830년 베네수엘라, 1831년 에콰도르, 1903년 파나마가 각각 분리 독립하였다.

1960년대부터 시작된 좌익 게릴라 활동은 오늘날까지 이어지고 있으며 1970년대부터 시작된 마약 밀매도 계속되어 국제적인 문제와 함께 정치적인 혼란이 가중되고 있다. 외교는 미국과 서구 국가들과의 관계를 중심으로 하고 있다.

경 제

브라질 다음가는 세계적인 커피 생산국으로 커피의 수출이 전체 수출의 50%를 차지한다. 그 밖에 바나나, 사탕수수, 카카오, 면화 등의 열대 작물의 생산이 많고, 지하 자원으로는 세계 제1의 에메랄드를 비롯하여 금, 은, 백금, 철광석, 석탄 등의 생산이 많다.

관 광

카리브 해 연안의 모래사장과 휴양지, 아마존 강 상류의 열대림과 야생 생태 등이 주요 관광 자원이다.

2. 베네수엘라
Republic of Venezuela

수도 : 카라카스(198만 명)
면적 : 91.2만 ㎢
인구 : 2,617만 명
인구 밀도 : 29명/㎢

데이터

정체 / 공화제

민족 / 메스티소(백인과 인디오 혼혈) 66%, 백인 22%, 흑인 10%, 인디오 2%

언어 / 스페인 어

종교 / 가톨릭 교

문맹률 / 7%

평균 수명 / 남 69세, 여 74세

통화 / 볼리발(Bolivar)

도시 인구 / 87%

주요 도시 / 마라카이보, 발렌시아, 바르키시메토, 바르셀로나 등

국민 총생산 / 1,023억 달러

1인당 국민 소득 / 4,080달러

토지 이용 / 농경지 4.3%, 목초지 19.5%, 삼림 32.9%, 기타 43.3%

산업별 인구 / 1차 10.8%, 2차 23.0%, 3차 66.2%

천연 자원 / 석유, 천연가스, 석탄, 철광석, 금, 보크사이트, 납, 다이아몬드, 수력 등

수출 / 243억 달러(원유, 석유제품, 철강, 알루미늄, 화학약품, 식료품 등)

수입 / 183억 달러(기계류, 자동차, 화학약품, 철강, 식료품 등)

한국의 대(對) 베네수엘라 수출 / 5.5억 달러

한국의 대(對) 베네수엘라 수입 / 0.4억 달러

한국 교민 / 278명

발전량 / 901억 kWh(수력 67.1%, 화력 32.9%)

관광객 / 43만 명

관광 수입 / 4.6억 달러

자동차 보유 대수 / 246만 대

국방 예산 / 11억 달러

군인 / 8.2만 명

표준 시간 / 한국 시간에서 -13시간

국제 전화 국가 번호 / 58번

주요 도시의 기후

마라카이보

월별	1월	2월	3월	4월	5월	6월	7월	8월	9월	10월	11월	12월	전년
기온(°C)	26.6	26.8	27.2	27.8	28.1	28.0	28.5	28.5	28.2	27.5	27.2	26.9	27.6
강수량(mm)	5	3	7	48	67	57	24	60	92	151	73	29	616

자 연

남아메리카 대륙의 북부에 위치하며 카리브 해, 가이아나, 브라질, 콜롬비아 등과 접하고 있다. 지형은 북부 지역은 안데스 산맥에 의하여 마라카이보 호 저지와 오리노코 강 유역의 야노스 평원으로 나누어지고, 동남쪽은 가이아나 고원이 펼쳐져 있다. 기후는 북부가 열대 사바나 기후 지대로 초원을 이루고 가이아나 고원은 열대 우림 기후 지대로 미개발 지대이다.

역 사

1498년 콜럼버스의 발견 이후 스페인의 지배를 받았으며 1819년 대 콜롬비아 공화국에 포함되었다가 1930년 분리 독립하였다. 독립 후 현재까지 정치 · 사회적 불안으로 수십 차례의 군사 쿠데타가 발생하였다. 주민은 상류층은 백인, 중간층은 메스티소, 하층은 인디오와 흑인으로 나누어진다.

외교는 미국과 서구의 관계를 중심으로 하고 있으나, 최근 미국과의 마찰이 잦은 가운데 2002년에는 시민 혁명으로 물러났던 대통령이 다시 집권하였으며, 석유 수출국 기구(OPEC)의 가맹국이다.

경 제

중남미 최대의 산유국으로 세입의 50% 이상을 석유 수출에 의존하고 있다. 주요 유전 지역은 마라카이보 호 주변과 동부의 야노스 지역이다. 농목업은 커피, 카카오 재배와 육우 등이 있으나 식량은 수입에 의존한다. 광업은 천연가스, 석탄, 보크사이트, 철광 등을 생산 · 수출하고 있다.

관 광

엔젤 폭포(세계 최대, 높이 979m)와 열대림의 생태, 해안의 모래사장과 수상 스포츠, 각종 축제 등이 주요 관광 자원이다.

3. 가이아나

Co-operative Republic of Guyana

수도 : 조지타운(14만 명)
면적 : 21.5만 ㎢
인구 : 77만 명
인구 밀도 : 4명/㎢

데이터

정체 / 공화제

민족 / 인도 인 51%, 흑인 31%, 백인 등

언어 / 영어(공용어), 힌두 어 등

종교 / 프로테스탄트 교, 가톨릭 교, 힌두 교 등

문맹률 / 1%

평균 수명 / 남 60세, 여 68세

통화 / 가이아나 달러(G$)

도시 인구 / 36%

국민 총생산 / 7억 달러

1인당 국민 소득 / 860달러

토지 이용 / 농경지 2.3%, 목초지 5.7%, 삼림 76.8%, 기타 15.2%

산업별 인구 / 1차 20.3%, 2차 18.3%, 3차 61.4%

천연 자원 / 보크사이트, 금, 다이아몬드, 목재, 수산물 등

수출 / 4.9억 달러(식료품, 보크사이트, 금 등)

수입 / 5.6억 달러(연료, 화학약품, 자동차, 생필품 등)

발전량 / 9.1억 kWh(수력 0.6%, 화력 99.4%)

관광객 / 6.6만 명

관광 수입 / 5,200만 달러

자동차 보유 대수 / 3.7만 대

국방 예산 / 500만 달러

군인 / 1,600명

표준 시간 / 한국 시간에서 −13시간

국제 전화 국가 번호 / 592번

주요 도시의 기후

조지타운

월별	1월	2월	3월	4월	5월	6월	7월	8월	9월	10월	11월	12월	전년
기온(°C)	26.1	26.2	26.8	26.9	26.8	26.7	26.5	27.0	27.5	27.5	27.0	26.4	26.8
강수량(mm)	243	144	110	171	287	336	272	206	109	137	234	241	2,489

자 연

남미 대륙의 동북부에 위치하며 내륙은 고원과 산지, 해안은 저지대를 이룬다. 기후는 열대 몬순 기후 지대를 이루고 대서양 연안은 북동 무역풍의 영향으로 비가 많으며 국토의 80% 정도가 삼림으로 덮여 있다.

역 사

1621~1781년 네덜란드의 서인도 회사가 지배하였다. 1796년 영국이 점령하였고 1802년 네덜란드의 점령이 있었으나 1814년 다시 영국의 식민지가 되었다. 1966년 영연방으로 독립하였으나 1970년 공화국이 되었다.
외교는 미국 등 서방 국가들과 친밀하며 베네수엘라와는 국토의 3분의 2에 해당하는 영유권 분쟁이 계속되고 있다. 수도 조지타운에는 카리브 해 공동체(CARICOM)와 공동 시장(CCM)의 본부가 있다.

경 제

주요 산업은 열대 농업(사탕수수, 벼 등)과 보크사이트(세계적), 다이아몬드, 금 등의 광업이 중심을 이룬다.

관 광

열대 우림 지대의 숲, 야생 생태계 등이 주요 관광 자원이다.

4. 수리남

Republic of Surinam

수도 : 파라마리보(22만 명)
면적 : 16.4만 ㎢
인구 : 45만 명
인구 밀도 : 3명/㎢

데이터

정체 / 공화제

민족 / 크레올(흑인 계) 35%, 인도 인 33%, 인도네시아 인 16%, 흑인 10%

언어 / 네덜란드 어(공용어), 수리남 어, 영어 등

종교 / 가톨릭 교, 이슬람 교, 힌두 교 등

문맹률 / 6%

평균 수명 / 남 67세, 여 73세

통화 / 수리남 길더(Guilder)

도시 인구 / 74%

국민 총생산 / 8억 달러

1인당 국민 소득 / 1,940달러

토지 이용 / 농경지 0.4%, 목초지 0.1%, 삼림 91.9%, 기타 7.6%

산업별 인구 / 1차 6.1%, 2차 13.1%, 3차 76.8%

천연 자원 / 원목, 수산물, 수력, 보크사이트, 철광, 니켈, 구리, 금 등

수출 / 5.1억 달러(알루미나, 알루미늄, 수산물, 금, 식료품 등)

수입 / 5.3억 달러(식료품, 기계류, 금속, 석유제품, 자동차 등)

한국 교민 / 189명

발전량 / 19억 kWh(수력 82.1%, 화력 17.9%)

관광객 / 5.4만 명

관광 수입 / 4,400만 달러

자동차 보유 대수 / 8.4만 대

국방 예산 / 800만 달러

군인 / 2천 명

표준 시간 / 한국 시간에서 -12시간

국제 전화 국가 번호 / 597번

주요 도시의 기후

파라마리보

	1월	7월
월평균 기온(°C)	26.2	27.0
연강수량(mm)	1,986	

자 연

남미 대륙의 동북부에 위치하며 대서양 연안은 저지대, 남부 내륙은 고원을 이룬다. 기후는 열대 몬순 기후 지대를 이루고 북동 무역풍의 영향으로 여름에 비가 많다.

역 사

1499년 스페인의 진출이 시작된 후 영국과 네덜란드가 영유권을 다투다가 뉴욕과 교환하여 네덜란드의 식민지가 되었다. 1955년 독립하였으며 그 후 여러 차례의 군사 쿠데타로 정치가 불안한 상태이다.

외교는 카리브 해 공동체(CARICOM)와 공동 시장(CCM)에 가맹하여 주변국들과의 관계

를 강화하고 있다.

경 제

농업은 사탕수수, 바나나, 벼 등을 재배하고 있으나 가장 주요한 산업은 보크사이트의 생산과 그 중간 제품의 수출이다. 그러나 정치적 불안과 국제 알루미늄 가격의 하락으로 어려움을 겪고 있다.

관 광

식민지 시대의 네덜란드 건축물과 공원들, 박물관, 야생 생태 관찰 등이 주요한 관광 자원이다.

5. 에콰도르

Republic of Ecuador

수도 : 키토(162만 명)
면적 : 28.4만 ㎢
인구 : 1,340만 명
인구 밀도 : 47명/㎢

데이터

정체 / 공화국

민족 / 메스티소(백인과 인디오 혼혈) 55%, 인디오 25%, 백인 10%, 흑인 10%

언어 / 스페인 어(공용어)

종교 / 가톨릭 교 80%, 기독교, 유대 교

문맹률 / 8%

평균 수명 / 남 67세, 여 72세

통화 / 미국 달러(US$)

도시 인구 / 60%

주요 도시 / 과야킬, 쿠엥카 등

국민 총생산 / 191억 달러

1인당 국민 소득 / 1,490달러

토지 이용 / 농경지 10.7%, 목초지 18.0%, 삼림 55.0%, 기타 16.3%

산업별 인구 / 1차 7.7%, 2차 23.5%, 3차 68.8%

천연 자원 / 석유, 목재, 수산물, 수력 등

수출 / 50억 달러(수산물, 바나나, 원유, 석유제품 등)

수입 / 64억 달러(기계류, 식료품, 자동차, 철강, 의약품 등)

한국의 대(對) 에콰도르 수출 / 1.6억 달러

한국의 대(對) 에콰도르 수입 / 2.9억 달러

한국 교민 / 720명

발전량 / 111억 kWh(수력 64.0%, 화력 36.0%)

관광객 / 65만 명

관광 수입 / 4.5억 달러

자동차 보유 대수 / 93만 대

국방 예산 / 6.9억 달러

군인 / 6만 명

표준 시간 / 한국 시간에서 -14시간

국제 전화 국가 번호 / 593번

주요 도시의 기후

키토

월별	1월	2월	3월	4월	5월	6월	7월	8월	9월	10월	11월	12월	전년
기온(˚C)	13.4	13.3	13.5	13.4	13.5	13.3	13.3	13.4	13.3	13.2	13.2	13.3	13.3
강수량(mm)	79	113	125	144	99	44	25	25	63	106	106	76	1,003

자 연

적도 아래의 남미 대륙에 위치하는 태평양 연안 국가이다. 국토는 중앙부에 안데스 산맥이 남북으로 달리고, 동부는 아마존 강 상류로 열대 밀림 지대를, 서부는 태평양 연안으로 계곡과 저지대를 이룬다. 중앙 산지에는 세계 최고의 활화산 코토팍시 산(5,896m)이 자리잡고 있으며, 본토에서 1,000km나 떨어져 있는 태평양의 갈라파고스 제도는 열대 동식물의 보고를 이룬다.

기후는 안데스 산맥의 동쪽과 서쪽 지역은 열대 우림과 열대 사바나 기후를, 안데스 산지 지역은 고도에 따라 열대, 온대, 냉대 등이 나타나는 고산 기후 지대를 이룬다. 수도 키토는 2,812m 높이에 위치하는 고산 도시이다.

역 사

15세기 후반까지 잉카 제국의 영토였으나 1532년 스페인의 식민지가 되었다. 1819년에는 대 콜롬비아 공화국에 포함되었다가 1830년 분리 독립하였다. 1925년 이후 군부의 계속된 쿠데타로 정치가 혼란하였으며 2005년 반정부 시위와 의회 탄핵으로 대통령이 추출되기도 하였다. 1990년 중남미 리오 그룹에 가입하였고, 2000년부터 미국 달러를 공식

통화로 사용하고 있다.

관 광

수도 키토의 스페인 식민 시대의 건축물, 갈라파고스 제도의 야생 생태계가 주요 관광 자원이다.

6. 페루

Republic of Peru

수도 : 리마(720만 명)
면적 : 128.5만 ㎢
인구 : 2,755만 명
인구 밀도 : 21명/㎢

데이터

정체 / 공화제

민족 / 인디오 47%, 메스티소(백인과 인디오 혼혈) 40%, 백인 12%, 흑인 등

언어 / 스페인 어, 케추아 어(잉카 제국의 공식 언어, 공용어), 아이마리 어 등

종교 / 가톨릭 교

문맹률 / 11%

평균 수명 / 남 66세, 여 71세

통화 / 뉴솔(New Sol)

도시 인구 / 73%

주요 도시 / 트루히요, 쿠스코, 아레키파 등

국민 총생산 / 540억 달러

1인당 국민 소득 / 2,020달러

토지 이용 / 농경지 3.2%, 목초지 21.1%, 삼림 66.0%, 기타 9.7%

산업별 인구(도시) / 1차 6.8%, 2차 18.5%, 3차 75.7%

천연 자원 / 구리, 금, 은, 석유, 철광, 석탄, 인광석, 수산화칼륨, 목재, 수산물 등

수출 / 77억 달러(식료품, 금, 구리, 의류, 광물 등)

수입 / 74억 달러(기계류, 자동차, 곡물, 원유 등)

한국의 대(對) 페루 수출 / 1.8억 달러

한국의 대(對) 페루 수입 / 1.1억 달러

한국 교민 / 919명

발전량 / 230억 kWh(수력 76.5%, 화력 13.8%, 지열 9.7%)

관광객 / 86만 명

관광 수입 / 8.0억 달러

자동차 보유 대수 / 103만 대

국방 예산 / 8.7억 달러

군인 / 10만 명

표준 시간 / 한국 시간에서 -14시간

국제 전화 국가 번호 / 51번

주요 도시의 기후

리마

월별	1월	2월	3월	4월	5월	6월	7월	8월	9월	10월	11월	12월	전년
기온(°C)	22.0	22.7	22.1	20.5	18.7	17.3	16.5	16.0	16.4	17.4	18.7	20.7	19.1
강수량(mm)	1	1	0	0	0	4	1	2	1	0	0	0	11

자 연

남미 대륙의 중부 태평양 연안에 위치하며, 국토는 안데스 산맥이 남북으로 뻗어 있고, 동부는 아마존 강 상류의 낮은 밀림 지대를, 서부 태평양 연안은 안데스 산지 사면과 좁은 해안 평야를 이룬다.

기후는 태평양 연안은 페루 해류(한류)의 영향으로 사막 기후를, 안데스 산지는 고산 기후를, 동부 저지대는 열대 우림 기후 지대를 이룬다.

역 사

기원전부터 인디오들의 문명이 발달하였던 곳으로 2세기에는 쿠스코를 중심으로 잉카 제국이 번창하였다. 1533년 스페인의 정복으로 멸망하였으며 그 후 300년 동안 스페인의 아메리카 대륙 식민지 지배의 중심지가 되었다. 1824년 독립하였으며, 1968년에는 쿠데타가 일어났고 1980년 민정으로 이양되었다. 1990년에는 일본 계의 후지모리가 집권하였으나 추출되고 원주민계의 중도 인사가 집권하는 등 정치가 혼란하다.

경 제

농업은 태평양 연안의 관개 지역을 중심으로 면화, 사탕수수, 벼 등의 재배와 라마, 알파카의 사육이 성하고, 대지주제인 백인들의 아젠다에서는 소와 양을 주로 사육한다. 그 밖에 광업과 어업은 세계적인 산업으로 금, 은, 구리, 납, 구아노(암석화된 바다새들의 배설물로 비료의 원료), 수산물, 어분 등이 주요 수출품이다.

관 광

잉카 제국의 유적 마추피추, 잉카 도시 쿠스코, 안데스 산악 지대의 티티카카 호, 박물관, 옛 성당, 리마의 식민지 시대의 건축물 등이 주요 관광 자원이다.

7. 볼리비아

Republic of Bolivia

수도 : 라파스(149만 명)
면적 : 109.9만 ㎢
인구 : 877만 명
인구 밀도 : 8명/㎢

데이터

정체 / 공화제

민족 / 원주민(케추아, 아이마라) 55%, 메스티소 32%, 스페인 계 백인 13%

언어 / 스페인 어, 케추아 어, 아이마라 어(공용어)

종교 / 가톨릭 교

문맹률 / 14%

평균 수명 / 남 60세, 여 63세

통화 / 볼리비아노(Boliviano)

도시 인구 / 62%

주요 도시 / 산타크루스, 코차밤바, 수크레, 오루로, 포토시 등

국민 총생산 / 83억 달러

1인당 국민 소득 / 1,000달러

토지 이용 / 농경지 2.2%, 목초지 24.1%, 삼림 52.8%, 기타 20.9%

산업별 인구 / 1차 4.9%, 2차 27.4%, 3차 67.7%

천연 자원 / 주석, 천연가스, 석유, 원목, 금, 은, 납, 아연, 철광석 등

수출 / 13억 달러(식료품, 아연, 금, 은, 천연가스 등)

수입 / 18억 달러(기계류, 자동차, 석유제품, 철광석 등)

한국 교민 / 709명

발전량 / 40억 kWh(수력 43.9%, 화력 56.1%)

관광객 / 31만명

관광 수입 / 1.6억 달러

자동차 보유 대수 / 70만 대

국방 예산 / 1.2억 달러

군인 / 3.2만 명

표준 시간 / 한국 시간에서 -13시간

국제 전화 국가 번호 / 591번

주요 도시의 기후

라파스

월별	1월	2월	3월	4월	5월	6월	7월	8월	9월	10월	11월	12월	전년
기온(°C)	9.2	9.0	8.8	8.8	8.3	7.3	6.9	8.2	8.7	10.1	10.6	9.7	8.8
강수량(mm)	152	106	92	40	17	4	9	17	30	38	55	108	668

자 연

안데스 산맥의 중앙부에 위치하는 내륙국으로 국토는 안데스 산지와 동북부의 저지대로 이루어진다. 기후는 동북부가 열대 우림 기후, 동남부가 스텝 기후, 안데스 산지가 고산 기후 지대를 이룬다. 수도 라파스는 세계에서 가장 높은 곳(3,632m)에 위치하는 도시이며, 페루와의 국경에는 세계에서 가장 높은 곳에 위치하는 티티카카 호(3,812m)가 있다.

역 사

기원전부터 티티카카 호 주변에 아이마라 인들이 거주하였으나 13세기 케추아 인의 잉카 제국에 정복되었고, 1532년에는 스페인에 정복되었다가 1825년에 독립하였다. 1879~1883년 페루와 함께 칠레와의 초석 전쟁(태평양 전쟁)에서 해안 지방을 빼앗기고 내륙 국가가 되었다. 1903년에는 브라질과, 1923~1935년에는 파라과이와의 전쟁에서 또 다시 넓은 영토를 잃는 불운을 겪었다.

독립 후 전쟁과 좌우 양 세력 간의 정변이 계속되어 2002년과 2005년 시민 혁명으로 대통령이 추출되고 경제적인 침체가 계속되고 있다.

경 제

주요 산업은 광업과 농업으로 주석, 아연, 천연가스, 은, 텅스텐의 생산과 자급적인 농산물의 생산이 많다. 한편 최근에는 남미에서 두 번째로 많은 천연가스가 서남부에서 개발되면서 이권을 둘러싸고 지역 간 갈등이 심화되고 있다.

관 광

티티카카 호, 잉카 유적지, 식민 시대의 스페인 촌락, 포토시와 수크레의 유네스코 문화유산 등이 관광 자원이다.

8. 브라질
Federative Republic of Brazil

수도 : 브라질리아(210만 명)
면적 : 851.4만 ㎢
인구 : 17,909만 명
인구 밀도 : 21명/㎢

데이터

정체 / 연방 공화국
민족 / 백인 55%, 혼혈 39%, 흑인 5% 등
언어 / 포르투갈 어
종교 / 가톨릭 교 89%, 기독교 7% 등
문맹률 / 15%
평균 수명 / 남 65세, 여 73세
통화 / 레알(Real)
도시 인구 / 81%
주요 도시 / 상파울루, 리우데자네이루, 살바도르, 벨로리존테, 마나우스 등
국민 총생산 / 4,945억 달러
1인당 국민 소득 / 2,830달러
토지 이용 / 농경지 6.0%, 목초지 21.7%, 삼림 57.3%, 기타 15.0%
산업별 인구 / 1차 24.2%, 2차 19.3%, 3차 56.5%
천연 자원 / 보크사이트, 금, 철광, 망간, 니켈, 석유, 수력, 원목 등
수출 / 604억 달러(식료품, 자동차, 기계류, 철광석, 커피 등)
수입 / 496억 달러(기계류, 자동차, 식료품, 화학약품, 석유제품 등)
한국의 대(對) 브라질 수출 / 11.4억 달러
한국의 대(對) 브라질 수입 / 16.2억 달러
한국 교민 / 48,097명
발전량 / 3,279억 kWh(수력 81.7%, 화력 18.3%)
관광객 / 378만 명
관광 수입 / 31억 달러
자동차 보유 대수 / 2,009만 대
국방 예산 / 31억 달러
군인 / 29만 명
표준 시간 / 한국 시간에서-12시간(동부)~-13시간(서부)

국제 전화 국가 번호 / 55번

주요 도시의 기후

브라질리아

월별	1월	2월	3월	4월	5월	6월	7월	8월	9월	10월	11월	12월	전년
기온(°C)	21.4	21.3	21.5	20.8	19.7	18.7	18.5	20.4	21.6	21.7	32.2	21.1	20.7
강수량(mm)	243	211	181	125	44	8	12	14	51	159	231	243	1,523

마나우스

월별	1월	2월	3월	4월	5월	6월	7월	8월	9월	10월	11월	12월	전년
기온(°C)	26.1	26.1	26.0	26.2	26.3	26.3	26.5	27.4	27.6	27.5	27.2	26.9	26.7
강수량(mm)	264	273	328	305	263	114	79	54	76	115	182	22.4	2,277

리우데자네이루

월별	1월	2월	3월	4월	5월	6월	7월	8월	9월	10월	11월	12월	전년
기온(°C)	26.3	26.6	26.0	24.5	22.9	21.7	21.3	21.8	22.0	22.8	24.0	25.3	23.8
강수량(mm)	156	140	131	120	81	52	52	52	67	89	97	150	1,187

자 연

남미 대륙의 동부에 위치하며 남아메리카 전체 면적의 반을 차지하는 큰 나라로 우리 나라 면적의 86배나 된다. 국토는 세계 최대의 유역 면적을 갖는 아마존 분지와 동남쪽이 높고 북서쪽이 낮은 브라질 고원(평균 고도 1,000m)으로 이루어져 안데스 산지와는 완전히 분리되어 있다.

기후는 적도가 아마존 분지의 바로 북쪽을 지나고 있어 저습 지대인 아마존 분지는 열대 우림 기후 지대로 셀바의 원시림을 이루고, 그 남부의 브라질 고원은 북부가 열대 사바나와 스텝 기후, 동남 해안 지대는 온대 몬순과 온대 습윤 기후 지대를 이룬다.

역 사

1500년부터 포르투갈의 진출로 그 영토가 되었으나, 1580년 스페인의 영토가 되었다가 1640년 다시 포르투갈의 영토가 되었다. 1808년 나폴레옹에 쫓긴 국왕이 이주해왔다가 1821년 다시 귀국하자 1822년 황태자가 독립을 선언하고 황제가 되었다. 1888년 노예 해방을 실시하고 다음 해에는 혁명으로 공화국이 되었다. 1960년대까지 독재와 쿠데타가 이어졌으나 1970년대부터 민주화가 진행되었다.

외교는 중남미 제국, UN, 서구 제국들과의 관계를 강화하고 있다.

경 제

커피, 옥수수, 콩, 사탕수수, 바나나, 오렌지, 사이잘삼 등의 세계적인 생산국이지만 그 생산은 가뭄과 홍수 등의 기후 변화에 큰 영향을 받는다.

공업은 철광석, 망간, 크롬, 보크사이트, 주석, 니켈, 석탄 등의 풍부한 지하 자원을 바탕으로 1960년대 말부터 본격적인 공업화가 시작되었다. 철강, 기계, 자동차, 화학 등의 공업이 동남 연안 지대의 대도시 지역을 중심으로 분포하는 남아메리카 최대의 공업국이 되었으나, 인플레, 빈부 격차, 정치 불안, 과도한 외채(2,000억 달러 이상) 등으로 경제적인 어려움을 겪고 있다.

관 광

아마존 강 유역의 열대 밀림과 야생 동식물 생태, 박물관과 식민지 시대의 건축물들, 리우데자네이루와 해안의 모래사장, 유명한 축제 등이 관광 자원이다.

9. 칠레

Republic of Chile

수도 : 산티아고(479만 명)
면적 : 75.7만 ㎢
인구 : 1,599만 명
인구 밀도 : 21명/㎢

데이터

정체 / 공화제

민족 / 메스티소(백인과 인디오 혼혈) 79%, 백인 20%, 원주민 1%

언어 / 스페인 어

종교 / 가톨릭 교 90%, 프로테스탄트 교

문맹률 / 4%

평균 수명 / 남 72세, 여 78세

통화 / 칠레 페소(Peso)

도시 인구 / 86%

주요 도시 / 발파라이소, 콘셉시온, 아리카, 안토파가스타, 푼타아레나스 등

국민 총생산 / 663억 달러

1인당 국민 소득 / 4,250달러

토지 이용 / 농경지 5.6%, 목초지 18.0%, 삼림 21.8%, 기타 54.6%

산업별 인구 / 1차 13.6%, 2차 23.3%, 3차 63.1%

천연 자원 / 구리, 금, 은, 철광석, 질산염, 원목, 수산물 등

수출 / 183억 달러(식료품, 구리, 과일, 채소, 수산물, 펄프 등)

수입 / 171억 달러(기계류, 식료품, 자동차, 원유, 철강 등)

한국의 대(對) 칠레 수출 / 5.2억 달러

한국의 대(對) 칠레 수입 / 10.1억 달러

한국 교민 / 509명

발전량 / 439억 kWh(수력 49.4%, 화력 50.6%)

관광객 / 141만 명

관광 수입 / 8.5억 달러

자동차 보유 대수 / 216만 대

국방 예산 / 26억 달러

군인 / 7.7만 명

표준 시간 / 한국 시간에서 -13시간

국제 전화 국가 번호 / 56번

주요 도시의 기후

산티아고

월별	1월	2월	3월	4월	5월	6월	7월	8월	9월	10월	11월	12월	전년
기온(°C)	20.7	19.8	17.6	14.1	11.1	8.4	8.1	9.4	11.3	14.1	17.4	19.7	14.3
강수량(mm)	1	1	3	13	45	72	63	45	25	13	7	2	266

자 연

남미 대륙의 남서부 태평양과 안데스 산맥 사이에 위치하며 남북의 길이가 4,240km에 달하는 길고 좁은 국토를 이룬다. 아타카마 사막이 있는 북부는 건조 기후, 중부는 여름이 덥고 겨울에 비가 많은 지중해성 기후를, 남부는 여름이 덥고 비가 연중 고르게 내리는 서안 해양성 기후를, 남단부는 냉대의 툰드라 기후 지대를 이룬다.

역 사

북부 지역은 잉카 제국이 번창했던 곳이었으나 1541년 스페인의 식민지가 되었다가 1818년 독립하였다. 1879~1884년에는 초석 자원을 둘러싸고 볼리비아, 페루와 전쟁을 치르고 지금의 북부 지역을 차지하였다. 1970년 선거로 사회주의 정권이 등장하였으나 쿠데타로 붕괴되고 군정이 계속되는 등 정치가 불안하였으나, 1990년대부터 민주화가 진행되었다. 외교는 중남미와 서구 제국과의 관계를 중시하고 있으며 우리 나라와는 2002년 자유 무역 협정을 체결하였다.

경 제

광업이 이 나라 최대의 산업이다. 과거에는 초석(합성 질소의 등장으로 자원의 가치가 떨어짐), 현재는 구리가 세계적인 수출 상품이다. 이외에도 금, 은, 철광석, 질산염 등의 광물이 풍부하며 그 중심지는 북부의 사막 지역이다.

농업은 중부의 지중해성 기후 지대를 중심으로 밀, 옥수수, 포도 등을 재배하며 소와 양의 사육도 성하다. 공업은 식품 가공, 포도주, 섬유 공업이 수도 산티아고 지역을 중심으로 발달하고 있다.

관 광

산티아고와 안데스 산지, 해안의 모래사장, 거석상으로 유명한 남태평양의 이스터 섬 등이 관광 자원이다.

10. 파라과이

Republic of Paraguay

수도 : 아순시온(162만 명)
면적 : 40.7만 ㎢
인구 : 602만 명
인구 밀도 : 15명/㎢

데이터

정체 / 공화제

민족 / 메스티소(백인과 인디오 혼혈) 96%, 유럽 인 2%, 인디오 1%

언어 / 스페인 어(공용어), 인디오 어

종교 / 가톨릭 교

문맹률 / 7%

평균 수명 / 남 67세, 여 72세

통화 / 구아라니(Guarani)

도시 인구 / 55%

국민 총생산 / 64억 달러

1인당 국민 소득 / 1,170달러

토지 이용 / 농경지 5.6%, 목초지 53.3%, 삼림 31.6%, 기타 9.5%

산업별 인구(도시) / 1차 5.2%, 2차 21.3%, 3차 73.5%

천연 자원 / 철광석, 망간, 석회석, 원목, 수력 등

수출 / 9.9억 달러(콩, 사료, 면화, 목재, 곡물 등)

수입 / 20억 달러(자동차, 기계류, 담배, 석유제품 등)

한국 교민 / 6,190명

발전량 / 454억 kWh(수력 99.9%, 화력 0.1%)

관광객 / 25만 명

관광 수입 / 6,200만 달러

자동차 보유 대수 / 53만 대

국방 예산 / 5,400만 달러

군인 / 1.9만 명

표준 시간 / 한국 시간에서 -13시간

국제 전화 국가 번호 / 595번

주요 도시의 기후

아순시온

월별	1월	2월	3월	4월	5월	6월	7월	8월	9월	10월	11월	12월	전년
기온(°C)	28.4	28.0	26.3	23.2	21.3	18.4	18.8	20.0	22.0	24.5	26.8	28.5	23.9
강수량(mm)	186	161	191	178	88	66	47	51	78	110	149	137	1,441

자 연

남미 대륙의 남회귀선에 위치하는 내륙국으로 남북으로 흐르는 파라과이 강이 국토를 이등분한다. 서북부는 반건조 평원인 그란차코 초원 지대, 동남부는 브라질에서 이어지는 고원과 구릉 지대를 이룬다.

기후는 서북부가 아열대 사바나 기후 지대로 그란차코 지대를, 동남부는 온대 스텝과 온대 습윤 기후 지대를 이룬다.

역 사

1537년 스페인 령이 되었으며 1811년 독립하여 1844년 공화국이 되었다. 1864~1870년에는 아르헨티나, 브라질, 우루과이와의 전쟁에서 국토의 반을 잃었다. 1932~1935년에는 볼리비아와의 전쟁에서 국력이 크게 쇠진되었고, 1950년대부터 반복된 쿠데타와 군부 독재로 정치가 계속 혼란한 상태에 있다.

경 제

농업, 목축업, 임업이 산업의 중심을 이루고 면화, 콩, 땅콩, 육류, 원목 등의 생산과 수출이 많다.

관 광

이타이푸 댐, 야생 동식물의 생태 관찰과 낚시, 바로크 양식 성당 등이 관광 자원이다.

11. 우루과이

Oriental Republic of Uruguay

수도 : 몬테비데오(133만 명)
면적 : 17.5만 ㎢
인구 : 340만 명
인구 밀도 : 19명/㎢

데이터

정체 / 공화제

민족 / 백인(스페인, 이탈리아 계) 90%, 메스티소(백인과 인디오 혼혈) 8%, 흑인 등

언어 / 스페인 어

종교 / 가톨릭 교 66%, 프로테스탄트 교, 유대 교 등

문맹률 / 2%

평균 수명 / 남 70세, 여 78세

통화 / 우루과이 페소(Peso)

도시 인구 / 92%

국민 총생산 / 146억 달러

1인당 국민 소득 / 4,340달러

토지 이용 / 농경지 7.4%, 목초지 76.2%, 삼림 5.2%, 기타 11.2%

산업별 인구(도시) / 1차 4.0%, 2차 23.3%, 3차 72.7%

수출 / 19억 달러(육류, 섬유, 직물, 피혁 등)

수입 / 20억 달러(자동차, 기계, 원유, 식료품 등)

한국 교민 / 106명

발전량 / 93억 kWh(수력 93.4%, 화력 6.6%)

관광객 / 126만 명

관광 수입 / 3.2억 달러

자동차 보유 대수 / 64만 대

국방 예산 / 2.1억 달러

군인 / 2.4만 명

표준 시간 / 한국 시간에서 -12시간

국제 전화 국가 번호 / 598번

주요 도시의 기후

몬테비데오

월별	1월	2월	3월	4월	5월	6월	7월	8월	9월	10월	11월	12월	전년
기온(°C)	23.5	23.0	21.0	17.6	14.3	11.3	11.2	11.9	13.8	16.1	19.2	21.8	17.1
강수량(mm)	74	84	103	79	98	97	85	85	93	128	79	83	1,091

자연

남미 대륙의 동남부에 위치하며 동북쪽은 브라질, 서쪽은 아르헨티나, 남쪽은 대서양에 접하고 있다. 특히 아르헨티나와의 국경을 이루는 우루과이 강의 동쪽에 있는 국가라는 의미에서 정식 국명에 Oriental(동쪽)이 들어 있다.

국토의 대부분은 평원과 구릉으로 이루어져 있으며, 기후는 온대 습윤 기후로 초원 지대인 팜파스를 이루어 전 국토가 농업과 목축업 지역에 해당한다.

역사

1561년 스페인의 진출로 1726년부터 스페인의 영토가 되었다가 영국, 아르헨티나, 포르투갈의 지배를 거쳐 1828년 독립하였다. 1903년 남미 최초의 복지 국가로 민주화를 실현하였고, 1973년에는 군부의 쿠데타가 발생하였으나 1985년 민정 이양되었다.

외교는 중남미 제국과의 관계를 중요시하고 있으며 UN 평화 유지군에도 참여하고 있다.

경제

주요 산업은 농업과 목축업이며 밀, 옥수수, 쌀, 육류, 양모 등의 생산과 수출이 많다. 최근에는 관광 산업 발전에도 힘쓰고 있다.

관광

대서양 연안의 해안 모래사장과 휴양 시설 등이 관광 자원이다.

12. 아르헨티나

Republic of Argetina

수도 : 부에노스아이레스(278만 명)
면적 : 278.0만 ㎢
인구 : 3,788만 명
인구 밀도 : 14명/㎢

데이터

정체 / 공화제

민족 / 유럽 계(이탈리아, 스페인 등) 백인 97% 등

언어 / 스페인 어

종교 / 가톨릭 교 90%, 프로테스탄트 교

문맹률 / 3%

평균 수명 / 남 68세, 여 76세

통화 / 아르헨티나 페소(Peso)

도시 인구 / 89%

주요 도시 / 코르도바, 로사리오, 멘도사, 산후안, 라플라타 등

국민 총생산 / 1,540억 달러

1인당 국민 소득 / 4,220달러

토지 이용 / 농경지 9.8%, 목초지 51.1%, 삼림 18.3%, 기타 20.8%

산업별 인구 / 1차 0.7%, 2차 22.1%, 3차 77.2%

천연 자원 / 비옥한 평원, 납, 구리, 아연, 철광석, 석유, 천연가스 등

수출 / 257억 달러(식료품, 사료, 자동차, 과일과 채소 등)

수입 / 90억 달러(기계류, 자동차, 화학약품, 플라스틱, 식료품 등)

한국의 대(對) 아르헨티나 수출 / 3억 달러

한국의 대(對) 아르헨티나 수입 / 3.7억 달러

한국 교민 / 25,070명

발전량 / 902억 kWh(수력 35.8%, 화력 54.1%, 원자력 10.1%)

관광객 / 282만 명

관광 수입 / 25억 달러

자동차 보유 대수 / 695만 대

국방 예산 / 14억 달러

군인 / 7.1만 명

표준 시간 / 한국 시간에서 −12시간

국제 전화 국가 번호 / 54번

주요 도시의 기후

부에노스아이레스

월별	1월	2월	3월	4월	5월	6월	7월	8월	9월	10월	11월	12월	전년
기온(˚C)	24.5	23.4	21.2	17.6	14.4	11.1	11.1	12.2	14.4	17.1	20.3	23.0	17.5
강수량(mm)	119	118	133	96	74	62	68	69	75	119	107	114	1,154

자 연

남동부 대서양 연안과 안데스 산맥 사이에 위치하는 남미에서 두 번째로 큰 나라로, 북부는 남회귀선 부근, 남부는 남위 55°에 이른다. 서부의 안데스 산맥은 칠레와의 국경을 이루고 남북 아메리카 대륙 최고봉인 아콩카과 산(6,960m)이 위치한다. 국토는 북부가 그란차코(아열대 사바나 초원), 중부가 팜파스(온대 초원), 남부는 파타고니아(한랭한 반건조 지역), 남쪽 끝은 냉대 습윤 기후 지대를 이룬다.

역 사

1516년 스페인의 탐험대가 라플라타 강 하구에 도착한 후 스페인의 영토가 되었으며 1862년 아르헨티나 공화국이 되었다. 1946년 군사 정권의 패론 대통령이 취임하였고 1955년 쿠데타로 추방되었으나 민정 이양 후 다시 대통령에 취임하였다. 1974년 패론의 사망으로 부인이 대통령에 취임하였다가 1976년 쿠데타로 물러났으며, 2001년에는 시민혁명으로 대통령이 추출되기도 하였다. 1982년 동남부 대서양에 있는 섬의 영유권 분쟁으로 영국과 포클랜드 전쟁을 하였으나 패배하였다.

외교는 중남미 국가들과의 관계를 중심으로 서방 국가들과도 우호 관계를 맺고 있다.

경 제

세계적인 농업과 목축업 국가로 육류, 밀, 옥수수, 가축 등의 생산과 수출이 많다. 석탄, 석유, 구리, 철광석 등의 지하 자원도 풍부하며 기계, 식품 등의 공업이 발달하고 있다. 그러나 정치적 혼란, 인플레, 실업, 과다한 외채(1,500억 달러) 등으로 경제는 어려움이 계속되고 대외 채무의 상환도 불투명한 상태이다.

관 광

파타고니아의 야생 생태, 대도시의 축제, 해안과 산지의 자연 경관, 이과수 폭포 등이 주요 관광 자원이다.

* 오세아니아편

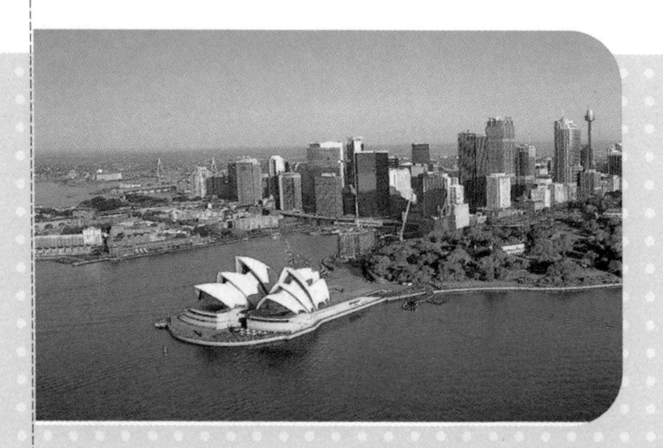

국가별 데이터와 해설 »

1. 오스트레일리아 2. 뉴질랜드 3. 팔라우 4. 미크로네시아
5. 마셜 6. 나우루 7. 키리바시 8. 파푸아뉴기니
9. 솔로몬 10. 바누아투 11. 피지 12. 투발루
13. 사모아 14. 통가

오세아니아의 여러 나라

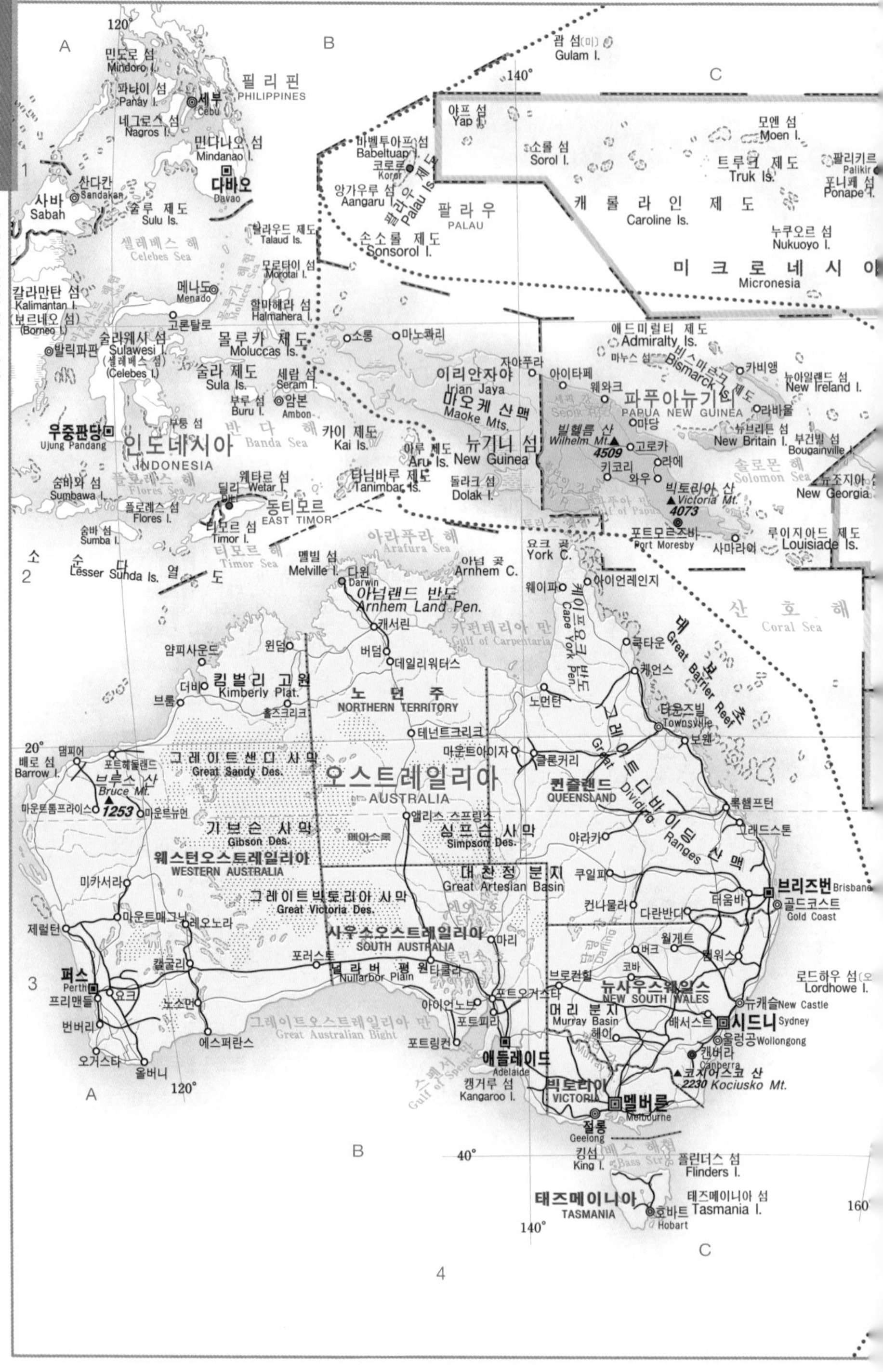

필리핀
PHILIPPINES
민도로 섬
Mindoro I.
파나이 섬
Panay I.
세부
Cebu
네그로스 섬
Nagros I.
민다나오 섬
Mindanao I.
다바오
Davao
사바
Sabah
산다칸
Sandakan
술루 제도
Sulu Is.
셀레베스 해
Celebes Sea
탈라우드 제도
Talaud Is.
모로타이 섬
Morotai I.
메나도
Menado
칼리만탄 섬
Kalimantan I.
(보르네오 섬)
(Borneo I.)
고론탈로
할마헤라 섬
Halmahera I.
발릭파판
술라웨시 섬
Sulawesi I.
(셀레베스 섬)
(Celebes I.)
몰루카 제도
Moluccas Is.
술라 제도
Sula Is.
세람 섬
Seram I.
부루 섬
Buru I.
암본
Ambon
우중판당
Ujung Pandang
부통 섬
인도네시아
INDONESIA
반다 해
Banda Sea
카이 제도
Kai Is.
숨바와 섬
Sumbawa I.
플로레스 해
Flores Sea
웨타르 섬
Wetar I.
딜리
Dili
동티모르
EAST TIMOR
플로레스 섬
Flores I.
티모르 섬
Timor I.
숨바 섬
Sumba I.
소순다 열도
Lesser Sunda Is.
티모르 해
Timor Sea
괌 섬(미)
Gulam I.
야프 섬
Yap I.
바벨투아프 섬
Babeltuap I.
코로르
Koror
앙가우루 섬
Aangaru I.
팔라우 제도
Palau Is.
팔라우
PALAU
손소롤 제도
Sonsorol I.
소롤 섬
Sorol I.
모엔 섬
Moen I.
트루크 제도
Truk Is.
팔리키르
Palikir
포나페 섬
Ponape I.
캐롤라인 제도
Caroline Is.
누쿠오르 섬
Nukuoyo I.
미크로네시아
Micronesia
소롱
마노콰리
이리안자야
Irian Jaya
자야푸라
마오케 산맥
Maoke Mts.
아루 제도
Aru Is.
뉴기니 섬
New Guinea
타님바르 제도
Tanimbar Is.
돌라크 섬
Dolak I.
애드미럴티 제도
Admiralty Is.
마누스 섬
비스마르크 제도
Bismarck Is.
카비엥
뉴아일랜드 섬
New Ireland I.
아이타페
웨와크
파푸아뉴기니
PAPUA NEW GUINEA
라바울
마당
빌헬름 산
Wilhelm Mt.
4509
고로카
뉴브리튼 섬
New Britain I.
부건빌 섬
Bougainville I.
라에
키코리
와우
솔로몬 해
Solomon Sea
뉴조지아
New Georgia
빅토리아 산
Victoria Mt.
4073
포트모르즈비
Port Moresby
사마라이
루이지아드 제도
Louisiade Is.
아라푸라 해
Arafura Sea
요크 곶
York C.
멜빌 섬
Melville I.
다윈
Darwin
아넘 곶
Arnhem C.
웨이파
아이언레인지
아넘랜드 반도
Arnhem Land Pen.
케이프요크 반도
Cape York Pen.
산호해
Coral Sea
캐서린
카펀테리아 만
Gulf of Carpentaria
대보초
Great Barrier Reef
쿡타운
얌피사운드
윈덤
버덤
데일리워터스
케언스
킴벌리 고원
Kimberly Plat.
더비
브룸
노던 주
NORTHERN TERRITORY
홀스크리크
노먼턴
타운즈빌
Townsville
테넌트크리크
보웬
그레이트디바이딩 산맥
Great Dividing Ranges
20°
댐피어
배로 섬
Barrow I.
포트헤들랜드
그레이트샌디 사막
Great Sandy Des.
마운트아이자
클론커리
브루스 산
Bruce Mt.
1253
오스트레일리아
AUSTRALIA
퀸즐랜드
QUEENSLAND
마운트톰프라이스
마운트뉴먼
앨리스스프링스
록햄프턴
기브슨 사막
Gibson Des.
심프슨 사막
Simpson Des.
글래드스톤
아라카
웨스턴오스트레일리아
WESTERN AUSTRALIA
대찬정 분지
Great Artesian Basin
쿠일피
브리즈번
Brisbane
미카서라
그레이트빅토리아 사막
Great Victoria Des.
컨나물라
다란반디
투움바
골드코스트
Gold Coast
제럴턴
마운트매그닛
레오노라
사우스오스트레일리아
SOUTH AUSTRALIA
마리
월게트
캘굴리
포러스트
널라버 평원
Nullarbor Plain
타쿨라
버크
아미데일
코바
로드하우 섬
Lordhowe I.
퍼스
Perth
요크
프리맨틀
노스먼
브로컨힐
포트오거스타
뉴사우스웨일스
NEW SOUTH WALES
뉴캐슬
New Castle
아이언노브
머리 분지
Murray Basin
배서스트
시드니
Sydney
번버리
그레이트오스트레일리아 만
Great Australian Bight
에스퍼란스
포트피리
헤이
울릉공
Wollongong
캔버라
Canberra
코지어스코 산
2230
Kociusko Mt.
오거스타
올버니
포트링컨
애들레이드
Adelaide
스펜서 만
Gulf of Spencer
캥거루 섬
Kangaroo I.
빅토리아
VICTORIA
멜버른
Melbourne
질롱
Geelong
킹섬
King I.
배스 해협
Bass Str.
플린더스 섬
Flinders I.
태즈메이니아
TASMANIA
호바트
Hobart
태즈메이니아 섬
Tasmania I.
120°
140°
160°
40°
A
B
C
1
2
3
4

1:38,600,000 0 800km

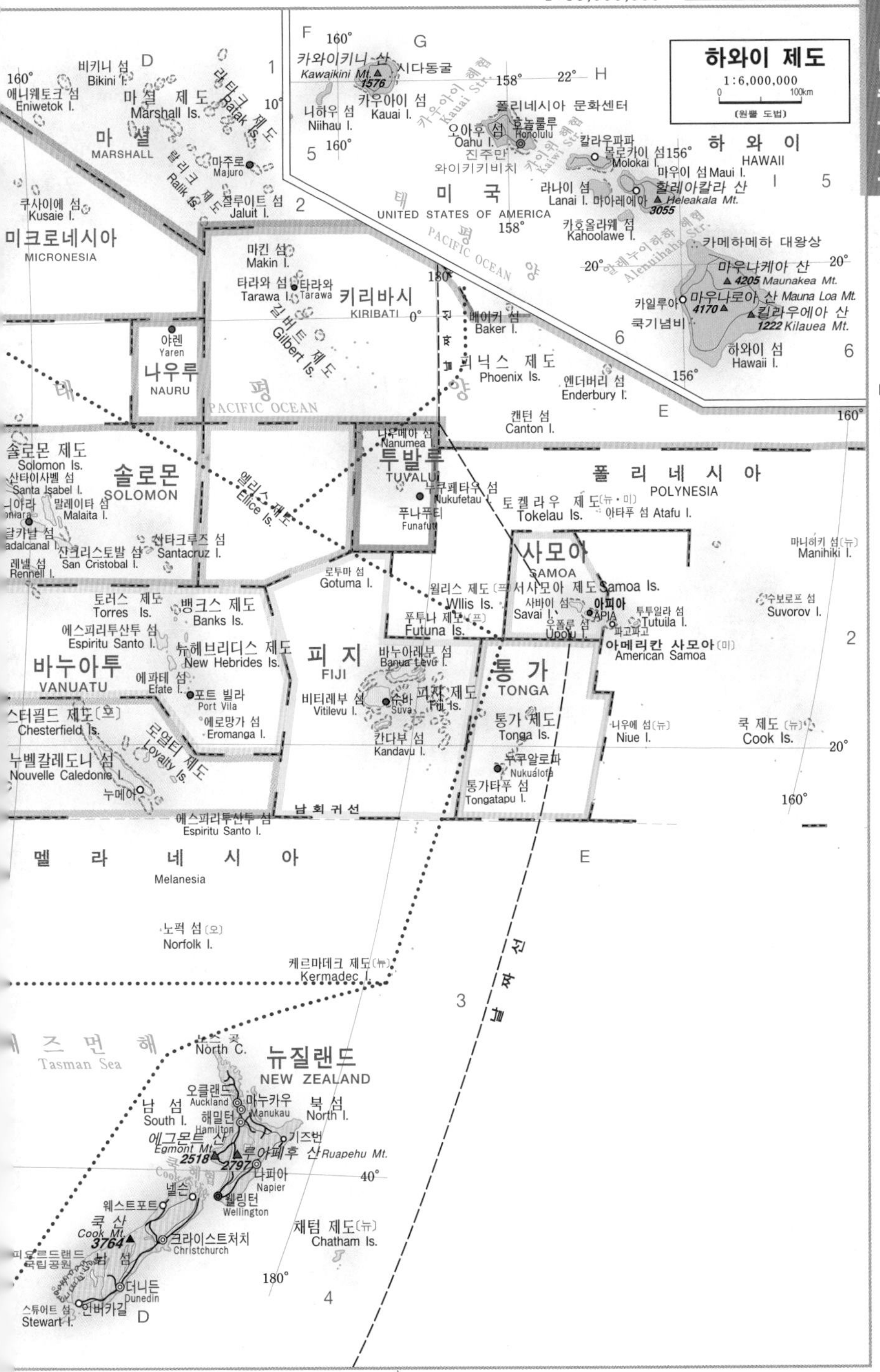

오세아니아(오스트레일리아 · 뉴질랜드 · 피지)

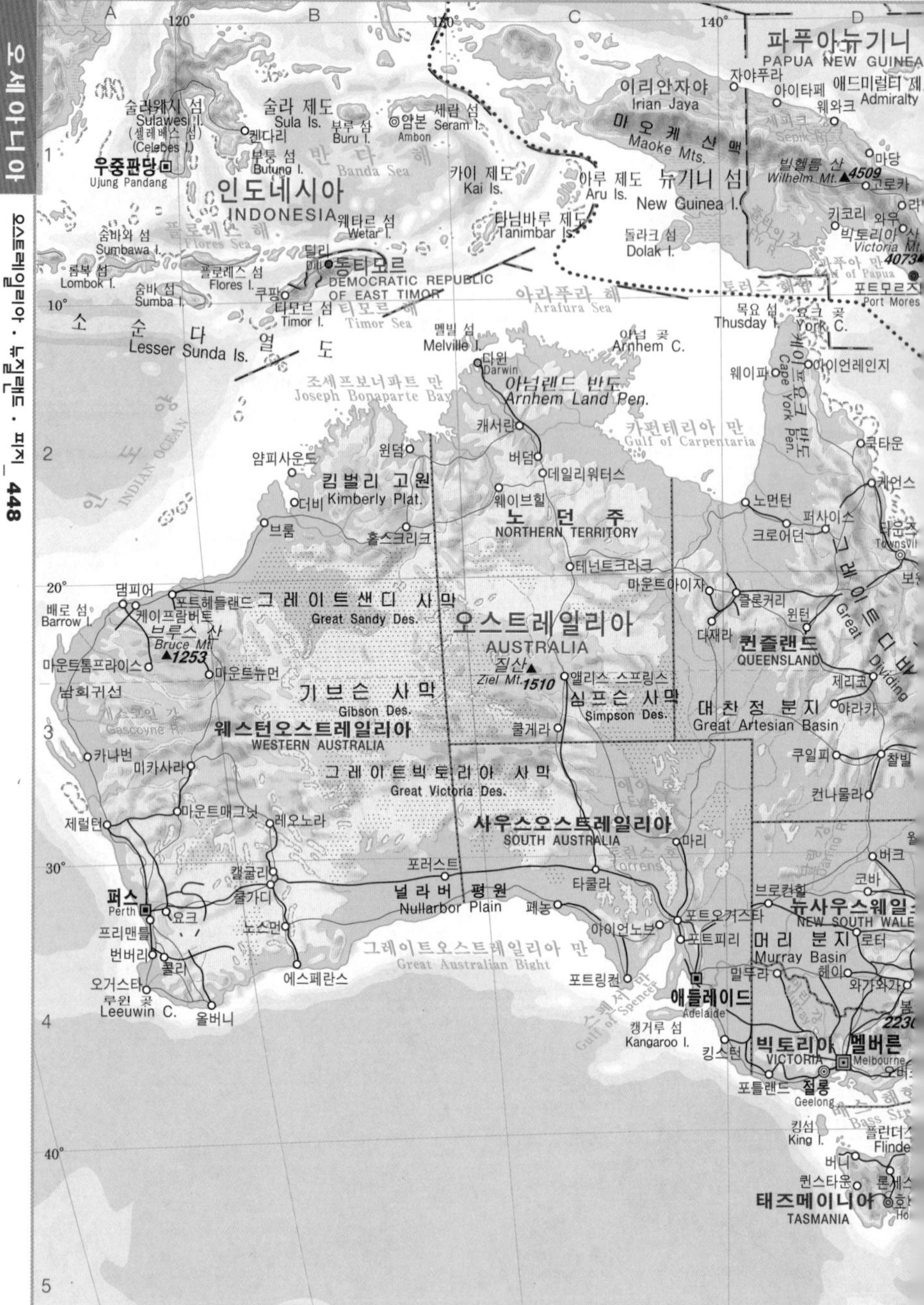

1:30,000,000

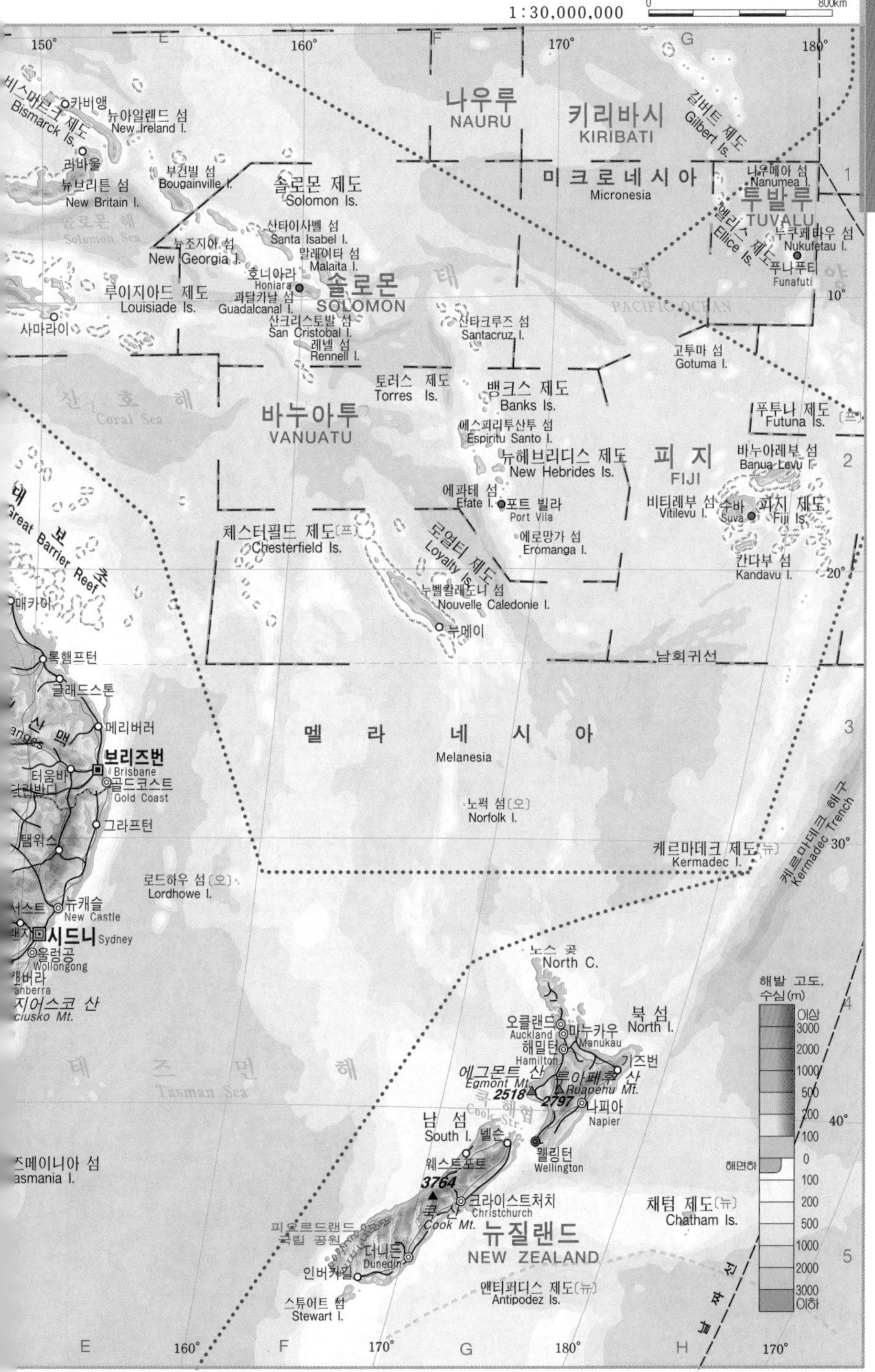
0
800km
150°
160°
170°
180°
E
F
G
H
1
2
3
4
5
10°
20°
30°
40°
나우루
NAURU
키리바시
KIRIBATI
길버트 제도
Gilbert Is.
미크로네시아
Micronesia
나우메아 섬
Nanumea I.
투발루
TUVALU
누쿠페타우 섬
Nukufetau I.
엘리스 제도
Ellice Is.
푸나푸티
Funafuti
PACIFIC OCEAN
비스마르크 제도
Bismarck Is.
카비앵
뉴아일랜드 섬
New Ireland I.
라바울
뉴브리튼 섬
New Britain I.
부건빌 섬
Bougainville I.
솔로몬 해
Solomon Sea
솔로몬 제도
Solomon Is.
뉴조지아 섬
New Georgia I.
산타이사벨 섬
Santa Isabel I.
말레이타 섬
Malaita I.
호니아라
Honiara
과달카날 섬
Guadalcanal I.
솔로몬
SOLOMON
루이지아드 제도
Louisiade Is.
사마라이
산크리스토발 섬
San Cristobal I.
렌넬 섬
Rennell I.
산타크루즈 섬
Santacruz I.
고투마 섬
Gotuma I.
산호해
Coral Sea
토러스 제도
Torres Is.
뱅크스 제도
Banks Is.
바누아투
VANUATU
에스피리투산투 섬
Espiritu Santo I.
뉴헤브리디스 제도
New Hebrides Is.
피지
FIJI
푸투나 제도
Futuna Is.
바누아레부 섬
Banua Levu I.
비티레부 섬
Vitilevu I.
수바
Suva
피지 제도
Fiji Is.
칸다부 섬
Kandavu I.
에파테 섬
Efate I.
포트 빌라
Port Vila
에로망가 섬
Eromanga I.
체스터필드 제도〔프〕
Chesterfield Is.
로열티 제도
Loyalty Is.
누벨칼레도니 섬
Nouvelle Caledonie I.
누메아
대보초
Great Barrier Reef
매카이
록햄프턴
글래드스톤
메리버러
브리즈번
Brisbane
골드코스트
Gold Coast
터움바
그라프턴
탬워스
뉴캐슬
New Castle
시드니
Sydney
울런공
Wollongong
캔버라
Canberra
코지어스코 산
Kosciusko Mt.
남회귀선
멜라네시아
Melanesia
노퍽 섬〔오〕
Norfolk I.
로드하우 섬〔오〕
Lordhowe I.
케르마데크 제도〔뉴〕
Kermadec I.
케르마데크 해구
Kermadec Trench
태즈먼 해
Tasman Sea
태즈메이니아 섬
Tasmania I.
노스 곶
North C.
오클랜드
Auckland
마누카우
Manukau
해밀턴
Hamilton
북 섬
North I.
기즈번
에그몬트 산
Egmont Mt.
2518
루아페후 산
Ruapehu Mt.
2797
나피아
Napier
쿡 해협
Cook Str.
남 섬
South I.
넬슨
웰링턴
Wellington
웨스트포트
3764
크라이스트처치
Christchurch
쿡 산
Cook Mt.
피오르드랜드 국립 공원
뉴질랜드
NEW ZEALAND
더니든
Dunedin
인버카길
채텀 제도〔뉴〕
Chatham Is.
앤티퍼디스 제도〔뉴〕
Antipodez Is.
스튜어트 섬
Stewart I.
해발 고도, 수심(m)
이상
3000
2000
1000
500
200
100
0
해면하
100
200
500
1000
2000
3000
이하

오세아니아 (오스트레일리아 • 뉴질랜드의 주요부) 1:7,500,000

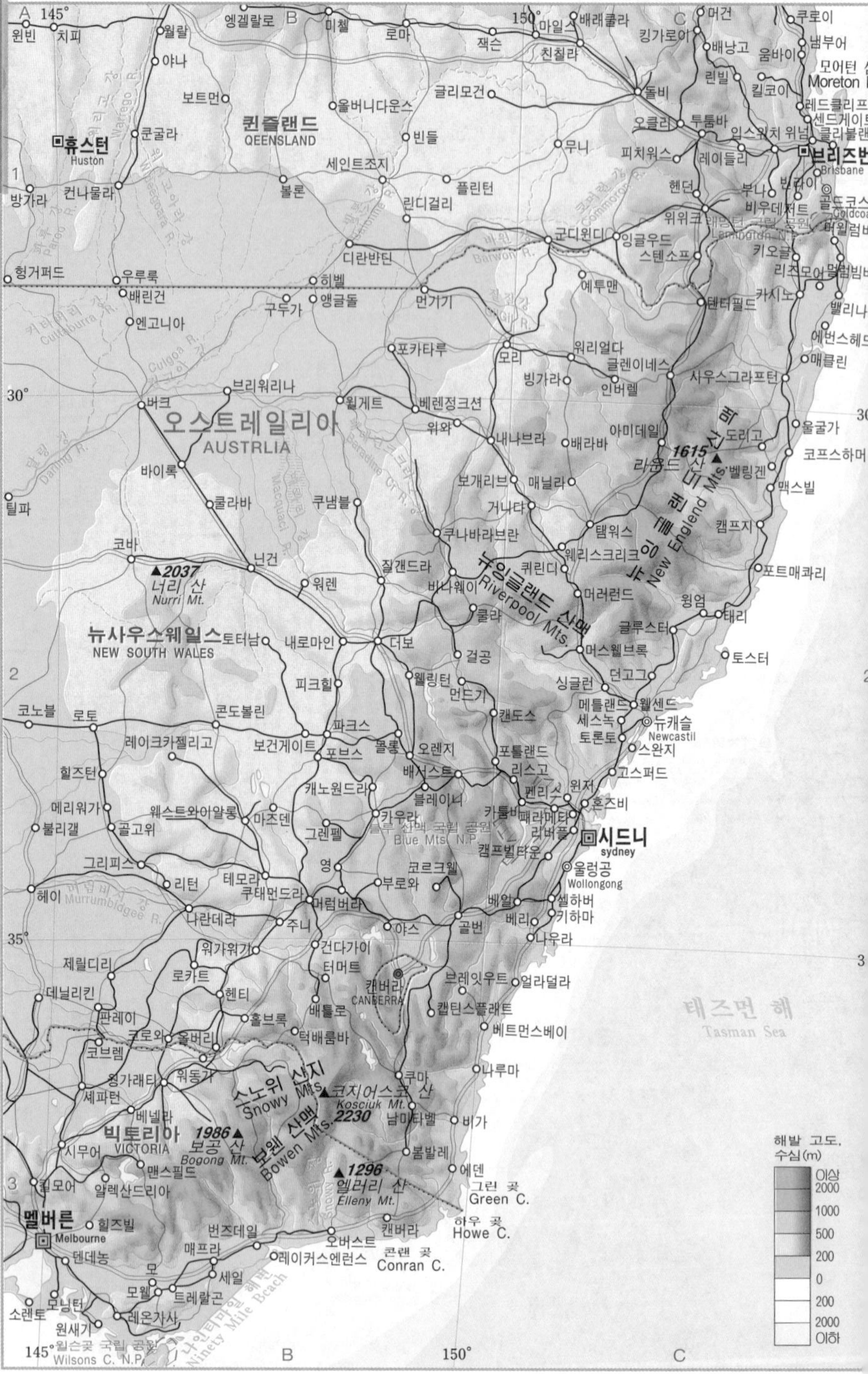

0 150km

A 145° B 150° C
윈빈 치피 월랄 엥겔랄로 미첼 로마 잭슨 마일스 배래쿨라 친칠라 킹가로이 머건 쿠로이 배낭고 남부어 움바이 모어턴 섬 Moreton Is
야나 보트먼 올버니다운스 글리모건 돌비 린빌 킬코이 레드클리프 센드게이트 클리블랜드
퀸즐랜드 QUEENSLAND 쿤굴라 빈들 무니 오클리 투툼바 입스위치 위넘 피치워스 레이들리 브리즈번 Brisbane
휴스턴 Huston 1 방가라 컨나물라 세인트조지 볼론 플린턴 헨던 부나 빈라이 비우데저트 골드코스트 Goldcoast
린디걸리 위위크 래밍턴 국립 공원 Lamington N.P. 머윌럼바 군디윈디 잉글우드 스텐소프 키오글 디란반딘
헝거퍼드 우루룩 배린건 히벨 앵글돌 구두가 먼거기 에투맨 리즈모어 멀럼빔비 카시노 텐터필드 밸리나
엔고니아 포카타루 모리 워리얼다 글렌이네스 에번스헤드 매클린 빙가라 인버렐 사우스그라프턴
30° 버크 브리워리나 월게트 베렌정크션 위와 내나브라 배라바 아미데일 울굴가 도리고 코프스하머
오스트레일리아 AUSTRLIA 바이록 보개리브 매닐라 1615 라운드 산 벨링겐 맥스빌 틸파 쿨라바 쿠넘블 거나다 탬워스 캠프지
코바 닌건 쿠나바라브란 웨리스크리크 퀴린디 ▲2037 너리 산 Nurri Mt. 워렌 질갠드라 비나웨이 머러런드 포트매쿼리
뉴잉글랜드 산맥 New England Mts. 리버풀 산맥 Riverpool Mts. 윙엄 태리
뉴사우스웨일스 NEW SOUTH WALES 토터남 내로마인 더보 쿨라 걸공 글루스터 머스웰브룩 토스터
2 피크힐 웰링턴 먼드기 싱글턴 던고그 메틀랜드 웰센드 세스녹 뉴캐슬 Newcastle 토론토 스완지
코노블 로토 콘도볼린 캔도스 파크스 레이크카젤리고 보건게이트 포브스 몰롱 오렌지 포틀랜드 리스고 고스퍼드
힐즈턴 배서스트 캐노원드라 블레이니 펜리스 윈저 혼즈비 메리워가 웨스트와이알롱 마즈덴 카우라 카툼바 패러메타 리버풀
불리갤 골고위 그렌펠 블루 산맥 국립 공원 Blue Mts. N.P. 시드니 sydney 캠프벨타운 울렁공 Wollongong
그리피스 리턴 테모라 영 코르크웰 헤이 머럼비지 강 Murrumbidgee R. 쿠태먼드라 부로와 셀하버 베일 키하마
나란데라 머럼버라 골번 베리 35° 주니 야스 나우라 워가워가 건다가이 제릴디리 로카트 터머트 브레잇우트 얼라덜라
데닐리킨 헨티 캔버라 CANBERRA 캡틴스플래트 판레이 홀브록 배틀로 베트먼스베이 코로와 올버리 텀배룸바 코브렘 워동가 쿠마 나루마
태즈먼 해 Tasman Sea
왕가래타 셰파턴 스노위 산지 Snowy Mts. 코지어스코 산 Kosciuk Mt. 2230 베넬라 남미타벨 비가
빅토리아 VICTORIA 1986 보공 산 Bogong Mt. 보웬 산맥 Bowen Mts. 봄발레 시무어 맨스필드 1296 엘러리 산 Elleny Mt. 에덴
3 킬모어 알렉산드리아 그린 곶 Green C. 하우 곶 Howe C.
멜버른 Melbourne 힐즈빌 번즈데일 캔버라 오버스트 레이커스엔런스 콘랜 곶 Conran C. 덴데농 매프라 세일 모 모웰 트레랄곤 나인티마일 해변 Ninety Mile Beach
소렌토 모닝턴 레온가사 원새기 윌슨곶 국립 공원 Wilsons C. N.P.
145° B 150° C

해발 고도, 수심(m)
2000 이상
1000
500
200
0
200
2000 이하

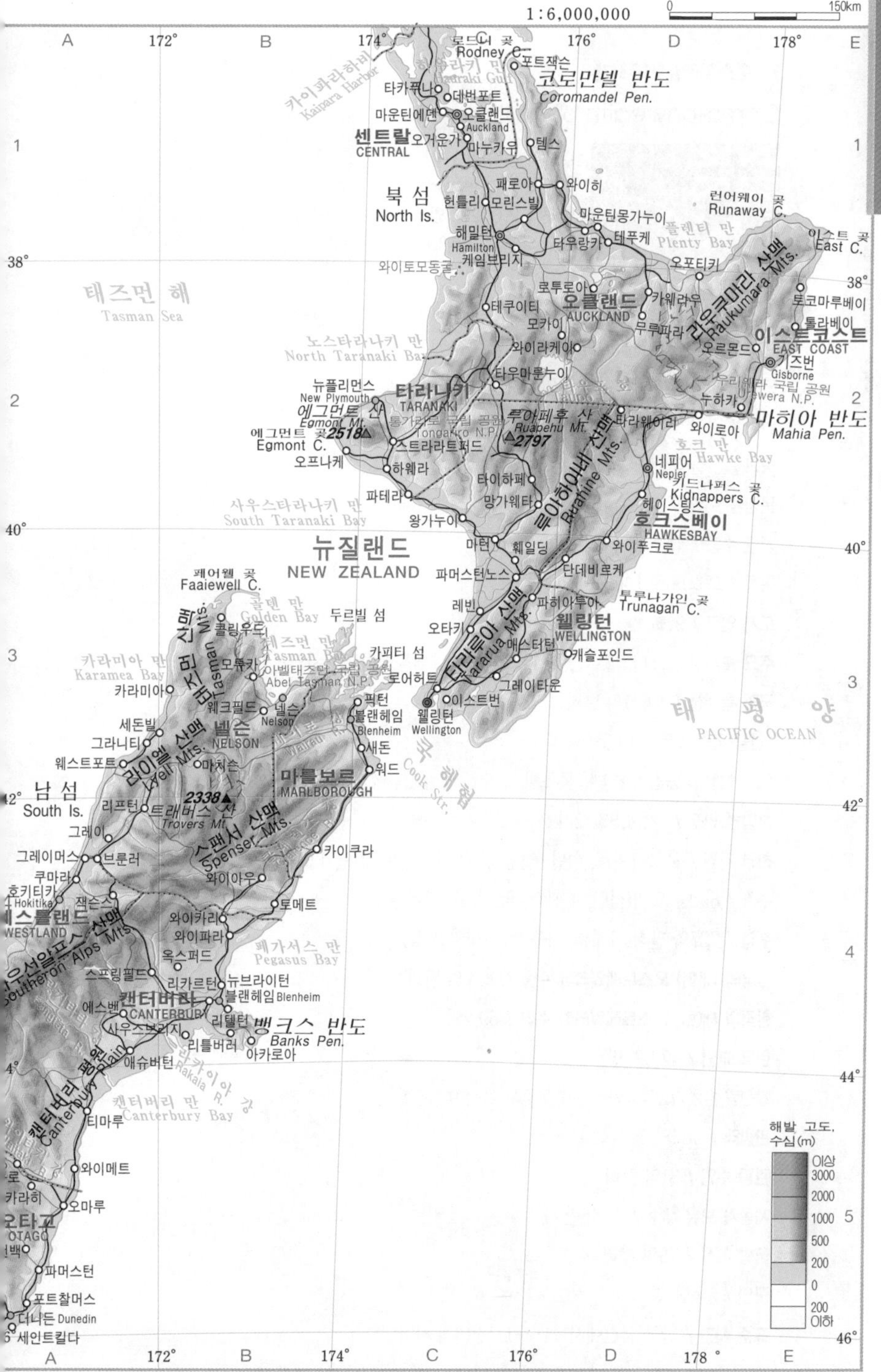
1:6,000,000
0
150km
A
B
C
D
E
172°
174°
176°
178°
38°
40°
42°
44°
46°
1
2
3
4
5
로드니 곶
Rodney C.
포트잭슨
코로만델 반도
Coromandel Pen.
카이파라하버
Kaipara Harbor
하우라키 만
Hauraki Gulf
타카푸나
데번포트
마운틴에덴
오클랜드
Auckland
센트랄
CENTRAL
오거운가
마누카우
템스
북 섬
North Is.
패로아
와이히
헌틀리
모린스빌
마운틴몽가누이
런어웨이 곶
Runaway C.
해밀턴
Hamilton
타우랑카
테푸케
플렌티 만
Plenty Bay
이스트 곶
East C.
케임브리지
와이토모동굴
오포티키
라우쿠마라 산맥
Raukumara Mts.
태즈먼 해
Tasman Sea
로투로아
오클랜드
AUCKLAND
카웨라우
토코마루베이
테쿠이티
모카이
무루파라
톨라베이
노스타라나키 만
North Taranaki Bay
와이라케이
이스트코스트
EAST COAST
오르몬드
기즈번
Gisborne
타우마룬누이
우레웨라 국립 공원
Urewera N.P.
뉴플리먼스
New Plymouth
타라나키
TARANAKI
누하카
에그먼트 산
Egmont Mt.
통가리로 국립 공원
Tongariro N.P.
루아페후 산
Ruapehu Mt.
타라웨이라
와이로아
마히아 반도
Mahia Pen.
에그먼트 곶
Egmont C.
2518
2797
스트라트퍼드
호크 만
Hawke Bay
오프나케
하웨라
네피어
Napier
타이하페
루아히네 산맥
Ruahine Mts.
키드나퍼스 곶
Kidnappers C.
파테라
망가웨타
헤이스팅스
사우스타라나키 만
South Taranaki Bay
왕가누이
호크스베이
HAWKESBAY
뉴질랜드
NEW ZEALAND
마턴
훼일딩
와이푸크로
파머스턴노스
단데비로케
페어웰 곶
Faaiewell C.
골덴 만
Golden Bay
두르빌 섬
레빈
파히아투아
투루나가인 곶
Trunagan C.
오타키
타라루아 산맥
Tararua Mts.
웰링턴
WELLINGTON
콜링우드
태즈먼 만
Tasman Bay
카피티 섬
카라미아 만
Karamea Bay
모투카
태즈먼 산맥
Tasman Mts.
매스터턴
캐슬포인드
아벨태즈먼 국립 공원
Abel Tasman N.P.
로어허트
카라미아
그레이타운
픽턴
이스트번
웨크필드
넬슨
Nelson
블랜헤임
Blenheim
웰링턴
Wellington
태 평 양
PACIFIC OCEAN
세돈빌
넬슨
NELSON
그라니티
새돈
쿡 해협
Cook Str.
웨스트포트
라이엘 산맥
Lyell Mts.
마치슨
워드
마를보로
MARLBOROUGH
남 섬
South Is.
2338
리프턴
트래버스 산
Travers Mt.
스펜서 산맥
Spenser Mts.
그레이
그레이머스
브룬너
카이쿠라
쿠마라
와이아우
호키티카
Hokitika
잭슨스
토메트
웨스틀랜드
WESTLAND
서던알프스 산맥
Southern Alps Mts.
와이카리
와이파라
페가서스 만
Pegasus Bay
옥스퍼드
스프링필드
리카르턴
뉴브라이턴
캔터버리
CANTERBURY
블랜헤임 Blenheim
에스밴
리텔턴
뱅크스 반도
Banks Pen.
사우스브리지
리틀버러
아카로아
애슈버턴
라카이아 강
Rakaia R.
캔터버리 평원
Canterbury Plain
캔터버리 만
Canterbury Bay
티마루
와이메트
오마루
카라히
오타고
OTAGO
파머스턴
포트찰머스
더니든 Dunedin
세인트킬다
해발 고도, 수심(m)
이상
3000
2000
1000
500
200
0
200
이하

1. 오스트레일리아

Commonwealth of Australia

수도 : 캔버라(34만 명)
면적 : 774.1만 ㎢
인구 : 2,012만 명
인구 밀도 : 3명/㎢

데이터

정체 / 입헌 군주제(영연방)

민족 / 유럽 계 98%, 어보리진(원주민) 등

언어 / 영어

종교 / 가톨릭 교, 프로테스탄트 교, 그리스 정교 등

문맹률 / 0%

평균 수명 / 남 77세, 여 82세

통화 / 오스트레일리아 달러($A)

도시 인구 / 91%

주요 도시 / 시드니, 멜버른, 브리즈번, 퍼스, 애들레이드, 뉴캐슬, 다윈 등

국민 총생산 / 3,841억 달러

1인당 국민 소득 / 19,530달러

토지 이용 / 농경지 6.1%, 목초지 53.7%, 삼림 18.8%, 기타 21.4%

산업별 인구 / 1차 4.8%, 2차 20.3%, 3차 74.9%

천연 자원 / 보크사이트, 석탄, 철광석, 금, 은, 석유, 천연가스, 수산물 등

수출 / 650억 달러(석탄, 철광석, 금, 곡물, 기계류 등)

수입 / 727억 달러(기계류, 자동차, 화학약품 등)

한국의 대(對) 오스트레일리아 수출 / 32.7억 달러

한국의 대(對) 오스트레일리아 수입 / 59.2억 달러

한국 교민 / 47,227명

발전량 / 2,172억 kWh(수력 7.7%, 화력 92.3%)

관광객 / 484만 명

관광 수입 / 81억 달러

자동차 보유 대수 / 1,245만 대

국방 예산 / 75억 달러

군인 / 5.4만 명

표준 시간 / 한국 시간에서 −1~+1시간(3개 시간대)

국제 전화 국가 번호 / 61번

주요 도시의 기후

시드니

월별	1월	2월	3월	4월	5월	6월	7월	8월	9월	10월	11월	12월	전년
기온(˚C)	22.6	22.7	21.4	18.8	15.7	13.1	12.2	13.2	15.5	18.0	19.7	21.7	17.9
강수량(mm)	115	113	148	121	88	128	54	90	60	78	101	81	1,176

멜버른

월별	1월	2월	3월	4월	5월	6월	7월	8월	9월	10월	11월	12월	전년
기온(˚C)	20.4	20.8	19.2	16.2	13.6	10.9	10.3	11.4	13.0	15.1	17.0	19.0	15.6
강수량(mm)	49	47	42	50	60	48	47	58	59	71	68	60	659

퍼스

월별	1월	2월	3월	4월	5월	6월	7월	8월	9월	10월	11월	12월	전년
기온(˚C)	24.5	24.9	23.0	19.6	16.2	14.0	13.1	13.4	14.6	16.5	19.3	22.1	18.4
강수량(mm)	7	19	16	36	94	148	149	118	79	45	27	8	745

다윈

월별	1월	2월	3월	4월	5월	6월	7월	8월	9월	10월	11월	12월	전년
기온(˚C)	28.2	28.1	28.1	28.4	27.2	25.3	24.9	26.1	27.9	29.1	29.3	28.9	27.6
강수량(mm)	484	341	371	104	19	0	1	4	16	79	134	273	1,827

자 연

남반구의 태평양과 인도양 사이에 위치하는 대륙이다. 동부는 해안을 따라 고기 습곡 산지인 그레이트디바이딩 산맥과 오스트레일리아 알프스 산맥이 남북으로 달려 고지대를 이루고, 서부는 해발 300~400m의 대지가 펼쳐지며, 그 중앙부는 200m 이하의 저지대와 찬정 분지가 넓게 분포한다.

기후는 남회귀선이 국토의 중앙을 동서로 달려 고기압의 영향을 크게 받아 서부와 중앙 저지대는 광범위한 사막과 스텝 기후 지대가 나타나고, 동남부 지역은 북에서 남으로 가면서 열대 사바나-열대 몬순-온대 몬순-서안 해양성-지중해성 기후가 차례로 나타난다.

역 사

1770년 영국인 제임스 쿡이 시드니의 남쪽에 도착하였고 1788년부터 죄수를 포함한 영국의 이민이 시작되었으며 1931년 영연방으로 독립하였다. 제2차 세계 대전 후 풍부한 지하 자원과 농축산물을 아시아 국가들에 수출하면서 1975년부터는 폐쇄적인 백호주의를 포기하고 개방적인 다민족 복합 문화 사회로 발전하고 있다.

외교는 미국, 영국과의 관계를 중심으로 UN 활동에도 적극적으로 참여하는 서방 선진 국가이다.

경 제

농목업과 광업이 중심을 이루는 선진 산업 국가이다. 양모, 육류, 밀, 사탕수수, 석탄, 철광석, 보크사이트, 망간, 금 등의 세계적인 생산과 수출국이다. 최근에는 풍부한 농축산물과 지하 자원을 바탕으로 각종 공업이 발달하면서 공산품의 수출 비중이 점점 높아지고 있다.

우리 나라는 철광석, 석탄, 양모, 육류 등을 수입하고 IT제품, 기계, 자동차, 전자제품 등을 수출하고 있다.

관 광

태평양 연안의 모래사장과 수상 스포츠, 뱃놀이, 산지의 자연과 야생 생태계, 시드니 · 캔버라 · 멜버른 등의 도시가 주요 관광 자원이다.

2. 뉴질랜드

New Zealand

수도 : 웰링턴(34만 명)
면적 : 27.1만 ㎢
인구 : 407만 명
인구 밀도 : 15명/㎢

데이터

정체 / 입헌 군주제(영연방)

민족 / 유럽 계 72%, 마오리 족 14%, 아시아 계 등

언어 / 영어, 마오리 어

종교 / 프로테스탄트 교, 가톨릭 교

문맹률 / 1%

평균 수명 / 남 74세, 여 80세

통화 / 뉴질랜드 달러(NZ$)

도시 인구 / 86%

주요 도시 / 오클랜드, 크라이스트처치, 마누카우, 해밀턴 등

국민 총생산 / 522억 달러

1인당 국민 소득 / 13,260달러

토지 이용 / 농경지 14.0%, 목초지 49.9%, 삼림 27.6%, 기타 8.5%

산업별 인구 / 1차 9.1%, 2차 22.2%, 3차 68.7%

천연 자원 / 천연가스, 철광석, 석탄, 금, 석회석, 목재, 수력, 지열 등

수출 / 144억 달러(낙농제품, 육류, 과일과 채소, 수산물, 목재 등)

수입 / 151억 달러(기계류, 자동차, 식료품, 항공기, 원유 등)

한국의 대(對) 뉴질랜드 수출 / 4.3억 달러

한국의 대(對) 뉴질랜드 수입 / 7.1억 달러

한국 교민 / 18,338명

발전량 / 399억 kWh(수력 53.8%, 화력 37.7%, 지열 8.5%)

관광객 / 205만 명

관광 수입 / 29억 달러

자동차 보유 대수 / 282만 대

국방 예산 / 6.3억 달러

군인 / 8,610명

표준 시간 / 한국 시간에서 +3시간

국제 전화 국가 번호 / 64번

주요 도시의 기후

오클랜드

월별	1월	2월	3월	4월	5월	6월	7월	8월	9월	10월	11월	12월	전년
기온(°C)	19.4	19.7	18.7	16.3	13.6	11.6	10.8	11.5	12.8	14.8	16.1	18.0	15.2
강수량(mm)	73	78	81	4	102	121	123	112	93	80	81	86	1,124

웰링턴

월별	1월	2월	3월	4월	5월	6월	7월	8월	9월	10월	11월	12월	전년
기온(°C)	16.6	16.7	15.5	13.7	11.3	9.5	8.8	9.1	10.4	11.6	13.4	15.1	12.6
강수량(mm)	68	65	92	103	119	141	139	134	100	111	99	86	1,256

크라이스트처치

월별	1월	2월	3월	4월	5월	6월	7월	8월	9월	10월	11월	12월	전년
기온(°C)	16.7	16.3	14.9	12.1	9.0	6.3	6.0	7.2	9.3	11.5	13.5	15.5	11.5
강수량(mm)	46	42	56	53	58	51	68	64	41	45	50	49	634

자 연

오스트레일리아의 동남쪽 남태평양에 위치하는 섬나라로 국토는 환태평양 조산대에 속하는 북섬과 남섬을 중심으로 주변의 작은 섬들로 이루어져 있다. 북섬에는 대지, 구릉, 화산이 많고, 남섬에는 긴 척량 산맥이 달리고 최고봉은 쿡 산(3,764m)으로 빙하 지역을 이루어 빙하와 빙하호가 많다. 기후는 남위 40° 선이 국토의 중앙을 지나고 있으나 편서풍의 영향으로 한서의 차가 적고 비가 연중 고르게 내리는 서안 해양성 기후 지대를 이루어

목축에 적당하다.

역 사

10세기 경부터 폴리네시아 계의 마오리 족들이 정착하였고 1642년 네덜란드 인 테즈만이 상륙하였고 1769년 영국인 쿡이 탐험한 후부터 포경 기지가 되었다. 1840년 영국의 직할 식민지가 되었으나 두 차례에 걸친 마오리 족들의 반란이 있었다. 1947년 영연방내의 독립국이 되었으며 오스트레일리아와 서구 제국들과의 관계를 중시하고 있다.

경제는 우리 나라를 비롯한 아시아 국가들과 깊은 관계를 맺고 있다.

경 제

남반구에서는 가장 살기 좋은 국가로 알려져 있는 복지 국가로, 목축을 중심으로 하는 선진국이다. 국토의 절반 이상이 목장으로 양, 육우, 젖소, 돼지 등을 사육하며 양모, 육류, 버터, 치즈, 피혁 등의 세계적인 수출국이다. 최근에는 산업의 다각화를 위해 공업화와 관광 산업의 육성을 적극 추진하고 있다.

공업은 풍부한 전력과 원료를 바탕으로 식품 가공, 펄프, 알루미늄 공업이 발달하고 있으며 수려한 자연을 바탕으로 세계적인 관광 명소로 발전하고 있다.

관 광

빙하와 빙하호, 간헐 온천, 마오리 문화와 전통 생활, 해안의 모래사장과 낚시, 오클랜드 · 웰링턴 · 크라이스트처치의 역사 유적과 도시 경관 등이 주요 관광 자원이다.

3. 팔라우

Republic of Palau

수도 : 코로르(1.1만 명)
면적 : 459㎢
인구 : 2.1만 명
인구 밀도 : 46명/㎢

데이터

정체 / 공화제

민족 / 미크로네시아 계 커나카 족

언어 / 영어(공용어), 팔라우 어

종교 / 가톨릭 교, 프로테스탄트 교

문맹률 / 8%

평균 수명 / 남 57세, 여 59세

통화 / 미국 달러(US$)

도시 인구 / 69%

국민 총생산 / 1억 달러

1인당 국민 소득 / 6,820달러

수출 / 1,800만 달러(수산물, 코프라, 수공예품 등)

수입 / 9,600만 달러(기계류, 식료품 등)

발전량 / 1.7억 kWh(수력 15.1%, 화력 84.9%)

관광객 / 6.4만 명

표준 시간 / 한국 시간과 같음

국제 전화 국가 번호 / 680번

주요 도시의 기후

코로르

	1월	7월
월평균 기온(°C)	27.4	27.5
연강수량(mm)	3,736	

자 연

필리핀의 동쪽 뉴기니의 북쪽에 위치하며, 국토는 팔라우 제도의 200여 개 섬으로 이루어져 있다. 기후는 열대 우림 기후로 연중 덥고 비가 많다.

역 사

16세기 스페인의 진출이 있었으며 1920년 일본의 위임 통치 지역이 되었다가 1947년 미국의 신탁 통치령이 되었다. 1994년 독립하여 UN에 가입하였으며, 미국과는 1993년 자유 연합 협정(50년간)의 체결로 미국의 재정 지원을 받아 행정과 외교를 하고 국방과 안전 보장은 미국에 위임하고 있다.

경 제

코코넛, 코프라의 생산이 농업의 중심을 이루고 그 밖에 수산업과 어업권의 판매, 관광 등이 주요 산업이다.

관 광

다이빙, 낚시, 해안의 휴양 시설 등이 주요 관광 자원이다.

4. 미크로네시아

Federated States of Micronesia

수도 : 팔리키르(6,227명)
면적 : 702㎢
인구 : 11만 명
인구 밀도 : 154명/㎢

데이터

정체 / 연방 공화제

민족 / 카나카 족, 카나카 족과 외부인의 혼혈 등

언어 / 영어(공용어), 원주민어 등

종교 / 가톨릭 교, 프로테스탄트 교

문맹률 / 10%

평균 수명 / 남 64세, 여 67세

통화 / 미국 달러(US$)

도시 인구 / 28%

국민 총생산 / 2억 달러

1인당 국민 소득 / 1,970달러

토지 이용 / 농경지 33.1%, 목초지 13.5%, 삼림 22.5%, 기타 30.9%

수출 / 213만 달러(수산물, 의류, 바나나 등)

수입 / 1,233만 달러(식료품, 공산품, 기계, 음료 등)

발전량 / 2억 kWh(수력 14.8%, 화력 85.2%)

관광객 / 1.1만 명

표준 시간 / 한국 시간에서 +1시간

국제 전화 국가 번호 / 691번

주요 도시의 기후

팔리키르

	1월	7월
월평균 기온(°C)	27.2	27.1
연강수량(mm)	4,591	

자 연

괌 섬(미국령)의 남쪽과 파푸아뉴기니의 북쪽에 위치하며 국토는 캐롤라인 제도의 야프, 트루크, 포나페 등의 섬을 중심으로 수백 개의 산호초와 화산섬으로 이루어졌다. 기후는

열대 우림 기후로 연중 덥고 비가 많다.

역 사

16세기부터 스페인이 진출하여 영유권을 가지고 있었으나 1899년 독일에 양도하였고 1920년에는 일본의 위임 통치령이 되었다. 1945년 미국이 점령하여 1947년부터 미국의 신탁 통치령이 되었다. 1982년 미국과 자유 연합 협정(50년간)을 체결하고 독립하였으며, 미국의 재정 지원으로 행정과 외교를 하며 국방과 안전 보장을 미국에 위임하고 있다. 1991년 UN에 가입하였다.

경 제

주요 산업은 수산업과 코코넛, 사탕수수, 타로 감자 재배 등이며 수산업, 농업, 관광을 중심으로 자립 경제 계획을 추진하고 있다.

관 광

제2차 세계 대전의 전적지, 스쿠버 다이빙, 해안의 휴양지 등이 관광 자원이다.

5. 마셜

Republic of the Marshall Islands

수도 : 마주로(2.4만 명)
면적 : 181㎢
인구 : 5.7만 명
인구 밀도 : 315명/㎢

데이터

정체 / 공화제

민족 / 카나카 족, 카나카 족과 외부인과의 혼혈

언어 / 영어, 마셜 어

종교 / 가톨릭 교

문맹률 / 7%

평균 수명 / 남 60세, 여 64세

통화 / 미국 달러(US$)

도시 인구 / 66%

국민 총생산 / 1억 달러

1인당 국민 소득 / 2,380달러

천연 자원 / 인광석, 수산물, 해저 광물 등

수출 / 700만 달러(수산물, 코코넛 기름 등)

수입 / 6,800만 달러(기계류, 식료품, 연료, 자동차 등)

관광객 / 6천 명

관광 수입 / 300만 달러

표준 시간 / 한국 시간에서 +3시간

국제 전화 국가 번호 / 692번

주요 도시의 기후

마주로

	1월	7월
월평균 기온(°C)	27.1	27.3
연강수량(mm)	3,328	

자 연

북태평양의 중앙 하와이의 서남부에 위치하며 라타크 제도와 랄리크 제도를 구성하는 산호초로 된 수백 개의 섬으로 이루어져 있다. 기후는 열대 우림 기후로 연중 덥고 비가 많다.

역 사

1668년 스페인 령이 되었다가 1885년 독일령이 되었고 1920년에는 일본의 위임 통치령이 되었다. 1947년 미국의 신탁 통치령이 되었다가 1982년 미국과 자유 연합 협정(향후 50년간 미국의 재정 지원으로 행정과 외교를 하며 국방과 안전 보장은 미국에 위임)의 체결로 독립하고 1991년 UN에 가입하였다. 한편 비키니 섬과 에니웨톡 섬은 1945~1958년 미국의 핵 실험장으로 사용되었으며 잔류 방사능 피해로 주민에 보상이 실시되었다.

경 제

주요 산업은 수산업과 코코넛의 재배이다. 부족한 외화는 미국의 원조와 군사 기지 사용료로 충당되며 최근에는 관광 산업의 활성화에 노력하고 있다.

관 광

제2차 세계 대전의 전적지, 해안의 모래사장과 휴양지, 낚시 등이 주요 관광 자원이다.

6. 나우루

Republic of Nauru

수도 : 야렌(1,100명)
면적 : 21㎢
인구 : 1.2만 명
인구 밀도 : 571명/㎢

데이터

정체 / 공화제

민족 / 미크로네시아 계 나우루 인

언어 / 영어, 나우루 어

종교 / 프로테스탄트 교, 가톨릭 교

평균 수명 / 남 59세, 여 67세

통화 / 오스트레일리아 달러($A)

국민 총생산 / 3,000만 달러

1인당 국민 소득 / 2,830달러

수출 / 3,300만 달러(인광석 등)

수입 / 3,400만 달러(식료품, 음료, 기계류, 수송 장비 등)

표준 시간 / 한국 시간에서 +2시간

국제 전화 국가 번호 / 674번

주요 도시의 기후

나우루

	1월	7월
월평균 기온(°C)	27.9	27.8
연강수량(mm)	1,994	

자 연

남반구 적도 부근의 태평양상에 위치하는 작은 섬나라로 80%가 인광석으로 덮인 산호초 섬이다. 기후는 열대 우림 기후로 연중 덥고 비도 많으나 풍광이 아름답다.

역 사

1798년 영국 포경선의 진출로 영국의 영토가 되었으며 1920년 영국, 오스트레일리아, 뉴질랜드의 공동 위임 통치령이 되었고 1947년 3국의 신탁 통치령이 되었으며, 1968년 영연방내의 공화국으로 독립하여 1999년 UN에 가입하였다.

경 제

인광석(해양 생물의 화석과 조류의 배설물)의 수출로 남태평양 지역에서 최고 소득 수준을 자랑하였으나 인광석의 고갈이 임박하여 해운, 수산업, 관광 등으로 산업의 다각화를 서두르고 있다.

관 광

낚시와 수상 스포츠 등이 유일한 관광 자원이다.

7. 키리바시

Republic of Kiribati

수도 : 타라와(3.7만 명)
면적 : 726㎢
인구 : 9.0만 명
인구 밀도 : 124명/㎢

데이터

정체 / 공화제

민족 / 미크로네시아 계

언어 / 영어, 키리바시 어

종교 / 가톨릭 교, 프로테스탄트 교

평균 수명 / 남 60세, 여 64세

통화 / 오스트레일리아 달러($A)

도시 인구 / 43%

국민 총생산 / 1억 달러

1인당 국민 소득 / 960달러

토지 이용 / 농경지 50.7%, 삼림 2.7%, 기타 46.6%

수출 / 600만 달러(코프라, 수산물, 해조류 등)

수입 / 4,000만 달러(식료품, 기계류, 연료, 수송 장비 등)

관광객 / 5천 명

관광 수입 / 100만 달러

표준 시간 / 한국 시간에서 +4시간

국제 전화 국가 번호 / 686번

주요 도시의 기후

타라와

	1월	7월
월평균 기온(°C)	27.9	27.9
연강수량(mm)	2,310	

자 연

날짜 변경선과 적도가 만나는 중부 태평양상에 위치하는 섬나라로 국토는 길버트 제도, 피닉스 제도, 라인 제도 등의 산호초로 이루어졌다. 기후는 열대 우림 기후 지대로 연중 덥고 비가 많다.

역 사

1606년 스페인의 진출이 있었고 1788년 영국 해군의 상륙으로 영국의 식민지가 되었다. 1979년 영연방의 공화국으로 독립하였으며 1999년 UN에 가입하였다.

경 제

독립을 전후하여 인광석이 고갈되어 경제적인 어려움을 안고 있다. 영국, 일본의 지원과 인광석 수출에서 얻은 적립금 등을 이용하여 어업을 중심으로 하는 경제적 자립을 추진하고 있다.

관 광

바다새들의 관찰, 낚시, 제2차 세계 대전의 전적지 등이 주요 관광 자원이다.

8. 파푸아뉴기니

Papua New Guinea

수도 : 포트모르즈비(25만 명)
면적 : 46.3만 ㎢
인구 : 568만 명
인구 밀도 : 12명/㎢

데이터

정체 / 입헌 군주제(영연방)

민족 / 멜라네시아 계 파푸아 인, 멜라네시아 인 등 약 500개 부족

언어 / 영어(공용어), 700개 이상의 토착어

종교 / 프로테스탄트 교, 가톨릭 교, 토속 신앙

문맹률 / 24%

평균 수명 / 남 55세, 여 57세

통화 / 키나(Kina)

도시 인구 / 13%

국민 총생산 / 28억 달러

1인당 국민 소득 / 530달러

토지 이용 / 농경지 0.9%, 목초지 0.2%, 삼림 90.7%, 기타 8.2%

천연 자원 / 금, 은, 구리, 천연가스, 석유, 원목 등

수출 / 18억 달러(금, 원유, 구리, 커피, 팜유 등)

수입 / 11억 달러(식료품, 기계류, 자동차, 석유제품 등)

발전량 / 14억 kWh(수력 66.4%, 화력 33.6%)

관광객 / 5.4만 명

관광 수입 / 1억 달러

자동차 보유 대수 / 9.6만 대

국방 예산 / 3,100만 달러

군인 / 3,100명

표준 시간 / 한국 시간에서 +1시간

국제 전화 국가 번호 / 675번

주요 도시의 기후

포트모르즈비

월별	1월	2월	3월	4월	5월	6월	7월	8월	9월	10월	11월	12월	전년
기온(˚C)	27.4	27.3	27.1	27.0	27.0	26.2	25.8	26.0	26.5	27.4	27.6	27.8	26.9
강수량(mm)	218	192	232	102	65	59	26	27	36	42	52	126	1,178

자 연

오스트레일리아의 북쪽 적도의 바로 남쪽에 위치하며 국토는 뉴기니 섬 동부와 그 주변의 비스마르크 제도, 부겐빌 섬 등 수많은 섬들로 이루어진다. 지형은 환태평양 조산대에 속하며 섬의 중앙을 동서로 달리는 3,000~4,500m의 높은 산맥이 있고, 북부와 남부는 해안의 저지대로 호수와 습지가 많다. 기후는 중앙 산지의 열대 고산 기후를 제외하면 열대 우림 기후 지대를 이루어 원시 밀림이 울창하다.

역 사

1526년 포르투갈 인들이 도착하여 파푸아라고 명명하였고 1886년에 북부는 독일, 남부는 영국의 보호령이 되었다. 독일령은 제1차 세계 대전 중 오스트레일리아가 점령하여 위임 통치를 맡았고, 제2차 세계 대전 후에는 신탁 통치를 하였다. 1969년 동경 141° 선의 서부는 국민 투표로 이리안자야 주가 되어 인도네시아로 편입되었고, 동부는 1975년 파푸아뉴기니로 독립하여 영연방에 가입하였다. 1990년 동부의 부겐빌 섬이 독립을 선언하였으나 뉴질랜드의 중재로 정전하고 광범위한 자치를 허용하고 있다.

경 제

광업과 임업이 수출의 중심을 이루고 자급적인 농업, 어업, 수렵이 널리 행해지고 있다. 산지의 주민들은 화전과 수렵, 해안의 저지대 주민들은 어업에 주로 종사한다. 주요 수출품은 구리, 금, 은, 석유, 목재, 커피, 팜유 등이다.

관 광

원시 자연림과 야생 생태계, 토속 문화와 박물관 등이 주요 관광 자원이다.

9. 솔로몬
Solomon

수도 : 호니아라(5만 명)
면적 : 2.9만 ㎢
인구 : 46만 명
인구 밀도 : 16명/㎢

데이터

정체 / 입헌 군주제(영연방)

민족 / 멜라네시아 계가 다수, 폴리네시아 계와 미크로네시아 계 등

언어 / 영어(공용어), 피진 영어

종교 / 프로테스탄트 교, 가톨릭 교, 토속 신앙

평균 수명 / 남 66세, 여 69세

통화 / 솔로몬 제도 달러(SI$)

도시 인구 / 16%

국민 총생산 / 3억 달러

1인당 국민 소득 / 580달러

토지 이용 / 농경지 2.0%, 목초지 1.3%, 삼림 84.8%, 기타 11.9%

천연 자원 / 수산물, 목재, 금, 보크사이트, 납, 니켈 등

수출 / 6,800만 달러(목재, 수산물, 팜유, 카카오 등)

수입 / 6,500 달러(식료품, 석유제품, 기계류, 자동차 등)

발전량 / 3,200만 kWh(화력 100%)

관광객 / 1.3만 명

관광 수입 / 1,300만 달러

표준 시간 / 한국 시간에서 +2시간

국제 전화 국가 번호 / 677번

주요 도시의 기후

호니아라

	1월	7월
월평균 기온(°C)	27.0	26.0
연강수량(mm)	1,923	

자 연

파푸아뉴기니의 동쪽 남태평양 상에 위치하는 섬나라로 국토는 크고 작은 100여 개의 섬으로 이루어져 있다. 기후는 열대 우림 기후로 연중 덥고 비가 많다.

역 사

1568년 스페인이 진출하여 솔로몬 제도로 명명하였고 1893년부터 영국의 보호령이 되었다. 1978년 영연방의 입헌 군주국으로 독립하여 UN에 가입하였다.

경 제

화전과 수렵을 주업으로 하는 자급 자족 형태의 경제가 성한 반면, 목재, 코프라, 팜유, 수산물 등을 생산 수출하는 형태의 2중 구조가 병존하며 빈부 격차가 크다. 한편 한국의 한 기업은 뉴조지아 섬을 매입하고 식목을 하여 수입을 올리고 있다.

관 광

야생 생태계, 토속 문화, 제2차 세계 대전의 전적지 등이 주요 관광 자원이다.

10. 바누아투

Republic of Vanuatu

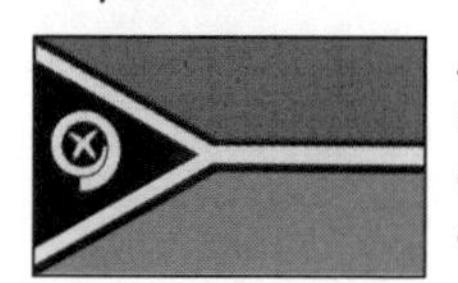

수도 : 포트빌라(3만 명)
면적 : 1.2만 ㎢
인구 : 22만 명
인구 밀도 : 18명/㎢

데이터

정체 / 공화제

민족 / 멜라네시아 계 바누아투 인 등

언어 / 피진 영어, 영어, 프랑스 어

종교 / 가톨릭 교, 프로테스탄트 교, 토속 신앙

문맹률 / 47%

평균 수명 / 남 66세, 여 69세

통화 / 바투(Vatu)

도시 인구 / 22%

국민 총생산 / 2.0억 달러

1인당 국민 소득 / 1,070달러

토지 이용 / 농경지 11.8%, 목초지 2.1%, 삼림 75.0%, 기타 11.1%

산업별 인구 / 1차 76.8%, 2차 4.3%, 3차 18.9%

천연 자원 / 망간, 수산물, 목재 등

수출 / 2,600만 달러(코프라, 목재, 육류, 코코아 등)

수입 / 8,900 달러(기계류, 식료품, 연료 등)

발전량 / 4,300만 kWh(화력 100%)

관광객 / 5.2만 명

관광 수입 / 5,200만 달러

자동차 보유 대수 / 9,200대

표준 시간 / 한국 시간에서 +2시간

국제 전화 국가 번호 / 678번

주요 도시의 기후

포트빌라

	1월	7월
월평균 기온(°C)	26.7	22.7
연강수량(mm)	2,418	

자 연

오스트레일리아 동쪽과 솔로몬 제도의 남쪽 남태평양에 위치하며 뉴헤브리디스 제도 등의 80여 개 섬으로 이루어졌다. 기후는 열대 우림 기후로 연중 비가 많고 덥다.

역 사

1605년 스페인의 진출이 있었고 1774년 영국의 쿡이 도착하여 뉴헤브리디스라 명명하였다. 1906년 영국과 프랑스의 공동 통치령이 되었고 1980년 독립하여 UN에 가입하였다. 주민들은 영국과 프랑스 두 나라의 언어, 종교, 문화, 정치를 따르는 2중 구조를 이룬다.

경 제

자급적인 열대 농업이 산업의 중심을 이루고 있으며 주요 수출품은 코프라, 육류이다. 한편 농업의 다양화와 관광 산업의 발전을 추진하고 있다.

관 광

제2차 세계 대전의 전적지, 토속 문화 전통, 해안의 모래사장, 야생 조류 등이 관광 자원이다.

11. 피지

Republic of The Fiji

수도 : 수바(19.6만 명)
면적 : 1.8만 ㎢
인구 : 84.5만 명
인구 밀도 : 46명/㎢

데이터

정체 / 공화제

민족 / 멜라네시아 · 폴리네시아 계 피지 인 51%, 인도 계 44%, 기타

언어 / 영어, 피지 어, 힌두 어 등

종교 / 프로테스탄트 교, 힌두 교, 이슬람 교

문맹률 / 7%

평균 수명 / 남 67세, 여 70세

통화 / 피지 달러($F)

도시 인구 / 49%

국민 총생산 / 18억 달러

1인당 국민 소득 / 2,130달러

토지 이용 / 농경지 14.2%, 목초지 9.5%, 삼림 64.9%, 기타 11.4%

산업별 인구 / 1차 44.1%, 2차 12.9%, 3차 43.0%

천연 자원 / 목재, 금, 구리, 수산물, 연안의 석유 개발 등

수출 / 5.5억 달러(설탕, 수산물, 의류, 금 등)

수입 / 9.0억 달러(기계류, 연료, 식료품, 소비재 등)

발전량 / 5.2억 kWh(수력 79.4%, 화력 20.6%)

관광객 / 37만 명

관광 수입 / 2.7억 달러

자동차 보유 대수 / 10만 대

국방 예산 / 2,600만 달러

군인 / 3,500명

표준 시간 / 한국 시간에서 +3시간

국제 전화 국가 번호 / 679번

주요 도시의 기후

나디

월별	1월	2월	3월	4월	5월	6월	7월	8월	9월	10월	11월	12월	전년
기온(˚C)	26.5	26.6	26.3	25.6	24.5	23.7	22.8	23.0	23.7	24.6	25.5	26.1	24.9
강수량(mm)	299	302	306	163	78	78	46	62	86	100	137	187	1,827

자 연

날짜 변경선의 서쪽 남태평양의 십자로에 위치하는 섬나라로, 수도 수바가 있는 비티레부와 비누아레부의 두 섬이 국토의 대부분을 차지하고 있으며 산호초와 화산으로 이루어져 있다. 기후는 열대 우림 기후로 연중 비가 많고 더우며 무역풍의 영향으로 5~11월에는 밤이 시원한 편이다.

역사

1643년 네덜란드 인이 상륙하였고 1874년 영국의 식민지가 되었다가 1970년 영연방으로 독립하여 UN에 가입하였다. 1987년 쿠데타 이후 피지 계 우위의 신헌법이 공포되었으며, 1996년 남태평양 비핵 조약이 수바에서 조인되었다.

복수 민족 국가로 원주민인 피지 계와 인도 계(영국이 데려온 사탕수수 재배 노동자들의 후손) 주민 간의 마찰이 심하며, 인도 계 주민은 경제를 지배하고 원주민인 피지 계 주민은 군과 정권을 장악하고 있다.

경제

사탕수수 재배와 관광이 이 나라의 중심 산업이다. 그 밖에 광업으로 금의 생산이 많고 최근에는 의류 등의 경공업이 발달하고 있으나 주민 간의 마찰과 정치적 혼란으로 경제 발전이 뒤지고 있다.

관광

해안의 모래사장과 휴양지, 낚시, 다이빙, 축제, 전통 문화 등이 관광 자원이다.

12. 투발루

Tuvalu

수도 : 푸나푸티(4,492명)
면적 : 26㎢
인구 : 9천 명
인구 밀도 : 346명/㎢

데이터

정체 / 입헌 군주제(영연방)

민족 / 폴리네시아 계

언어 / 영어, 투발루 어

종교 / 프로테스탄트 교

평균 수명 / 남 64세, 여68세

통화 / 투발루 달러($T)

국민 총생산 / 1,000만 달러

1인당 국민 소득 / 1,260달러

수출 / 103만 달러(코프라, 수공예품 등)

수입 / 1,412만 달러(식료품, 원료, 기계류, 소비재 등)

관광객 / 1천 명

표준 시간 / 한국 시간에서 +3시간

국제 전화 국가 번호 / 688번

주요 도시의 기후

푸나푸티

	1월	7월
월평균 기온(°C)	28.0	27.9
연강수량(mm)	3,436	

자 연

남태평양의 날짜 변경선 서쪽에 위치하는 산호초로 된 섬나라로 기후는 열대 우림 기후로 연중 덥고 비가 많다.

역 사

1568년 스페인의 진출이 있었고 1892년 영국의 보호령이 되었으며 1978년 독립하였다.

경 제

열대 농업과 어업이 중심 산업으로 코프라의 수출이 많다. 최근에는 인터넷 도메인의 판매로 수입을 올리고 있다.

관 광

열대 해안의 석호와 모래사장, 전통 생활 양식 등이 관광 자원이다.

13. 사모아

Independent state of Samoa

수도 : 아피아(3.9만 명)
면적 : 2,831㎢
인구 : 18만 명
인구 밀도 : 65명/㎢

데이터

정체 / 입헌 군주제

민족 / 폴리네시아 계 사모아 인

언어 / 사모아 어, 영어

종교 / 프로테스탄트 교, 가톨릭 교

문맹률 / 3%

평균 수명 / 남 65세, 여 72세

통화 / 타라(Tala)

도시 인구 / 22%

국민 총생산 / 3억 달러

1인당 국민 소득 / 1,430달러

토지 이용 / 농경지 43.0%, 목초지 0.4%, 삼림 47.2%, 기타 9.4%

산업별 인구 / 1차 60.4%, 2차 7.3%, 3차 32.3%

천연 자원 / 수산물, 목재 등

수출 / 1,400만 달러(수산물, 코프라, 코코넛 기름과 크림, 맥주 등)

수입 / 1.1억 달러(기계류, 석유제품, 자동차, 식료품 등)

발전량 / 1.1억 kWh(수력 33.3%, 화력 66.7%)

관광객 / 7.8만 명

관광 수입 / 3,800만 달러

자동차 보유 대수 / 9,000대

표준 시간 / 한국 시간에서 +3시간

국제 전화 국가 번호 / 685번

주요 도시의 기후

아피아

월별	1월	2월	3월	4월	5월	6월	7월	8월	9월	10월	11월	12월	전년
기온(°C)	26.7	26.9	26.8	26.6	26.4	26.6	25.7	25.7	96.0	26.3	26.4	26.6	26.4
강수량(mm)	441	310	361	234	177	156	120	146	173	238	249	364	2,969

자 연

날짜 변경선 상의 남태평양에 위치하는 섬나라로 국토는 화산과 산호초로 된 우폴루, 사바이 등의 9개 섬으로 이루어진다. 기후는 열대 우림 기후로 연중 덥고 비가 많다.

역 사

현재 미국 영토인 동사모아와 함께 왕국을 이루고 있었으나 19세기 말부터 미국, 독일, 영국 등 3국의 통치를 받았다. 1919년부터 뉴질랜드의 신탁 통치를 받다가 1962년 남태평양 최초의 독립국이 되었고 영연방과 UN에도 가입하였다. 1997년 국명을 서사모아에서 현재의 사모아로 변경하였다.

경 제

주민의 60% 이상이 자급적인 열대 농업에 종사하며 토지의 대부분은 추장들이 소유하고 있다. 주요 산물은 코프라, 타로 감자, 바나나, 목재, 수산물 등이며, 관광 산업의 발전에도 노력하고 있다.

관 광

산지의 자연 경관과 폭포, 해안의 모래사장, 전통 문화와 촌락, 스티븐슨의 가옥 등이 주요 관광 자원이다.

14. 통가

Kingdom of Tonga

수도 : 누쿠알로파(3만 명)
면적 : 650㎢
인구 : 10.2만 명
인구 밀도 : 157명/㎢

데이터

정체 / 입헌 군주제

민족 / 폴리네시아 계 통가 인

언어 / 영어, 통가 어

종교 / 프로테스탄트 교

문맹률 / 1%

평균 수명 / 남 70세, 여 72세

통화 / 통가 달러($T)

도시 인구 / 33%

국민 총생산 / 1억 달러

1인당 국민 소득 / 1,440달러

토지 이용 / 농경지 64.0%, 목초지 5.3%, 삼림 10.7%, 기타 20.0%

산업별 인구 / 1차 36.5%, 2차 18.4%, 3차 45.1%

수출 / 700만 달러(식료품, 가축, 원료, 잡제품 등)

수입 / 7,300만 달러(식료품, 연료, 기계류, 수송 기계 등)

발전량 / 3,600만 kWh(화력 100%)

관광객 / 2.7만 명

관광 수입 / 1,200만 달러

자동차 보유 대수 / 1.9만 대

표준 시간 / 한국 시간에서 +4시간

국제 전화 국가 번호 / 676번

주요 도시의 기후

누쿠알로파

	1월	7월
월평균 기온(°C)	25.8	21.3
연강수량(mm)	1,643	

자 연

날짜 변경선 상의 남태평양에 위치하는 작은 섬나라로 국토는 화산섬과 산호초 170여 개의 섬으로 이루어져 있다. 기후는 열대 우림 기후로 연중 덥고 비가 많으며 특히 1~3월에 비가 많다.

역 사

1616년 네덜란드 인의 진출이 있었고 1900년 영국의 보호국이 되었다가 1970년 영연방 내의 입헌 군주국으로 독립하여 1990년 UN에 가입하였다.

경 제

코프라, 바나나 등을 재배하는 열대 농업이 주요 산업이며 수산업과 관광 산업의 활성화도 추진하고 있다.

관 광

해안의 자연과 모래사장, 동굴, 야생 조류 탐방 등이 주요 관광 자원이다.

국가별 찾아보기

: 참고 문헌

Statistical Yearbook, 2000, United Nations

International Trade Statistics Yearbook, 2001, United Nations

The National Geographic Desk Reference, National Geographic Society, 2002

The National Geographic World Atlas, 2003

Atlas of World History, National Geograophic Society, 2002

World Atlas, 2002, Dorling kindersley

The Handy Geography, Answer Book 2000, Matthew T. Rosenberg

Geography : Regions and Concepts, 1996, H. J. DeBlij & P. O. Muller

World Geography and You, 1999, Vivian Bernstein, Steck-Vaughn Co.

World Geography, 1999, Silver Burdett Ginn Inc.

Continental History Atlas, Ian Barnes & Robert Hudson etc. 2002

(大陸別 世界歷史 地圖 全5卷, 武井摩利 等 譯, 東洋書林)

Atlas of World History, 1999, Dorling Kindersley, 日本語版, 集英社

Premier World Atlas, 2004, Rand Mcnally

Collins Essential Atlas of The World, 2004

詳解 地理, 1998, 山本正三, Obunsha

解明 新地理, 1989, 田辺裕一, 文英社

世界 現勢, 1986, 平凡社

世界 國勢 圖會, 2004/2005, 失野桓太 記念會

地理 統計, 2005/2006, 古今書院

地理 統計, 2005, 帝國書院

世界 各國 要覽, 2005, 二宮書店

理科 年表, 2005, 日本 國立天文臺, 丸善

역사 사전, 2001, 교학연구사

세계 각국 편람 2004, 외교통상부

무역 통계 연보, 2005, 통계청

한국 통계 연감, 2005, 통계청

최신 교학 지도집, 1998, 황재기, 교학사

理學搏士 / 황재기
(現)서울大學校 名譽教授

우리 나라에서 최초로 발간한

Atlas, Data & Profiles of WORLD'S COUNTRIES

■ 편저자의 약력

서울大學校 사범대학 지리교육과(學士)

서울大學校 대학원 지리교육과(碩士)

日本 東北大學 대학원 지리학과(理學博士)

서울大學校 사범대학 교수

大韓지리학회 會長

국제지리학 연합회 한국지부 會長

미국 MINNESOTA대학 초청 교수

문교부, 학력고사 출제위원장 3회

한국 지리 · 환경 교육학회 會長

교육부, 중앙교육 심의위원

서울大學校 사범대학 學長

전국 국립사범대학 학장협의회 會長

■ 저서

지리학 교육, 능력개발사(공저)

최신 세계지도집, 교학사

최신 한국기본지도, 일본 제국서원

건설부, 한국지지 편찬위원장

건설부, 한국지명요람 편찬위원장

기타, 다수의 논문 및 중 · 고 교과서 저술